融·新常态

——沈阳工业遗产区域保护更新设计

2020北方规划院校联合毕业设计作品集

沈阳建筑大学
北京建筑大学
内蒙古工业大学
天津城建大学
山东建筑大学
吉林建筑大学
北京工业大学
大连理工大学
济南大学
联合编著

中国建筑工业出版社

图书在版编目（CIP）数据

融·新常态：沈阳工业遗产区域保护更新设计：2020北方规划院校联合毕业设计作品集／沈阳建筑大学等联合编著．—北京：中国建筑工业出版社，2020.12
ISBN 978-7-112-25771-3

Ⅰ.①融… Ⅱ.①沈… Ⅲ.①工业建筑—旧建筑物—改造—建筑设计—作品集—中国—现代 Ⅳ.①TU27 ②TU206

中国版本图书馆CIP数据核字（2020）第257041号

责任编辑：杨 虹 尤凯曦
责任校对：王 烨

融·新常态——沈阳工业遗产区域保护更新设计
2020北方规划院校联合毕业设计作品集
沈阳建筑大学 北京建筑大学 内蒙古工业大学 天津城建大学 山东建筑大学 吉林建筑大学 北京工业大学 大连理工大学 济南大学
联合编著
*
中国建筑工业出版社出版、发行（北京海淀三里河路9号）
各地新华书店、建筑书店经销
北京雅盈中佳图文设计公司制版
天津图文方嘉印刷有限公司印刷
*
开本：880毫米×1230毫米 横1/16 印张：12¼ 字数：275千字
2023年12月第一版 2023年12月第一次印刷
定价：**128.00**元
ISBN 978-7-112-25771-3
（37020）

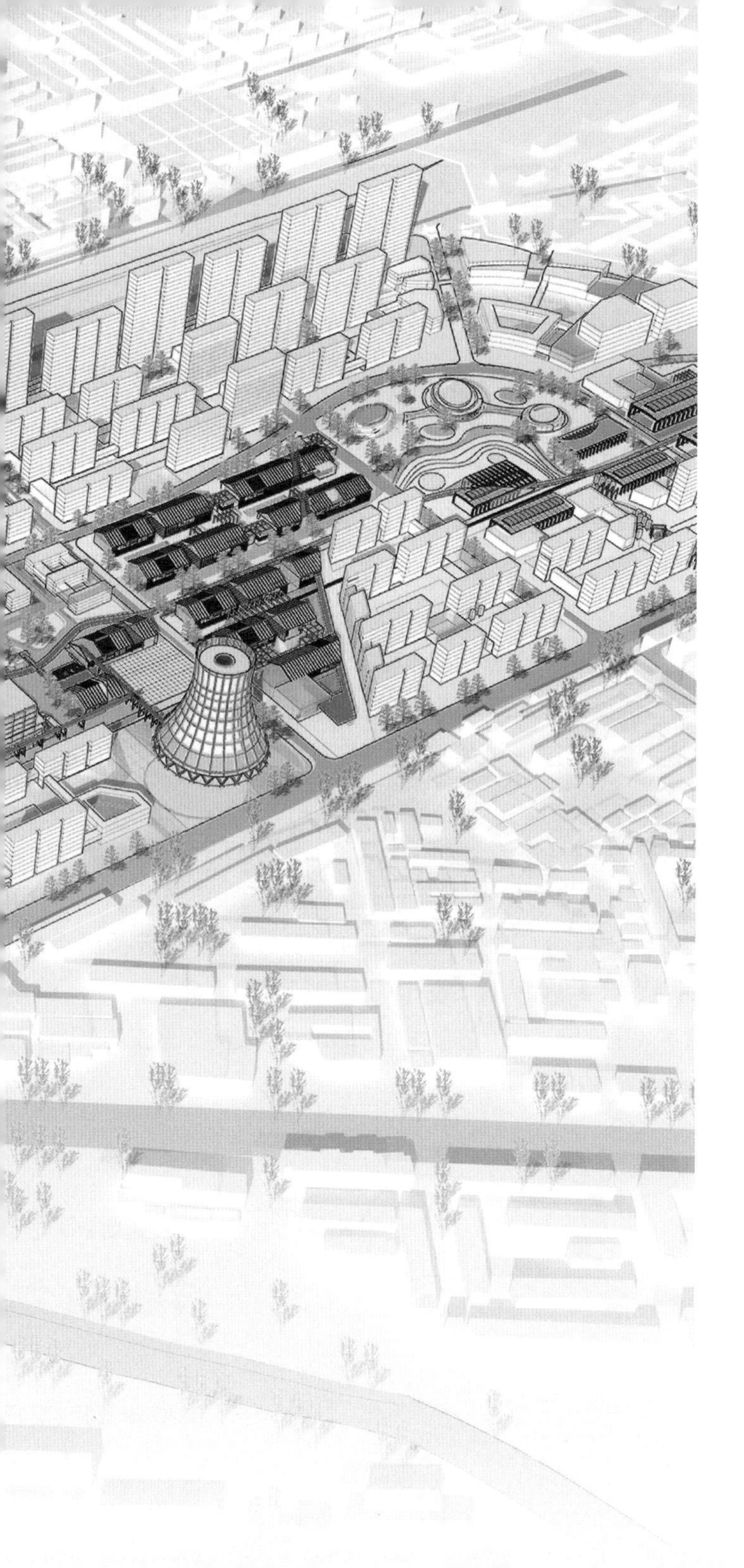

编委会

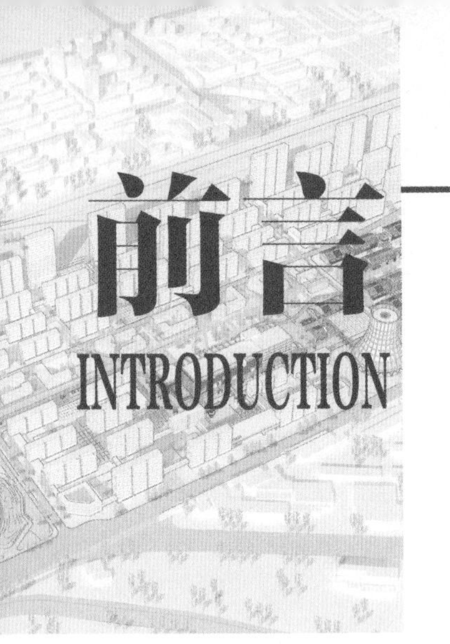

前言
INTRODUCTION

在专业评估和学科评价的背景下，如何解决教学模式特色化和人才培养标准化，成为各高校共同面对的核心问题。

2020 年，北方规划教育联盟在原有天津城建大学、山东建筑大学、北京建筑大学、内蒙古工业大学、沈阳建筑大学、吉林建筑大学 6 所发起高校的基础上，又扩展了济南大学、北京工业大学、大连理工大学共 9 所高校，形成教学联合共同体。我们有理由相信，北方规划教育联盟必将通过共同搭建北方高校间的校际联合教育平台，为深化教育改革、探索教学模式、提高人才培养水平起到重要的作用。

本届联合毕业设计教学活动选题为沈阳市工业遗产区域保护更新设计。这个选题具有典型性和探索性。一方面，在城市文明的发展过程中，工业化是必经之路，任何城市都存在或大或小的工业园区和工厂厂区，伴随着城市产业升级和用地置换的发展阶段，通过城市设计的空间处理手段，建立工业遗产区与周边城市环境的空间衔接和功能补充，是典型的城市更新问题；另一方面，近年来工业遗产区域的城市更新发展较快，比较成功的案例集中在北京、上海、广州等一线城市，依托工业遗产的视觉显著特点改造成为文化创意园等更新模式，但是对于不同城市和不同地块，发现问题和解决问题的视角、模式和手段都需要因地制宜和创新引导。沈阳市的工业区经过了辉煌发展——落后转型——综合改造的发展过程，粗放的改造方式，给城市发展留下了遗憾。因此，我们需要正视历史，审视发展，在产业升级、新旧动能转换的背景下，探讨城市工业遗产重塑活力的实施路径和方案，对中国工业博物馆区域、沈海热电厂与东贸库区域城市更新提出富有创意的产业策划和设计策略。

2020 年的新冠肺炎疫情给联合毕业设计的调研、交流和答辩工作带来了较大的困难；但是参加本届联合毕业设计的 9 所高校师生，尝试新的教学方法和教学模式，采用“云开题、云调研、云指导、云答辩”的方式，高效地完成了教学任务，达到了预期的教学效果；并邀请了高校、设计院的专家和规划管理者组成的答辩专家组为参加联合毕业设计的同学上了“最后一课”，加深了同学们对城市更新问题的理解，体会城市中新与旧的融合、理想与现实的碰撞、理论与实践的互补，为同学们综合解决城市设计问题积累了方法和能力。

2020 年的联合毕业设计，是令人难忘的，为北方规划教育联盟的拓展写下浓重一笔，也为各校之间的教育合作奠定了坚实的基础。我相信，在北方规划教育联盟各校的共同努力下，我们的协同和共享必将更加深入和广泛。

祝愿北方规划教育联盟越办越好！

沈阳建筑大学建筑与规划学院院长

2020 年 6 月 22 日

目录 CONTENTS

教学任务书

融·新常态——沈阳工业遗产区域保护更新设计

2 0 2 0 北 方 规 划 院 校 联 合 毕 业 设 计 作 品 集 任 务 书

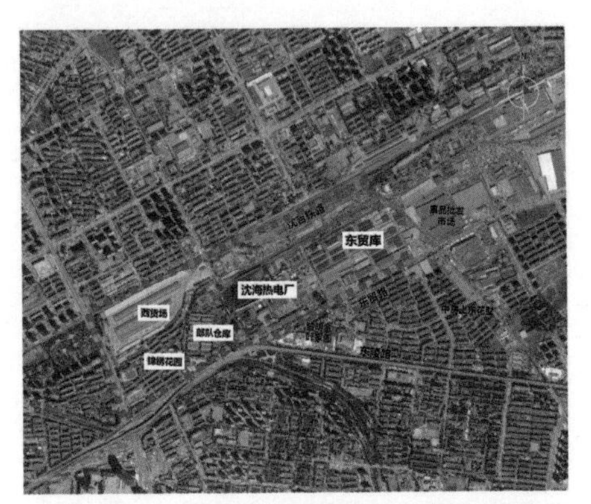

设计地段一：沈阳沈海热电厂及东贸库地段

设计地段二：沈阳中国工业博物馆地段

1. 选题背景

2003 年 10 月，中共中央、国务院下发《关于实施东北地区等老工业基地振兴战略的若干意见》，标志着实施振兴东北地区老工业基地战略正式启动。作为国家重要的装备制造业基地，沈阳市开启了产业升级、城市更新改造的过程，铁西工业区开始实施东搬西建，由传统工业区转变为城市综合功能区；短短五年的时间，搬迁企业 239 户，腾迁面积 7.4km^2，获得了较大的土地收益；同时，也存在着改造方式粗放，工业遗产适应性利用不足，工业遗产多样化展示利用和多元化投入机制缺乏等保护与开发利益不平衡的问题。此后，沈阳市开展了多批次的工业遗产资源普查，筛查和保留了多处工业遗产区和工业建筑。本次联合毕业设计旨在城市产业升级、新旧动能转换的背景下，探讨城市工业遗产区域重塑活力的路径和方案。

2. 选题内容

（1）设计主题

工业遗存是城市的重要基因。在城市文明的发展过程中，工业化是必经之路，任何城市都存在工业园区和工厂，伴随着产业升级和用地置换的发展阶段，运用城市设计的手段，建立工业遗存区与周边城市环境的空间衔接和功能补充，是典型的城市更新。工业区的保护与开发是寻求平衡的过程，需要拓展城市更新设计的内涵和外延，尊重历史、突破创新；鼓励同学运用综合的理论和方法，提出富有创意的更新设计策略。

（2）规划基地

本次设计以沈阳市沈海热电厂及东贸库地段、中国工业博物馆地段为研究对象，各指导小组根据实际调研情况，自行选择其中一个地段开展更新设计。设计地段影像图附后。

3. 成果要求

本次联合毕业设计旨在激发同学们的创新思维，提出工业遗产区域发展的创意策略和设计方案，城市更新设计内容包括但不限于以下部分：

（1）调研分析

通过“云调研”，了解沈阳市工业产业发展的历史沿革，了解政府对于城市产业发展计划与相关政策，充分了解城市社会经济发展水平、自然生态与基础条件、设施建设与服务水平、周边环境以及城市风貌；综合分析区位环境、土地利用、交通组织、产业发展等基础条件，将问题与目标分析相结合，提出工业遗产区域发展的主要策略。

（2）更新策划

提出设计目标与区域定位；策划区域产业发展和业态引导；确定城市和社区级别公服设施配置。

（3）城市设计

确定规划区域的核心功能及各功能区面积比例；合理布局规划结构，组织交通系统；提出区域整体城市设计：强化开放空间和重点地段城市设计；工业遗产的保留和再利用设计。

4. 教学方式

本次毕业设计课程采用“云开题、云调研、云指导、云讨论、云答辩”的远程教学方式。

5. 进度安排

2020 年 1 月—3 月，资料收集、地块调研等前期准备；

2020 年 3 月，采用“云开题”的方式，由沈阳建筑大学组织选题和开题讲解；

2020 年 4 月 18 日，采用“云汇报”的方式，由北京建筑大学组织中期汇报；

2020 年 6 月 6 日，采用“云答辩”的方式，由内蒙古工业大学组织终期答辩。

各校作品展示

沈阳建筑大学

Shenyang Jianzhu University

济南大学
大连理工大学
北京工业大学
吉林建筑大学
山东建筑大学
天津城建大学
内蒙古工业大学
北京建筑大学
沈阳建筑大学

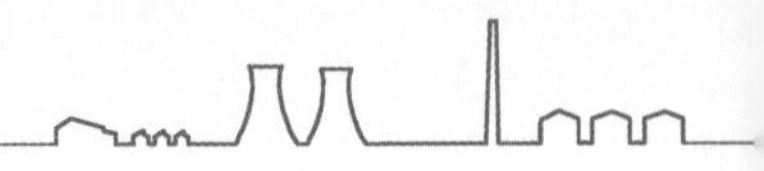

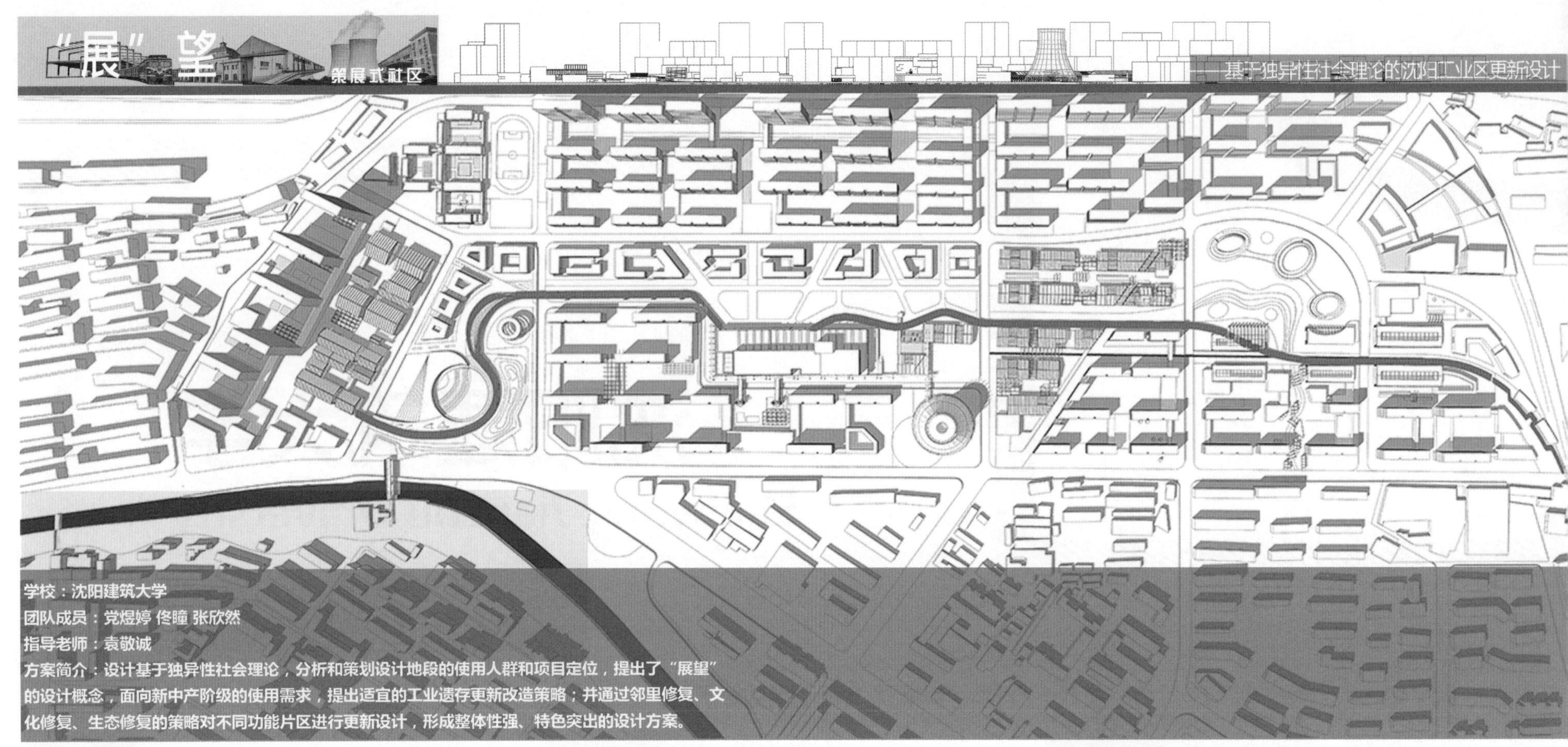

学校：沈阳建筑大学

团队成员：党煜婷 佟瞳 张欣然

指导老师：袁敬诚

方案简介：设计基于独异性社会理论，分析和策划设计地段的使用人群和项目定位，提出了"展望"的设计概念，面向新中产阶级的使用需求，提出适宜的工业遗存更新改造策略；并通过邻里修复、文化修复、生态修复的策略对不同功能片区进行更新设计，形成整体性强、特色突出的设计方案。

团队成员感言

党煜婷

这次毕设，虽然因为疫情原因无法跟指导老师面对面学习，有遗憾，但自己也因此有了更多独立思考的时间，与组员每一次隔空交流讨论的过程，都让我的思路更加完整和饱满。在与各大院校学生的交流汇报中，虽然只能以网络会议的方式见面，但能感受到同学们对于设计的热情，不同小组所展现出的独特的视角与扎实的知识储备令我收获颇多，老师们精彩的点评也让我意识到了自己现阶段的不足与欠缺。

感谢这次毕设，为我五年的专业学习画上了完美的句号。因为不同，所以独特。这将是属于我们共同的独家记忆。

佟瞳

特殊的时期，特殊的方式，令人难以忘怀。多次的云沟通、讨论，彻夜的画图改图，中间历经了困难，也遇到了一些困扰，但是在老师的大力指导和小组成员的共同努力下，最终完成了较为满意的设计成果。感谢袁老师的辛勤教诲，感谢答辩时各位专家的指导，感谢小组成员的大力支持，今后的征程中，我将带着这份执着，开启美好的明天。

张欣然

参加这次联合毕业设计是一次十分难忘的经历。虽然因为疫情原因无法与老师和队友进行面对面的方案探讨，但每周两次的线上交流讨论也解决了这一问题。甚至线上交流使讨论时间更加充裕和灵活。感谢袁老师对我们每一次的耐心指导。

其次也要感谢其他院校老师在开题中期和最终答辩上对我们的批评和建议。每次线上答辩都持续很长时间，老师一一对我们方案进行点评，让我们发现了自己的不足。

最后用袁老师给我们的寄语结束吧："以后不管做什么都认真对待，关注过程，做好自己，去努力争取最好的结果。"

基地历史背景

沈阳东站，1925年建立，在沈吉线上距离沈阳站10km、距离沈阳北站5km，是原"奉海站"旧址，车站建筑作为中国人自建铁路的开端（奉海铁路）。
现在车站暂不办理客运业务，主要办理整车、零担、集装箱货物发到；办理整车物乘运前保管。

沈阳储运集团公司第一分公司始建于1950年，又称"东贸库"，以仓储、运输、物流配送为主，现有建筑63栋，铁路专用线2条。
东贸库是沈阳现存建设年代最早、规模最大、保存最完整的民用仓储建筑群，建筑技术与艺术上体现了20世纪50年代仓储建筑的忠安性特征。

沈海热电厂始建于1988年4月，是"七五"期间国家重点能源建设项目，也是沈阳市1949年以来投资最大的基建项目，首创了地方集资办公、行业管理的先河。
一期工程安装两台200 000kW · h国产抽拉凝汽两用发电机组，两台机组分别于1990年12月和1991年12月投产发电。

沈阳八家子果品批发市场于1995年6月从沈阳市"十二线"搬迁到沈阳市东贸路的专业批发市场。市场经过多年的培育和发展，已经成为东北地区最大的果品集散中心。
但由于铁路将市场与城市界面阻隔，市场内秩序较为混乱，对周边环境存在消极影响。

空间肌理分析

图底关系分析

珠林路实景对照

道路等级分析

建筑功能分析

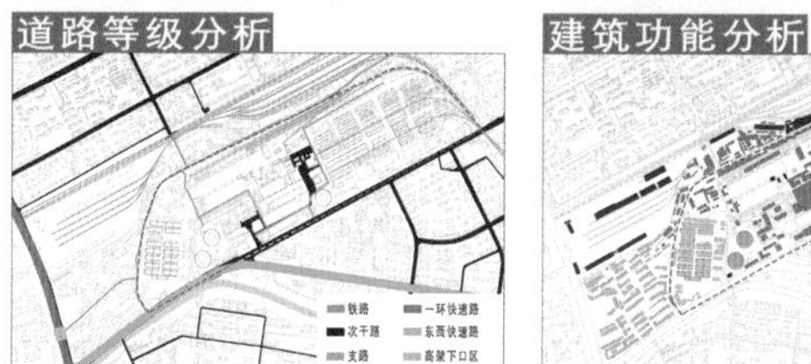

东贸路实景对照

交通设施分析

建筑质量分析

锦园路实景对照

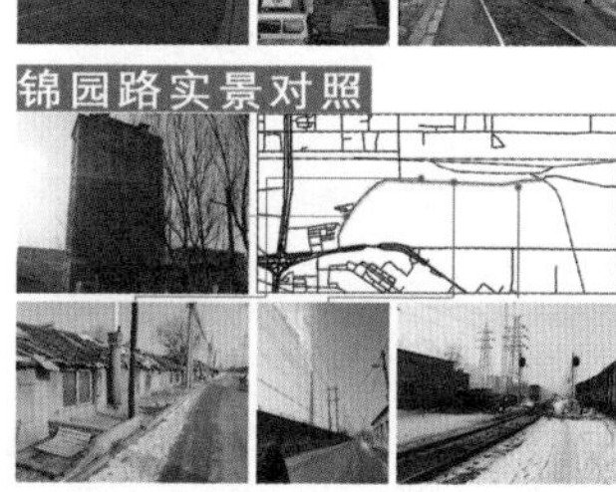

周边空间分析

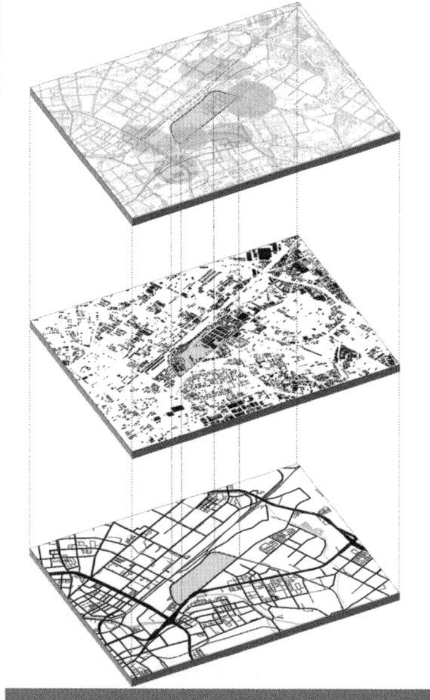

周边用地功能分析

周边基础设施分析

周边交通系统分析

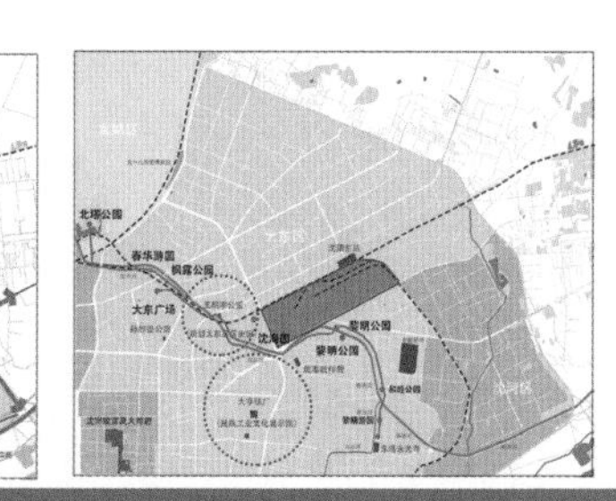

周边景观资源分析

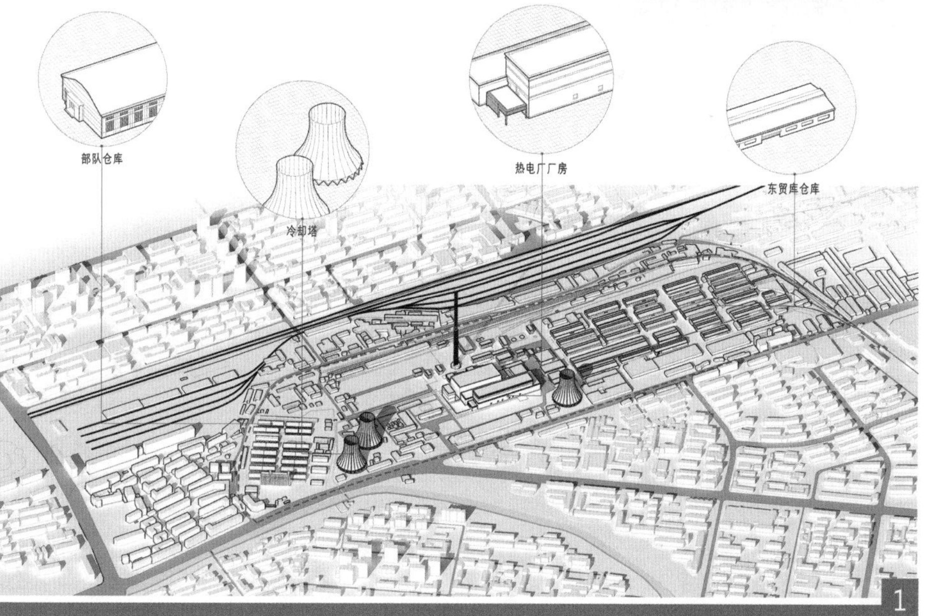

周边产业布局

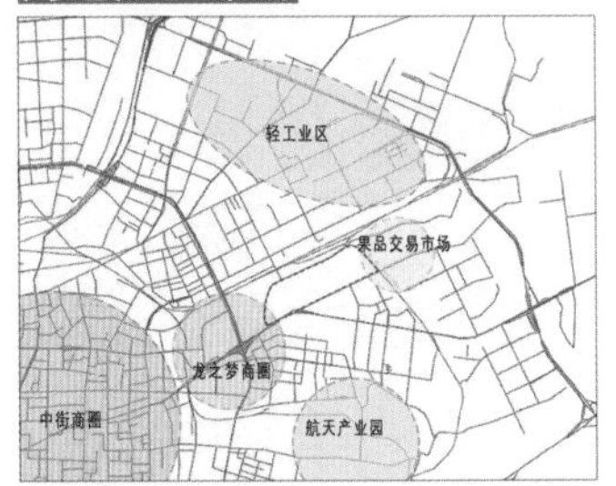

周边景观渗透

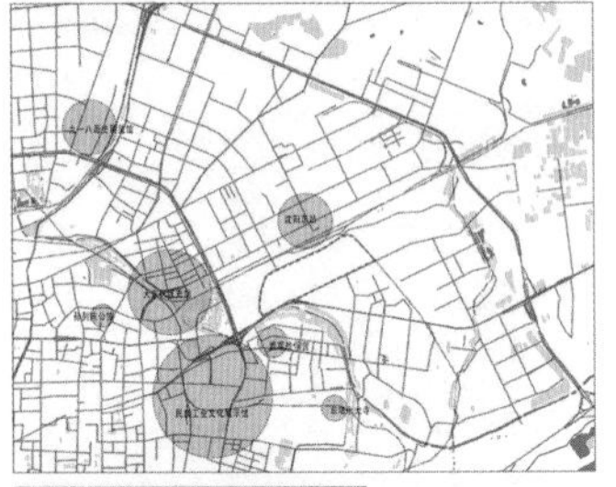

上位规划（拟定）

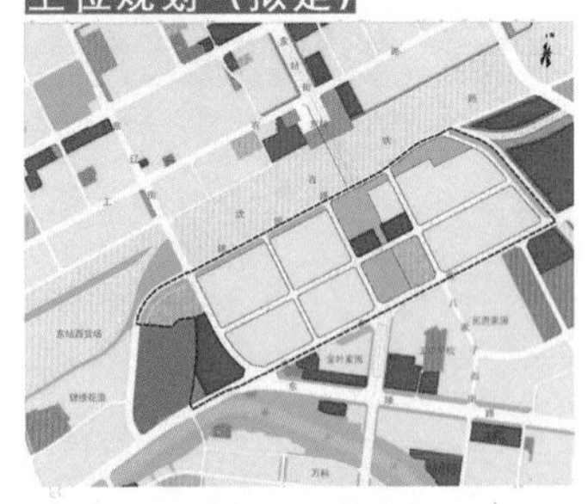

背景分析

独异性社会产生与原因

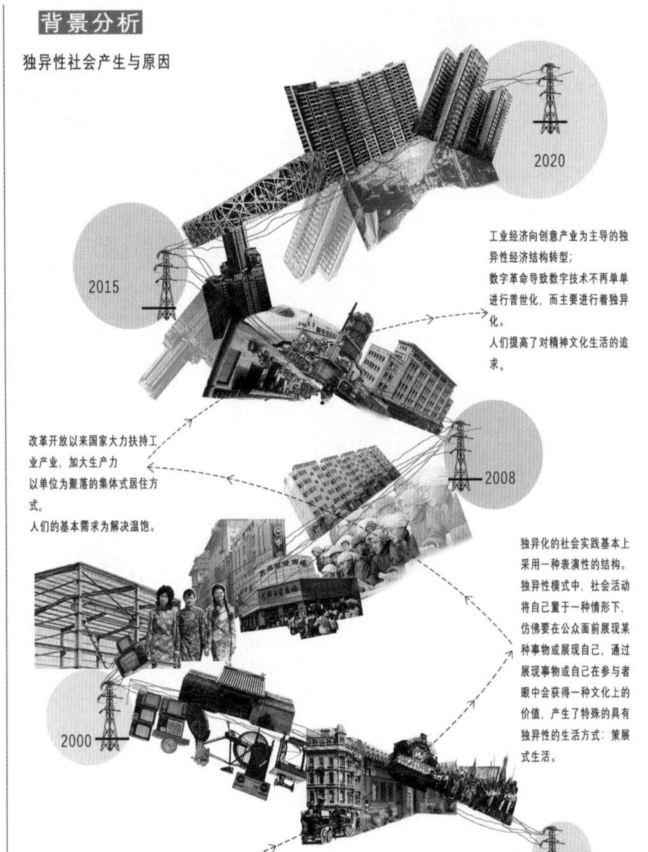

概念提取

新中产阶级

社会顶层

由经济资本作为绝对标准的阶级划分，文化资本对其影响小

拥有文化资本
大多在知识文化产业就职

新中产

非知识分子构成
是以往扁平中产
社会主流生活方
式的直接后裔

旧中产

知识阶层独异化生活方式的繁荣

脱离社会的新底层的迫近

弱势层

简单服务业从业者、
半专业工种重体力劳动者、失业者和社会救济对象

策展式生活

“策”

“策划”本质上也是将物品组合起来的行为。
对于中产阶级来说，艺术品、日用品、理论、照片等也都有了，他不用创造全新的东西。他的艺术就在于巧妙地选取，创造性的转化和铺垫，将互不相关的东西做成一个有统一性的整体。

“展”

“表演式的自我实现”：将实现自我展示在社会观众面前，希望被认可为“魅力人生”。带来了名望，这种名望高到让别人都看得见。展现被成功实现的自我，展现独特，“真”和多面性。
这也体现了中产阶级的追求目标：将浪漫主义和社会名望联系在一起。

概念深化

“重新发电”

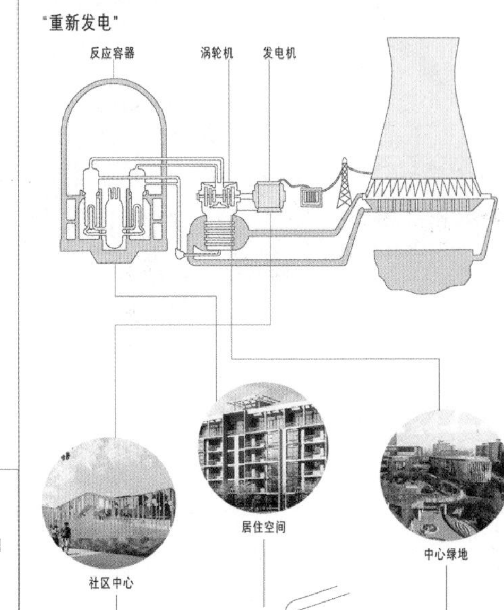

S

1 沈海热电厂、东贸库、沈阳东站提供丰富的文化底蕴
2 原有的电厂特色建筑和历史建筑具有保留价值
3 周边商业氛围浓厚，对周边人群吸引力大

O

1 基地位于大东汽车产业新城综合服务带的延长线上
2 政府对于工业更新改造的积极态度
3 周边丰富的历史文化基地和特色产业园

W

1 沈海热电厂存在环境污染、安全隐患
2 东侧果品批发市场混乱无序
3 两条快速路分割基地与周边地块的联系

T

1 周边地块日常生活所需功能完备，容易造成功能重复
2 基地的地段处于市中心，需要足够的对人流和消费的新引力来支撑设计

活动策划

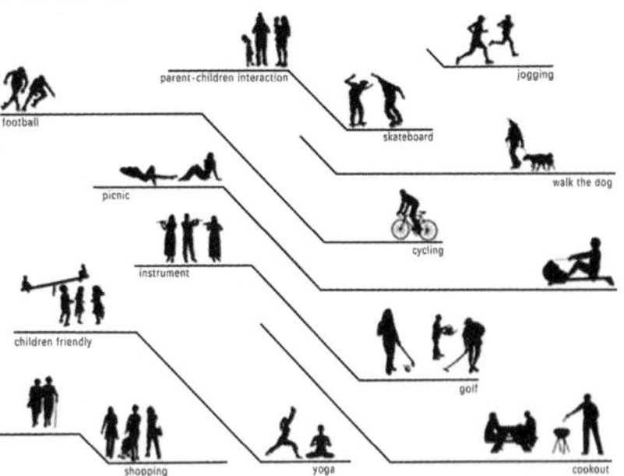

人群分析

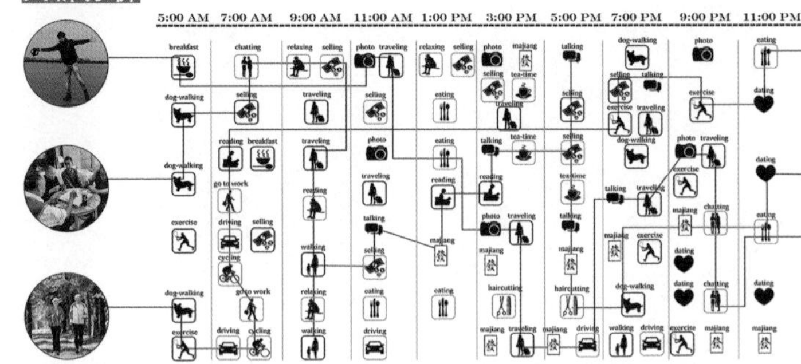

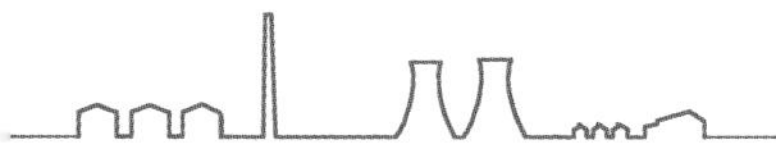

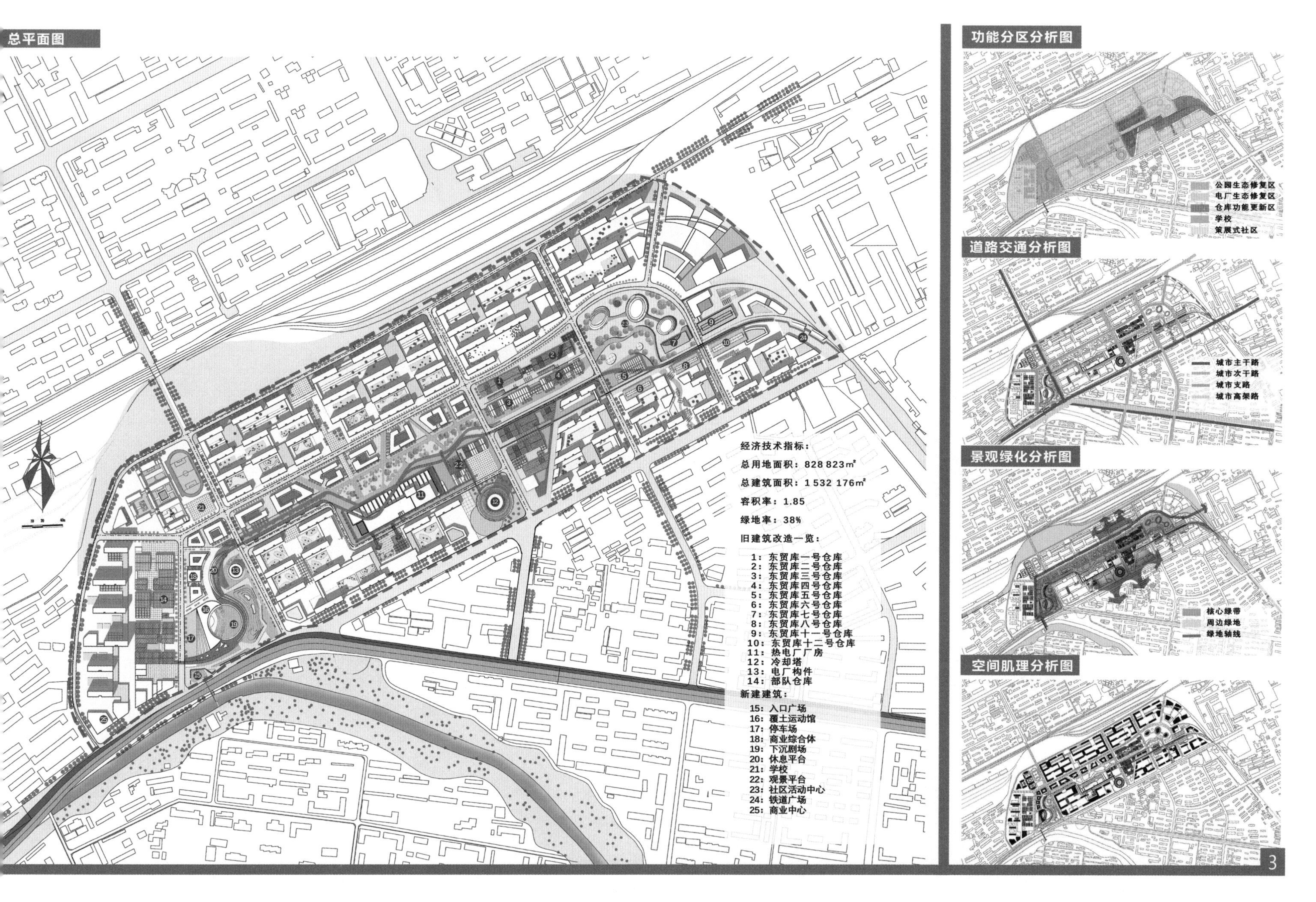
总平面图
经济技术指标：
总用地面积：828 823m²
总建筑面积：1 532 176m²
容积率：1.85
绿地率：38%
旧建筑改造一览：
1：东贸库一号仓库
2：东贸库二号仓库
3：东贸库三号仓库
4：东贸库四号仓库
5：东贸库五号仓库
6：东贸库六号仓库
7：东贸库七号仓库
8：东贸库八号仓库
9：东贸库十一号仓库
10：东贸库十二号仓库
11：热电厂厂房
12：冷却塔
13：电厂构件
14：部队仓库
新建建筑：
15：入口广场
16：覆土运动馆
17：停车场
18：商业综合体
19：下沉剧场
20：休息平台
21：学校
22：观景平台
23：社区活动中心
24：铁道广场
25：商业中心
功能分区分析图
公园生态修复区
电厂生态修复区
仓库功能更新区
学校
策展式社区
道路交通分析图
城市主干路
城市次干路
城市支路
城市高架路
景观绿化分析图
核心绿带
周边绿地
绿地轴线
空间肌理分析图
3

鸟瞰图

沿街立面图

4

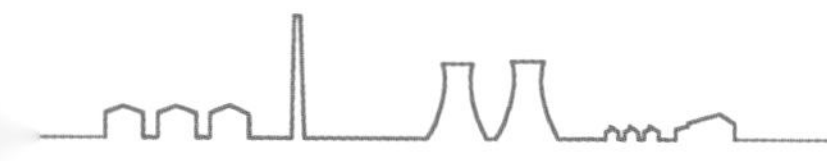

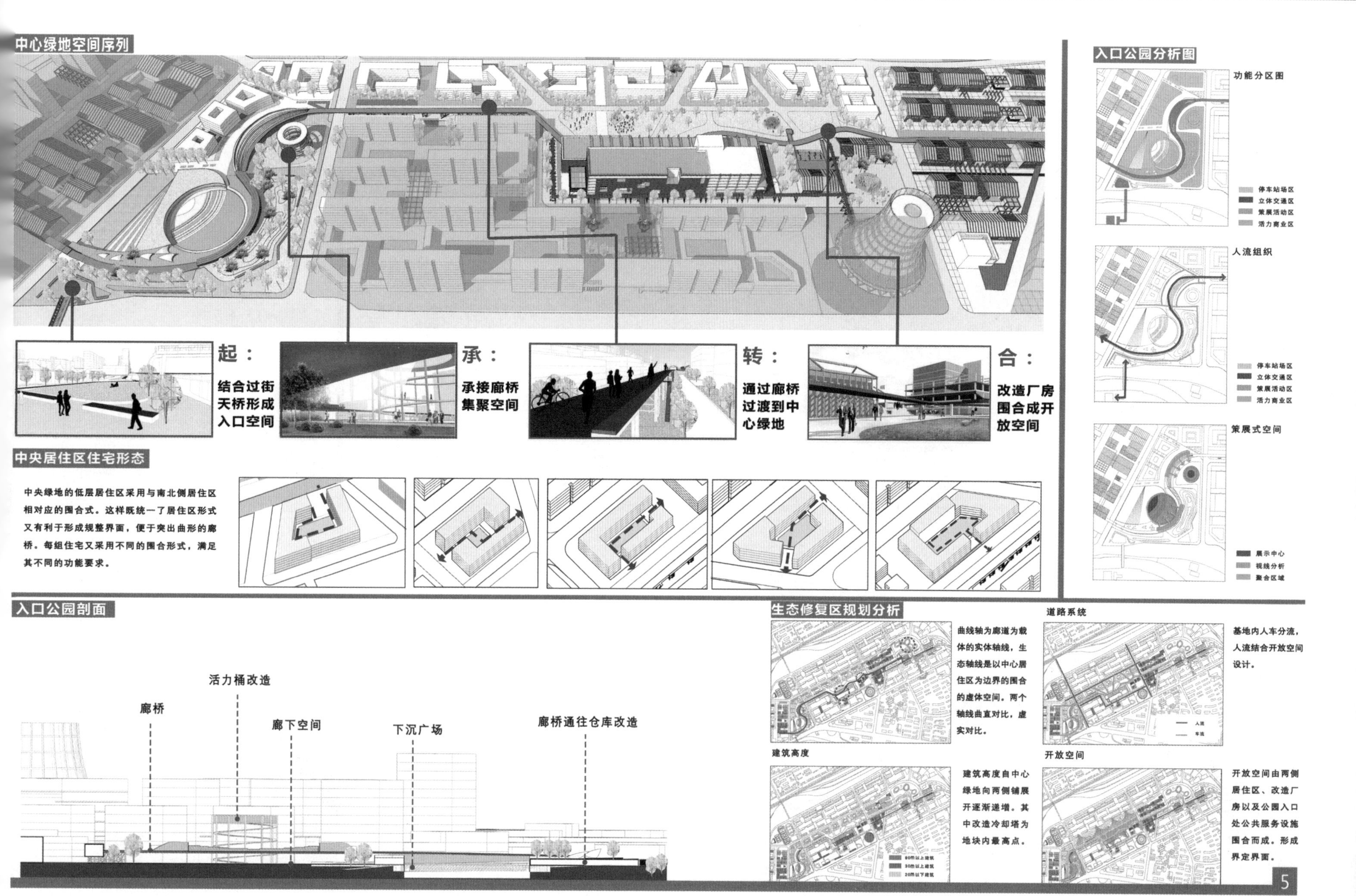
中心绿地空间序列
起：
结合过街天桥形成入口空间
承：
承接廊桥集聚空间
转：
通过廊桥过渡到中心绿地
合：
改造厂房围合成开放空间
中央居住区住宅形态
中央绿地的低层居住区采用与南北侧居住区相对应的围合式。这样既统一了居住区形式又有利于形成规整界面，便于突出曲形的廊桥。每组住宅又采用不同的围合形式，满足其不同的功能要求。
入口公园分析图
功能分区图
停车站场区
立体交通区
策展活动区
活力商业区
人流组织
停车站场区
立体交通区
策展活动区
活力商业区
策展式空间
展示中心
视线分析
聚合区域
入口公园剖面
活力桶改造
廊桥
廊下空间
下沉广场
廊桥通往仓库改造
生态修复区规划分析
曲线轴为廊道为载体的实体轴线，生态轴线是以中心居住区为边界的围合的虚体空间。两个轴线曲直对比，虚实对比。
道路系统
基地内人车分流，人流结合开放空间设计。
建筑高度
建筑高度自中心绿地向两侧铺展开逐渐递增。其中改造冷却塔为地块内最高点。
开放空间
开放空间由两侧居住区、改造厂房以及公园入口处公共服务设施围合而成。形成界定界面。
5

入口公园

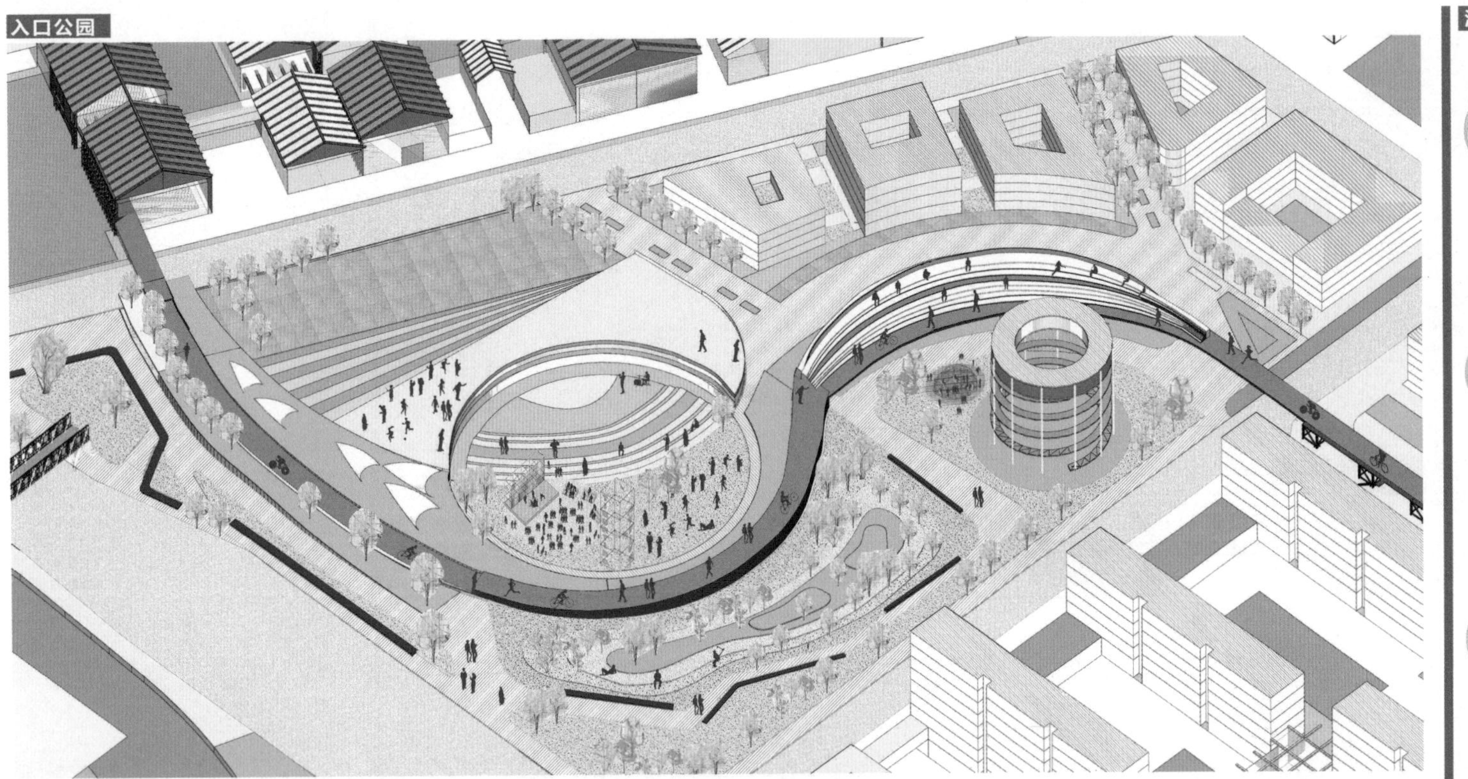

活动构建

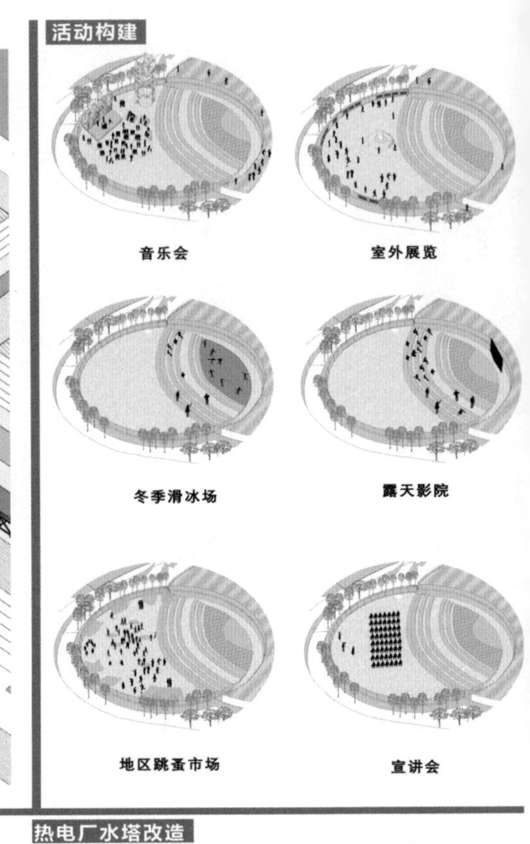

平台活动构建

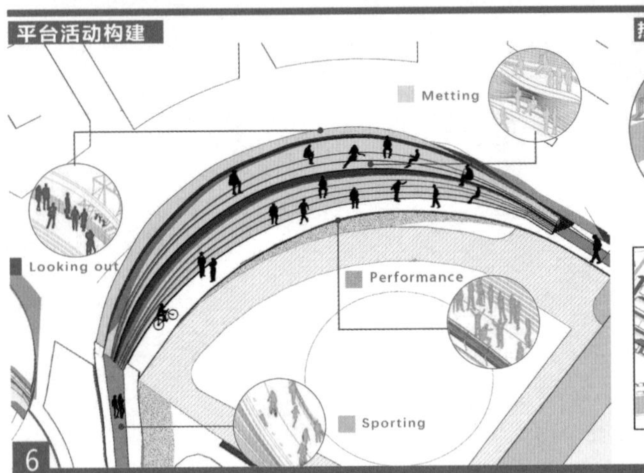

热电厂元素改造示意图

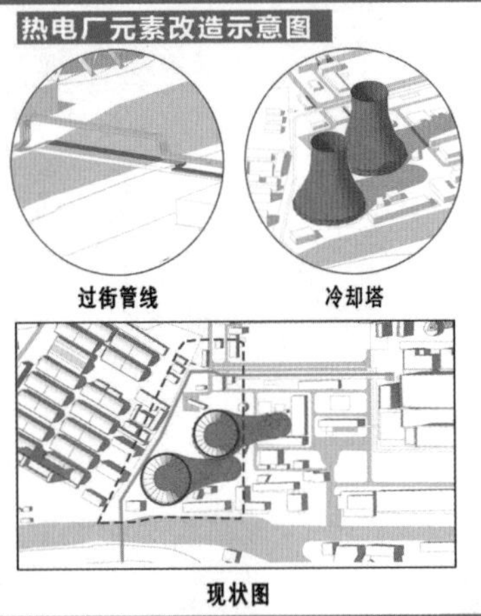

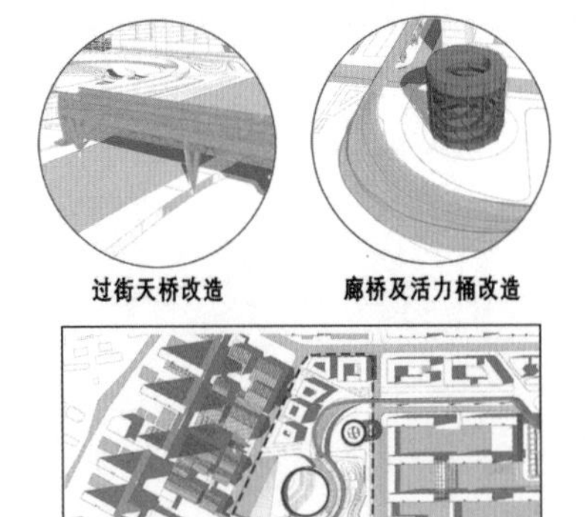

热电厂水塔改造

效果图

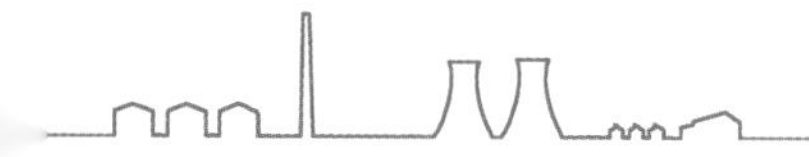

公共活动空间展示

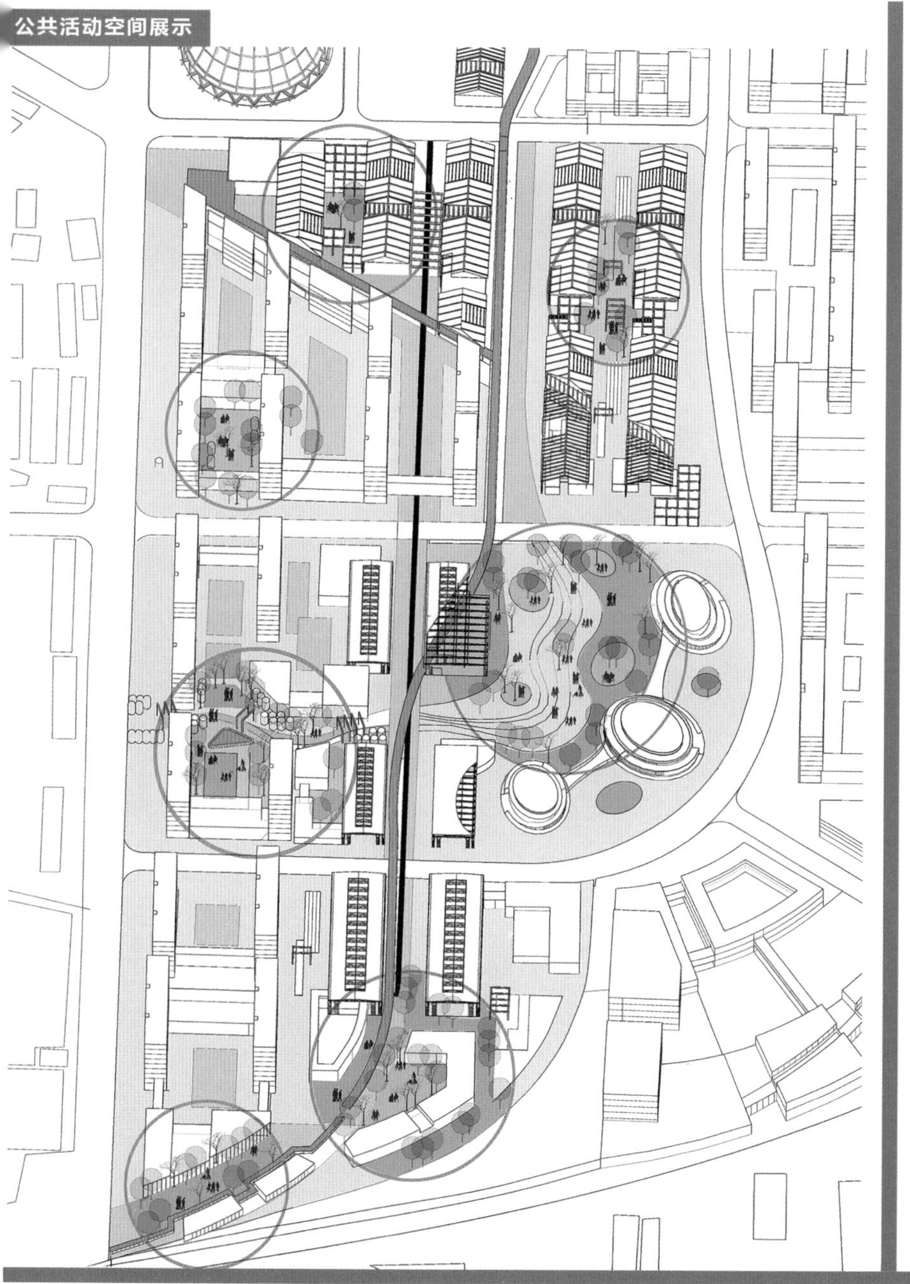

厂房改造策略

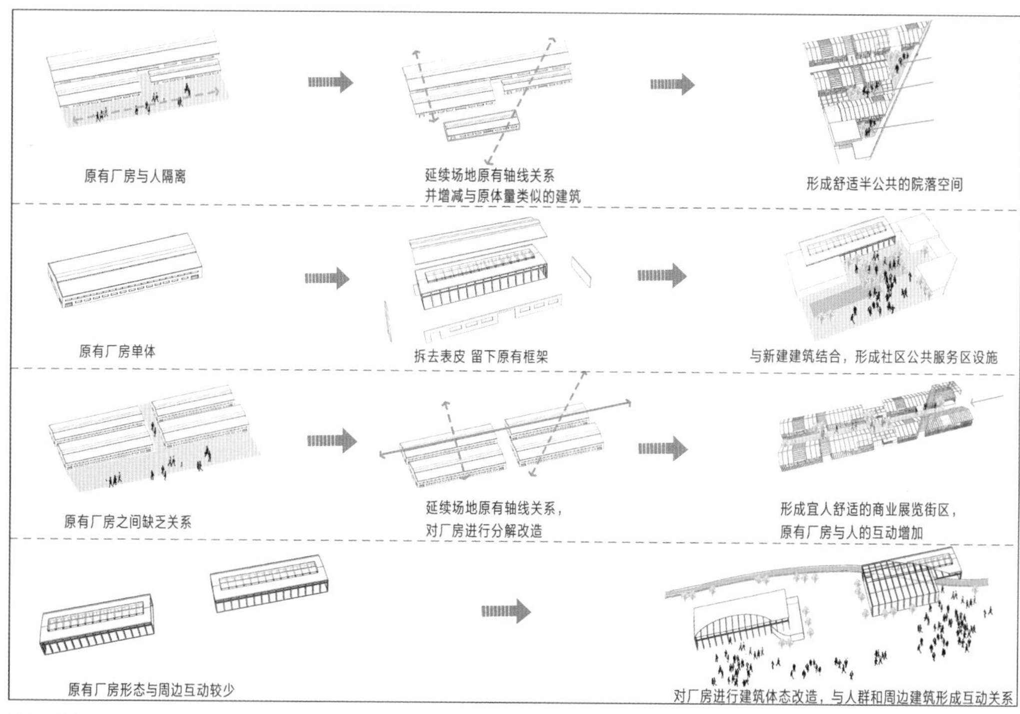

厂房改造示意图

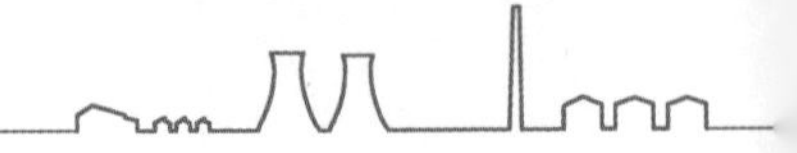

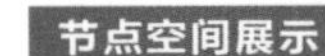

文化轴线展示

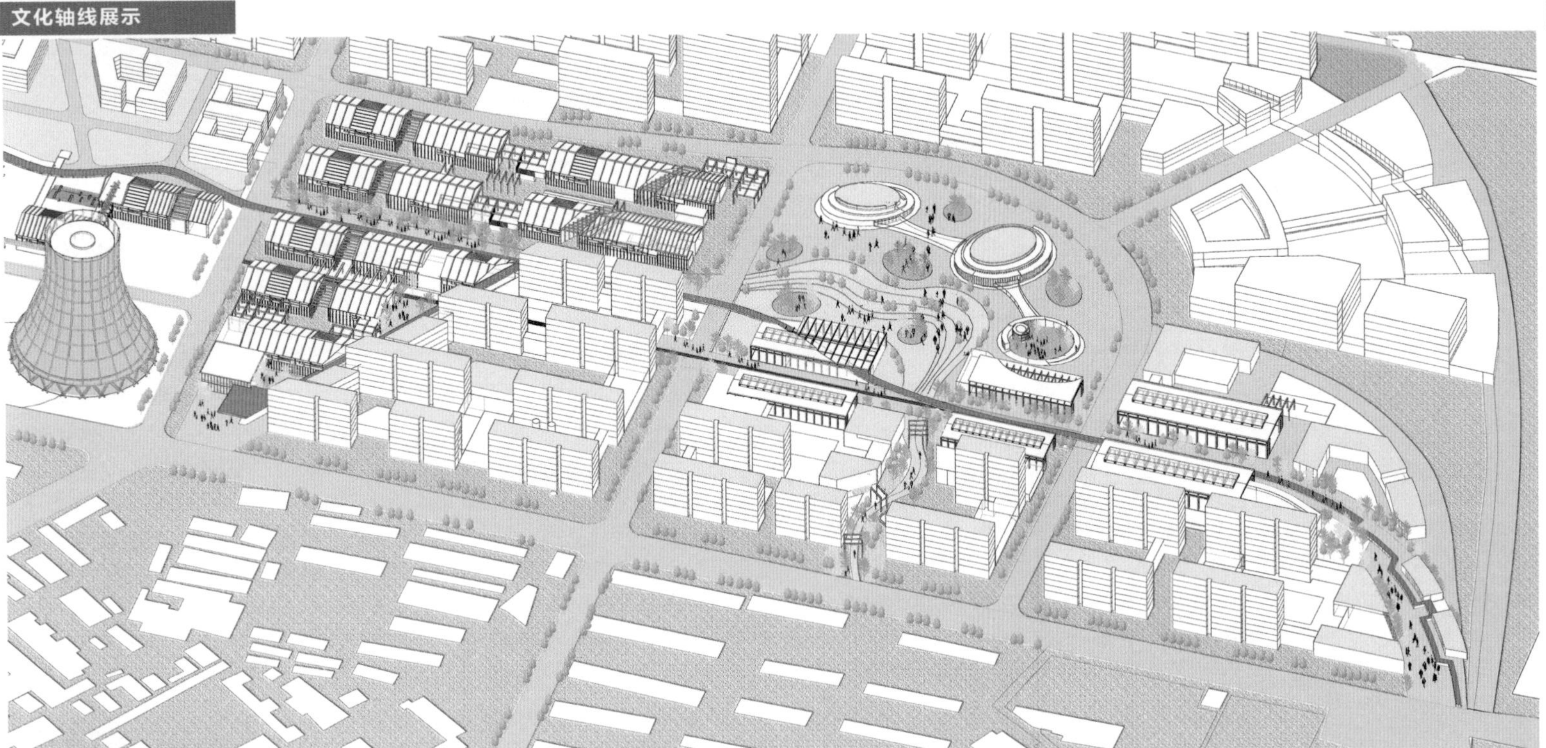

节点空间展示

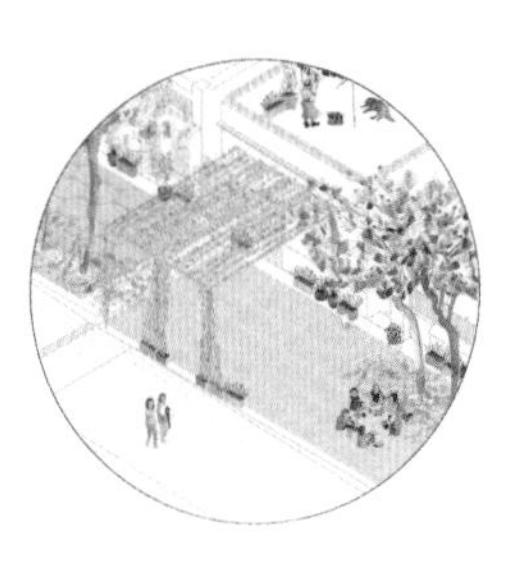

开敞空间活动展示

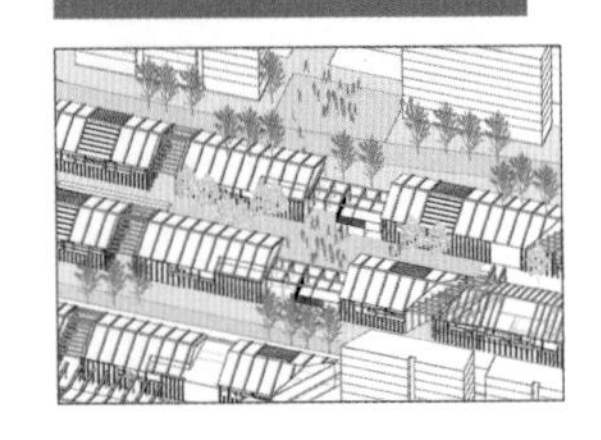

厂房改造形成商业创意街区，人群可以在此集聚、停留以及通过。

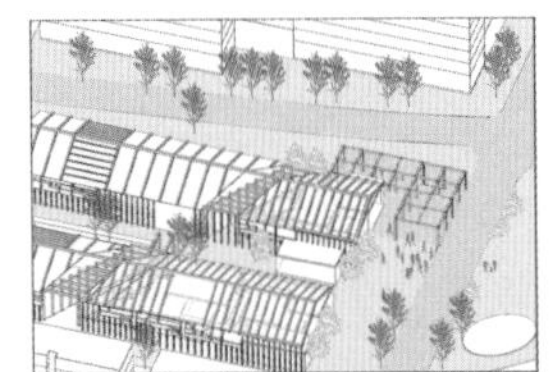

在街角空地设置小的休憩空间，增加社区居民室外活动的丰富性。

与改造建筑结合形成社区公共服务设施，院落空间可供人们不同类型活动使用。

入口广场采用线性空间，引导人流进入。

入口广场立面上分为两个层次，人群可以通过平台进行眺望，平台连接建筑内部，通向室外。

社区活动中心部分设计为开放地景式空间，居民可在此开展聚集性活动。

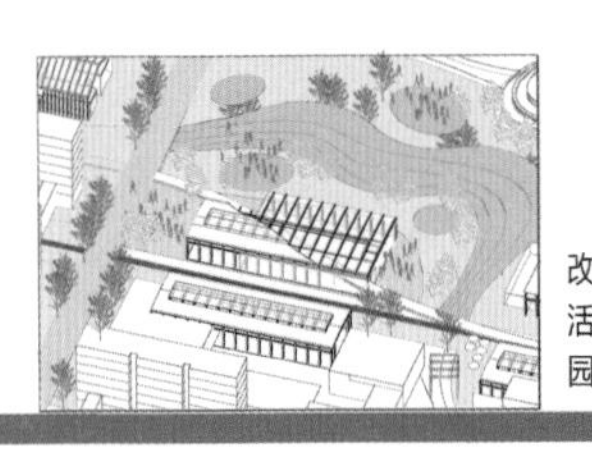

改造原有厂房形成的半室外活动空间，以及中心绿地公园，是居民主要集聚的空间。

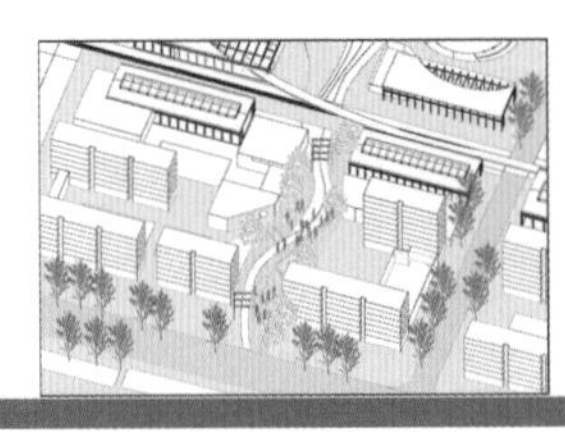

景观廊道上设计部分工厂元素保留，是基地内外的过渡，起引入人群作用。

8

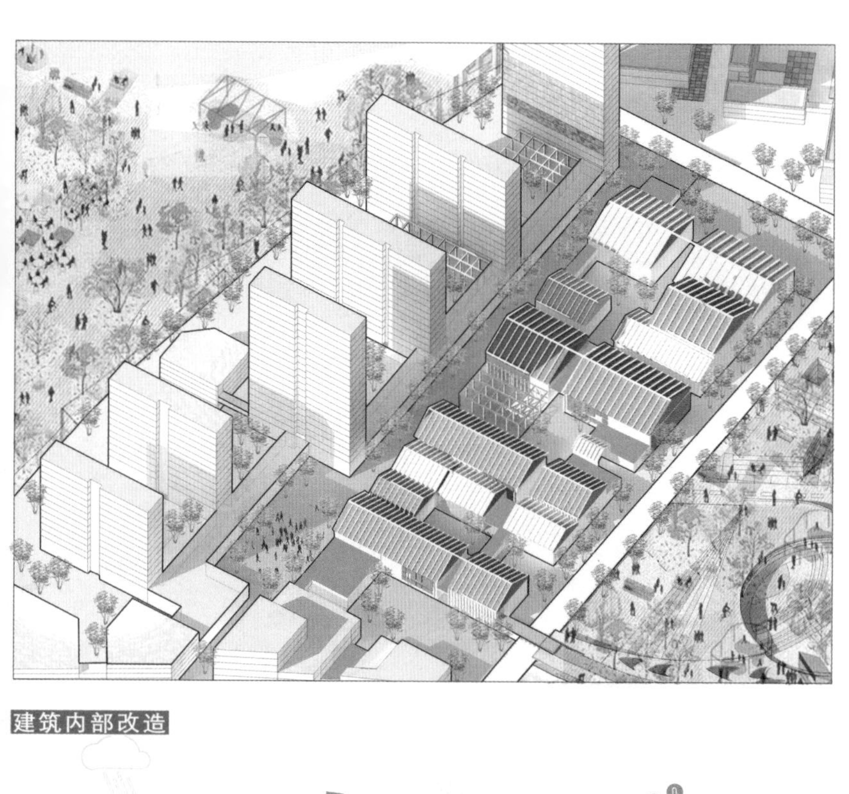

建筑布局推演

原有仓房建筑为行列式

根据功能置入居住尺度建筑

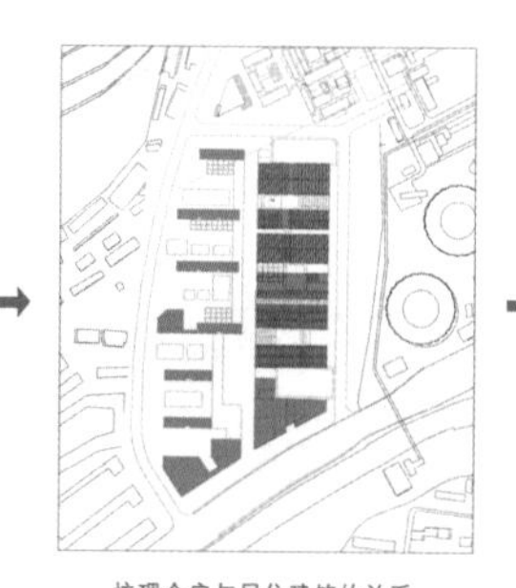

梳理仓房与居住建筑的关系

引入邻里修复概念插入公共空间

车流系统分析

人流系统分析

活动空间分析

绿地系统分析

建筑内部改造

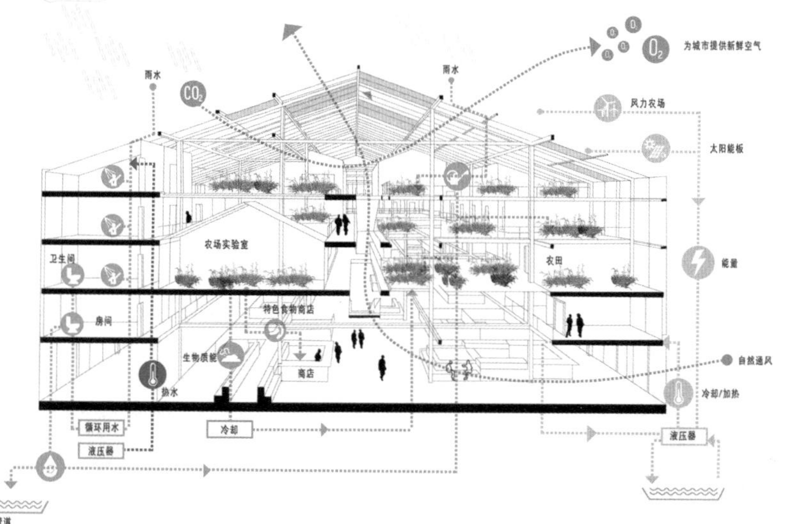

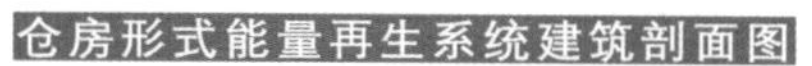

仓房形式能量再生系统建筑剖面图

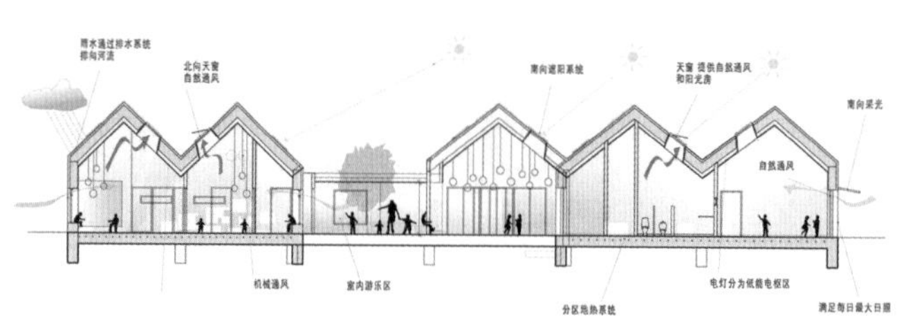

建筑功能布局

9

导师感言

姓名：袁敬诚
职称：教授

工业遗产区是城市的重要基因。本次北方规划教育联盟联合毕业设计选题聚焦城市工业遗产更新。这个选题具有典型性和创新性的特征；一方面，在城市文明的发展过程中，工业化是必经之路，任何城市都存在或大或小的工业园区和工厂，伴随着产业升级和用地置换的发展阶段，运用城市设计的手段，建立工业遗产区与周边城市环境的空间衔接和功能补充，是典型的城市更新问题；另一方面，近年来，工业遗产区域的城市更新发展较快，比较成功的有北京、上海、广州等一线城市，依托工业遗产的视觉显著特点改造成为文化创意园等更新模式，但是对于不同城市和不同地块，发现问题和解决问题的视角、模式和手段都需要因地制宜和深化创新。沈阳市的工业区经过了辉煌发展——落后——转型综合改造的发展过程，粗放的改造模式，给城市发展留下了遗憾。因此，我们需要正视历史、审视发展，在产业升级、新旧动能转换的背景下，探讨城市工业遗产重塑活力的路径和方案，对中国工业博物馆区域、沈海热电厂与东贸库区域城市更新提出富有创意的设计策略。

2020 年的联合毕业设计是个非常的毕业设计，因为疫情原因，我们尝试了一种全新的设计过程“云开题、云调研、云指导、云讨论、云答辩”，参加学校也从去年的 6 所增加到 9 所，经过 3 个月的设计过程，达到了预期的教学目标。在最终答辩阶段我们邀请了高校、设计院的专家和城市管理者组成答辩专家组，专家的精彩点评和真知灼见，让同学们受益匪浅；专家的鼓励，也让我们对北方规划教育联盟在更深、更广范围的协作和共享充满了信心。

2020 年的联合毕业设计是个难忘的毕业设计，尽管我们无法实现踏勘调研、当面指导、现场答辩等常规过程，但是我们依然通过“云平台”体验到了高效的沟通和充分的交流，与各个学校的老师和同学们一起共同献上了精彩的毕业设计课，取得了丰富而创新的设计成果。

最后，祝愿北方规划教育联盟的老师们，身体健康，桃李天下！

祝愿同学们，学有所成，自信启航！

团队感言

蒋莹

首先很荣幸能够参加这次联合毕业设计。

这是一次特殊的毕业设计，由于疫情的影响，我们无法返回沈阳，在线上完成了云调研、云汇报，从一开始的难以适应，到后来逐渐与小组成员形成默契，远程协调与交流方案，及时反馈各自的想法，大家的积极配合与对待毕业设计严谨认真的态度，帮助我们克服了现实中交流不便带来的重重困难。同时，也要感谢我们的指导教师袁敬诚老师对我们的教导，他精益求精的教学态度和对城市设计理想的不懈追求都给了我们极大的启发，一方面使我们认识到了如何以一个正确的态度去面对每一次设计，另一方面，也让我们重新学习到什么样的设计才是一个真正打动人心且有意义的城市设计。我想，这两者对我们未来的工作与学习生活的意义是极为重大的。

在期末答辩中，一方面，其他学校的同学优秀的毕业设计汇报使我们了解到了自己设计中存在的一些不足，也让我们在未来的学习与设计中找到了一个完善自己的目标和方向。另一方面，在场的各位老师经验丰富，学术水平高屋建瓴，他们的点评既一针见血地指出了我们设计上的不足，同时，也为我们未来的职业道路指明了方向和提出了建议。

总而言之，这是一次难忘的经历，我为之付出了许多辛苦与汗水，同时也收获了满满的成果与难忘的回忆。能够这样为自己的本科画一个圆满的句号，我想一切都是值得的。

袁玉珉

我们这次参加了一次特殊的联合毕设，所有的讨论和汇报都在线上完成，隔着一块屏幕比起我们面对面的交流还是有些缺失，然而线上的便利也是它的优势。

随着毕设的结束，本科生涯的最后一课结束了，很感谢袁老师的指导，老师思考问题的方式让我受益匪浅；感谢联合毕设的老师们，给了我们鼓励，给我们批评指正；感谢队友，能和优秀的同学一起努力做一件事是我的幸运；也感谢其他组的同学们，从他们身上学到了很多。

毕业设计就这样结束了，这不仅仅是设计手法的学习，更是思维方式的学习，是做人做事的学习，也让我更清楚了一个设计者的担当。虽然作品还有很多不足之处，但却没有遗憾，本科生涯的这个句号，算是圆满完成了！

张溪桐

大学以来的最后一次课程设计，成为我最难忘的回忆。在整个毕设过程中，指导教师和同学们的帮助使我收获了许多宝贵的理论知识和实践经验。这次的毕业设计使我再一次认识了沈阳这座城市，回溯了当年工业文化的繁荣与复兴。了解了市民的真实想法，也对铁路历史和工业历史印象深刻。感谢沈阳建筑大学提供的良好学习平台，也感谢我的指导教师袁敬诚老师和我的队友们，收获的宝贵知识我将牢记在心。

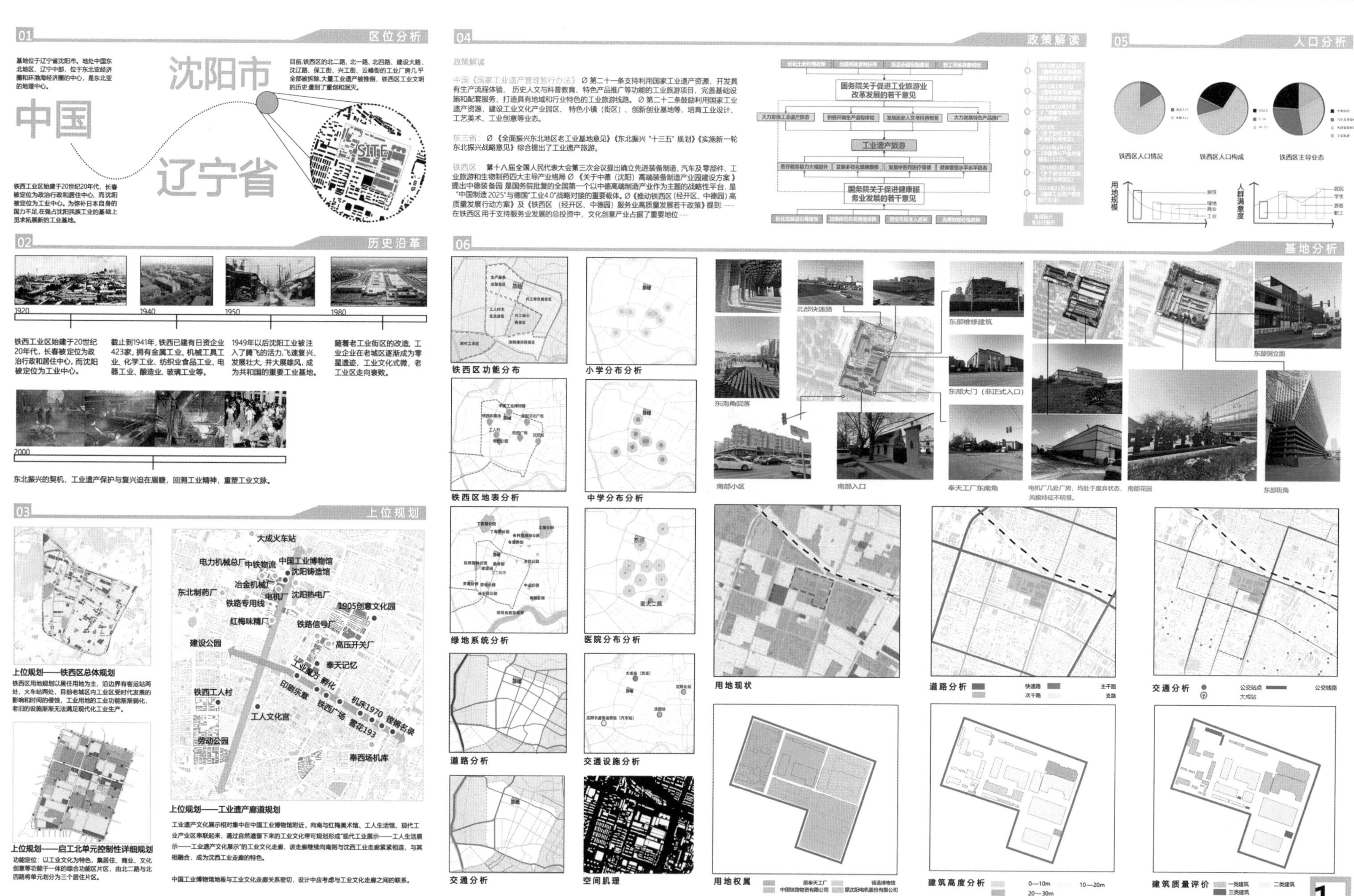

01 区位分析
基地位于辽宁省沈阳市。地处中国东北地区、辽宁中部，位于东北亚经济圈和环渤海经济圈的中心，是东北亚的地理中心。
沈阳市
中国
辽宁省
目前,铁西区的北二路、北一路、北四路、建设大路、沈辽路、保工街、兴工街、云峰街的工业厂房几乎全部被拆除,大量工业遗产被推倒，铁西区工业文明的历史遭到了重创和泯灭。
SITE
铁西工业区始建于20世纪20年代，长春被定位为政治行政和居住中心，而沈阳被定位为工业中心。为弥补日本自身的国力不足,在强占沈阳民族工业的基础上觅求拓展新的工业基地。
02 历史沿革
1920
1940
1950
1980
铁西工业区始建于20世纪20年代，长春被定位为政治行政和居住中心，而沈阳被定位为工业中心。
截止到1941年，铁西已建有日资企业423家，拥有金属工业、机械工具工业、化学工业、纺织业食品工业、电器工业、酿造业、玻璃工业等。
1949年以后沈阳工业被注入了腾飞的活力,飞速复兴、发展壮大，并大展雄风，成为共和国的重要工业基地。
随着老工业街区的改造，工业企业在老城区逐渐成为零星遗迹，工业文化式微，老工业区走向衰败。
2000
东北振兴的契机，工业遗产保护与复兴迫在眉睫，回溯工业精神，重塑工业文脉。
03 上位规划
上位规划——铁西区总体规划
铁西区用地规划以居住用地为主，沿边界有客运站两处，火车站两处，目前老城区内工业区受时代发展的影响和时间的侵蚀，工业用地的工业功能渐渐弱化，老旧的设施渐渐无法满足现代化工业生产。
上位规划——启工北单元控制性详细规划
功能定位：以工业文化为特色，集居住、商业、文化创意等功能于一体的综合功能区片区，由北二路与北四路将单元划分为三个居住片区。
大成火车站
电力机械总厂
中铁物流
中国工业博物馆
沈阳铸造馆
冶金机械厂
电机厂
沈阳热电厂
东北制药厂
铁路专用线
1905创意文化园
红梅味精厂
铁路信号厂
建设公园
高压开关厂
奉天记忆
工业魔方
孵化
印刷乐章
铁西工人村
铁西广场
机床1970
铿锵名录
工人文化宫
雪花193
劳动公园
奉西场机库
上位规划——工业遗产廊道规划
工业遗产文化展示相对集中在中国工业博物馆附近、向南与红梅美术馆、工人生活馆、现代工业产业区串联起来，通过自然遗留下来的工业文化带可规划形成“现代工业展示——工人生活展示——工业遗产文化展示”的工业文化走廊，该走廊继续向南则与沈西工业走廊紧紧相连，与其相融合，成为沈西工业走廊的特色。
中国工业博物馆地段与工业文化走廊关系密切，设计中应考虑与工业文化走廊之间的联系。
04 政策解读
政策解读
中国《国家工业遗产管理暂行办法》 Ø 第二十一条支持利用国家工业遗产资源，开发具有生产流程体验、 历史人文与科普教育、特色产品推广等功能的工业旅游项目，完善基础设施和配套服务，打造具有地域和行业特色的工业旅游线路。 Ø 第二十二条鼓励利用国家工业遗产资源，建设工业文化产业园区、 特色小镇（街区）、创新创业基地等，培育工业设计、工艺美术、工业创意等业态。
东三省： Ø 《全面振兴东北地区老工业基地意见》《东北振兴“十三五”规划》《实施新一轮东北振兴战略意见》综合提出了工业遗产旅游。
铁西区： 第十八届全国人民代表大会第三次会议提出确立先进装备制造、汽车及零部件、工业旅游和生物制药四大主导产业格局 Ø 《关于中德（沈阳）高端装备制造产业园建设方案》提出中德装备园 是国务院批复的全国第一个以中德高端制造产业作为主题的战略性平台，是“中国制造2025”与德国“工业4.0”战略对接的重要载体。Ø《推动铁西区（经开区、中德园）高质量发展行动方案》及《铁西区 （经开区、中德园）服务业高质量发展若干政策》提到……在铁西区用于支持服务业发展的总投资中，文化创意产业占据了重要地位……
国务院关于促进工业旅游业改革发展的若干意见
工业遗产旅游
国务院关于促进健康服务业发展的若干意见
05 人口分析
铁西区人口情况
铁西区人口构成
铁西区主导业态
用地规模
人群满意度
06 基地分析
铁西区功能分布
小学分布分析
铁西区地表分析
中学分布分析
绿地系统分析
医院分布分析
道路分析
交通设施分析
交通分析
空间肌理
北部快速路
东部维修建筑
东部大门（非正式入口）
东南角院落
东部侧立面
南部小区
南部入口
奉天工厂东南角
电机厂几处厂房，均处于废弃状态，风貌特征不明显。
南部花园
东部街角
用地现状
道路分析
快速路
主干路
次干路
支路
交通分析
公交站点
公交线路
大成站
用地权属
原奉天工厂
铸造博物馆
中国铁路物资有限公司
原沈阳电机股份有限公司
建筑高度分析
0—10m
10—20m
20—30m
建筑质量评价
一类建筑
二类建筑
三类建筑
1.

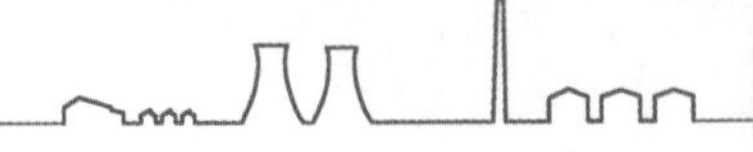

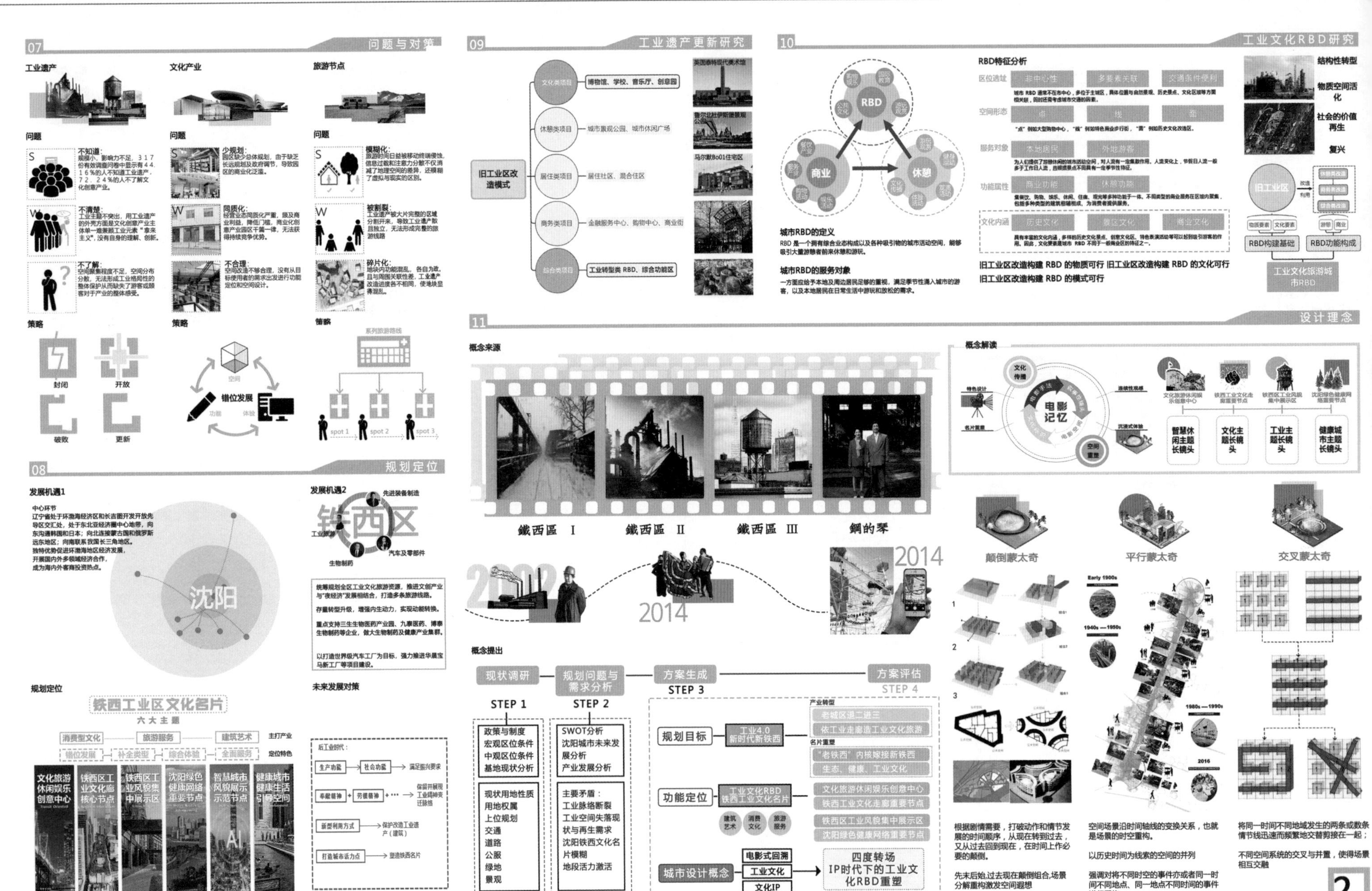
07 问题与对策
工业遗产
文化产业
旅游节点
问题
不知道：
不清楚：
不了解：
少规划：
同质化：
不合理：
模糊化：
被割裂：
碎片化：
策略
封闭
开放
破败
更新
错位发展
09 工业遗产更新研究
旧工业区改造模式
文化类项目
博物馆、学校、音乐厅、创意园
休憩类项目
城市景观公园、城市休闲广场
居住类项目
居住社区、混合住区
商务类项目
金融服务中心、购物中心、商业街
综合类项目
工业转型类RBD、综合功能区
10 工业文化RBD研究
RBD
商业
休憩
城市RBD的定义
RBD是一种拥有综合业态构成以及各种吸引物的城市活动空间，能够吸引大量游憩者前来休憩和游玩。
城市RBD的服务对象
RBD特征分析
区位选址
非中心性
多要素关联
交通条件便利
空间形态
点
线
面
服务对象
本地居民
外地游客
功能属性
商业功能
休憩功能
文化内涵
历史文化
景区文化
商业文化
旧工业区改造构建RBD的物质可行 旧工业区改造构建RBD的文化可行
旧工业区改造构建RBD的模式可行
结构性转型
物质空间活化
社会的价值再生
复兴
旧工业区
RBD构建基础
RBD功能构成
工业文化旅游城市RBD
08 规划定位
发展机遇1
沈阳
发展机遇2
铁西区
先进装备制造
汽车及零部件
生物制药
工业旅游
未来发展对策
规划定位
铁西工业区文化名片
六大主题
消费型文化
旅游服务
建筑艺术
主打产业
错位发展
补全类型
综合体验
全面服务
定位特色
文化旅游休闲娱乐创意中心
铁西区工业文化廊核心节点
铁西区工业风貌集中展示区
沈阳绿色健康网络重要节点
智慧城市风貌展示示范节点
健康城市健康生活引导空间
11 设计理念
概念来源
鐵西區 Ⅰ
鐵西區 Ⅱ
鐵西區 Ⅲ
鋼的琴
2014
2014
概念解读
电影记忆
智慧休闲主题长镜头
文化主题长镜头
工业主题长镜头
健康城市主题长镜头
颠倒蒙太奇
平行蒙太奇
交叉蒙太奇
概念提出
现状调研
STEP 1
规划问题与需求分析
STEP 2
方案生成
STEP 3
方案评估
STEP 4
政策与制度
宏观区位条件
中观区位条件
基地现状分析
现状用地性质
用地权属
上位规划
交通
道路
公服
绿地
景观
SWOT分析
沈阳城市未来发展分析
产业发展分析
主要矛盾：
工业脉络断裂
工业空间失落现状与再生需求
沈阳铁西文化名片模糊
地段活力激活
规划目标
工业4.0 新时代新铁西
功能定位
工业文化RBD 铁西工业文化名片
城市设计概念
电影式回溯
工业文化
文化IP
四度转场 IP时代下的工业文化RBD重塑
根据剧情需要，打破动作和情节发展的时间顺序，从现在转到过去，又从过去回到现在，在时间上作必要的颠倒。
先末后始，过去现在颠倒组合，场景分解重构激发空间遐想
空间场景沿时间轴线的变换关系，也就是场景的时空重构。
以历史时间为线索的空间的并列
强调对将不同时空的事件亦或者同一时间不同地点、同一地点不同时间的事件进行重构
将同一时间不同地域发生的两条或数条情节线迅速而频繁地交替剪接在一起；
不同空间系统的交叉与并置，使得场景相互交融
2.

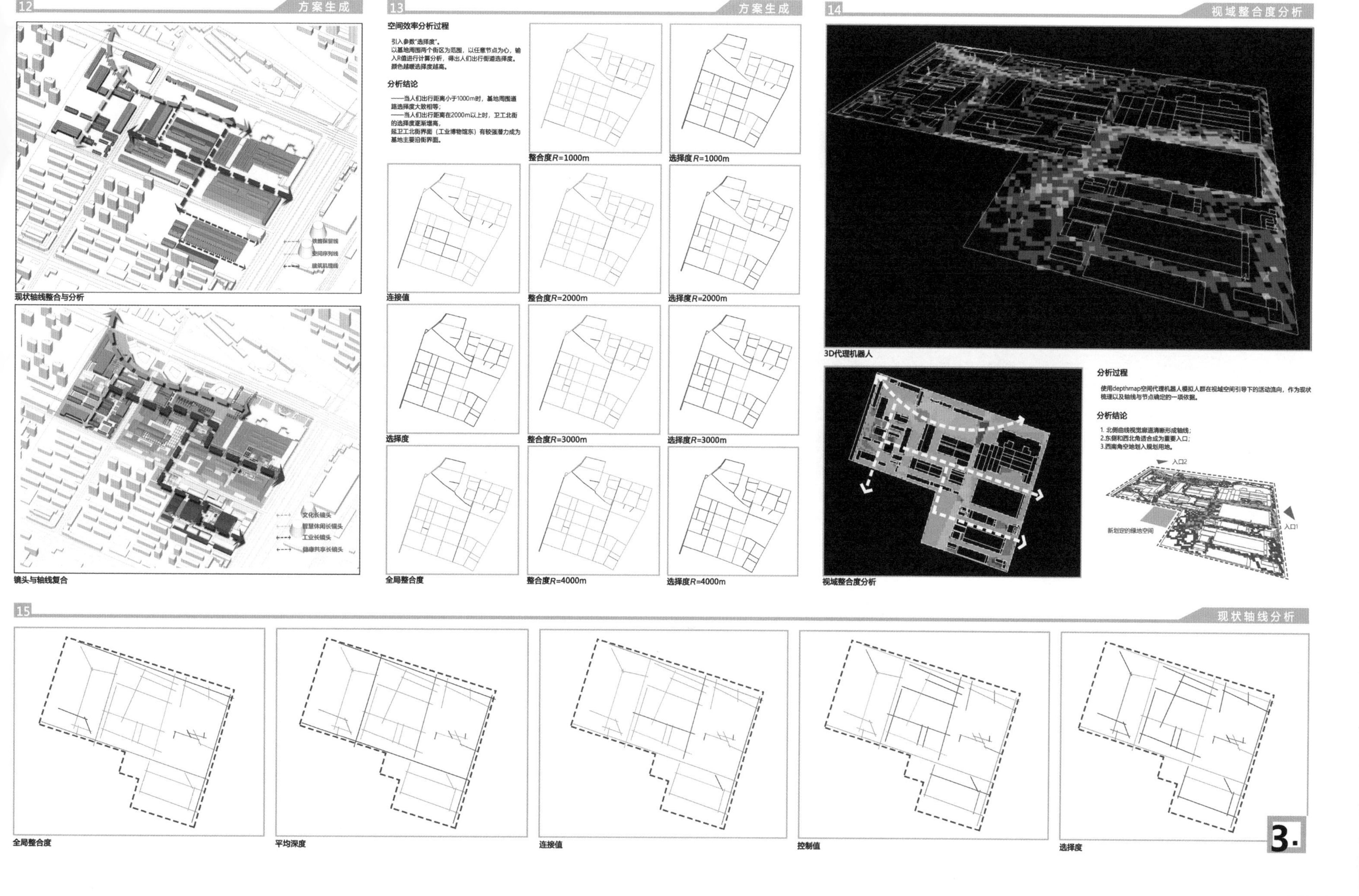

12
方案生成
铁路保留线
空间序列线
建筑肌理线
现状轴线整合与分析
文化长镜头
智慧休闲长镜头
工业长镜头
健康共享长镜头
镜头与轴线复合
13
方案生成
空间效率分析过程
引入参数"选择度"。
以基地周围两个街区为范围，以任意节点为心，输入R值进行计算分析，得出人们出行街道选择度。
颜色越暖选择度越高。
分析结论
——当人们出行距离小于1000m时，基地周围道路选择度大致相等；
——当人们出行距离在2000m以上时，卫工北街的选择度逐渐增高，
延卫工北街界面（工业博物馆东）有较强潜力成为基地主要沿街界面。
整合度R=1000m
选择度R=1000m
连接值
整合度R=2000m
选择度R=2000m
选择度
整合度R=3000m
选择度R=3000m
全局整合度
整合度R=4000m
选择度R=4000m
14
视域整合度分析
3D代理机器人
视域整合度分析
分析过程
使用depthmap空间代理机器人模拟人群在视域空间引导下的活动流向，作为现状梳理以及轴线与节点确定的一项依据。
分析结论
1. 北侧曲线视觉廊道清晰形成轴线；
2.东侧和西北角适合成为重要入口；
3.西南角空地划入规划用地。
入口2
入口1
新划定的绿地空间
15
现状轴线分析
全局整合度
平均深度
连接值
控制值
选择度
3.

16 区位分析

功能分区

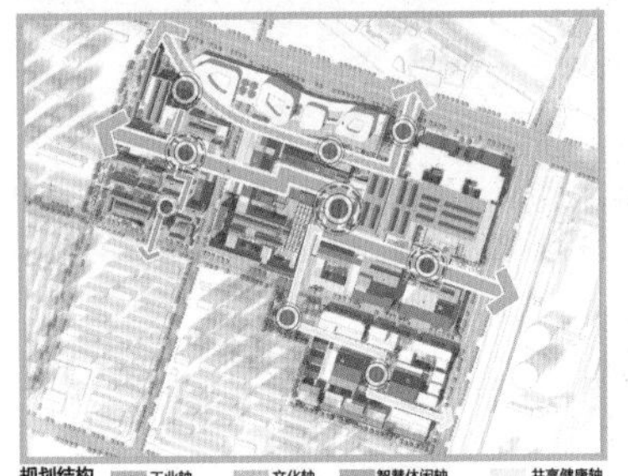
规划结构 工业轴 文化轴 智慧休闲轴 共享健康轴

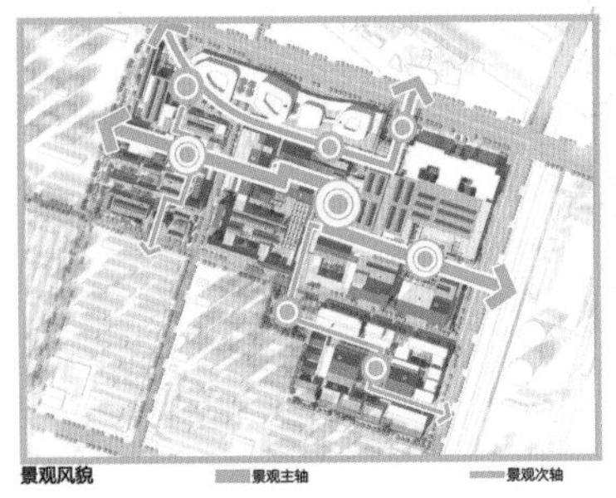
景观风貌 景观主轴 景观次轴

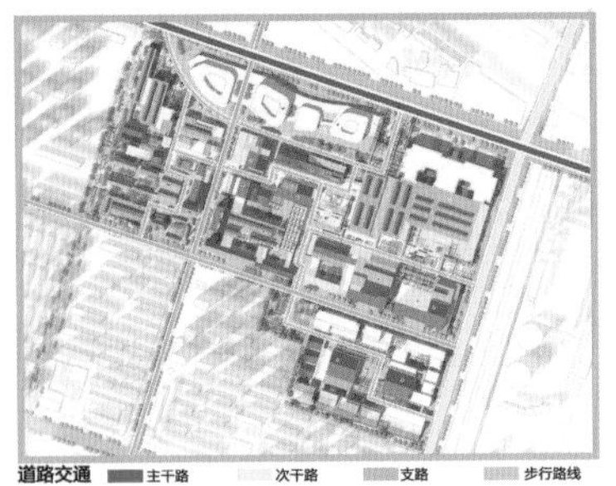
道路交通 主干路 次干路 支路 步行路线

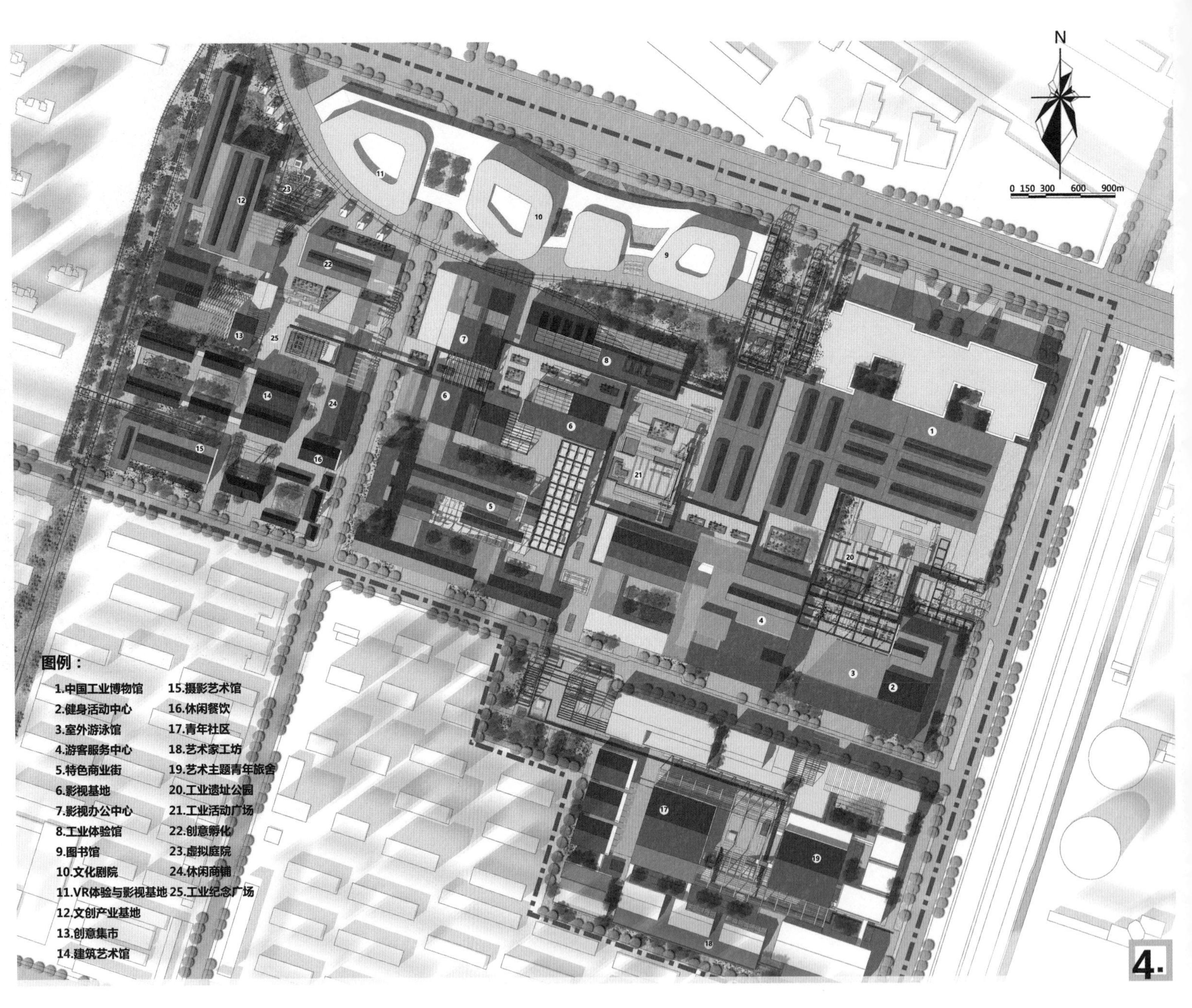

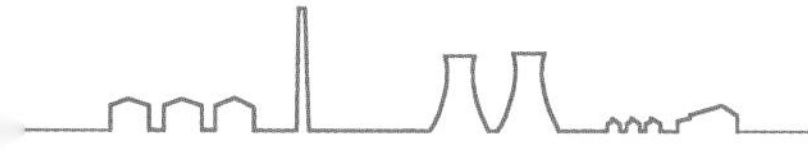

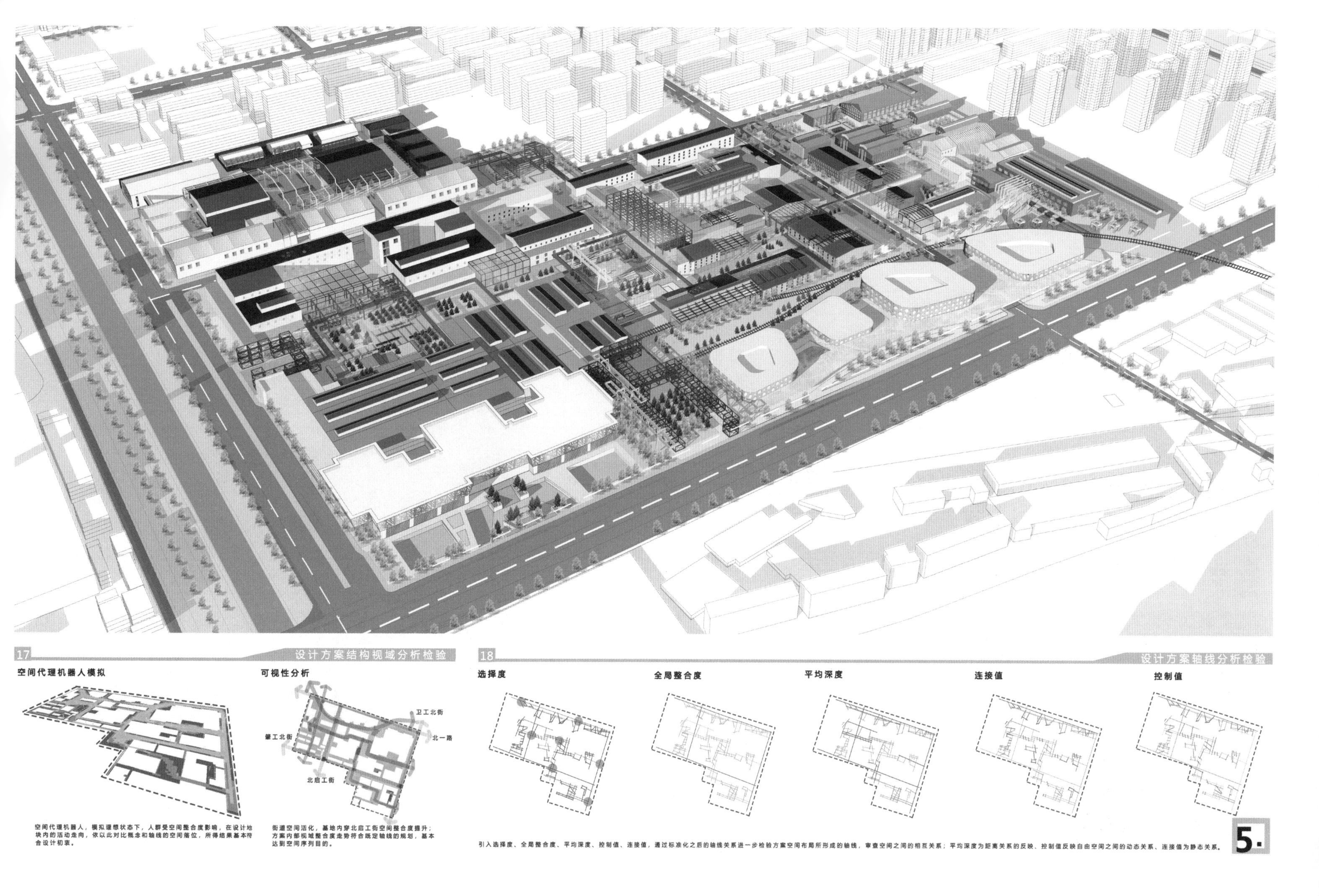

空间代理机器人，模拟理想状态下，人群受空间整合度影响，在设计地块内的活动走向，依以此对比概念和轴线的空间落位，所得结果基本符合设计初衷。

街道空间活化，基地内穿北启工街空间整合度提升；方案内部视域整合度走势符合既定轴线的规划，基本达到空间序列目的。

引入选择度、全局整合度、平均深度、控制值、连接值，通过标准化之后的轴线关系进一步检验方案空间布局所形成的轴线，审查空间之间的相互关系；平均深度为距离关系的反映、控制值反映自由空间之间的动态关系、连接值为静态关系。

19 工业长镜头分析

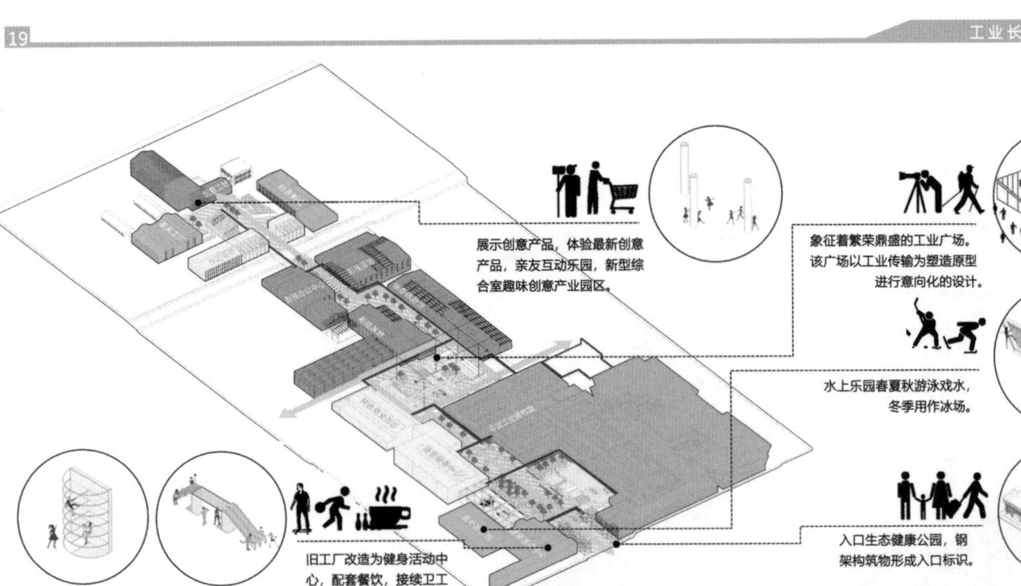

电影放映——工业长镜头解读

依照 铸造厂—电机厂—奉天工厂的建厂时间，沿着时间脉络，探索不同时期的工业场景。

工业轴线起始处于卫工北街。既是毗邻工业博物馆象征着工业文化的萌芽，同时从卫工明渠开始向基地内进行景观渗透。

沿轴线前行，走过了工业文明最初发展的漫长阶段，来到了1950年代象征着繁荣鼎盛的工业广场。该广场以工业传输为塑造原型进行意向化的设计。

从远处观看巨大的龙门吊作为整个广场的标志性构筑物，引人注目。广场的平面划分上通过三乘三的直线进行划分，象征着工业时期井然有序、按部就班目集体统一的行为活动。

三条直线的宽窄、长度、深度以及材质等富有变化，在有序的空间中塑造不同的场景。广场整体意向为一个宏大的传输机器，但走进其中又可以感受到别有洞天的氛围。整个工业广场的核心意在体现铁西的集体主义精神。

1980s节点——复兴
工业辉煌戛然而止，工业风貌、开放体验式功能的建筑包围着模糊了室内外界限的广场，营造后现代主义的现代活跃气息。

1950s节点——繁盛
时光流转，场景由旷野转向围合式的空间，展现东北工业时代的集体主义氛围，营造以室外活动为主的剧场式空间。

1920s节点——萌芽
铸造博物馆工业构筑物的粗犷与剥蚀——生态公园的优美景色形成冲突对比，制造旷野与精致的电影场景。

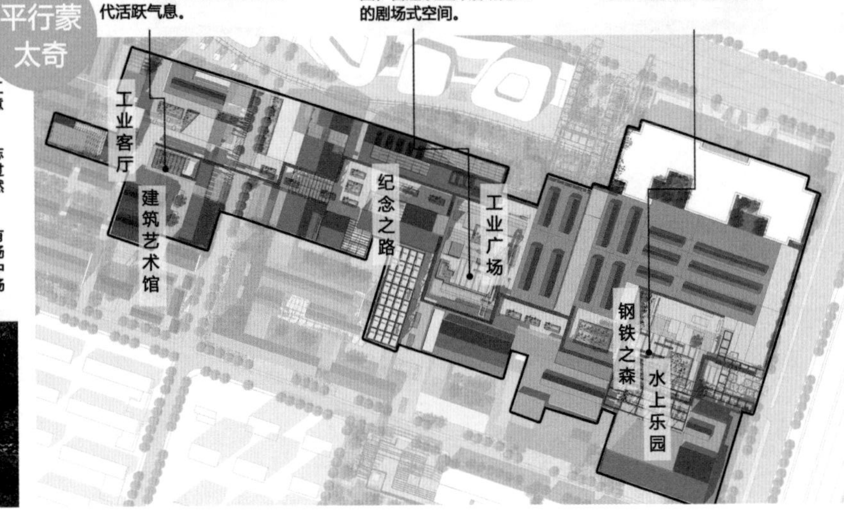

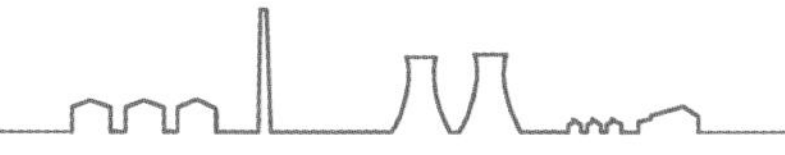

20 文化长镜头分析

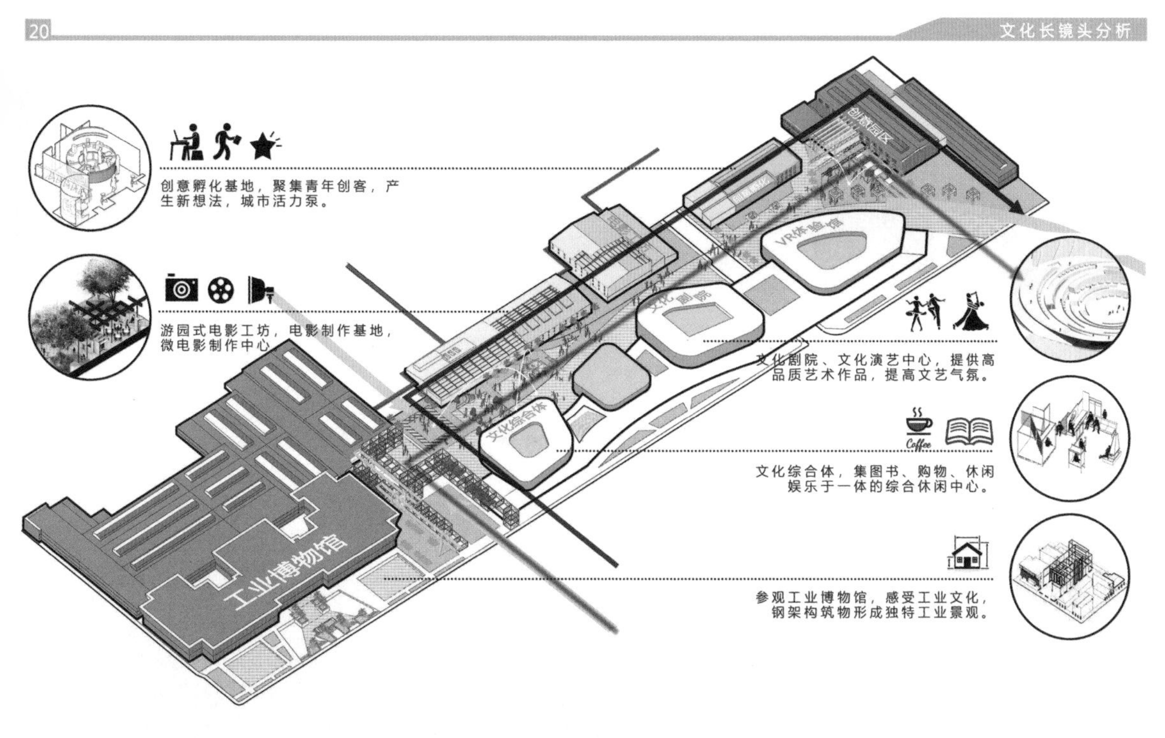

电影放映——文化长镜头解读

文化镜头线沿弧形铁轨展开，在序列的不同特殊交接节点进行不同主题的场景塑造，并按照起—承—转—合的叙事性空间序列，形成完整的沉浸式文化体验电影空间，展现趣味文化空间。

连续蒙太奇

合
文化序列的结尾，建筑文化公园与VR馆形成较为静谧与私密的"后花园"式休闲空间。

转
弧形转折处嵌入建筑，形成空间转折。

承
多线交汇空间工业镜头——文化镜头——文化主体 建筑背景三重空间，营造空间的景深感。

起
工业博物馆前广场和龙门吊艺术构筑物廊架构成场景开端。

21 智慧休闲长镜头分析

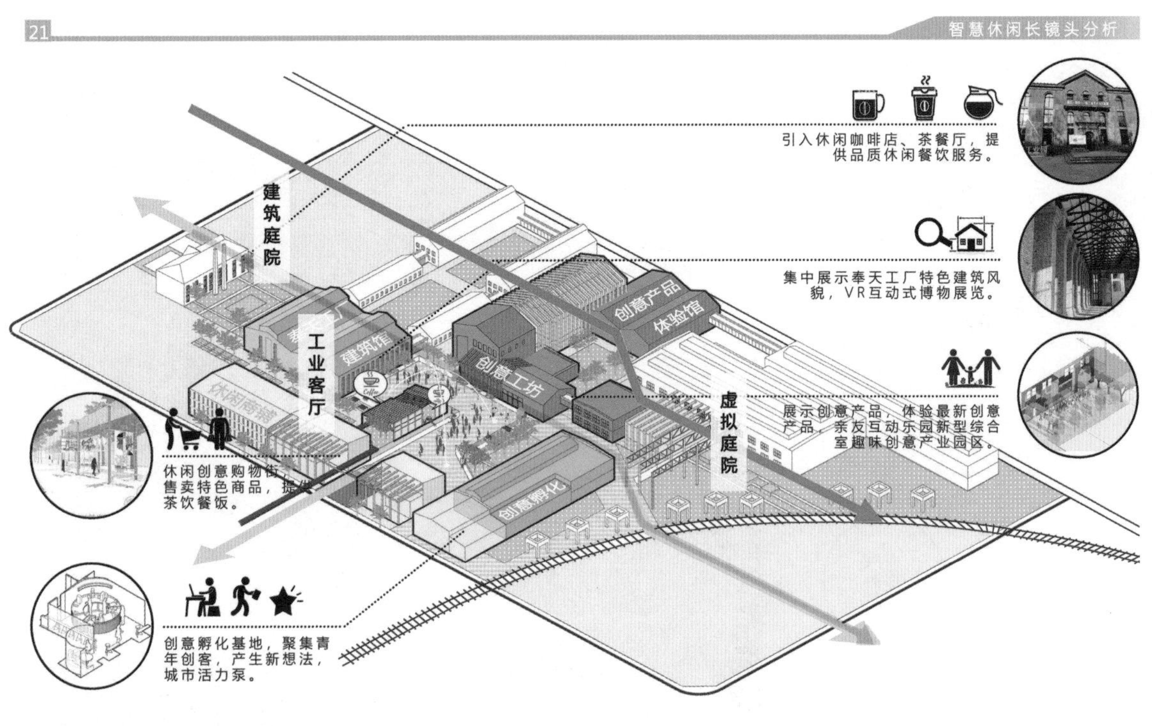

电影放映——智慧休闲长镜头解读

空间功能常规认知与设计空间在形态上的颠倒。如:室外空间与室内空间认知的颠倒，传统商业空间与设计的颠倒，以此串联建筑休闲广场—工业客厅—虚拟庭院，形成完整的颠倒蒙太奇场景序列，营造后现代工业场景，制造现代与工业相互交融的活跃、趣味空间体验。

虚拟庭院
改变办公空间的单一印象，产业园对外开放增加产业与游人的互动，趣味后花园起这一作用。

工业客厅
室内功能室外化，模糊室内外空间界限、建筑主体空间界限。

建筑休闲广场
建筑作为艺术品陈列室外，室外博物馆的空间意向与传统商业空间认知相颠倒。

颠倒蒙太奇

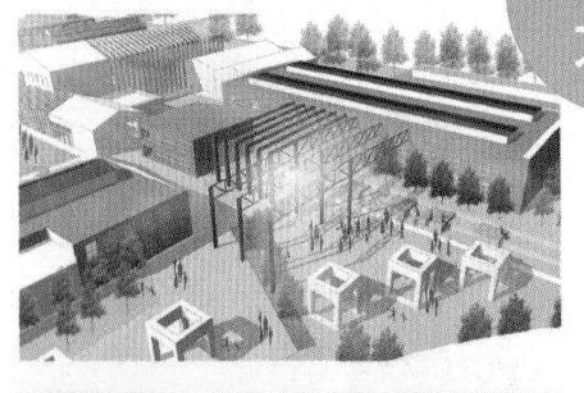

22 文化长镜头分析

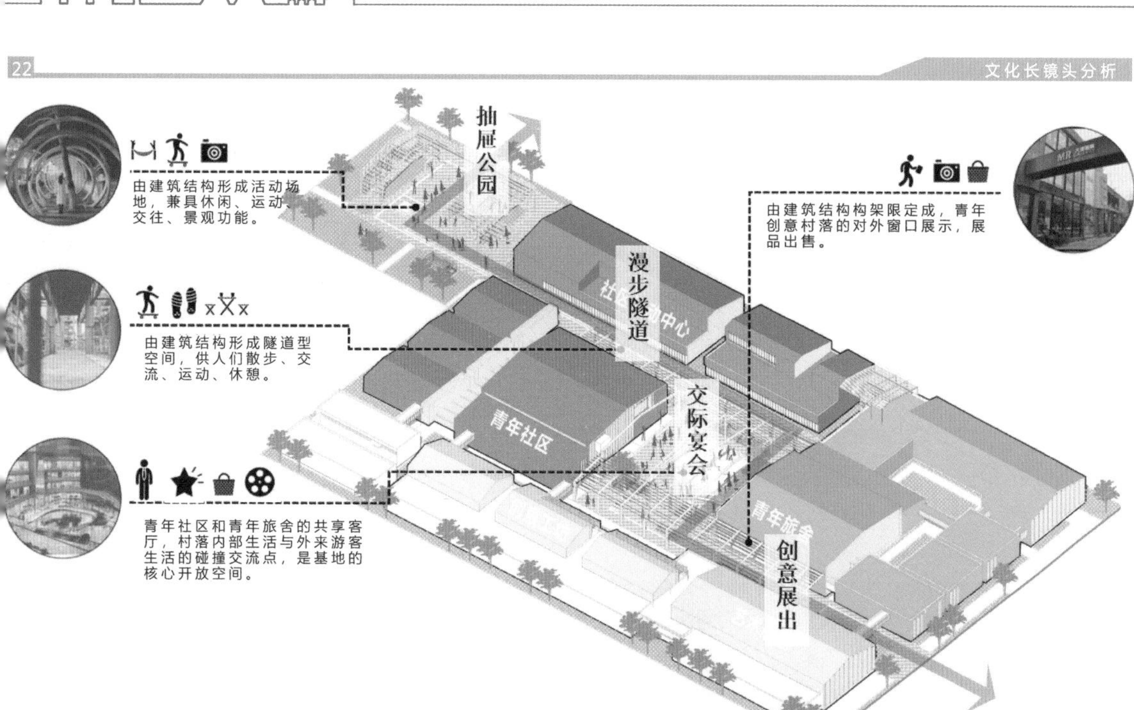

电影放映——健康共享长镜头解读

工业文化下的健康共享生活的叙事性故事线，连续的空间秩序组成动静结合的镜头。

抽屉公园

厂房构架抽屉般抽出，形成自然和交往的空间，呼吸绿色的工业空气，打开健康共享长镜头的开端。

交际舞会

大尺度厂房"去皮留骨"形成的室外开放空间，将青年社区的创作生活与游客居住的青年旅舍建立起紧密的联系。

文化走廊

承载青年创意的展示，通过建筑结构构成的廊道序列，由现代城市空间转进工业空间。

连续蒙太奇

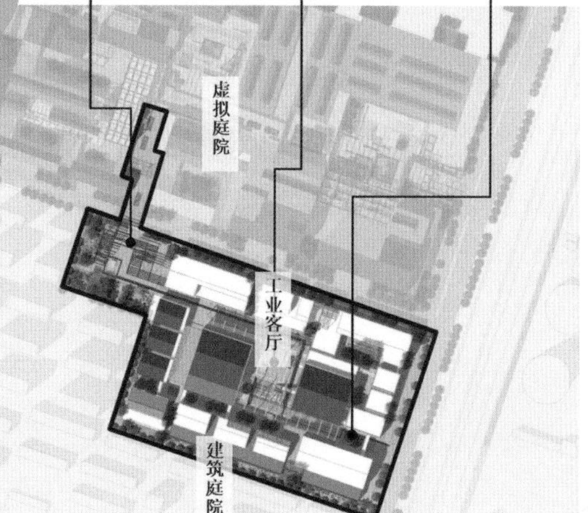

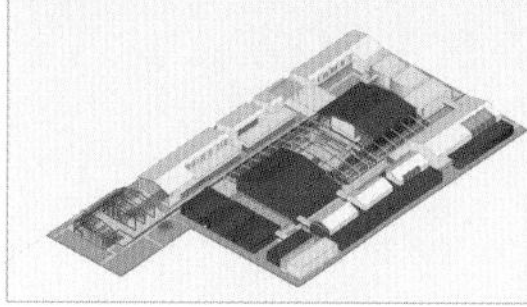

北京建筑大学

Beijing University of Civil Engineering and Architecture

济南大学
大连理工大学
北京工业大学
吉林建筑大学
山东建筑大学
天津城建大学
内蒙古工业大学
北京建筑大学
沈阳建筑大学

北京建筑大学

序言

沈海 2049
公共卫生与公共健康视角下的工业遗址保护更新设计

由建筑学院石炀老师带队的两组共 6 名 2015 级城乡规划专业本科生参加了此次联合毕业设计。结合当下疫情，两个小组共同关注到“健康城市”这一议题，都尝试充分开发工业遗产地块的特性来构建“健康模块”，为工业遗产区域的更新提供新的思路和手法。经过深入讨论和论证，两个小组的共同主题为“公共卫生与公共健康视角下的工业遗址保护更新设计”，而根据各小组的研究方向，具体细分为城市健康的两个方面——城市公共空间对灾害、传染病等突发事件的承载能力以及城市改善居民心理健康，促进社会交往的作用。

团队简介

由北京建筑大学石炀老师带队的师生团队

荣玥芳

北京建筑大学
建筑与城市规划学院
教授 规划系主任

石炀

北京建筑大学
建筑与城市规划学院
讲师

沈阳市工业遗产区域保护更新设计是一次很好的研究机会，思考工业遗址保护更新在未来城市可持续发展中的潜在价值、设计理念和趋势。城市公共安全和健康问题，是摆在规划行业面前的一道思考题，存在许多可供讨论的具体议题，更加弹性的可转换空间、更加多样的公共功能、更具活力的城市设施等，同学们在设计中进行了大胆设想和严谨求证，在特殊的时期，做出了特别的毕业设计。

郑衍镱

这次的联合毕设对于我们而言是一次很特别的设计，因为疫情，我们不得不在线上进行一次又一次的讨论和分工，同样也是因为疫情，“公共卫生与公共健康”成为了我们此次设计的核心议题。在具体的理念落地和深入设计的过程中，石炀老师也不断地帮助我们从更加宏观的视角去分析地块和周边的联系，进一步理清平灾结合策略落实在工业遗产地块上的手法，让我们更加大胆地去改造升级这一地块，以达到更加纯粹和大气的设计效果。总之，这是一次非常“过瘾”的设计，我们组员之间对于设计的分析论证，以及与老师之间的想法碰撞，都淋漓尽致地体现在最终的设计上。在以后，我们都将进入职场，抑或是继续求学深造，将会面临更多不同的境遇，以及随之而来的成败得失，但无论前途如何，我都希望自己可以忠于内心，保持热情。朋友们，未来见。

张钰曈

这次毕设相较于以前的设计有了两个特点，第一点是由于疫情的原因，线上合作完成方案是前所未有的，虽然会在一定程度上带来分工与交流上的不便，但也激发了同学对于设计的独立思考能力与发散性思维。其二是相较于以前的设计更为大胆，失去了很多桎梏，石炀老师认为毕业设计将是我们人生中最后一次真正没有其他要求，充分表达自己的机会，那么毕业设计就应该按照自己的想法来，做一些哪怕只能在脑子里实现的设计。也因此，这次毕业设计很“爽”，完全按照自己想要的效果，间杂着一些小心思与小疯狂。

杜一凡

2020 年注定是不平凡的一年，这一年我们云毕业、我们云毕设、云课堂，几乎所有的事都在网络上进行，全新的模式给我们带来了很大的挑战，也提供了一个难得的实践机遇。一开始我们觉得在线不可能做得出小组设计，一直期盼着回校，但直到答辩结束的最后一刻前，我们都在奋力地准备最后的成果，相隔千里的中国大地各处联线学习有苦也有乐。多少天的鏖战终于结束了，我们师徒 7 人，从冬天走到夏天，走完了大学时光最后一段路。最后的时刻，收获良多，感悟良多！感谢我的良师益友们。毕设给我们的大学画上了圆满的句号。接下来就是走出校园，大家都各奔东西，准备好了接下来要前行的旅途。此刻我们举杯，为这人生中重要的时刻，为这 5 年走过的风风雨雨，我们干杯！

王烨

整个毕设过程收获很多，首先前期通过阅读文献、学习案例对工业遗产有了更深入的了解，在设计过程中对工业遗存的更新再利用有了更多想法，老师也在设计过程中给了我们很多建议和帮助。因为平灾结合的这个特殊视角，我也去学习了很多关于城市安全的知识、国内外城市防灾空间的优秀案例，深刻意识到城市规划在城市防灾、城市安全方面的重要作用。另外，因为疫情的特殊性，我们也有机会体验了新的工作模式，云调研，云汇报，和老师、组员的讨论也都是在网上进行的。整体看来，这样的模式对我们此次毕设并没有产生很大的影响，网络上的交流也很有效率，是一次全新的体验。

耿卓艺

这次毕业设计真的特殊到难以忘记。由于疫情原因，整个设计过程都在网上完成，从云调研到云汇报，从云画图到云开会，甚至从云答辩到云聚会，在线上解决各种问题，隔着小小的屏幕，大家集思广益完成概念的生成和方案的设计，这一段经历确实很奇特，使得本科毕业更加难忘。在毕业答辩上，有幸看到了北方学校联盟各个学校的毕业设计，从传统的规划设计到偏创意的城市设计再到老师们的点评，受益颇多，尤其是了解到通过设计盘活街区这一方式。总的来说，大学毕业最后的这段日子，我们七个人并肩奋战，解决了诸多问题，走完了最后一段路。希望在未来的时间内，大家诸事顺利，心有所成！

李晨明

这是一次特殊的的毕设，也是一次难忘的毕设。疫情的来袭几乎打乱了全国所有人的阵脚，也给我们的毕设带来了诸多难题，我们甚至连现场调研都无法进行，就投入进了设计中。从一开始的不适应，到后来渐入佳境，师生七人每周两次的线上交流总能使我收获颇丰。疫情也让我们看到了目前的城市中缺乏健康设施的规划，而经过研讨我们发现健康城市的设计能与工业遗址的改造产生很好的契合点，这让我们更明确了自己的设计理念，在老师的鼓励之下，大胆、创新地去进行设计。同时，此次毕设更让我明白了什么叫作以人为本去做城市设计，我们不是为了塑造空间而塑造空间，我们做的一切都应是为了更多的人能够健康、舒适地生活，或许这才是城市本来的意义。答辩的完美结束为我们的本科生活画上了一个完美的句号，感谢对我们辛苦指导的老师和所有一起成长的同学，这是我们本科最后一个设计，但对于我们的人生而言，一切才刚刚开始。

方案 A：沈海 2049——平灾结合视角下的工业遗址保护更新设计

[小组成员：郑衍镱 杜一凡 王烨]

[设计概要]

本次设计深入解读了场地的宏观区位、发展历史和相关规划，提出了对其区位、历史、水绿空间、文化线路以及交通和建筑方面的问题剖析，并结合当下疫情所引发的平灾结合策略的思考，提出了建立城市防灾模块的必要性，进而采用纵向拆解的手法，引出建筑层、地面层、地下层三个层次的空间设计策略，通过落实设计策略，为场地置入弹性化的功能空间，塑造了凸显工业遗存文化的整体形态，并对各分区进行了详细的建筑设计和场所营造。

此次设计通过建筑更新和空间塑造，达到延续工业记忆，织补水绿空间的目的，这在宏观上也尊重了沈阳市的水绿系统和工业遗产文化线路，整个方案的完成也引发了我们的思考，在未来城市更新中，一些大地块更新作为防灾模块的可能性。

方案 B：沈海 2049——健康城市视角下的工业遗址保护更新设计

[小组成员：张钰曈 耿卓艺 李晨明]

[设计概要]

本次设计通过分析基地所在区位，与周边绿地系统、水文系统、文化廊道的关系，结合其现阶段城市规划重要议题健康城市进行设计，打破了较为同质化的文化创意园区模式更新，探索了一种新的工业改造模式——城市健康模块。

城市健康模块主要迎合了城市居民的心理需求，采用冲突与融合的设计理念，形成了曲面建筑的未来感与原有建筑的工业感的碰撞，以及不同的刺激性的与舒缓的减压方式的对比。

这种碰撞和对比看似是冲突的，但我们通过设计将它们融合在一起，并且融合了运动项目带来的身体健康，减压空间带来的心理健康以及社会交往所带来的社会安康，进一步融入自然，融入区域，最终实现我们打造健康城市的目的。

北京建筑大学团队

沈海 2049
公共卫生与公共健康视角下的工业遗址保护更新设计

沈阳是最能体现悠久历史、近代工业之间的碰撞与融合的城市，因为其本身就是一个在碰撞与融合之间从沉痛记忆走向复兴之路的城市。而场地的位置是生态水系绿地和铁路工业线路的碰撞之点，也是未来的融合之点。场地自身目前也面临着自然生态和基础设施、工业记忆之间的碰撞。这种碰撞表面看起来是“问题”，本质是“契机”，我们尝试以公共卫生与公共健康的视角，通过地块自身的设计，把这种碰撞的力量引向融合的未来。

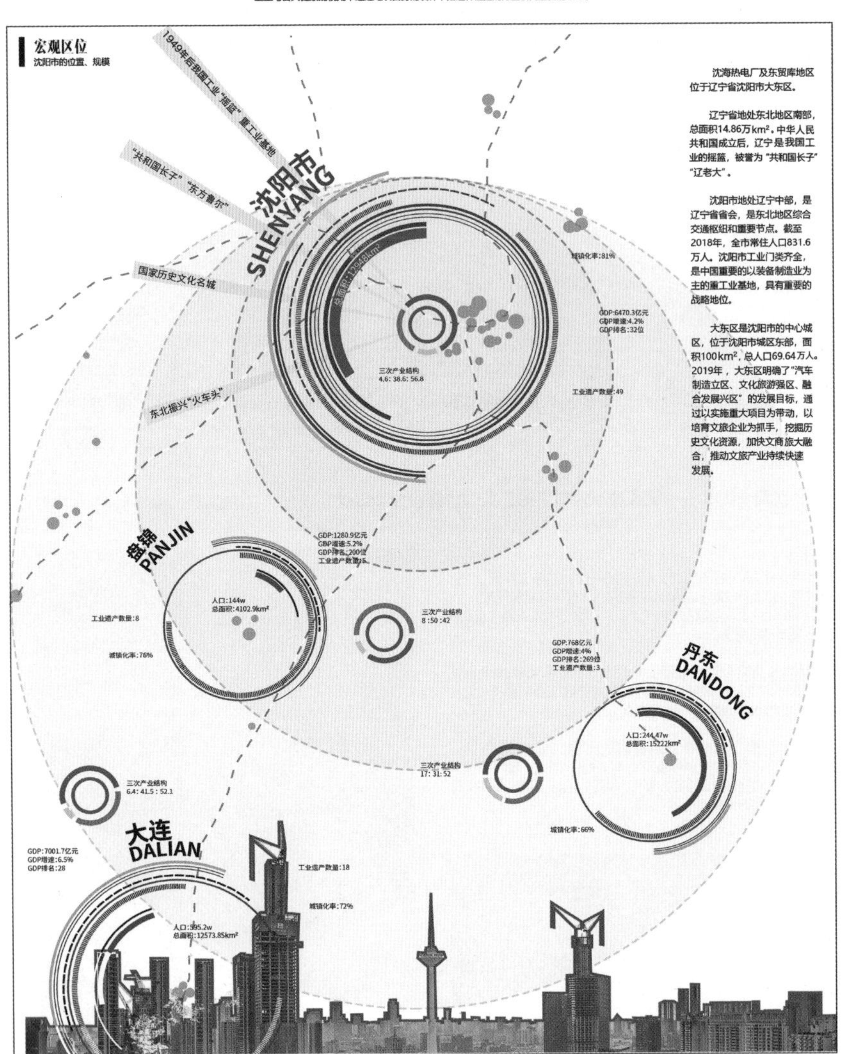

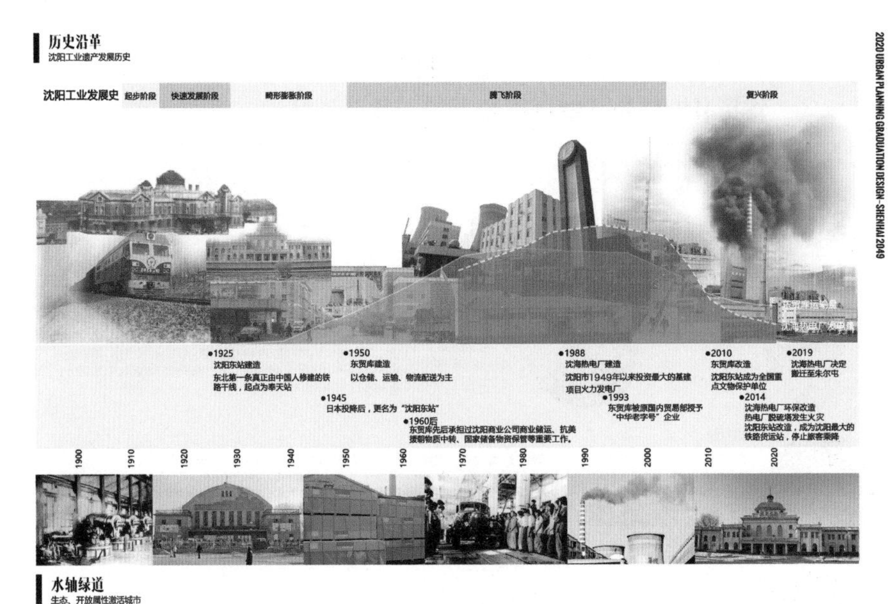

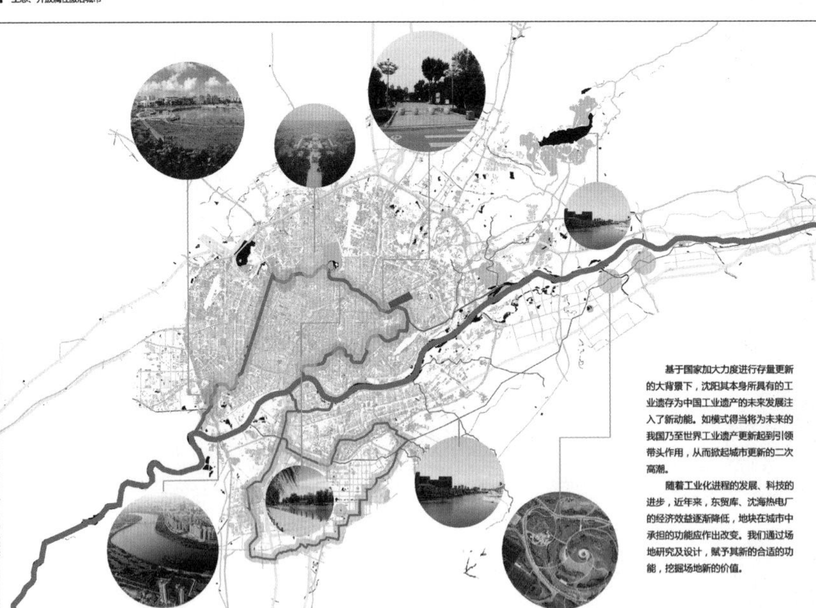

I 区位独特 水绿交融

北京建筑大学

1-2

绿化及文化旅游资源分析

河流节点景观

绿化公园节点

沈海热电厂及东贸库片区基地周边开放空间绿地公园较多，包括沈海园、黎明公园、北塔公园、万泉公园等，距离基地最近的为沈海园和黎明公园。绿地公园主要集中于浑河沿线和北运河、南运河水系沿线。周边有少数广场，如大东广场。人文景观主要有“九·一八”历史博物馆、沈阳故宫、张氏帅府以及铁锚 1956 文化创意产业园等，历史文化悠久。通过前面的交通、文化遗产资源等分析，接着将地块引入沈阳市规划的滨河绿带系统中，产生了全新的视角：地块本身具有文化遗产、开放空间、生态空间的多重属性，地理位置上既位于生态路线，也在文化路线上，这给了我们一个宏观的视野去看待地块，不仅仅是考虑个体，而是将其纳入城市层面的生态景观廊道和文化遗产线路上去考量，充分发掘其多重属性的潜力，使它发挥更大的意义。

基地位于沈河区历史文化街区，周边历史文化资源丰富，属于文保单位的有沈阳“二战”盟军战俘集中营旧址、老龙口酒窖池、大亨铁工厂办公楼旧址等，历史建筑有沈阳造币厂、沈阳仪表研究院、黎明公司建筑群等。

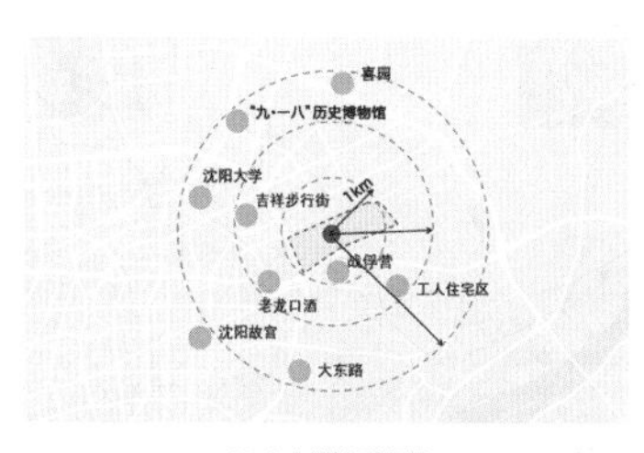

15min文化资源分析图

交通分析

沈阳市东北地区最大的交通枢纽。以沈阳为中心，至北京、大连、哈尔滨、抚顺、丹东高速公路网已经建成。地块距营口港 200km，距大连港 400km。地块紧靠沈阳东站（货运站），距沈阳桃仙机场 20km，距沈阳南站 17.5km。

基地位于一环路和东西快速路交叉的东南部，周边交通量大。基地北部为沈吉铁路线，是在运行的货运铁路线。东西快速干道可通向沈吉高速，S107 和S103 省道。基地紧邻东一环，双地铁、双快速路、龙之梦交通（商圈）枢纽、周边分布多个公交站点。交通便利。基地西南角设有高架桥。

基地距傍江街地铁站 200m，距黎明广场地铁站直线距离 900m，到达地铁站需在立交桥下穿行，距离较近但行走不便。根据沈阳市城市轨道交通远景规划图，地铁线路会覆盖整个城区，未来会有地铁线路沿着内环线布置，将为基地带来便捷的地铁交通。

基地周边步行交通主要依靠公交站点。经调研，基地周边公共交通便捷，分布 18 个公交站点。基地周围公交站点在南侧分布密集且沈海立体桥下有人行通道，可带来龙之梦方向的部分人流。

微观交通分析图

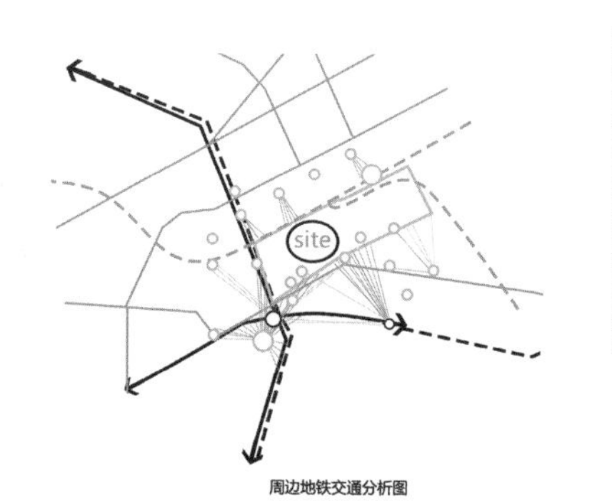

周边地铁交通分析图

15min文化资源分析图

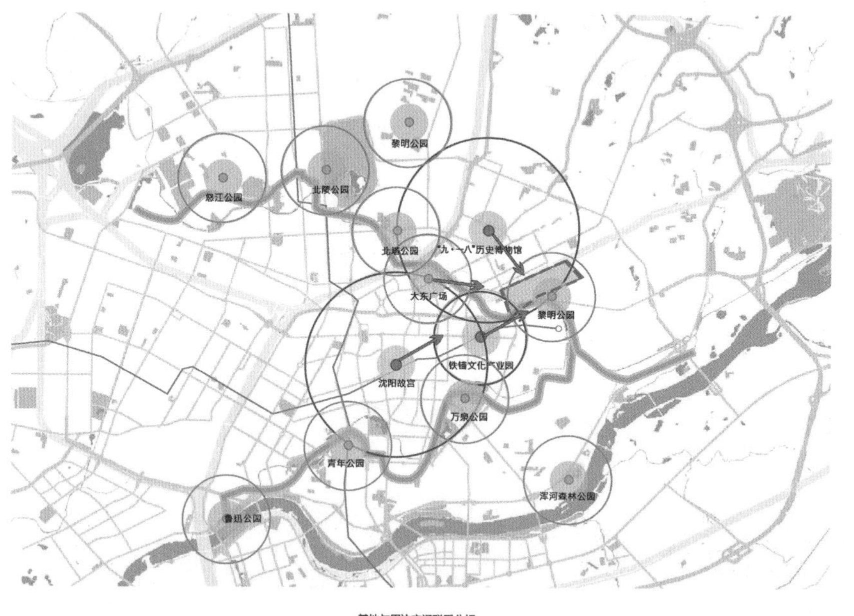

基地与周边交通联系分析

Ⅱ文旅交通 前期基础

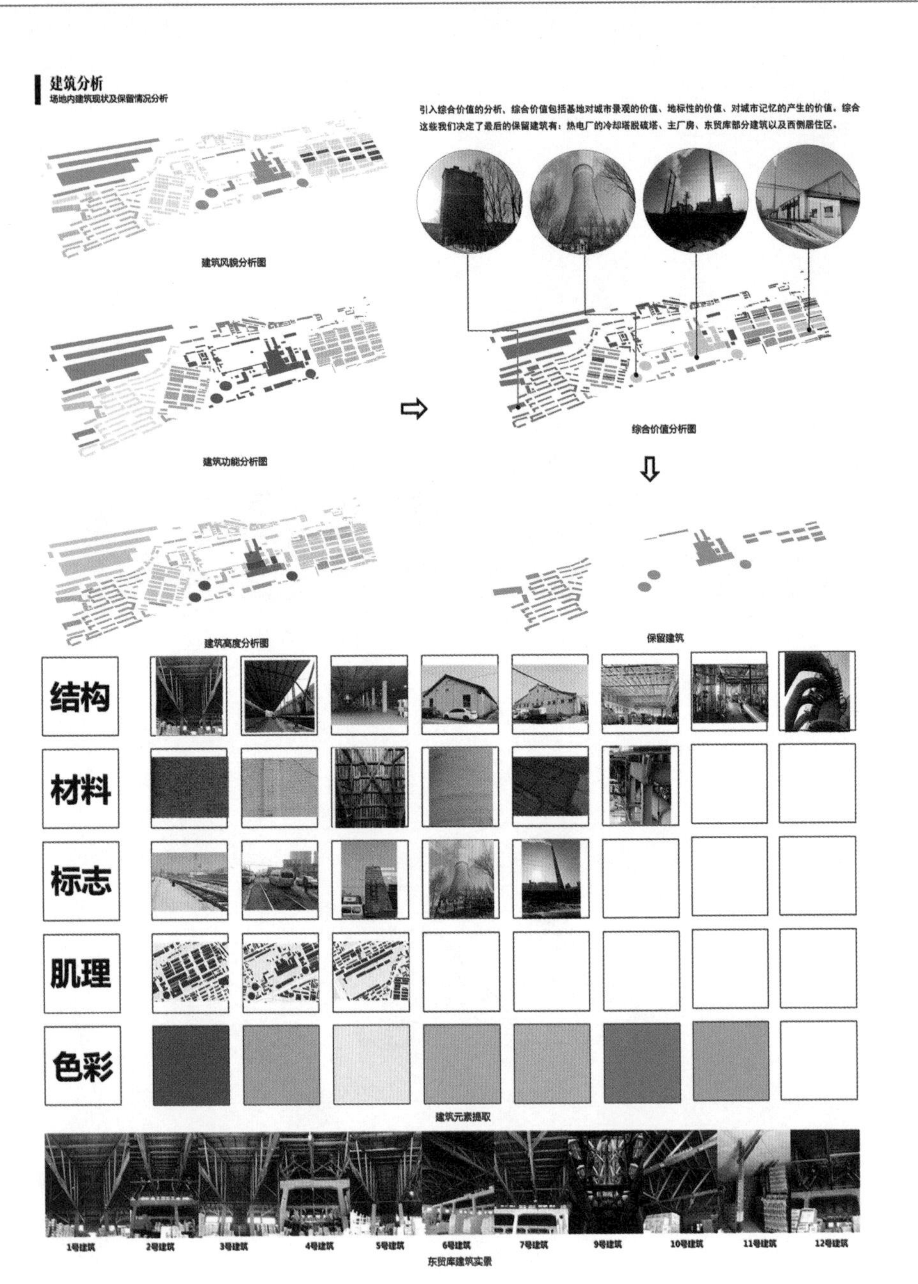

案例分析

由功能定位、设计手法等方面出发的案例分析

功能定位

1.以开放性与日常性的积极姿态融于城市公共生活

——上海当代艺术博物馆

上海当代艺术博物馆原址为南市发电厂，设计师章明与张姿在进行设计时提出观念"如何使短期的事件影响力转化为长远的和日常性的影响力，是艺术博物馆建筑文化取向的重要方向标"。因此设计者提出将新艺术博物馆建筑的重心移至满足不同的阶层与社群的需求，呈现出一种以全方位、整体性与开放性的观点洞察世界的思维方式的设计方向。

入口　露台　大台阶

通过对场地上各种工业设施的综合利用，使景观公园能容纳参观游览、信息咨询、餐饮、体育运动、集会、表演、休闲、娱乐等多种活动，充分彰显了该设计在具体实施上的技术现实性和经济可行性。

保留完整的中心厂区示意图

场地构筑物功能转换

3.青年与儿童的乐园——卡尔卡仙境

卡尔卡仙境曾是废弃核电站，之后打造成了核电站主题公园，配备了相关的旅游住宿业态，一栋450间房间的酒店、多家餐馆和酒吧。游乐设施包括多种游乐项目。游乐园的地标建筑就是前核电站的冷却塔，它的内部被改造成了空中秋千，外部由设计师彩绘。从冷却塔的观景平台可以欣赏到周边的田园风光。

卡尔卡仙境

4.庞大的综合体——巴西特发电站

巴西特发电站坐落在泰晤士河旁边，是伦敦历史上最为重要的工业建筑之一，同时拥有很高的建筑建造与审美价值。将与周围新建建筑融为一体，成为区域中心。

场地构筑物功能转换

5.文化与工业景观的融合

——首钢西石筒仓办公区、798文化艺术园区

首钢规划改造的西十筒仓是由原先炼铁原料区改造而成的旧工业遗存项目。项目改造理念在于工业风貌的再现"城市织补"多元化发展，筒仓结合商业配套、创意办公，从不同的需求角度来对内部空间焕新、外部结构传承，提升周边空间的视角效果。

西十筒仓办公区

同样以创意园区而闻名的798文化艺术园区，在艺术家和文化机构进驻后，成规模地租用和改造空置厂房，逐渐发展成为画廊、艺术中心、艺术家工作室、设计公司、餐饮酒吧等各种空间的聚合。工业遗产改造成为文化创意园区已成为一种模式。

798创意园区

设计手法

1.上海当代艺术博物馆

①从以物为导向到以人为导向

博物馆整体设计以路径为导向，火力发电厂与博物馆的路径有本质上的区别，前者以物流为中心，后者以人流为中心。

②以特征性与当代性的建筑语言体现地域的内在性格与精神特质

上海当代艺术博物馆对原有南市电厂的有限干预，目的在于最大限度地让厂房的原有秩序和工业遗迹特征得以体现。

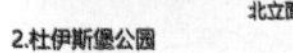

北立面及连廊

2.杜伊斯堡公园

①多层次设计

设计者将范围广阔、尺度巨大、景观破碎、布局混乱的园区梳理、整合为水公园、铁路公园、公共使用区和公园道路系统四个景观层次。

北立面及连廊　铁路公园

②多元素穿插

北杜伊斯堡景观公园融合建筑设计、大地艺术等学科领域的理念和手法，依靠生态技术的新发展，形成一种复杂综合的景观艺术模式。充分保留工业场地的工业结构和工业元素，毫不加以修饰，通过有限的新元素对工业景观进行重新阐释，更新和改造集中在设施内部的功能转换。

铁路公园

3.新与旧，碰撞与融合

①奶酪仓库公寓——材料与结构的再利用

在走进建筑之后，能够看到阁楼改造带来的主要变化。原有通风井的楼板和立面部分被拆除并增加了玻璃屋顶，从而构成一个宏伟的中庭，将自然光引入室内。没有被拆除的部分则被用作电梯通道。

52间公寓环绕在中庭周围　宽阔的中庭

②材料的对比

新与旧的冲突不仅可以为保护建筑带来更多可能性，而且可以更好地融入当代社会。

材料对比

4.冷却塔设计的多样性

彩绘　灯光秀　蹦极　旋转秋千

攀岩

周边联系

2018年的北京公共空间城市设计大赛，在北京维柯国际建筑设计咨询事务所在针对北京展览馆南广场所做的改造设计方案中，为了解决高架和过宽的道路带来的场地割裂问题，采用了连通地下空间和架设人行天桥的方式，很好地沟通了周边的人流，为场地注入新的活力，值得借鉴。

在设计中，起翘屋顶和下沉广场的设计巧妙地将两侧的广场融为一体，并创造了近10m的高差将滑雪运动融合其中。

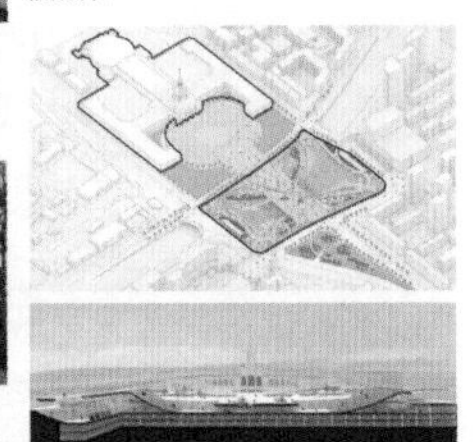

联系示意图

效果图

北京建筑大学

1-4

公共卫生安全视角下的韧性城市

背景分析

“我们无法企及一个没有疾病的城市，但我们理应拥有一个安全、健康、繁荣并且能应对各种危险、突发情况与长期挑战的城市。”

此次新冠疫情，是1949年以来传播速度最快、感染范围最广、防控难度最大的一次重大突发公共卫生事件。因此，审视危机状态下的居民健康、城市规划与建设等城市韧性，完善治理体系等话题，成为讨论的热点。

纵观国内外韧性城市的实践，从领域来看，主要涉及地质灾害、气候灾害等防灾减灾领域，较少涉及公共卫生安全、社会异常事件等领域。

实施条例	重点领域
伦敦《管理风险和增强韧性》	提升抗洪水、干旱等风险的能力
纽约《一个更强大、更具韧性的纽约》	防控洪水和风暴潮
《芝加哥气候行动计划》	减缓并适应气候变化冲击
《北京韧性城市规划纲要研究》	构建了城市韧性度评价体系

伴随此次新冠肺炎疫情的影响，公共卫生安全视角下的健康城市建设将成为韧性城市建设的重要课题。

应将“韧性城市”建设纳入“十四五”规划体系

建立安全、可靠的应急基础设施体系，将各类灾害防治及相关基础设施建设纳入空间总体规划体系，制订交通物流、市政能源、通信保障等生命线工程的应急方案和可替代预案，确保满足交通、能源、通信、垃圾处理等应急需求。并明确体育、文化、展览等大型公共服务场馆的功能应急准备方案。

将韧性城市建设作为新基建的重要导向

1.通过科学的规划布局，从基础设施、产业布局、生态环境、治理体系等各方面全方位增强城市韧性。
2.加快补齐公共卫生体系短板，提升全社会应对突发公共卫生事件能力。
3.将地理边界限定的“人居空间”与“健康设施单元”组合起来，构成城乡“安全健康单元”。

小结：相较于传统的综合防灾减灾规划，韧性城市规划弥补了在城市公共卫生方面的空白。而城市公共空间的韧性要求城市公共空间应具有一定的容量弹性和可替换性，需要研究常规和应急两种状态如何并置且相互转化。

应急策略提出

1.功能转换

体育馆/展览馆/停车场→方舱医院

公园绿地→应急避难场所

公共建筑→应急指挥中心

仓库/停车场→应急物资存储

2.基础设施

应急供水供电设施
应急消防设施
应急物资储备设施
应急情报通信设施
停机坪
应急停机坪、停车场

应急标志

应急厕所、排污、垃圾储运设施

平灾结合研究

1.避难场地规模

等级	面积（hm^2）	灾后需求	服务半径	配套设施
中心避灾绿地	50以上	数周至数月生活	2—3km	综合设施
固定避灾绿地	10—50	1至数周生活	500—600m	一般设施
紧急避灾绿地	1—10	避灾人群站立	300—500m	基本设施

2.平灾结合公园的设计原则

多功能性　无障碍性　独立性　易识别性

3.城市防灾公园范例——日本千叶县市川市大洲防灾公园

日本的“都市再生机构”在1999年秋季创设了《防灾公园街区建设事业》，市川市的大洲防灾公园第一个被设计出来，并获得了奖项，由此防灾公园的建设在日本全国普及开来。公园建成后在日常可为附近居民提供休闲娱乐的场所，在灾害时可以成为临时避难场所，并成为受灾前线的救援物资输送的中转基地。

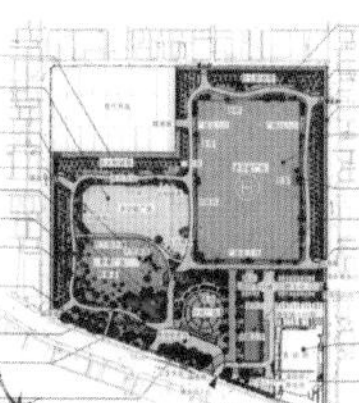

大洲防灾公园平面图

公园特点：
1）有充足的防灾设施。
2）可以充当避难和救援的场所。
3）具有连接广域避难基地和连接公共设施的功能。
4）不影响日常公园使用的防灾空间和设施群。
5）它是住民参与规划的一个样板。
6）它与周边街区的翻新建设形成一体。

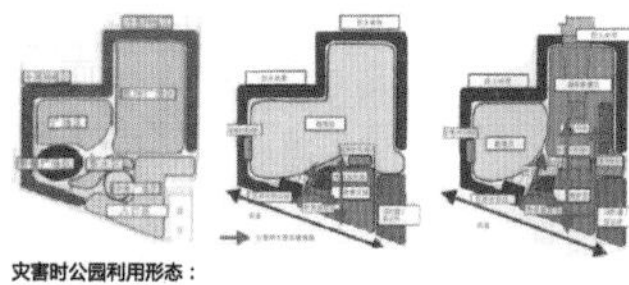

灾害时公园利用形态：
平时：划分为休闲娱乐区、植物观赏区、儿童游乐区、活动健身区等。
灾害发生时：划分为棚宿区、医疗救护区、指挥中心区、紧急物资存放区,直升飞机坪、临时厕所区。
灾难3天后：该公园的区域划分开始向中长期避难所转化,功能分区更加细化,为受灾人群的基本日常生活提供保障。

初步定位

在韧性城市的视角下，结合场地本身的自然生态条件、基础设施以及工业遗产，构建面对突发灾难事件和疫情时能够转化为应急设施和弹性空间，满足一定时间内避难生活需求的城市健康模块。

公共心理健康视角下的健康城市

背景分析

当前城市化进程在世界范围内不断快速推进，而随之而来的“城市病”时刻威胁着城市居民的身心健康。尽管某些健康问题现已随着医疗水平的提高和社会经济发展得到改善，慢性病普遍、传染病流行和空气污染严峻等诸多健康威胁依然层出不穷，如何积极应对公共健康问题已经成为当今国际经济与社会发展的重大议题。如今，建成环境与公共健康之间的联系已被证明，城市规划作为指导建成环境建设的重要工具之一，应当承担起改善公共健康的社会责任。突如其来的疫情引起了人们对于健康城市的关注，然而，除了应对重大突发情况，对于日常健康也应当予以重视。

我国健康城市规划发展历程

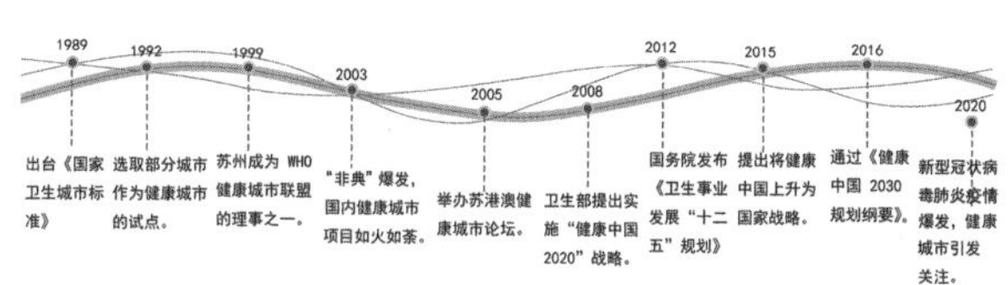

健康城市理念

人类的健康决定因素总体可分为个人的先天因素、生活方式社区、当地经济、活动、建成环境、自然环境以及全球生态系统 7 个层面。

健康城市及健康城市规划的本质内涵均是促进城市中人类生命体的健康。世界卫生组织（WHO）的定义，人的健康并不局限于身体上的完好无损、没有疾病，而是一个包括生理、精神和社会安康的完整状态。或者说人的健康包括生理健康心理健康和社会健康三个层面，那么，衡量人是否健康的标准也应从这三个层面出发去探寻。

健康城市是一个过程，不是结果。健康城市是不断努力，改善居民的健康及健康决定因素，而不是达到一个特定标准。

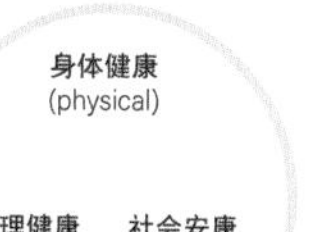

心理健康

心理健康是人体健康不可缺少的重要组成部分，也是不易掌握的衡量标准。

心理健康很大程度上取决于对良好健康的知晓程度，生理上的疾病也会使人产生烦恼、焦躁、忧虑、抑郁等不良情绪。而人在亲近自然、社会交往、休闲娱乐、体育锻炼的过程中能在加强身体健康的同时潜意识地受到环境的影响，提高社会满足感和自身修养。因此，通过物质空间的规划来引导人进行利于健康的活动是城市规划层面促进人心理健康的有效手段。

不同人群心理健康分析

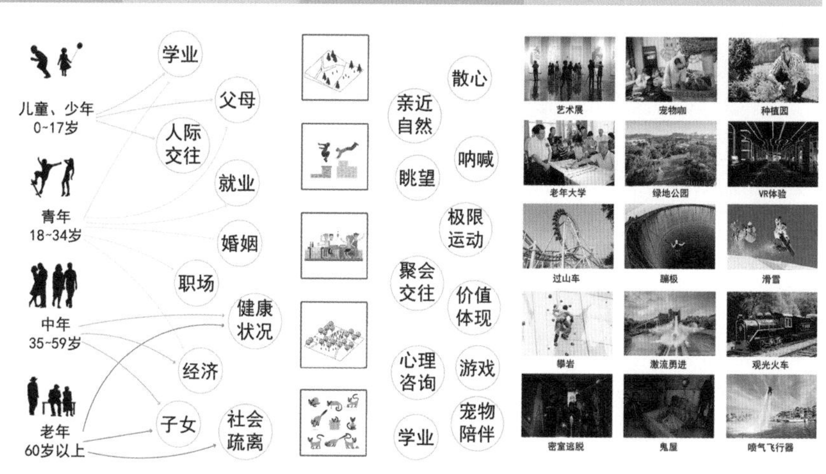

初步定位

建构沈阳市以“公共健康单元”为核心的健康城市治理系统，培育健康城市细胞，打造健康生活目的地。

可基于“15分钟社区生活圈” 划定“公共健康单元”。根据人口规模，公共健康单元可覆盖多个生活圈，并对健康设施和服务有所考虑。该项目主要针对心理健康，不仅是是日常性的压力释放空间，还是轻微的抑郁患者进行辅助治疗的场所。同时，也促进了体力活动和身体锻炼为主要目的的生理健康。

健康城市名片
面向市域

公共健康单元
面向中心城区

健康生活目的地
面向片区

Ⅳ平灾结合 健康城市

沈海 2049
平灾结合视角下的工业遗址保护更新设计

本次设计从场地本身的条件出发，结合当下疫情以及韧性城市、健康城市等可持续发展的概念，挖掘工业遗产在城市中的新价值，深入空间，进行细部设计。我们通过建筑层、地面层、地下层三个层次的设计，延续工业记忆，织补水绿空间，这在宏观上也尊重了沈阳市的水绿系统和工业遗产文化线路，整个方案的完成也引发了我们的思考，在未来城市更新中，一些大地块更新作为防灾模块的可能性。

城市模块研究
工业遗址的特征和防灾减灾的思考

城市的需求

城市需要有支撑"系统"健康的防灾设施，例如城市级、片区级、社区级等，其中社区级规模较小，可以在现状基础上补充完善，但城市级、片区级需要较大的独立用地，在建成环境里很难实现，补齐这些设施就比较难

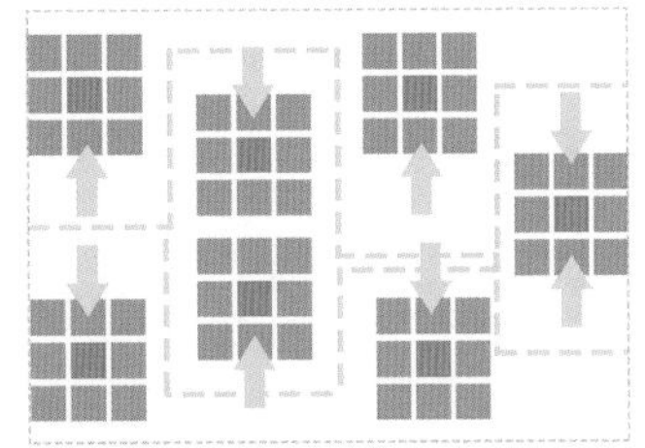

周边的基础条件

在区位和交通的优势上，地块靠近市中心、周边开发充分，交通位置便利，有利于物资和人员的运输和调配，因此地块是具备承担这个模块的潜力的

并且从中观层面来看，地块周边区域均已被高强度开发，分布有大量的居住区，因此地块本身是唯一一块尚未开发的大尺度地块

地块的空间供给潜力

从空间供给潜力看，工业遗址更新比较符合这两类设施的需求：

①用地集中，无需外迁居民或其他功能，位于城市内部，建设和使用方便

②可以充分利用现状工业遗存，与遗产保护要求契合

③有效地将活力要素引入工业遗存，不是静态博物馆式的保护，而是活化利用

在保留核心工业建筑的基础上，场地存在大量待开发的土地，可结合防灾减灾的要求进行定制化的设计，具有很大的改造潜力

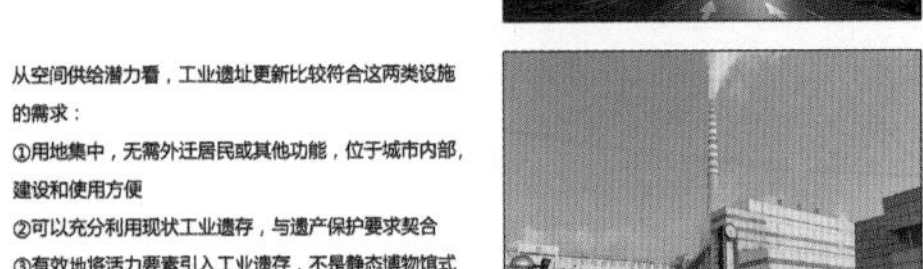

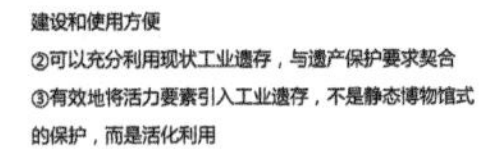

理念生成
由城市平灾模块的提出引向分层解构设计

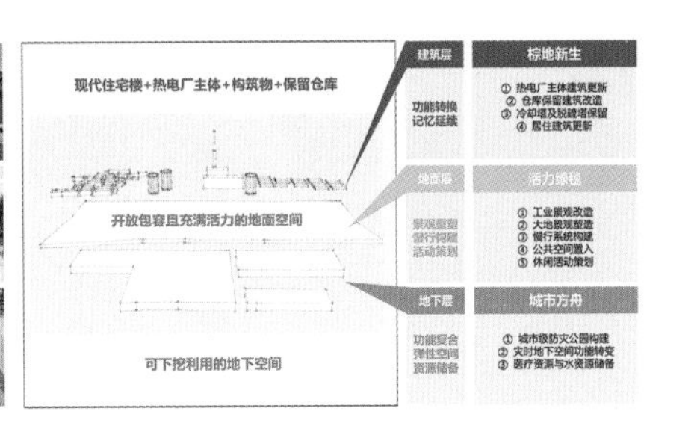

分层设计
针对性的更新改造设计

建筑层

新客运站
延续沈阳东站建筑风格，增加南北交通联系

工业风办公商业休闲区
保留并再利用部分仓库建筑，通过地面下挖、增设夹层来丰富建筑内部空间，营造工业特色综合休闲场所

工业能源博物馆
以热电厂主厂房为主体，周围架起廊架，打造地块标志性建筑，延续工业记忆

办公双塔
利用冷却塔设计工业特色办公中心，营造标志性工业景观

沈阳城市建设管理学校
保留原有建筑，提升内部环境

锦绣馨园小区
保留原有住宅楼，梳理内部交通，注重与周围联系

地面层

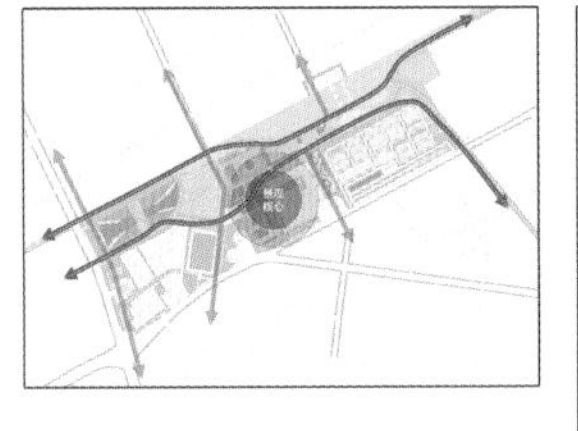

以堆煤场保留的巨型钢结构作为"雕塑"，下沉形成蓄水池，和周围高耸的厂房和脱硫塔、冷却塔形成视觉的对比，两者结合在一起成为地块的视觉和景观的中心

沿着沈吉铁路形成景观结构上的东西向轴线，并沿道路向四周的居民区渗透、相互联系

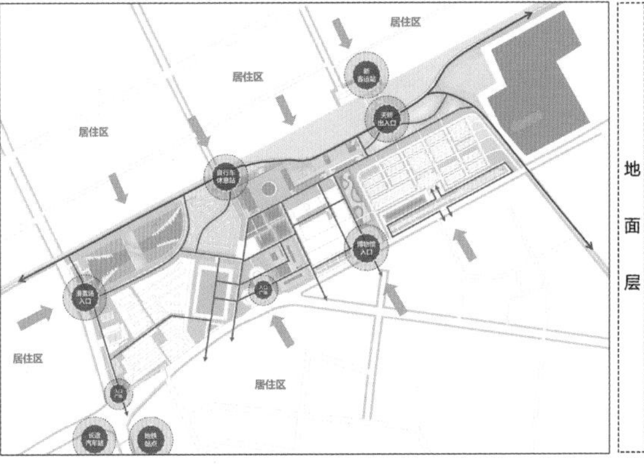

地下层

租赁式仓库
可提供给市民进行出租，并与地面的跳蚤市集相联系

美术馆
低矮的覆土建筑消解了建筑体量，与高耸的工业厂房、脱硫塔形成强烈对比

市民中心
提供各式各样的市民活动，并附带有社区医疗卫生服务的功能

滑草（滑雪）场
下凹式的设计结合沈阳的季节性特点，夏季滑草，冬季滑雪

应急储水池
在纪念湖下方设置了储水池，可为灾时应急供水

酒店
酒店和公园相连，周围是高耸的工业遗存，带来震撼人心的居住和视觉体验

综合体育场
露天球场结合环绕看台，可为体育赛事活动提供场地

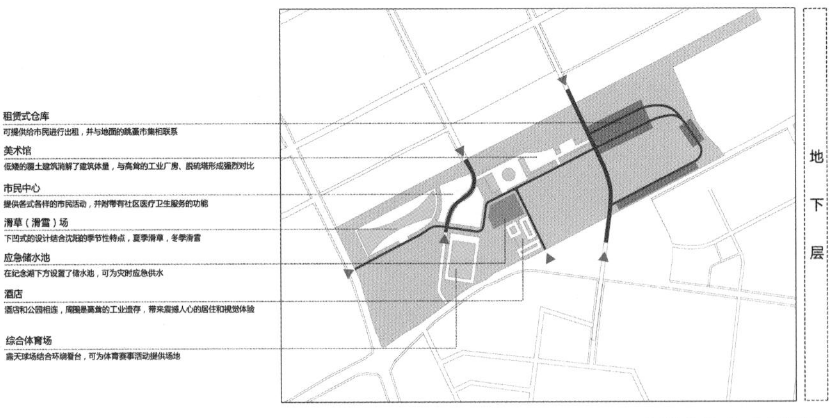

北京建筑大学
2020 URBAN PLANNING GRADUATION DESIGN· SHENHAI 2049
2-1
| 理念生成 分层设计

北京建筑大学

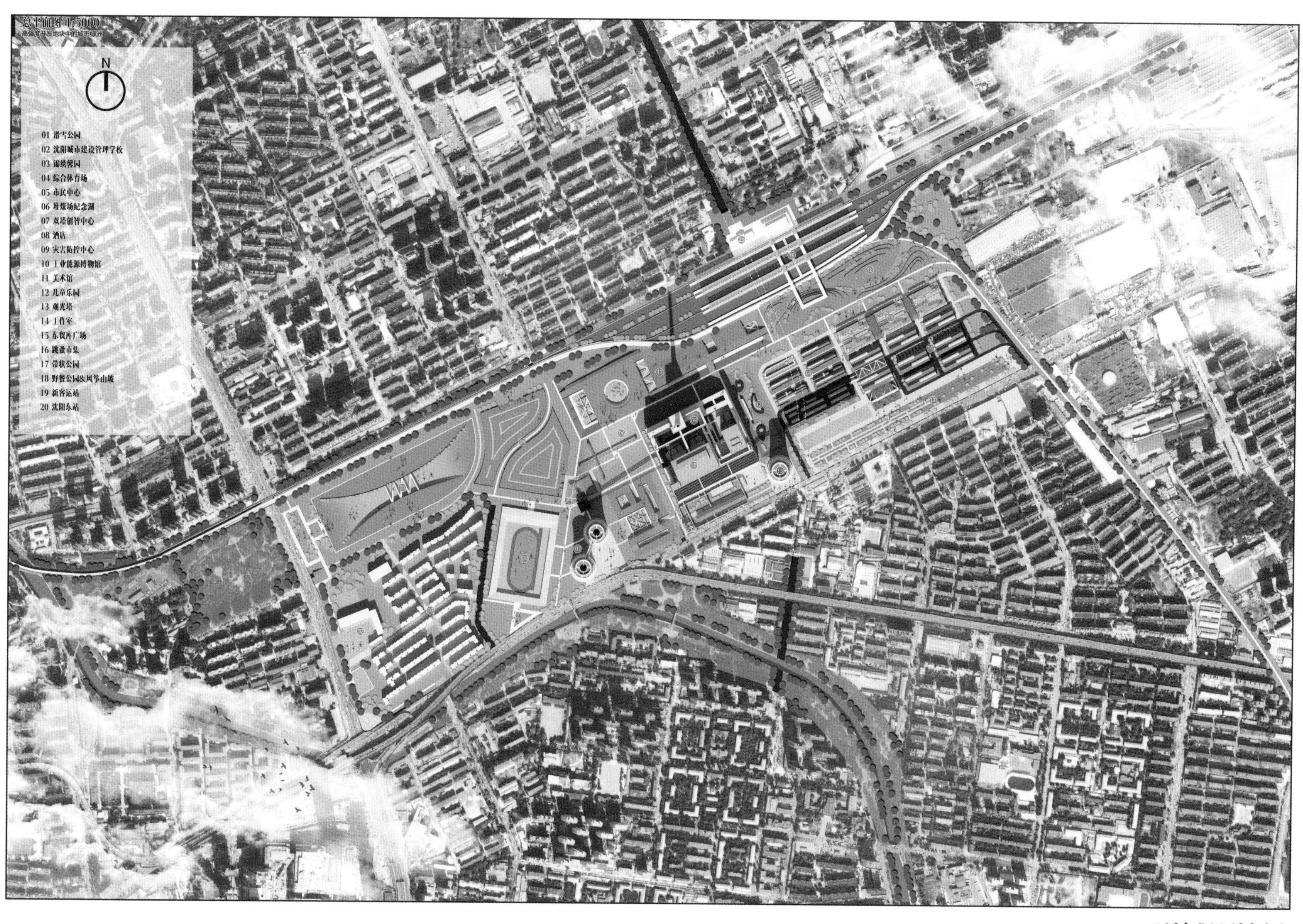

Ⅱ活力公园 城市方舟

鸟瞰图
工业遗址的特征和防灾减灾的思考
我们以工业遗产的防灾减灾的思考为本次的设计思路，从场地本身的条件出发，结合当下新型冠状病毒肺炎疫情以及韧性城市、健康城市等可持续发展的概念，挖掘工业遗产在城市中的新价值，深入空间，进行细部设计。我们计划设计出一类集灾时、平时两种用途的“城市模块”，平时低成本运营兼有公共性功能，灾时转换成应急避难场所、指挥中心，相应的设施符合灾时的使用设计。该模块将各大城市中大块独立用地转化为系统性的防灾空间、娱乐空间、开放空间。致力于向全国各大城市推广，构建新型城市防灾网络

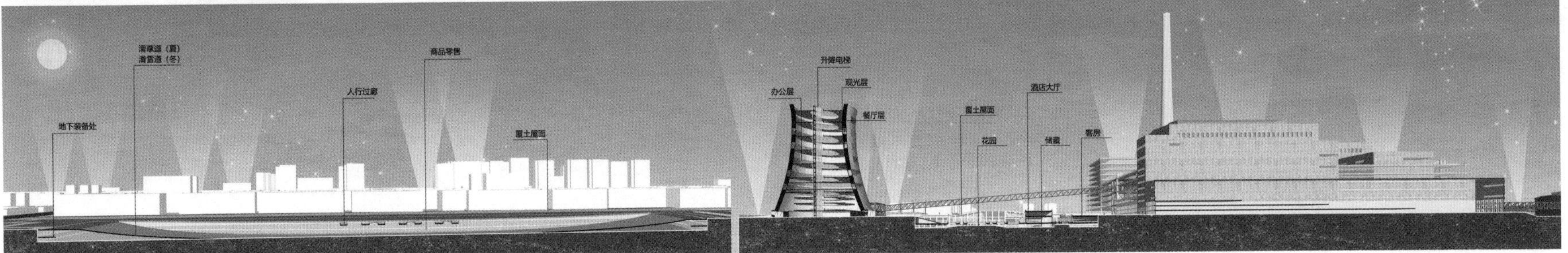
滑草道（夏）
滑雪道（冬）
商品零售
人行过廊
地下装备处
覆土屋面
升降电梯
观光层
办公层
餐厅层
覆土屋面
酒店大厅
花园
储藏
客房

Ⅲ地形塑造 高低对比

北京建筑大学

2-4

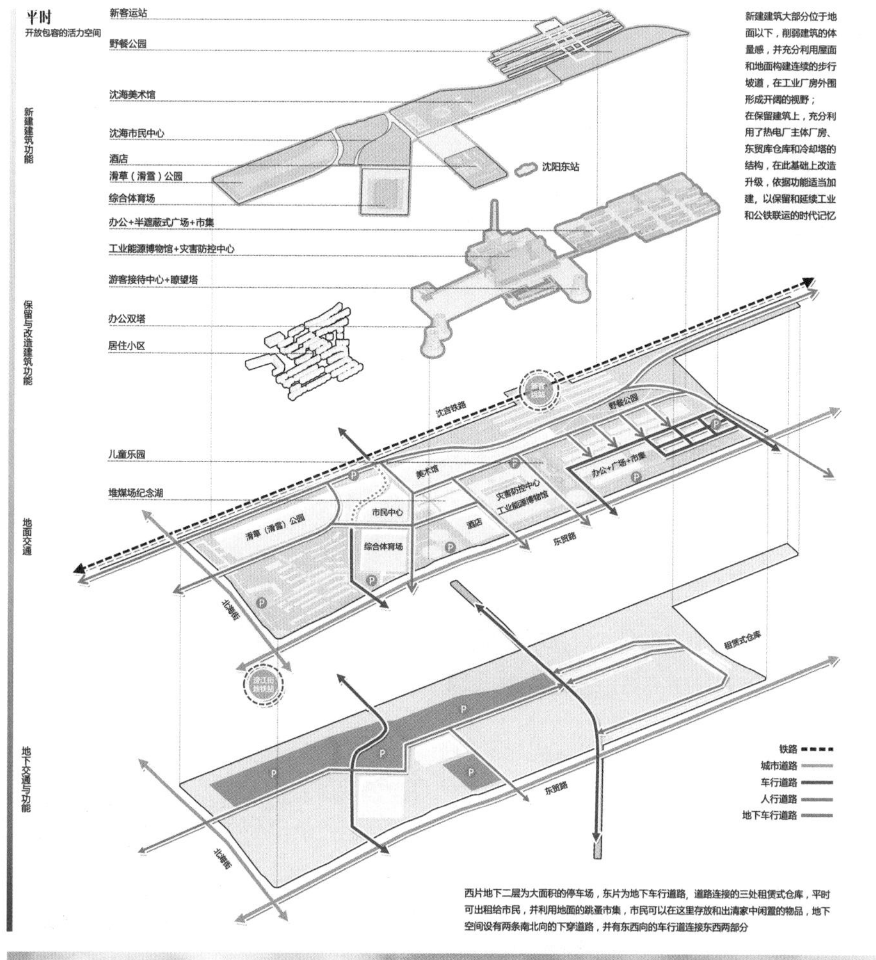

新建建筑大部分位于地面以下，削弱建筑的体量感，并充分利用屋面和地面构建连续的步行坡道，在工业厂房外围形成开阔的视野；

在保留建筑上，充分利用了热电厂主体厂房、东贸库仓库和冷却塔的结构，在此基础上改造升级，依据功能适当加建，以保留和延续工业和公铁联运的时代记忆

西片地下二层为大面积的停车场，东片为地下车行道路，道路连接的三处租赁式仓库，平时可出租给市民，并利用地面的跳蚤市集，市民可以在这里存放和出清家中闲置的物品，地下空间设有两条南北向的下穿道路，并有东西向的车行道连接东西两部分

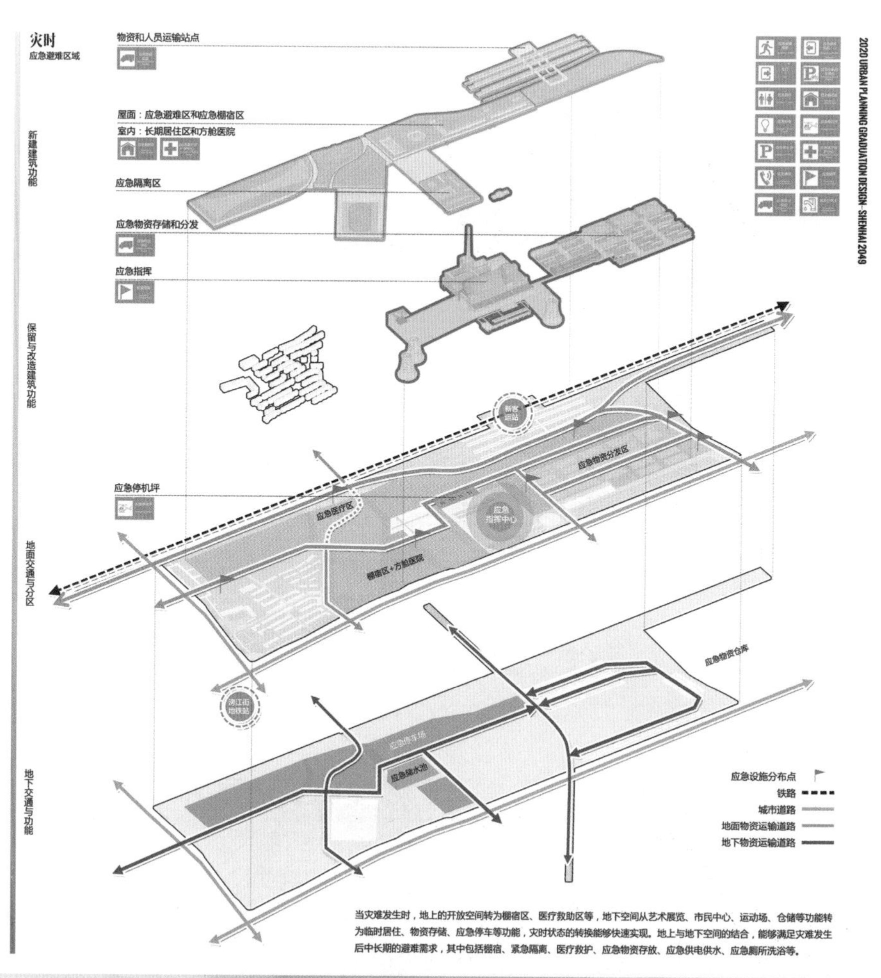

当灾难发生时，地上的开放空间转为棚宿区、医疗救助区等，地下空间从艺术展览、市民中心、运动场、仓储等功能转为临时居住、物资存储、应急停车等功能，灾时状态的转换能够快速实现。地上与地下空间的结合，能够满足灾难发生后中长期的避难需求，其中包括棚宿、紧急隔离、医疗救护、应急物资存放、应急供电供水、应急厕所洗浴等。

Ⅳ纵向剖析 平灾对比

北京建筑大学

2-5

日常

开放包容的活力空间

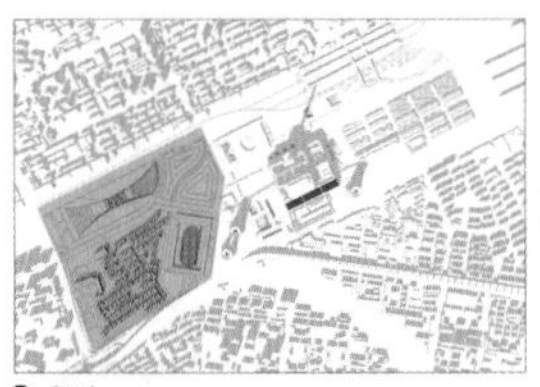

市民中心采用低矮的半地下覆土建筑，顶部和侧面设条形天窗进行采光，建筑屋顶可通过坡道步行到达。综合体育场开发了地下空间，采用半地下设计，四周有看台、休息区。滑雪公园采用下挖式坡道，夏天可作为休闲、滑草公园，坡道两侧是半地下覆土建筑，可从坡道两侧进入内部。该区域建筑低矮，地面开放、平坦，地面开放空间在灾时可快速转化为棚宿区、医疗救护区等。建筑内部也都体量较大，灾时可转化为方舱医院、物资存储等功能。

灾时

灾害发生时的应急空间

设计解构

由城市平灾模块的提出引向分层解构设计

综合体育场

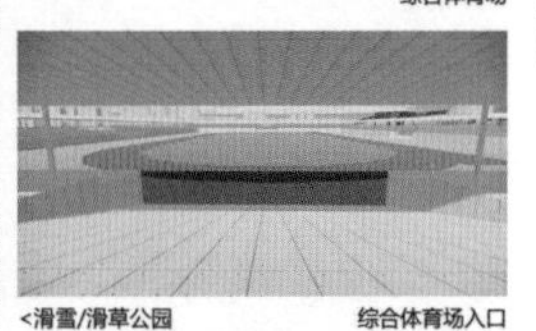

<滑雪/滑草公园 综合体育场入口

市民中心入口

<综合体育场内部 市民中心

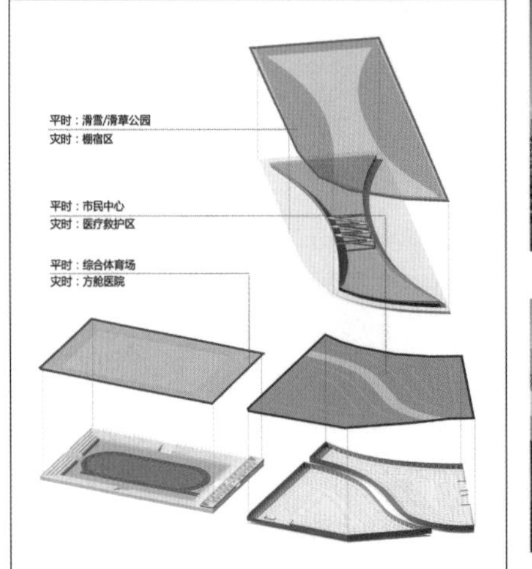

灾时-医疗救护区

灾时-棚宿区

V 运动畅享 活力沈海

北京建筑大学

2-6

日常

开放包容的活力空间

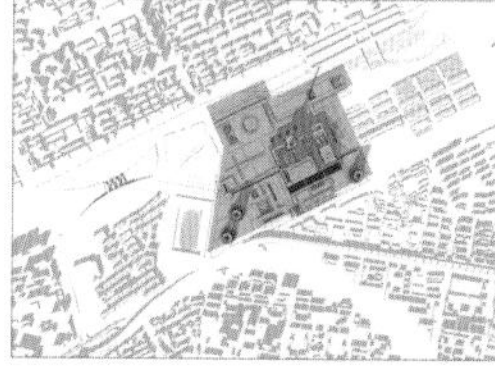

场地位于地块中心，内有保留的核心工业遗产建筑物、构筑物以及新建的半地下的艺术博物馆、酒店。空间方面，除保留的工业建筑以外，新建建筑物均位于地面以下或紧贴地面，形成多用途的开敞空间，以突出原有工业形态。主体厂房改造为平时的工业博物馆、灾时的应急指挥中心、物资转运中心；冷却塔改造为创智中心、观光功能，灾时可转变为照明、警报和广播等功能。艺术博物馆位于北侧地下，联通场地其余地下空间，平时提供地下参观独特体验、灾时成为应急避难场所，充分体现了平灾结合视角下的工业遗产改造理念。

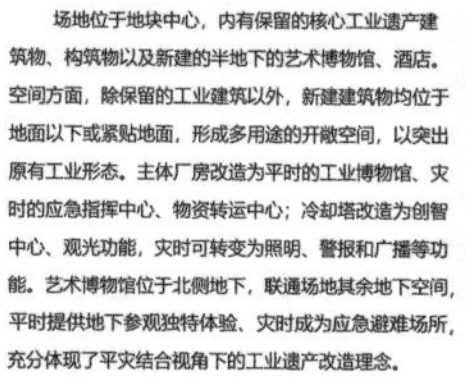

灾时情景

灾时

灾害发生时的应急空间

设计解构

由城市平灾模块的提出引向分层解构设计

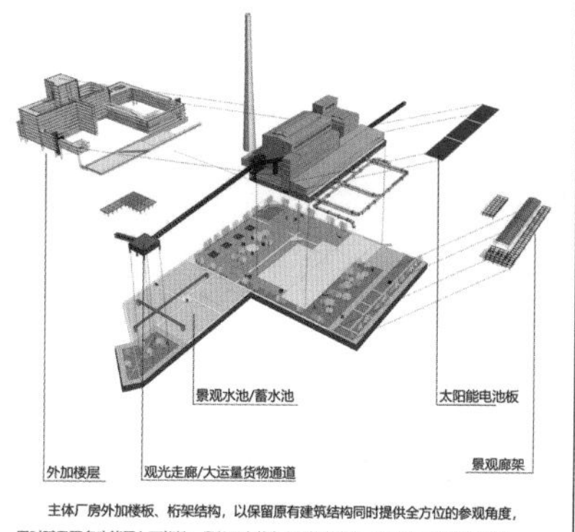

主体厂房外加楼板、桁架结构，以保留原有建筑结构同时提供全方位的参观角度，同时赋予更多功能置入可能性。另外还安装有太阳能电池板，以提供一部分绿色能源。其余部分结合原有工业构筑物形成景观水池、景观小品。

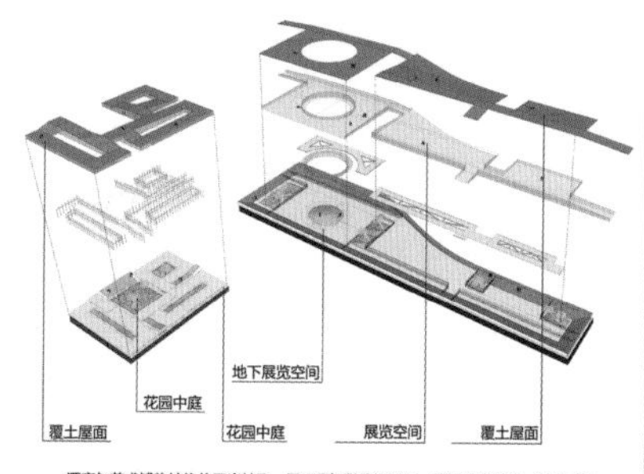

酒店与艺术博物馆均位于半地下，屋顶层提供休闲娱乐、应急避难空间，室内层置入酒店接待、餐饮等功能。地下设置住宿、仓库等功能。

在充分考虑冷却塔现有结构以及其独特的工业景观特性的基础上，置入七层楼面板、镂空中庭的采光设计，并安装有观光电梯，顶层为观光台、餐饮，其余部分为办公。

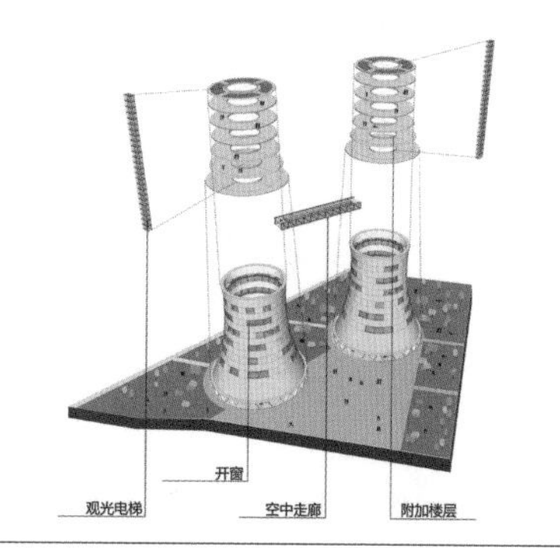

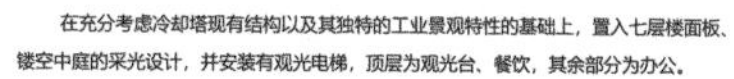

艺术博物馆北立面

艺术博物馆中庭

厂房西入口

冷却塔连廊

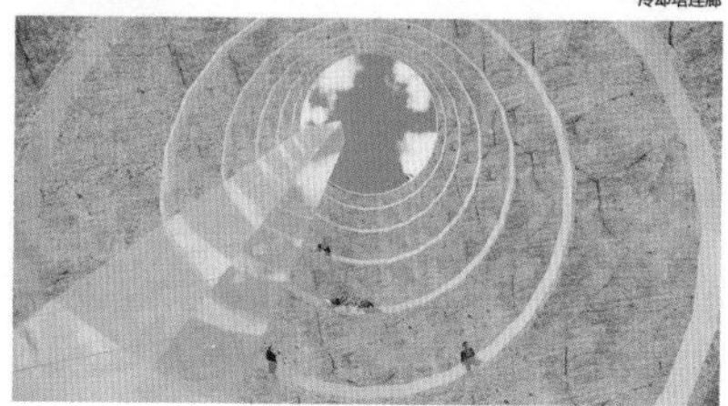

冷却塔内部

Ⅵ 棕地新生 功能入地

2020 URBAN PLANNING GRADUATION DESIGN · SHEHUAI 2049

2020 URBAN PLANNING GRADUATION DESIGN · SHENHAI 2049

北京建筑大学

日常

开放包容的活力空间

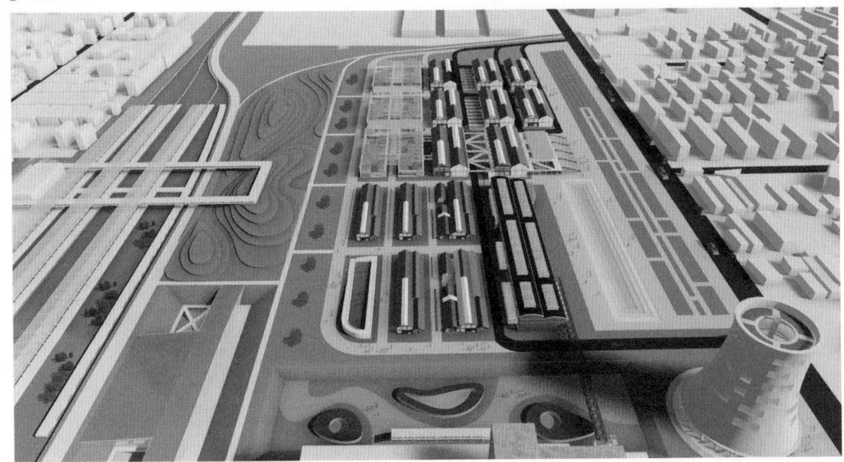

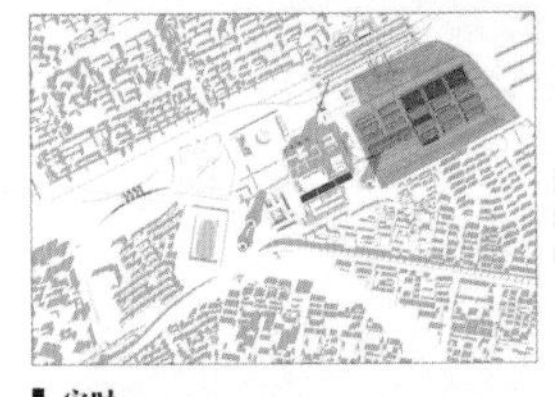

东贸库地块在保留部分原有建筑的基础上，按照原有肌理新建新建筑。建筑之间有二层连廊连接，同时与地块西侧产生互动。仓库南侧向城市开放，引入人流。仓库北侧有空中连廊越过铁路及野餐公园，连接车站与地块内部。建筑功能主要包括：跳蚤市集、文创工作室及餐饮商业等，灾时可转化为物资存放或棚宿区。部分底下空间被开发，平时作为租赁仓库，灾时作为应急物资存储。

灾时

灾害发生时的应急空间

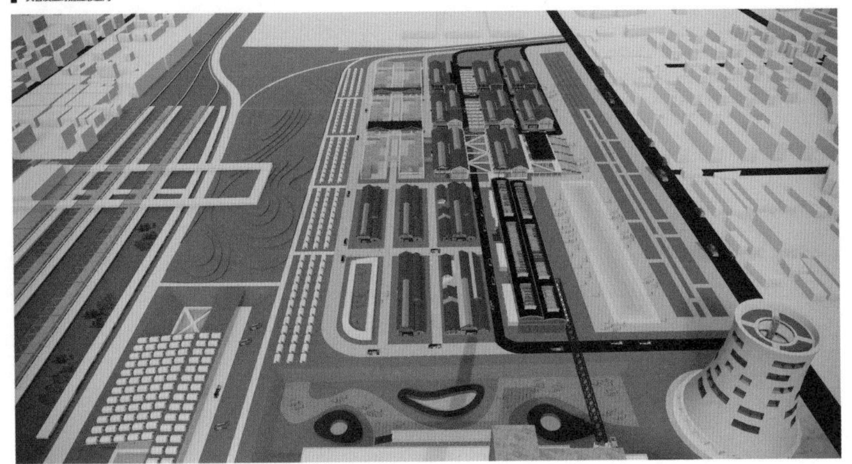

设计解构

由城市平灾模块的提出引向分层解构设计

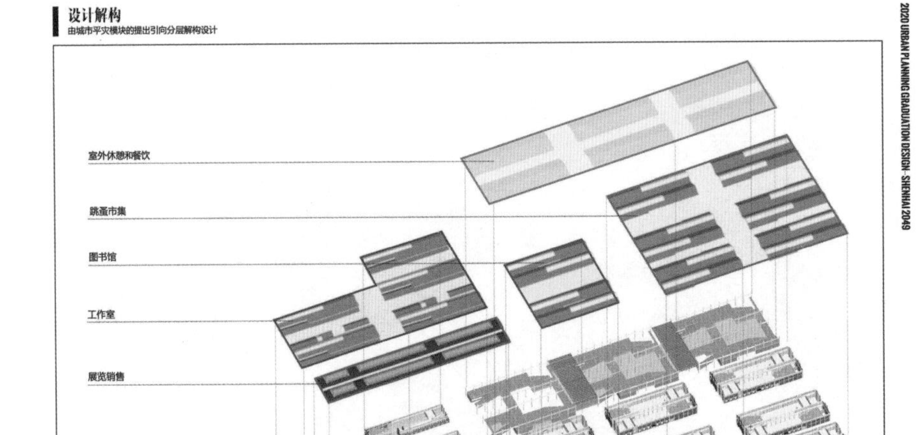

东贸库鸟瞰图

东贸库-灾时

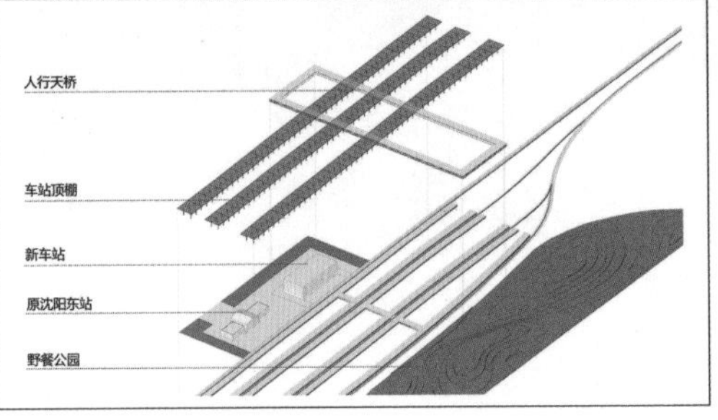

站台人行天桥

站台通道

2-7

Ⅵ在地生活 沟通南北

北京建筑大学

3-1

沈海 2049
健康城市视角下的工业遗址保护更新设计

目前的城市中缺乏健康设施的规划，而健康城市的设计能与工业遗址的改造产生很好的契合点。我们通过构建健康城市模块，采用冲突与融合的设计理念，形成了曲面建筑的未来感与原有建筑的工业感的碰撞，以及不同的刺激性的与舒缓的减压方式的对比，这种碰撞和对比看似是冲突的，但我们通过设计将它们融合在一起，并且融合了运动项目带来的身体健康，减压空间带来的心理健康以及社会交往所带来的社会安康，进一步融入自然融入区域，最终实现我们打造健康城市的目的。

概念生成

工业 服务 沈海1.0 → 创意 高端 沈海2.0 → 健康 共享 沈海3.0

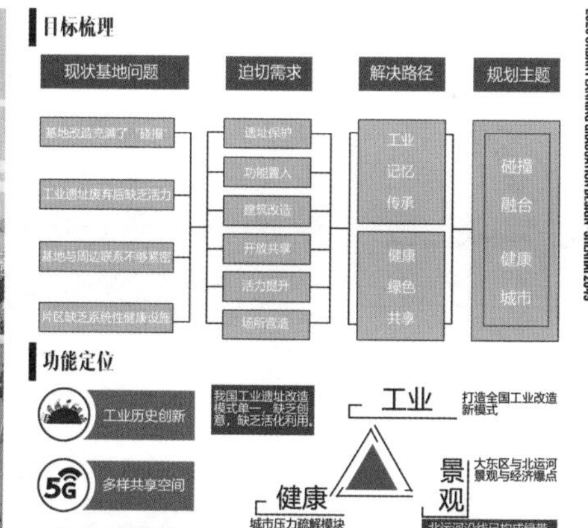

规划策略

融合

冲突

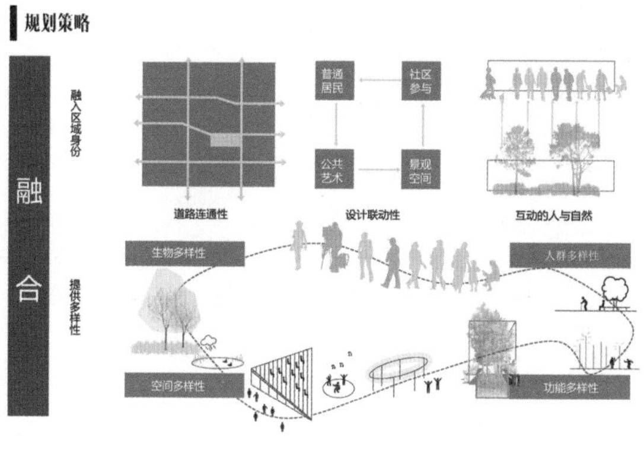

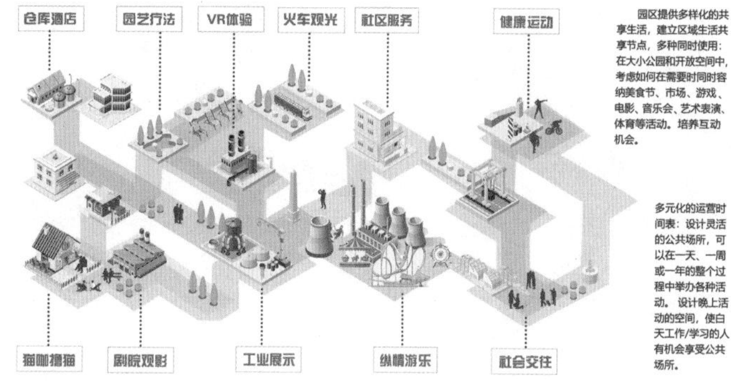

园区提供多样化的共享生活，建立区域生活共享节点，多种同时使用：在大小公园和开放空间中，考虑如何在需要时同时容纳美食节、市场、游戏、电影、音乐会、艺术表演、体育等活动，培养互动机会。

多元化的运营时间表：设计灵活的公共场所，可以在一天、一周或一年的整个过程中举办各种活动。设计晚上活动的空间，使白天工作/学习的人有机会享受公共场所。

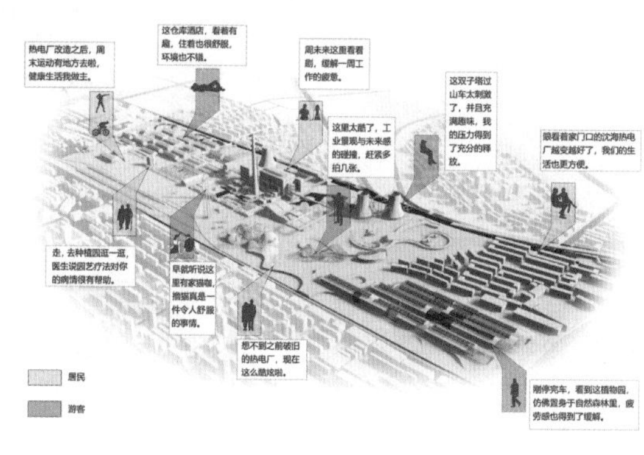

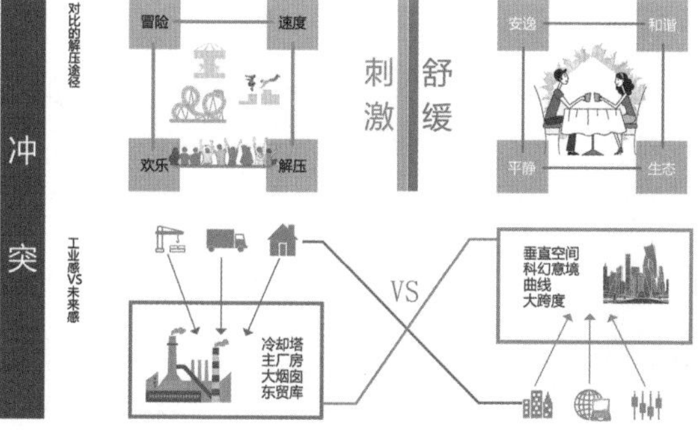

园区对有价值的工业建筑、景观遗址进行了保留，并新增了曲线、大跨度、垂直空间等充满未来感的明日世界。工业感与未来感的碰撞将给游览带来全新的体验。

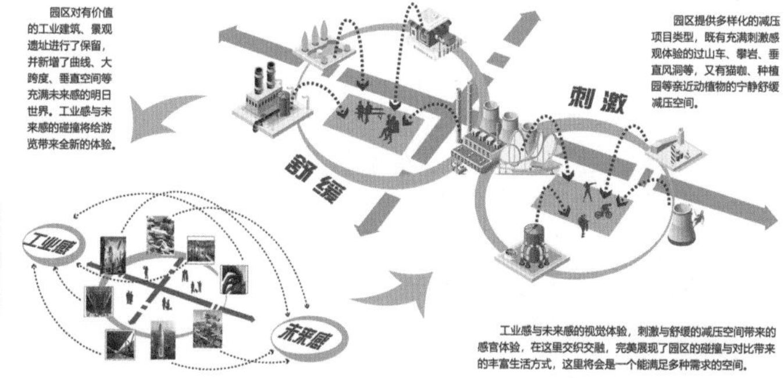

园区提供多样化的减压项目类型，既有充满刺激感观体验的过山车、攀岩、垂直风洞等，又有猫咖、种植园等亲近动植物的宁静舒缓减压空间。

工业感与未来感的视觉体验，刺激与舒缓的减压空间带来的感官体验，在这里交织交融，完美展现了园区的碰撞与对比带来的丰富生活方式，这里将会是一个能满足多种需求的空间。

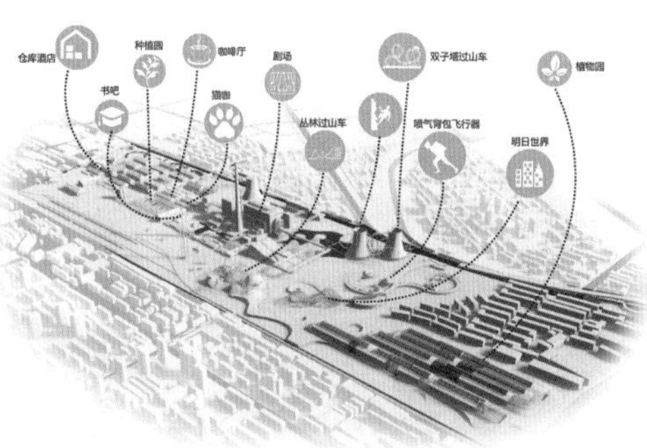

| 多元融和 对比冲突

北京建筑大学

2020 URBAN PLANNING GRADUATION DESIGN SHENHAI2049

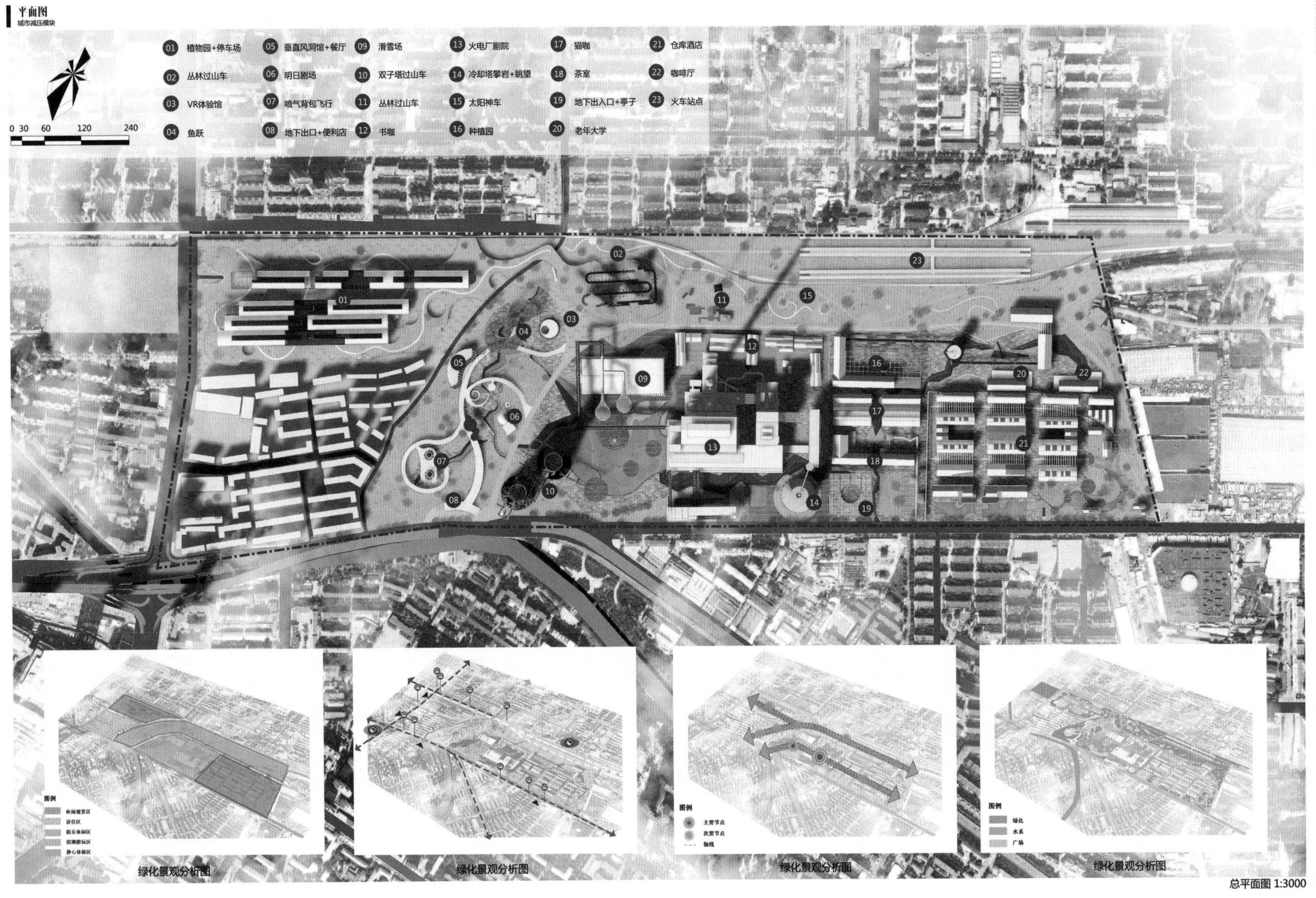

绿化景观分析图 绿化景观分析图 绿化景观分析图 绿化景观分析图

总平面图 1:3000

Ⅱ冲突融合 绿色健康

3-2

北京建筑大学

3-3

透视图

融合与冲突的减压模块

设计说明：

城市中需要一个给予人们放松的地方，满足不同使用者不同的加压方式，但对于土地利用有极大的挑战，设计者认为工业遗产用地可以恰到好处地承担这一功能，一是用地集中，无需外迁居民或其他功能，位于城市内部，建设和使用方便，二是可以充分利用现状工业遗存，与遗产保护要求契合，三是有效地将活力要素引入工业遗存，不是静态博物馆式的保护，而是活化利用。

西部区域利用曲线的设计和刺激性的项目体现科技感和未来感，在这里人们将尖叫、呐喊，利用发泄的方式来减小压力，暖色的地铺将带领他们领略多种活动。

东部区域利用设计提升和突出其工业感，通过仓库改造将多种治愈性的功能安置在区域内，帮助人们减小压力，坡屋顶、青石板、锈板，人们将沉浸于工业的世界，将自己从城市生活中剔除。

中间部分利用水面的设计进行过渡，对主建筑、冷却塔进行改造。

该设计探讨了工业改造的新模式，尝试将工业遗产更新与健康城市结合起来，为周边、旅游者提供新的体验。

Ⅲ舒缓刺激 共生共存

建筑改造专题
东贸库仓库
仓库改造方式
①玻璃房填充
②架设廊架
③室外灰空间
④小院围合
⑤内部重塑
爆炸图
建筑改造专题
冷却塔
东部冷却塔剖面图
西部冷却塔剖面图
冷却塔与过山车
坚硬的混凝土制成的过山车，其庞大的体型与飘逸的过山车形成对比，过山车环绕、穿插平行于冷却塔，人们在内部观赏或在进行过山车的同时都将体会到冷却塔的坚硬、厚重与庞大。
水面与过山车与冷却塔
水面上漂浮的栈道使人们与水面在同一水平线上，允许人们在近距离且安全的前提下感受过山车，平静的水面、木质栈道、刺激的过山车、庞大的冷却塔，将形成鲜明的对比与冲突。
攀岩与仰望
依托冷却塔内部曲面建成的攀岩墙壁，部分墙壁被镂空，给予攀岩者休息的地方和内部观览者眺望，同时这些镂空的空间使攀岩的起点得到更随意的选择，不一定是从冷却塔底部开始的，可以选择冷却塔中部为起点。
夜视与眺望
冷却塔中间电梯外包裹着透明LED，在夜晚降临时，这座冷却塔将是静谧的，人们将在脱硫塔内部欣赏前所位于的光影表演。同时人们也可以选择从脱硫塔中部的空洞或顶部的瞭望台上俯瞰整个城市，享受新鲜的空气。
建筑改造专题
火电厂主建筑
露台展览
主建筑北部有管道、脱硫塔等元素，工业气息较重，展览区域将艺术气息与工业气息联合起来，在地面上增加了象征性的镂空装饰。
露台餐厅
利用原建筑坡屋顶进行改造，与内部餐厅和商业连在一起，站在露台处可看到东西部两种不同处理手法的冷却塔，感受两种截然不同的空间。
MOVIE
THEATER
EXPLORATION
EXHIBITION
CATERING
SHOPPING
火电厂主建筑剖面图
2020 URBAN PLANNING GRADUATION DESIGN · SHENHAI 2049
北京建筑大学
3-4
Ⅳ改造更新 活化遗产

北京建筑大学

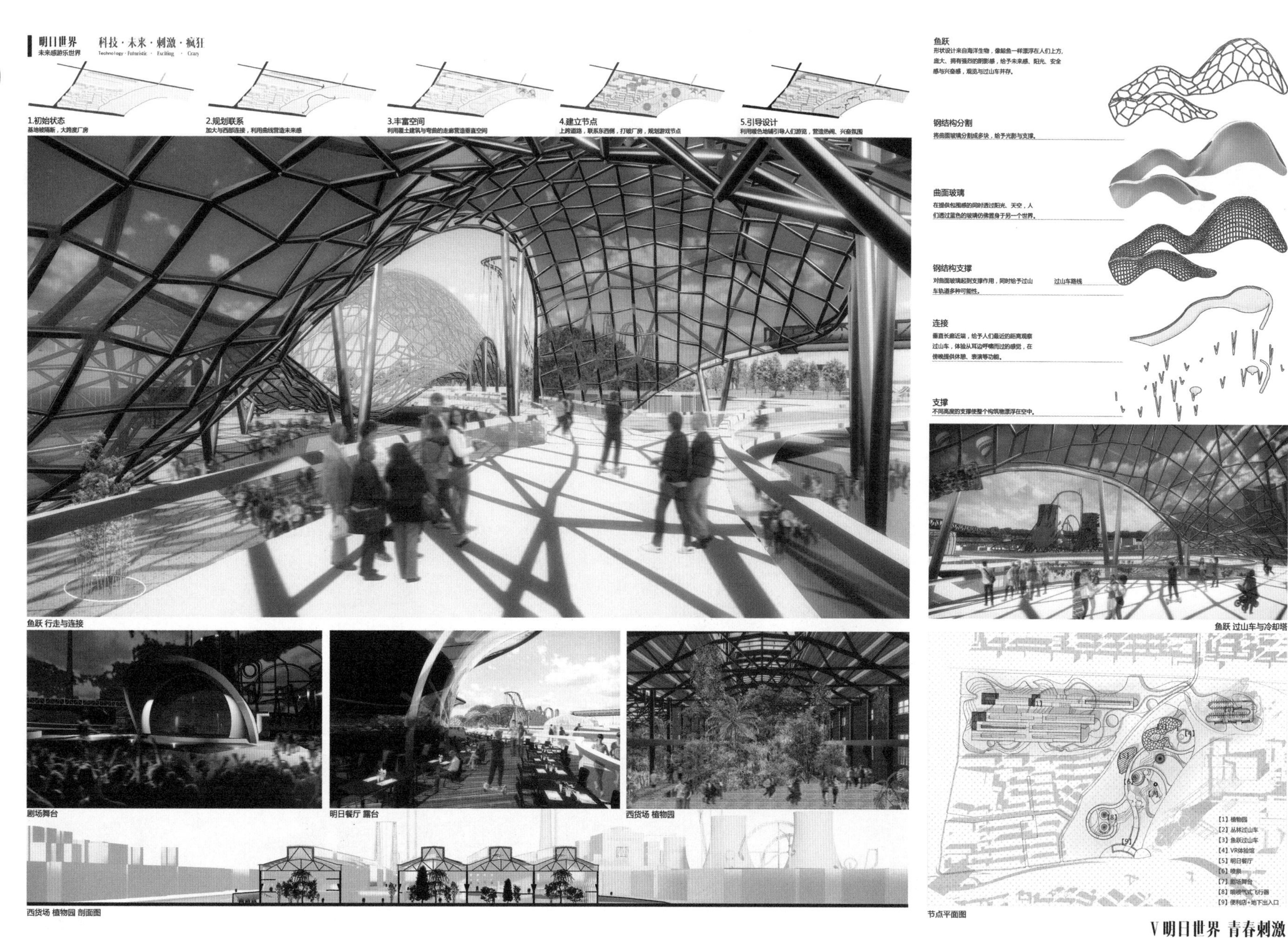

鱼跃 行走与连接

鱼跃 过山车与冷却塔

剧场舞台

明日餐厅 露台

西货场 植物园

西货场 植物园 剖面图

节点平面图

V 明日世界 青春刺激

3-5

北京建筑大学

2020 URBAN PLANNING GRADUATION DESIGN · SHENYANG 2049

3-6

节点设计

工业·融合·紧张·舒缓

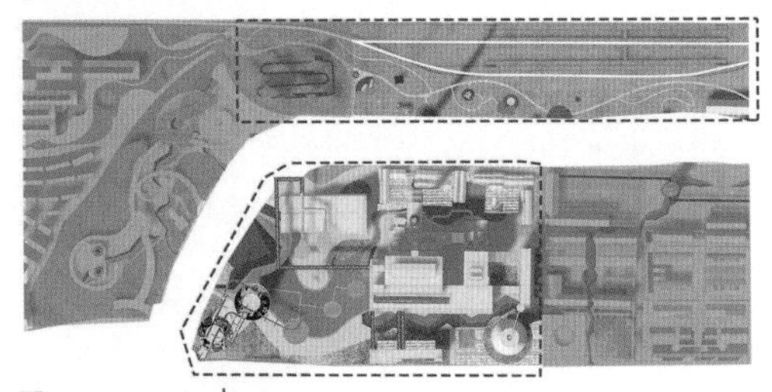

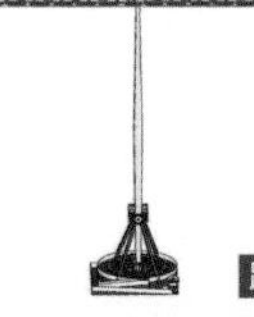

利用沈阳特有的气候，打造独具特色的运动解压场地——滑雪场。

滑雪场

通过空间的开与收，通过狭长后进入圆柱形空间，使人产生豁然开朗的感觉，欣赏美景时心旷神怡。

景观“鸟笼”

沿湖设置咖啡厅、书吧等静谧空间，使人心情平静。

咖啡厅

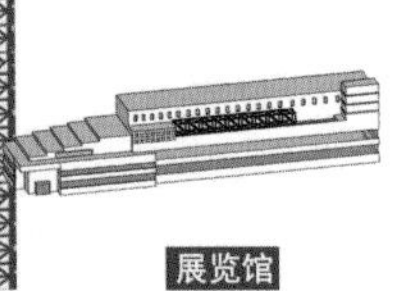

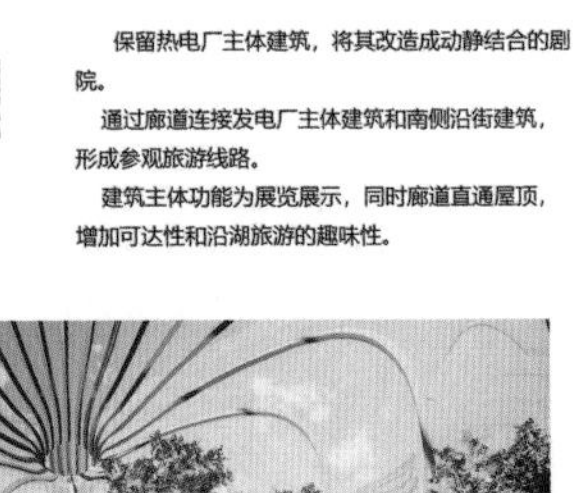

保留热电厂主体建筑，将其改造成动静结合的剧院。

通过廊道连接发电厂主体建筑和南侧沿街建筑，形成参观旅游线路。

建筑主体功能为展览展示，同时廊道直通屋顶，增加可达性和沿湖旅游的趣味性。

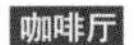

展览馆

从湖面望向主建筑

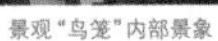

景观“鸟笼”内部景象

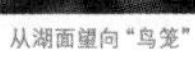

从湖面望向“鸟笼”

湖畔书吧外部

剧院外部

Ⅵ湖畔游览 无限畅想

北京建筑大学

2020 URBAN PLANNING GRADUATION DESIGN: SHENHAI 2049

仓库新生

工业感游憩空间

记忆 · 新生 · 舒缓 · 减压

01 初始状态

02 价值分析

03 重塑肌理

通过拆除、改造、新建重塑肌理。

04 功能置换

为仓库引入休闲、娱乐等新功能。

05 生成节点

06 引导设计

①园区小火车

利用园区中原有的轨道，打造园区观光小火车。小小的火车，让人对这个充满历史价值记忆感和自然趣味的园区充满好奇，这里将会成为拍照"打卡"的圣地。小火车在提升园区趣味性的同时，也是对园区历史价值的一种保存方式。

②仓库酒店-内部

仓库酒店使用了现存历史价值比较高的建筑，在现有的基础上进行改造。其中一种改造手法是在两栋现存建筑中间插入玻璃屋顶，住户可以通过中间的走廊穿梭，通过历史悠久的立面获得完整的空间体验。

③仓库酒店-外部

仓库的另一种改造手法是在两栋现存建筑中间插入小玻璃房子。通过空间的围合来创造舒适氛围，给人交往、交流的空间。并且通过构建绿色植物景观来提升环境，创造自然的、平静的、宜人的、舒缓的空间。

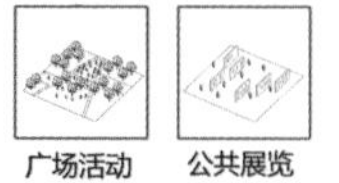
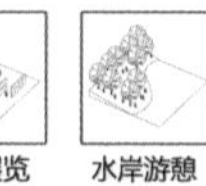

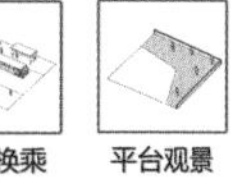
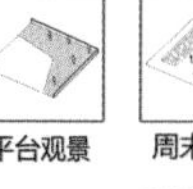
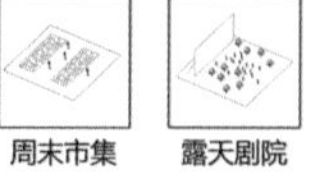
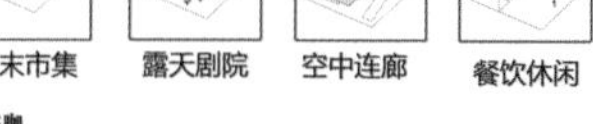
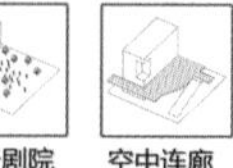
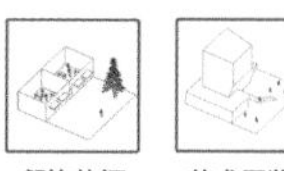

广场活动 公共展览 水岸游憩 公交换乘 平台观景 周末市集 露天剧院 空中连廊 餐饮休闲 艺术展览

④仓库酒店-入口

在仓库酒店入口处增设水景，利用亲水平台，增加亲水性。如今人类向往返璞归真的自然生活，渴望见到天蓝水清、绿树成荫的生态景观。亲水平台就为此提供一个良好的平台。

⑤猫咖

猫咖对于舒缓心情有良好的效果。研究表明，与动物接触能够降低压力、改善情绪。如果能在接受常规治疗的同时有宠物陪伴，一些轻度至中度的抑郁症患者会感受到明显的改善。

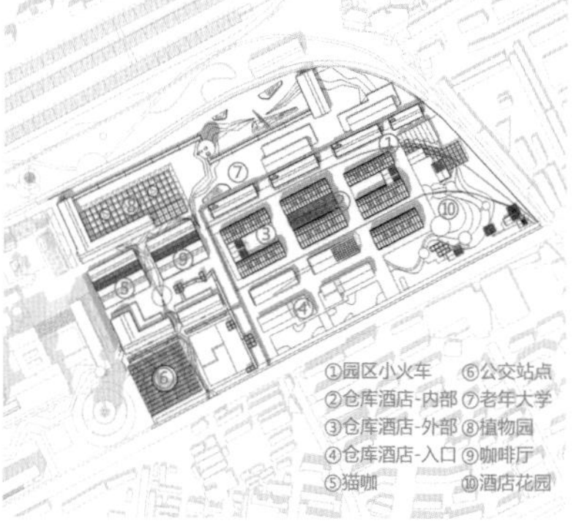

Ⅶ仓库新生 功能多元

内蒙古工业大学

Inner Mongolia University of Technology

济南大学
大连理工大学
北京工业大学
吉林建筑大学
山东建筑大学
天津城建大学
内蒙古工业大学
北京建筑大学
沈阳建筑大学

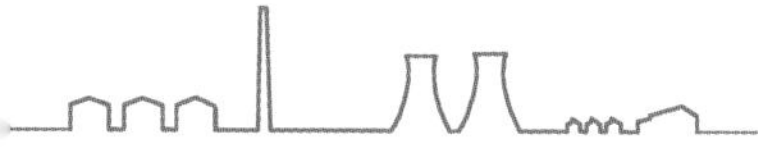

溯“根”植业，循脉添新

——基于根植性理论的沈阳市工业遗产更新设计

团队简介

指导老师

荣丽华 任杰 王强

学生团队

宝乐尔 李阳 张紫然 贾世珂

设计感言

参与本次北方教育规划联盟联合毕业设计使我们受益颇多，在2020年这个特殊的年份中，我们注定将拥有一个特殊的毕业设计的经历，通过云调研的模式不但重启了我们的设计思路，同时开阔了我们设计视野。在与其他学校同学的交流过程中，也学习到了很多，感受到了不同学校城乡规划专业的同学对解决相同问题不同的解题思路和规划策略。同时对工业遗产遗留对城市的影响有了自身独立的思考，对区域和城市发展的联系有了立体的角度。通过多维度的思考，从人的角度出发解决问题并贯穿整个城市发展的过程，体会到城乡规划学科的魅力，感受到城市设计对城市发展的重要性。通过物质空间的更新改造旨在改善城市空间割裂的现状并运用动态规划的手法最大化地保留设计地块的原真性。通过此次联合毕设使我们团队合作更加默契，检验了我们本科积累的知识，同时给我们本科学习画上了一个完美的句号。虽然本次设计结束了，但是学习之路还未结束。

课题解读

本次设计是沈阳市大东区沈海热电厂及东贸库地段更新改造，这里伴随着沈阳市经济发展的全过程，随着时代的进步、科技的发展，整个城市采取存量规划作为城市发展的要求，地块作为城市典型的衰败空间，其利用与改造对整个城市来讲显得尤为重要。通过云调研的方式可以发现，工业、铁路、民俗文化是这个区域乃至整个城市的文化特征，尤其是东贸库保留了较完整的1950年代民用仓储建筑形式，如何处理文化保护和传承与城市发展的关系成为重要问题。因此我们以此为设计出发点，基于根植性理论，通过多阶段渐进式发展，达到对地块最小破坏与最大发展。

设计时间轴　设计层次概述

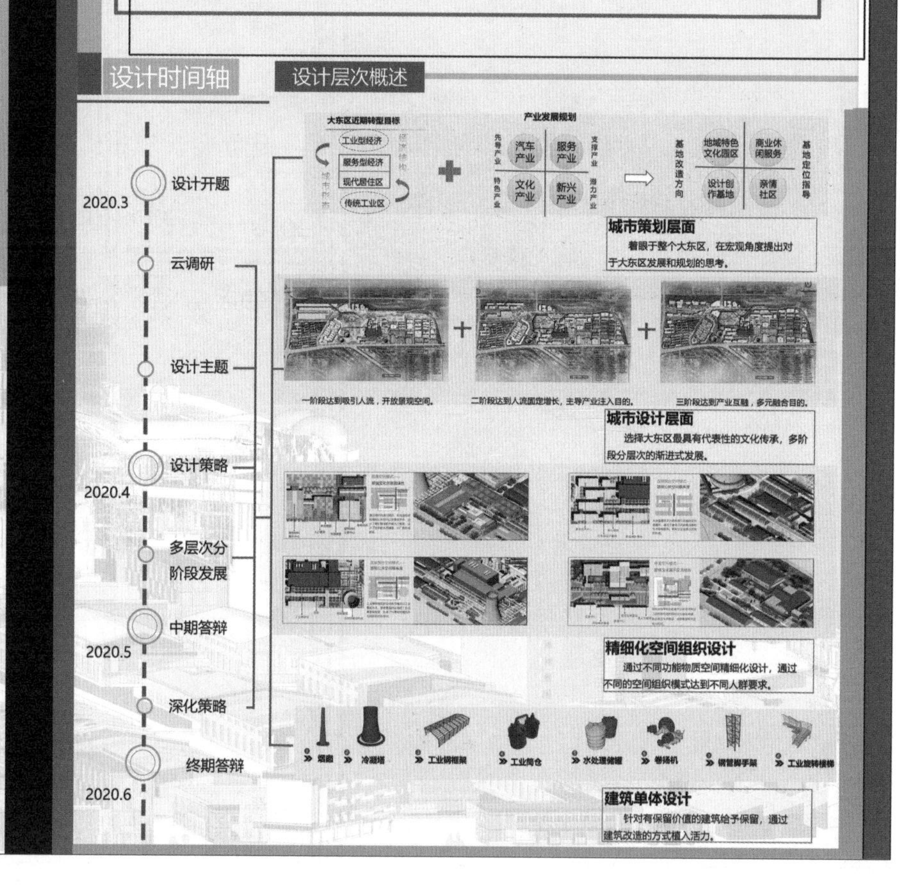

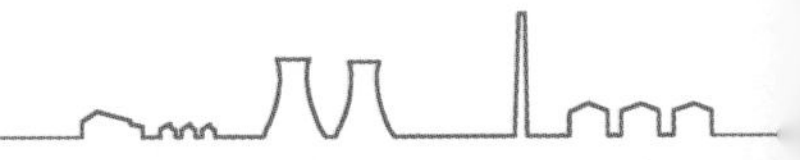

一 溯“根”植业，循脉添新
基于根植性理论的沈阳市工业遗产更新设计
基地背景 1
宏观区位
沈阳，简称沈，别称盛京，是东北地区的重要城市，位于东北亚经济圈和环渤海经济圈的中心，大东区是沈阳的中心地区。
中观区位
沈阳是东北地区的铁路枢纽之一，多条铁路干线汇集于此。套仙桃国际机场是国家公共航空运输体系确定的全国八大区域性机场之一。
微观区位
大东区位于沈阳市的东部，东部与棋盘山为邻，东南、南、西南三面被浑河区环绕，西与皇姑区接壤，北与沈北新区接壤。面积100km²，下辖10个街道。
历史沿革 2
H历史沿革
现状综合分析 3
建筑质量
道路等级
建筑功能
公共交通
建筑风貌
景观风貌
建筑高度
公共空间
问题深化 4
基地现状 5
沈东物流
部队仓库
冷凝塔构筑物
热电厂厂方
东贸库
批发市场
水果批发市场
装饰材料交易中心
沈海热电厂
沈东物流
棚户区
仓库
居住区
东贸库
技术路线 6
现状矛盾
核心问题
迫切需求
规划主题
总体目标
战略目标
一阶段
二阶段
三阶段
终极目标
发展目标
基地
厂房封闭
开放性弱
植物单一
生态較差
忽视城市问题
产业单一
人口流失
文化缺失
文化延续
公共空间
环境升级
开放空间
配套设施
人群交流
生态体系开放
特色文化
工业传承
区域联系
旧厂生活空间融合
旧厂再生
活力再生
文化传承
更新
产业
社会
生态
文化
物质空间
文化传承
空间
产业
生态
文化
基于地块文化底蕴和周边城市居民提供舒适的人居环境，融合城市空间，整合周边资源，根植活力点，打造大东区文化创意产业园。
思路演绎 7
理论指导 8
理论生成过程

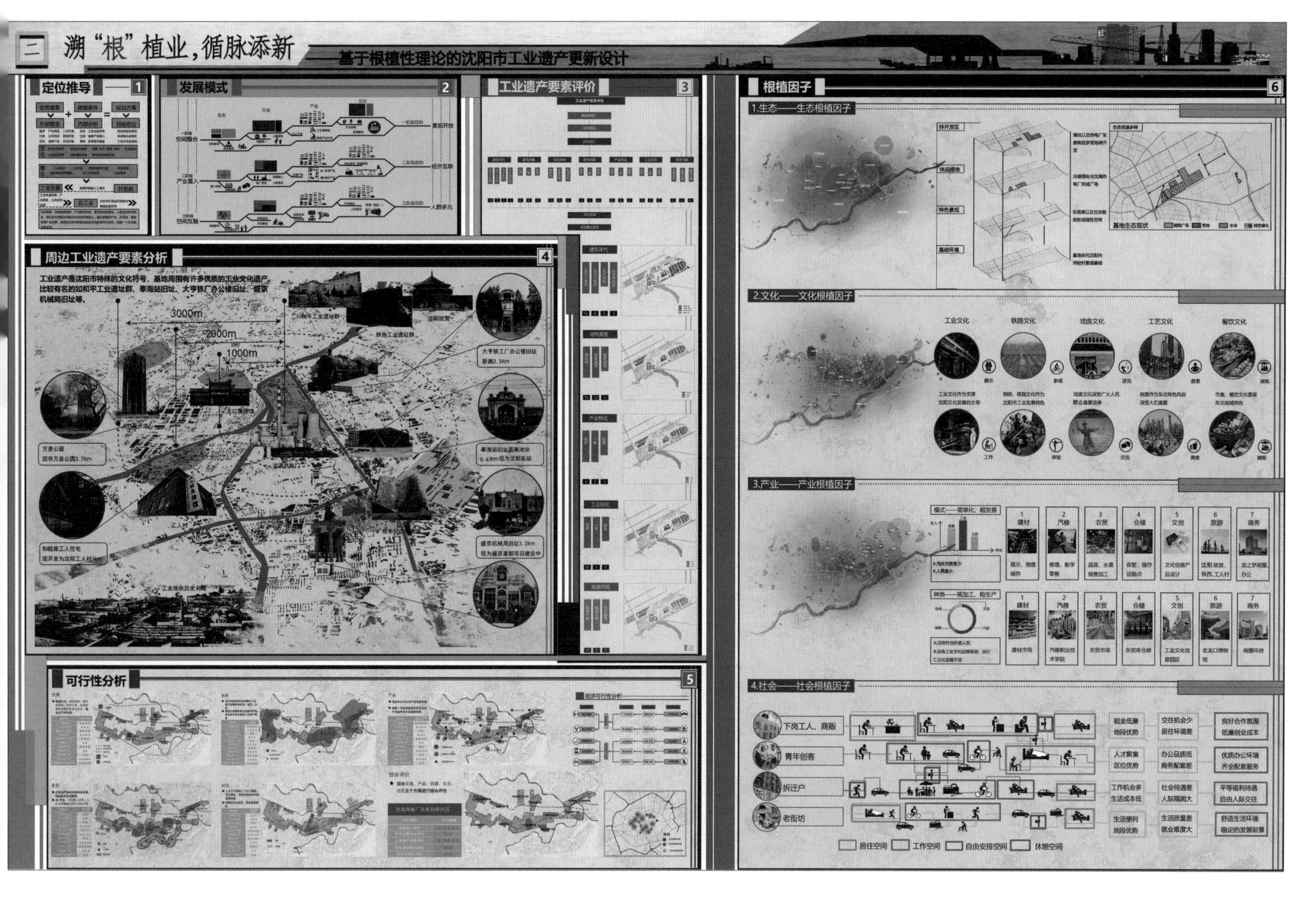
三 溯“根”植业，循脉添新
——基于根植性理论的沈阳市工业遗产更新设计
定位推导 1
发展模式 2
工业遗产要素评价 3
根植因子 6
1.生态——生态根植因子
基地生态现状
2.文化——文化根植因子
工业文化
铁路文化
戏曲文化
工艺文化
餐饮文化
3.产业——产业根植因子
模式——简单化、粗发展
种类——简加工、粗生产
1 建材
2 汽修
3 农贸
4 仓储
5 文创
6 旅游
7 商务
4.社会——社会根植因子
下岗工人、商贩
青年创客
拆迁户
老街坊
租金低廉 地段优势
交往机会少 居住环境差
良好合作氛围 低廉创业成本
人才聚集 区位优势
办公品质低 商务配套差
优质办公环境 齐全配套服务
工作机会多 生活成本低
社会待遇差 人际隔阂大
平等福利待遇 自由人际交往
生活便利 地段优势
生活质量差 就业难度大
舒适生活环境 稳定的发展前景
居住空间
工作空间
自由安排空间
休憩空间
周边工业遗产要素分析 4
工业遗产是沈阳市特殊的文化符号，基地周围有许多优质的工业文化遗产，比较有名的如和平工业遗址群、奉海站旧址、大亨铁厂办公楼旧址、盛京机械局旧址等。
3000m
2000m
1000m
大亨铁工厂办公楼旧址 距离2.3km
万泉公园 现存万泉公园3.7km
奉海站旧址距离地块0.6km现为沈阳东站
和睦路工人住宅 现开发为沈阳工人村
盛京机械局旧址3.2km 现为盛京皇朝项目建设中
可行性分析 5
经济可行性分析
综合评价

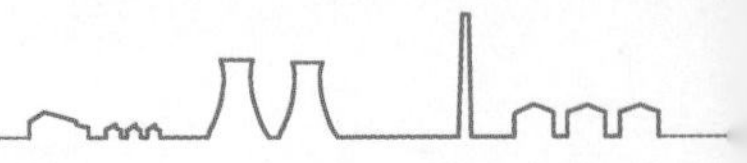

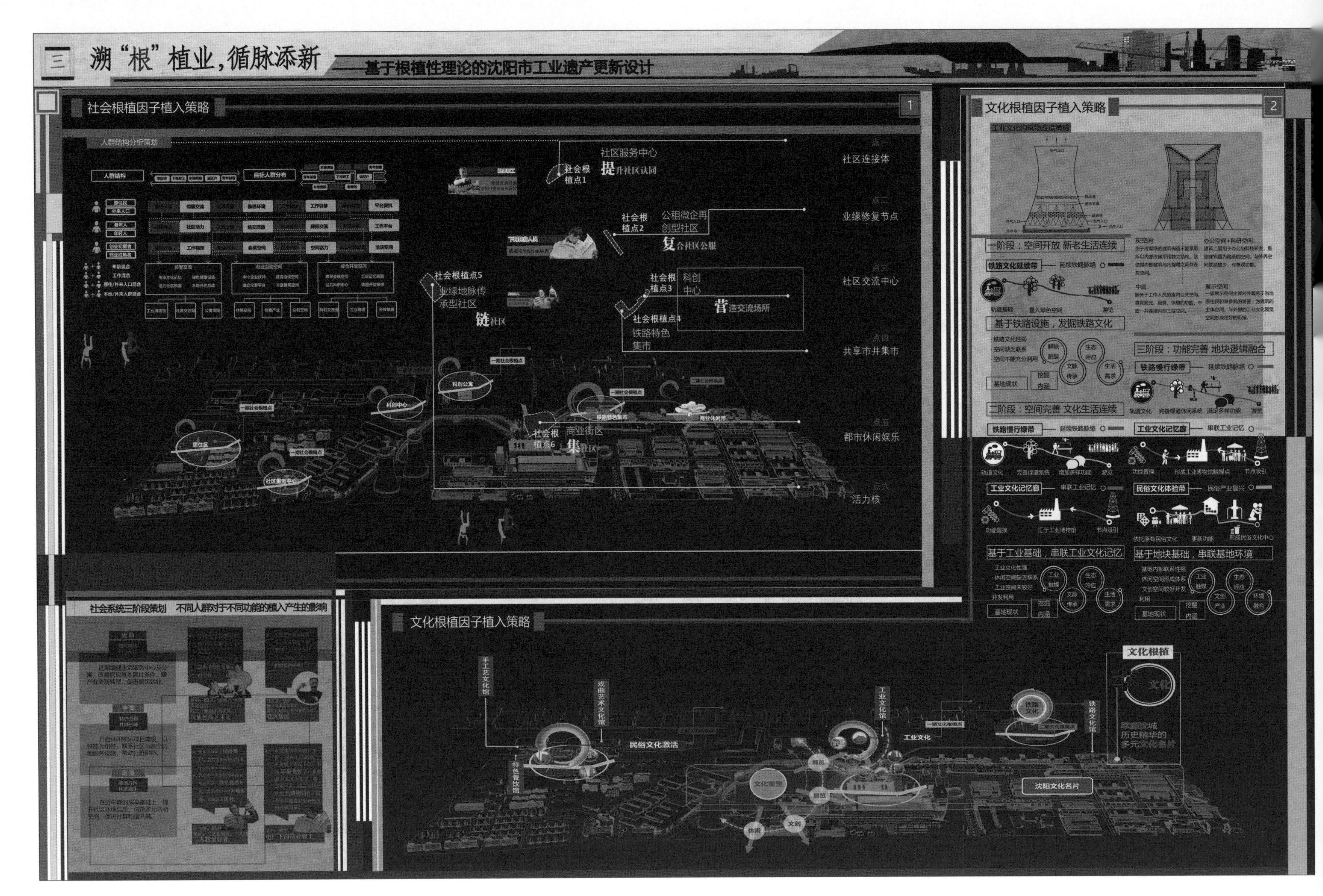
三 溯"根"植业，循脉添新
——基于根植性理论的沈阳市工业遗产更新设计
社会根植因子植入策略
人群结构分析策划
社区服务中心
社会根植点1
提升社区认同
社区连接体
社会根植点2
公租微企再创型社区
复合社区公服
业缘修复节点
社会根植点5
业缘地脉传承型社区
链社区
社会根植点3
科创中心
营造交流场所
社区交流中心
社会根植点4
铁路特色集市
共享市井集市
社会根植点6
商业街区
集社区
都市休闲娱乐
活力核
文化根植因子植入策略
一阶段：空间开放 新老生活连续
基于铁路设施，发掘铁路文化
三阶段：功能完善 地块逻辑融合
二阶段：空间完善 文化生活连续
基于工业基础，串联工业文化记忆
基于地块基础，串联基地环境
社会系统三阶段策划 不同人群对于不同功能的植入产生的影响
手工艺文化馆
戏曲艺术文化馆
特色餐饮馆
民俗文化激活
工业文化馆
铁路文化馆
文化根植
沈阳文化名片
萃取沈城历史精华的多元文化名片

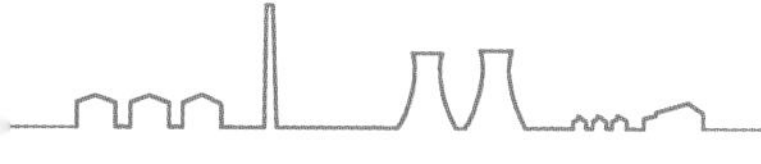

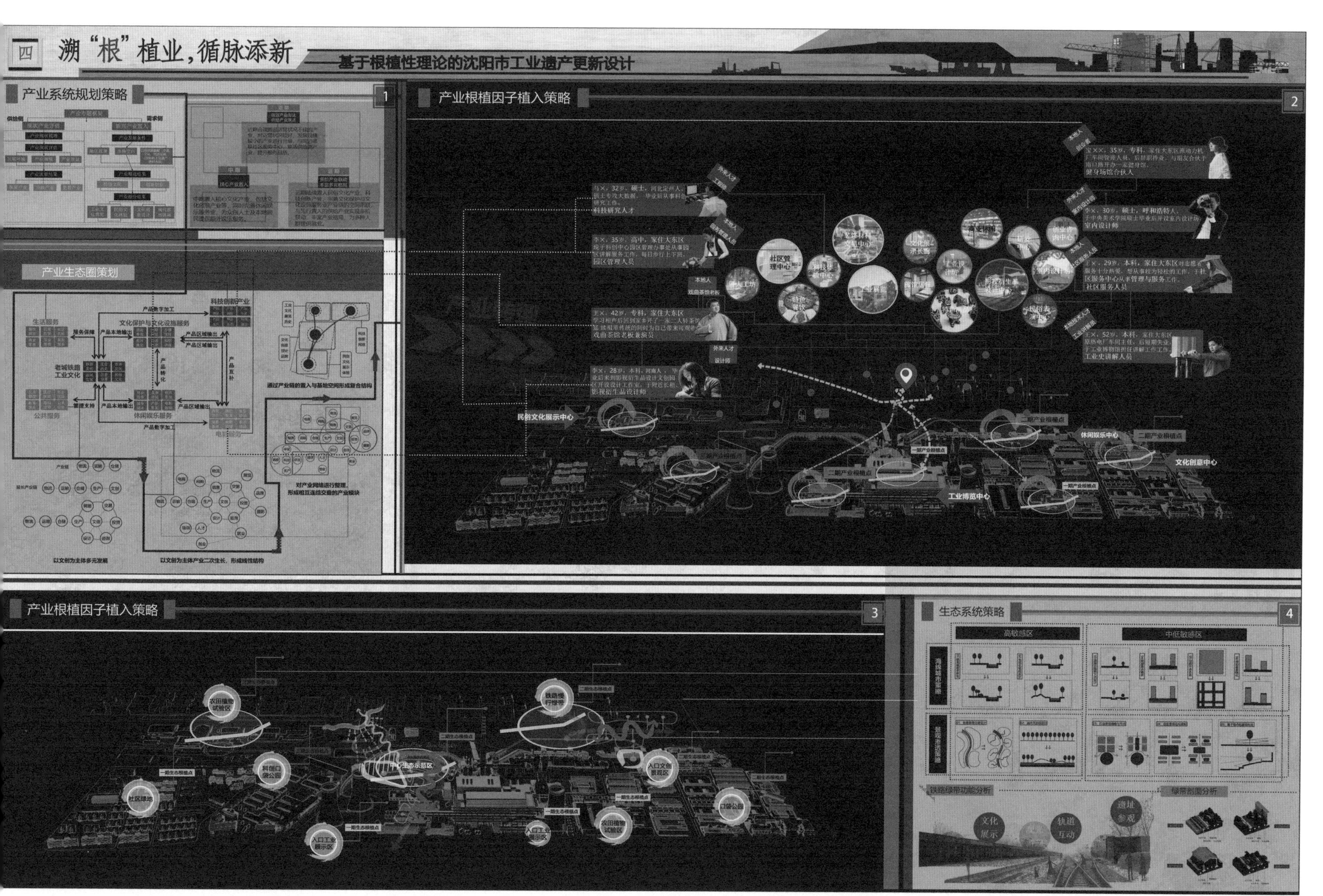

四 溯"根"植业，循脉添新
——基于根植性理论的沈阳市工业遗产更新设计
产业系统规划策略
产业生态圈策划
产业根植因子植入策略
产业根植因子植入策略
生态系统策略
以文创为主体多元发展
以文创为主体产业二次生长，形成线性结构
通过产业链的置入与基地空间形成复合结构
对产业网络进行整理，形成相互连结交融的产业模块
民俗文化展示中心
休闲娱乐中心
文化创意中心
工业博览中心
铁路绿带功能分析
绿带剖面分析

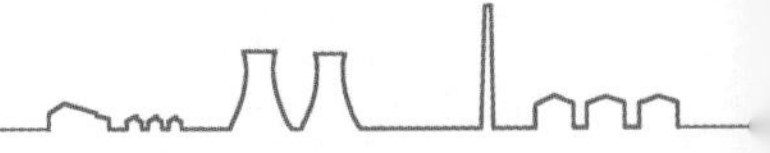

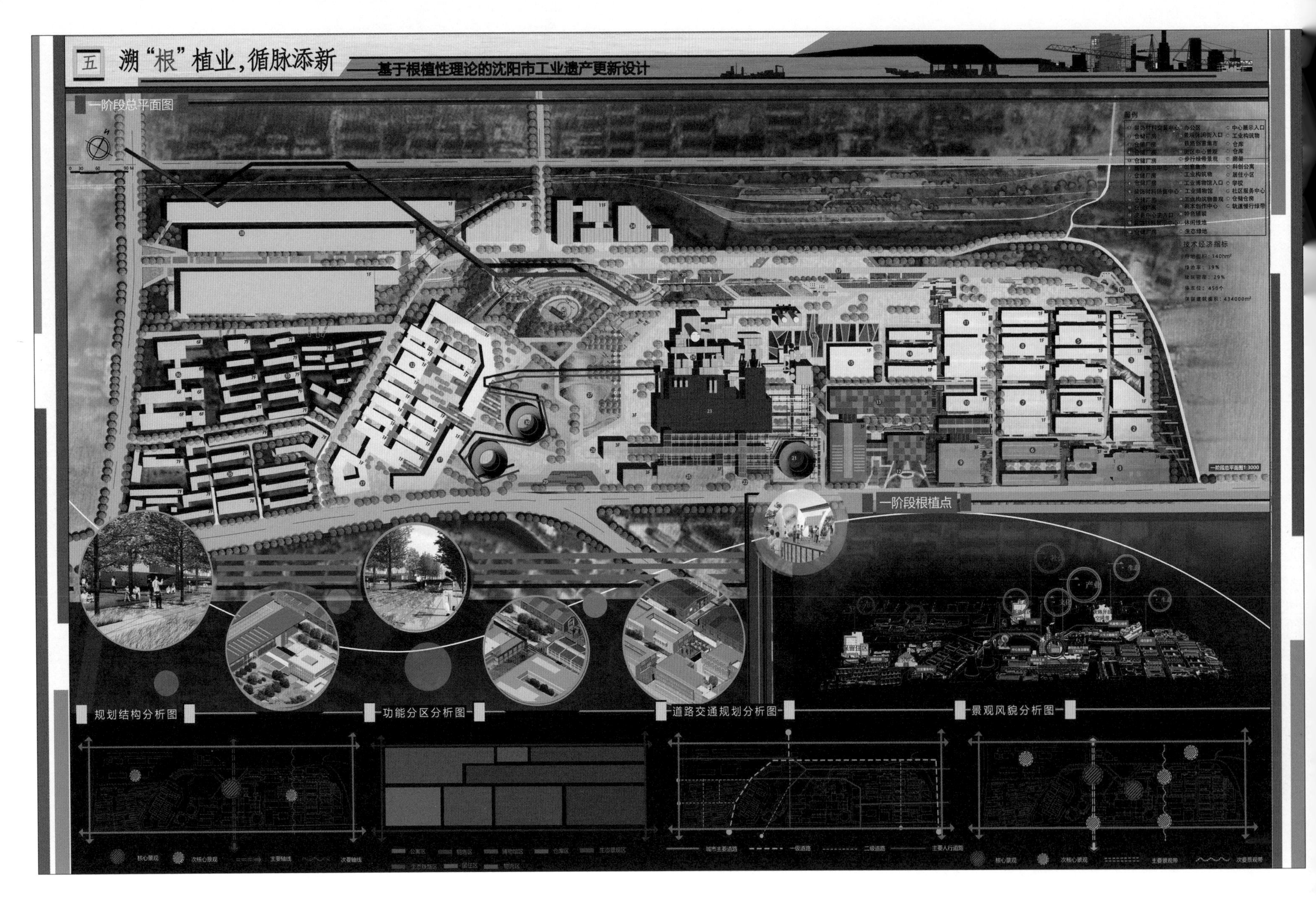
五 溯"根"植业，循脉添新
——基于根植性理论的沈阳市工业遗产更新设计
一阶段总平面图
图例
技术经济指标
一阶段根植点
规划结构分析图
功能分区分析图
道路交通规划分析图
景观风貌分析图

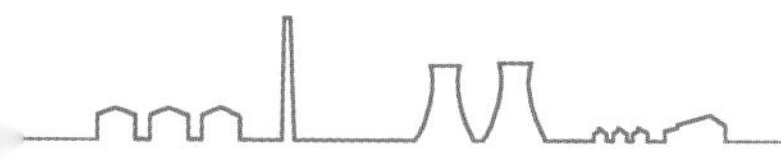

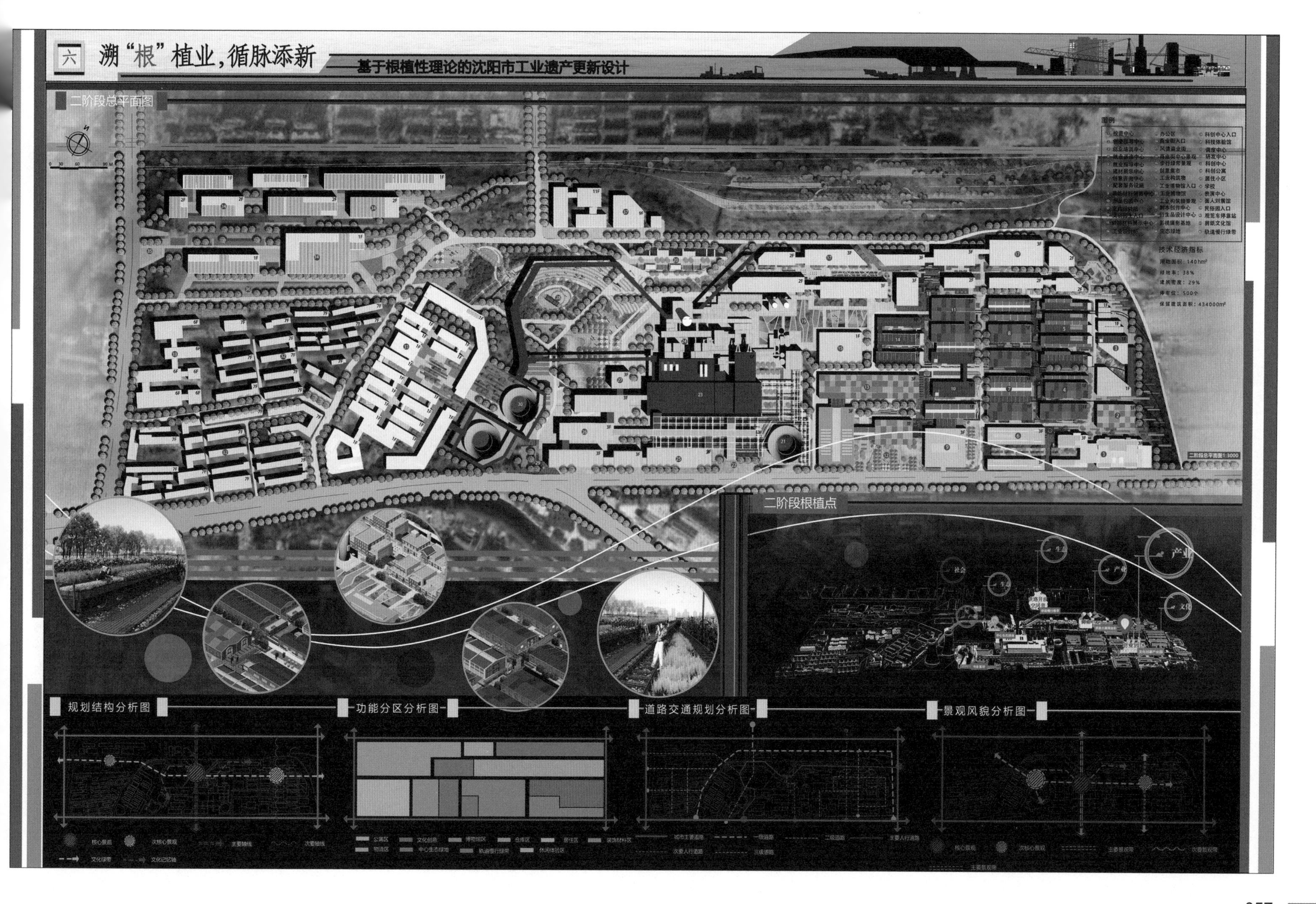

六 溯"根"植业，循脉添新
基于根植性理论的沈阳市工业遗产更新设计
二阶段总平面图
图例
技术经济指标
二阶段根植点
规划结构分析图
功能分区分析图
道路交通规划分析图
景观风貌分析图

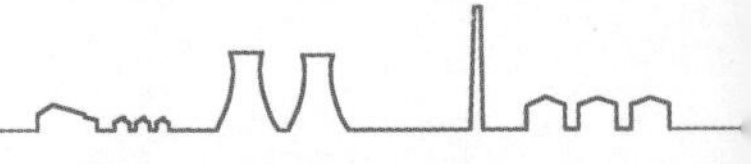

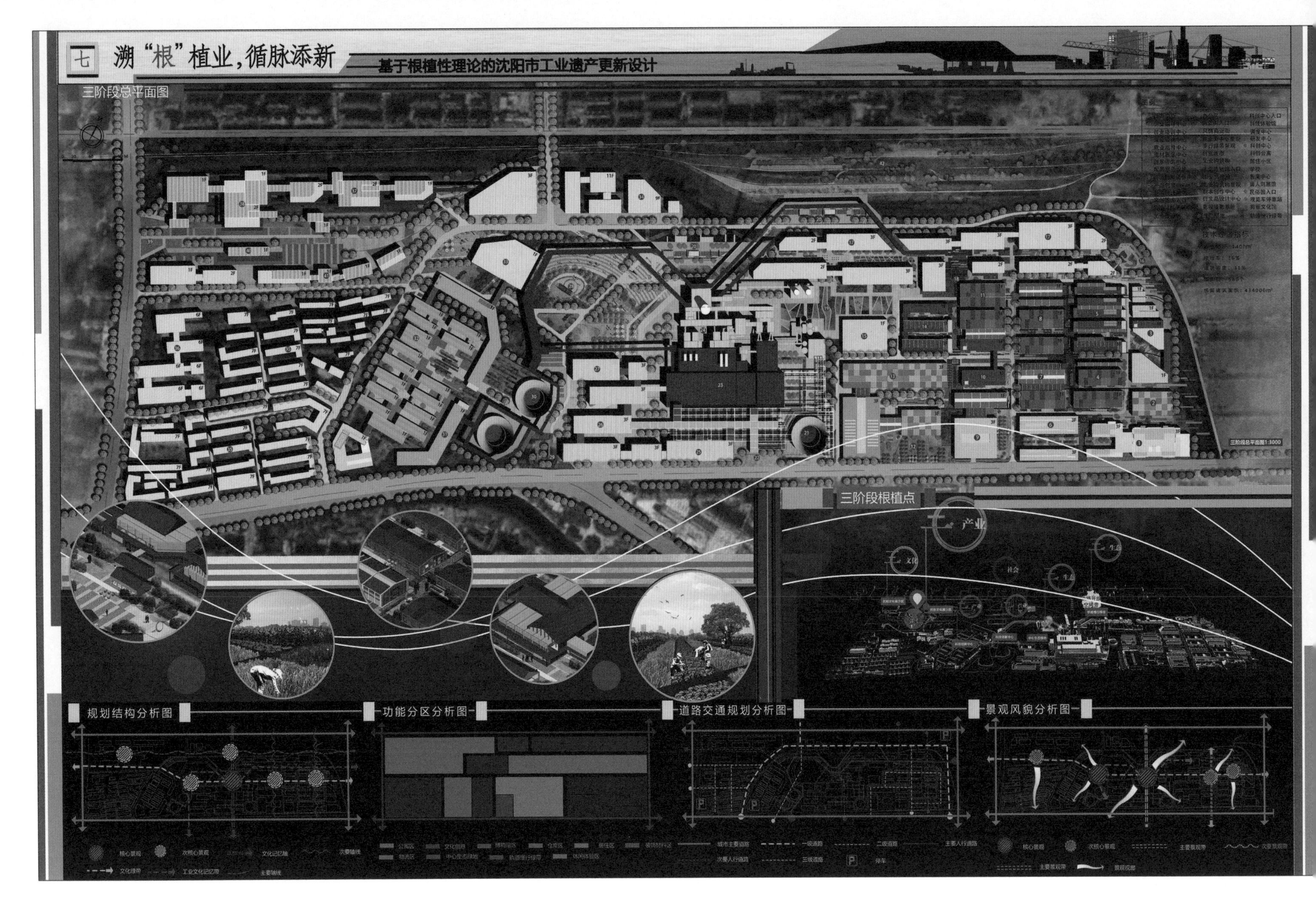
七 溯“根”植业，循脉添新
——基于根植性理论的沈阳市工业遗产更新设计
三阶段总平面图
三阶段总平面图1:3000
三阶段根植点
产业
文化
社会
生态
规划结构分析图
功能分区分析图
道路交通规划分析图
景观风貌分析图

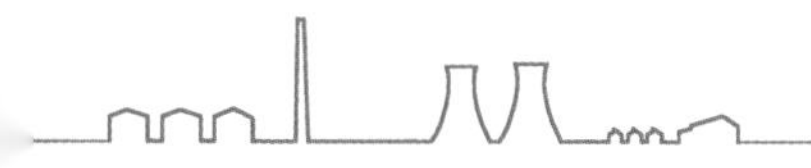

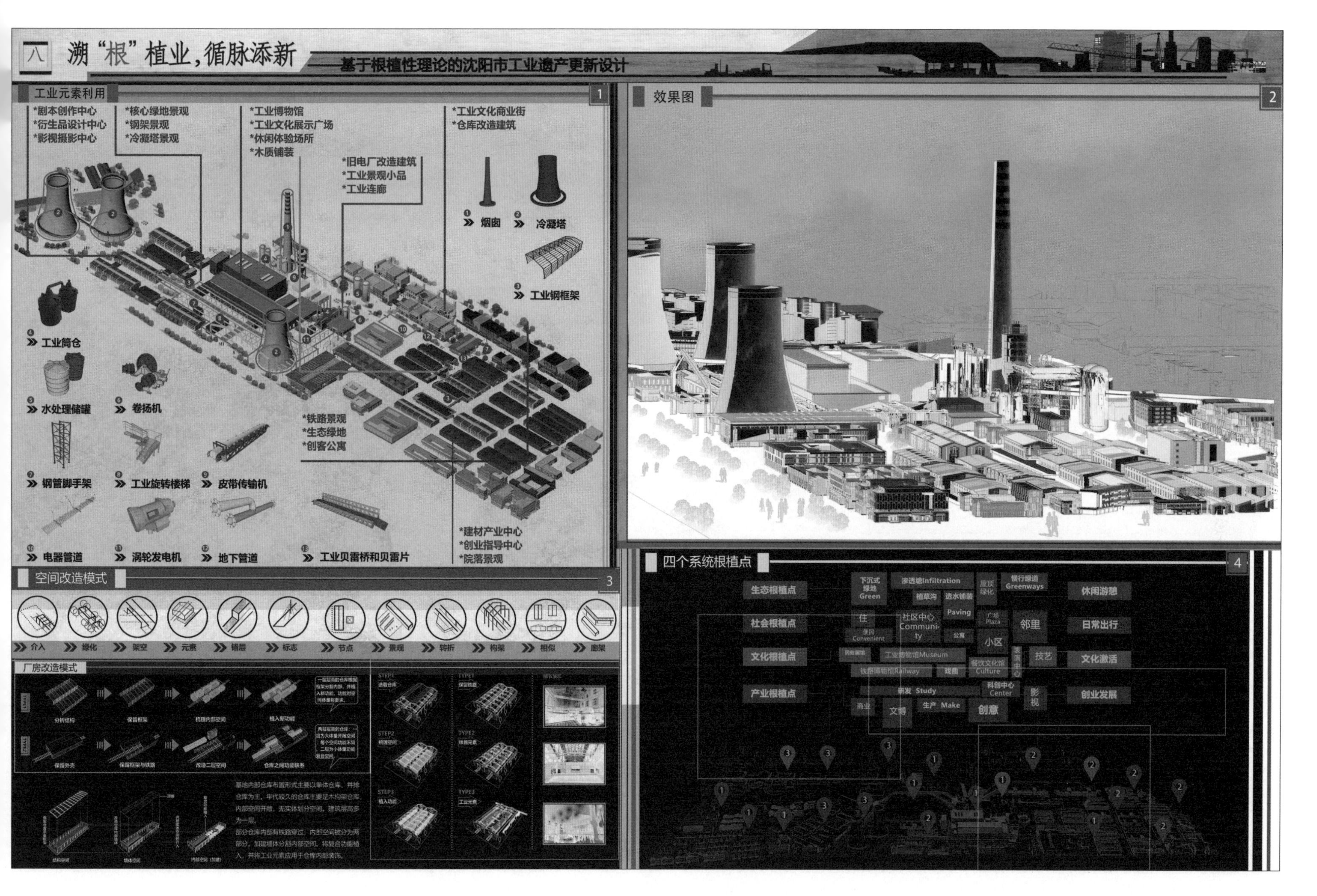

八 溯"根"植业，循脉添新
——基于根植性理论的沈阳市工业遗产更新设计
工业元素利用 1
*剧本创作中心
*衍生品设计中心
*影视摄影中心
*核心绿地景观
*钢架景观
*冷凝塔景观
*工业博物馆
*工业文化展示广场
*休闲体验场所
*木质铺装
*旧电厂改造建筑
*工业景观小品
*工业连廊
*工业文化商业街
*仓库改造建筑
*铁路景观
*生态绿地
*创客公寓
*建材产业中心
*创业指导中心
*院落景观
烟囱
冷凝塔
工业钢框架
工业筒仓
水处理储罐
卷扬机
钢管脚手架
工业旋转楼梯
皮带传输机
电器管道
涡轮发电机
地下管道
工业贝雷桥和贝雷片
效果图 2
空间改造模式 3
介入
绿化
架空
元素
错层
标志
节点
景观
转折
构架
相似
廊架
厂房改造模式
四个系统根植点 4
生态根植点
社会根植点
文化根植点
产业根植点
休闲游憩
日常出行
文化激活
创业发展
渗透墙Infiltration
植草沟
透水铺装
Paving
邻里
小区
技艺
创意

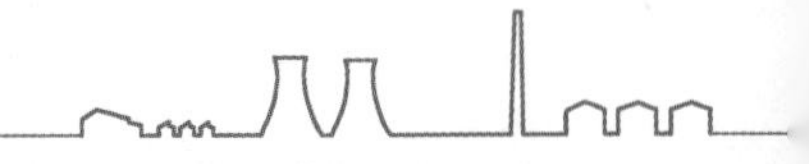

九
溯“根”植业，循脉添新
——基于根植性理论的沈阳市工业遗产更新设计
重点空间细节图
1
控制指标分析
3
建筑高度对比
建筑密度对比
容积率对比
六层
一层
七层
平地
35%—40%
45%—50%
30%—35%
0—10%
鸟瞰图
4
三个阶段立面变化分析
2
住宅区
部队仓库
沈海热电厂
东贸库
沈海热电厂——根植新功能
高新产业区
工业博物馆、工业遗产观光区
东贸库——复合功能空间
住宅区——景观改造
综合服务区（商业、工业文化展示、公共服务）
ORIGIN
STEP1
STEP2
STEP3
初始基地空间功能多样，现状情况比较复杂，矛盾突出，活力不足，产业落后，被城市周边繁荣发展所湮灭。有丰富的工业元素，有待正确合理的开发。
上位规划将沈海热电厂的功能转移，将原有的厂区进行更新改造，厂区内有多种工元素，工业文化深厚，适合发展工业遗产观光。提取空间要素，建造工业博物馆。
东贸库地区以仓库建筑为主，复合商业、服务业功能，情况较复杂。对现有功能梳理，整合破碎空间。部队仓库植入高新产业园区，结合博物馆游览功能，打造小型高新技术创意产业园。
住宅区在更新改造的时序中，优化公共服务设施，丰富绿化景观，改造街景。与部队仓库、沈海热电厂有步行流线联系。沈海热电厂、东贸库内部空间继续优化，保持与周边地区的交通连续性。
立面图
5

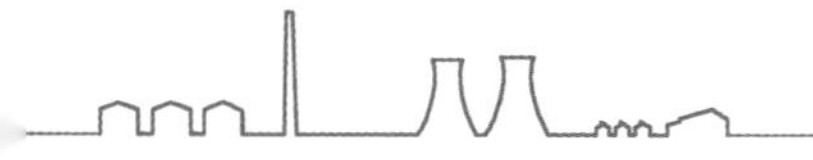

指导老师 Teacher Advisor

姓名：荣丽华
职称：教授
建筑学院副院长

指导老师 Teacher Advisor

姓名：任杰
职称：讲师

指导老师 Teacher Advisor

姓名：王强
职称：讲师

团队成员 Team member

组长：王佳倍

组员：黎美祎

组员：常凯

组员：米文悦

方案简介 Introduction to the scheme

本次方案以沈阳市总体规划和启功北单元控制性详细规划为依据，以存量规划为设计背景，以城乡规划学、建筑学、风景园林学、社会学为勘探视角，审视中国工业博物馆地块更新设计。

本次方案将全新的工业保护更新比拟为工人场景社区，挖掘基地工业遗产的前世今生资源，通过分析工人场景社区现状，根据现状人群需求，合理组织场地功能，通过展示工人工作、生活、娱乐的场景画面，以探索既传承地域文化又适应当前发展条件的发展途径。

本次方案以“打造工人场景社区，步入3.0工业遗产时代”为城市工业遗产更新设计主题，通过塑造一个人生活工作于其中并同时容纳了许多时间、记忆、物质记载的场所，将场所信息通过“时间”“空间”“工人”三个维度在城市规划的视角下表达，以使其成为记录工业历史文化遗产的工具，以期待进入一个服务于民、融合与城、物质与非物质并重的“工业3.0时代”。

团队感言 Team testimonials

2020北方规划教育联盟联合毕业设计，选题沈阳中国工业博物馆，从2020年3月~ 6月，线上调研、线上开题、线上中期、线上结题，接踵而来，特殊的形式注定我们的毕业不普通。三个月的时间认识了8所兄弟院校，结识了38位专业朋友，听取了35位老师的点评，交流、切磋、共享，即使无法面对面，确也收获颇多。三个月的时间里组内四个人学习、合作、分工、共享，头脑风暴后获得灵感的欣喜，逻辑梳理后陷入僵局的沉思，图纸落实后面对现实的感慨，痛苦的过程后，我们收获满满。

2020北方规划教育联盟联合毕业设计接近尾声，对毕业设计期间及本科学习中帮助我的老师和同学表达感谢，除此之外，特别感谢荣丽华老师、王强老师、任杰老师的精心指导。从开题汇报、确定立意主题、逻辑梳理、设计草图、建立模型，老师灵活的指导方式，务实的研究态度和严谨认真的品质都给我们留下了深刻的印象，对我产生了很大的影响。五年的本科学习即将结束，而本次毕业设计就像是对这五年来在校期间所学知识的浓缩运用和表达，过程虽遇艰难，但收获颇多，也使我们更加坚定在专业学习的道路上不断前行。

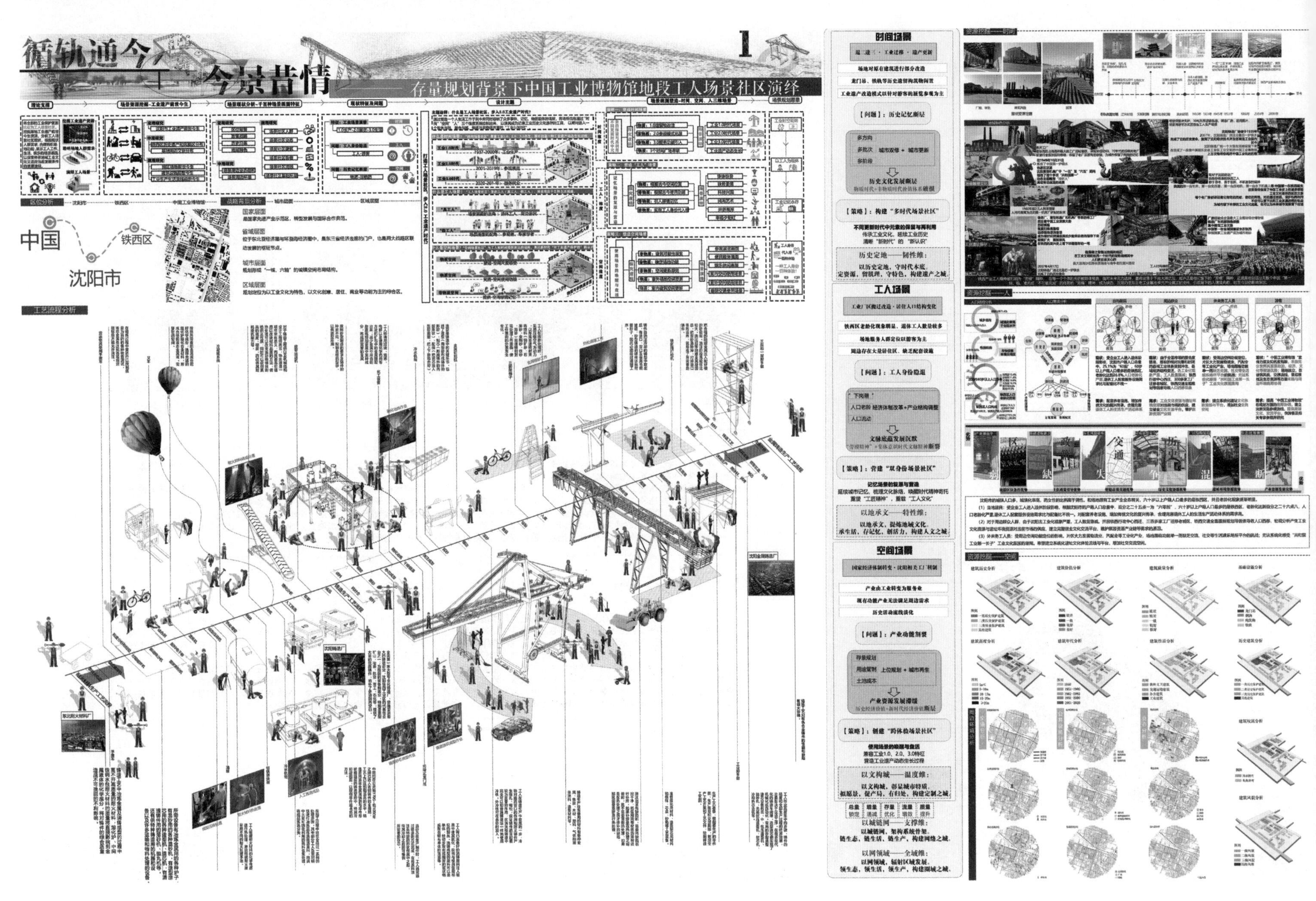
循轨适今 今景昔情
存量规划背景下中国工业博物馆地段工人场景社区演绎
时间场景
工人场景
空间场景
中国
铁西区
沈阳市

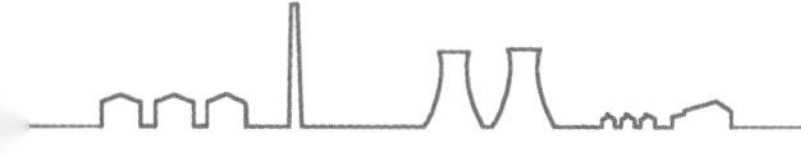

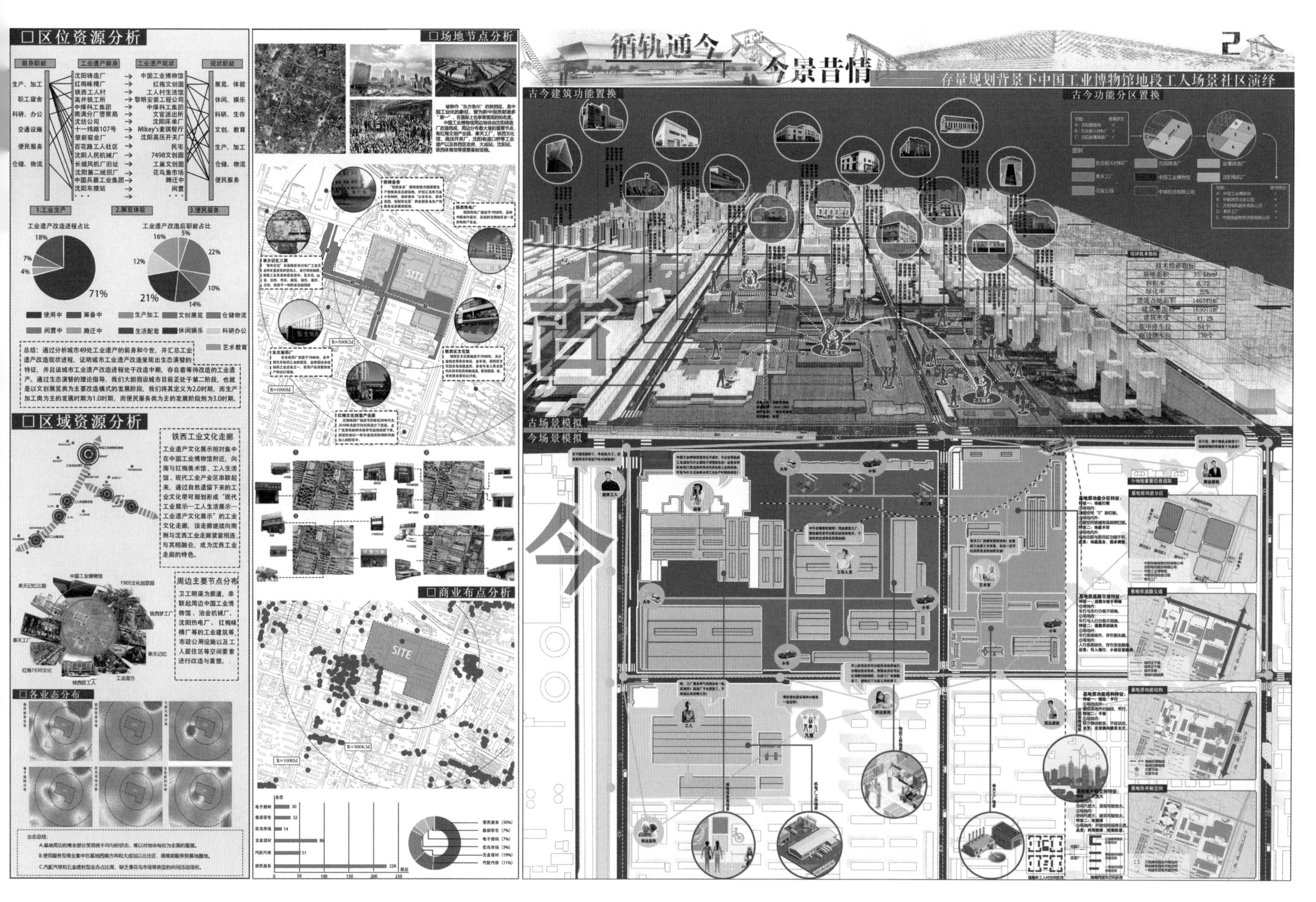

循轨通今 今景昔情
存量规划背景下中国工业博物馆地段工人场景社区演绎
□区位资源分析
□场地节点分析
古今建筑功能置换
古今功能分区置换
□区域资源分析
铁西工业文化走廊
周边主要节点分布
□各业态分布
□商业布点分析
古场景模拟
今场景模拟

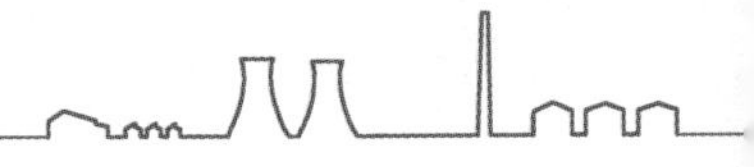

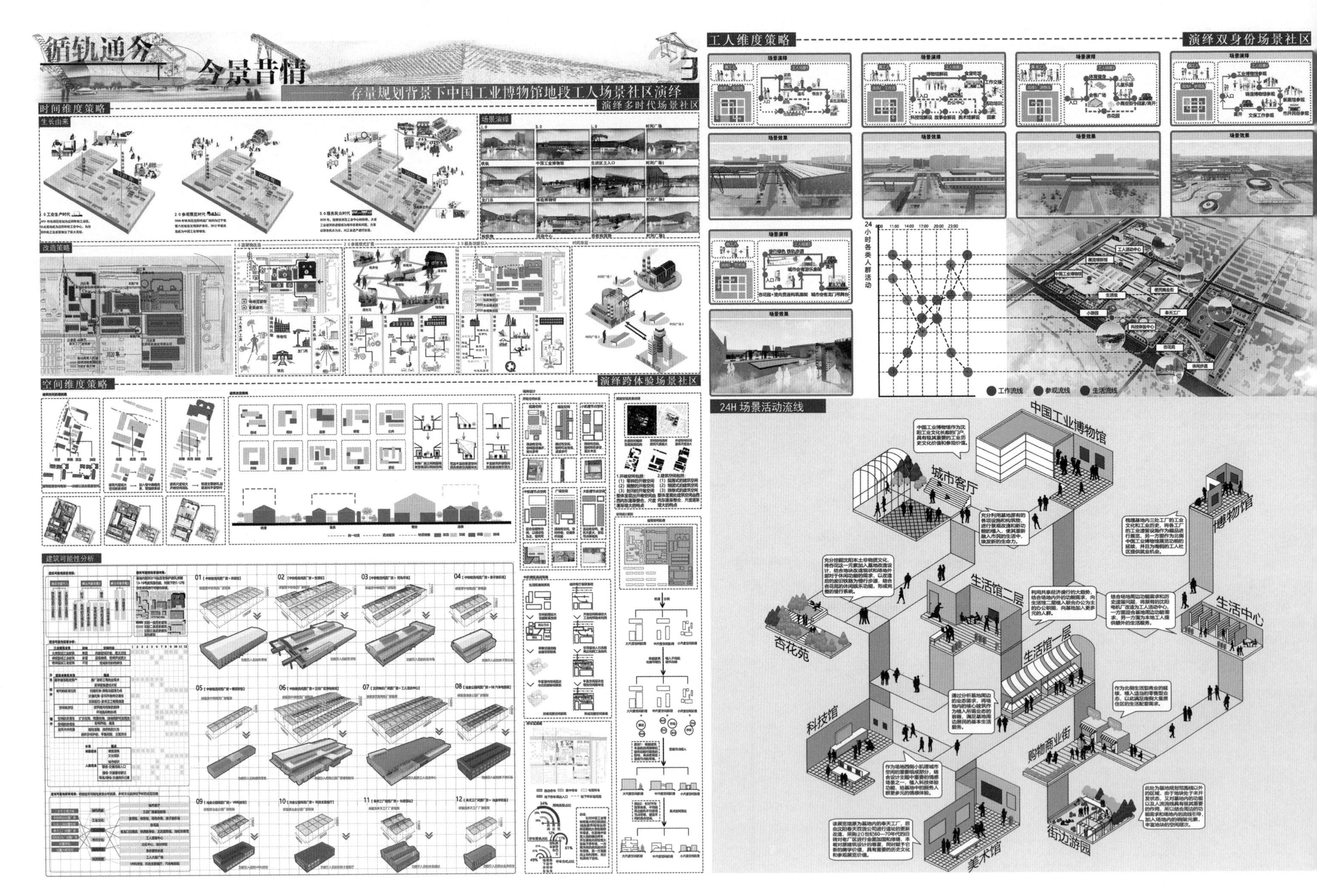
循轨通分
今景昔情
存量规划背景下中国工业博物馆地段工人场景社区演绎
时间维度策略
演绎多时代场景社区
生长由来
场景演绎
改造策略
空间维度策略
演绎跨体验场景社区
建筑可能性分析
工人维度策略
演绎双身份场景社区
场景演绎
场景效果
24小时各类人群活动
工作流线
参观流线
生活流线
24H 场景活动流线
中国工业博物馆
城市客厅
博物馆
生活馆二层
生活中心
杏花苑
生活馆一层
科技馆
购物商业街
街边游园
美术馆

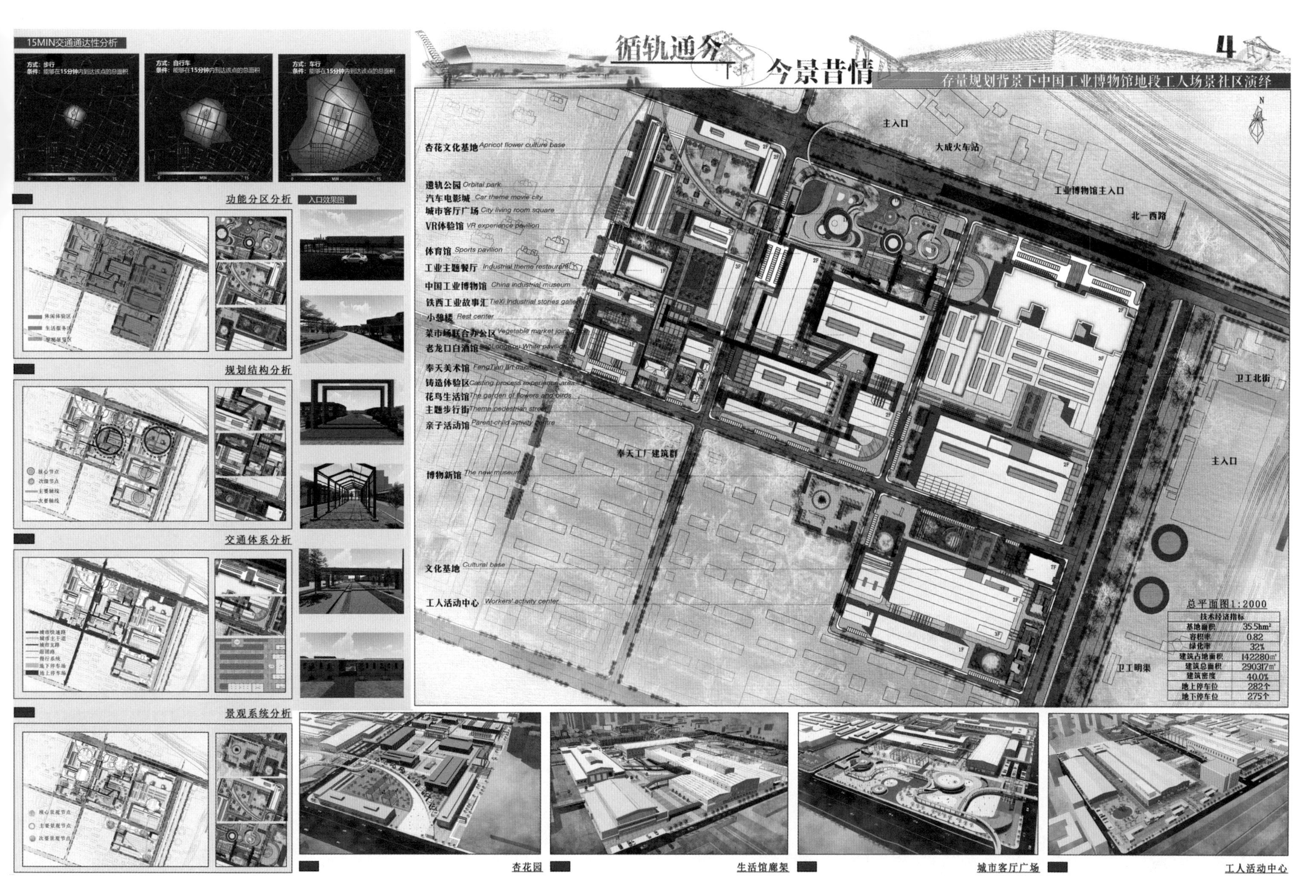

技术经济指标	
基地面积	35.5hm²
容积率	0.82
绿化率	32%
建筑占地面积	142280㎡
建筑总面积	290317㎡
建筑密度	40.0%
地上停车位	282个
地下停车位	275个

杏花园　生活馆廊架　城市客厅广场　工人活动中心

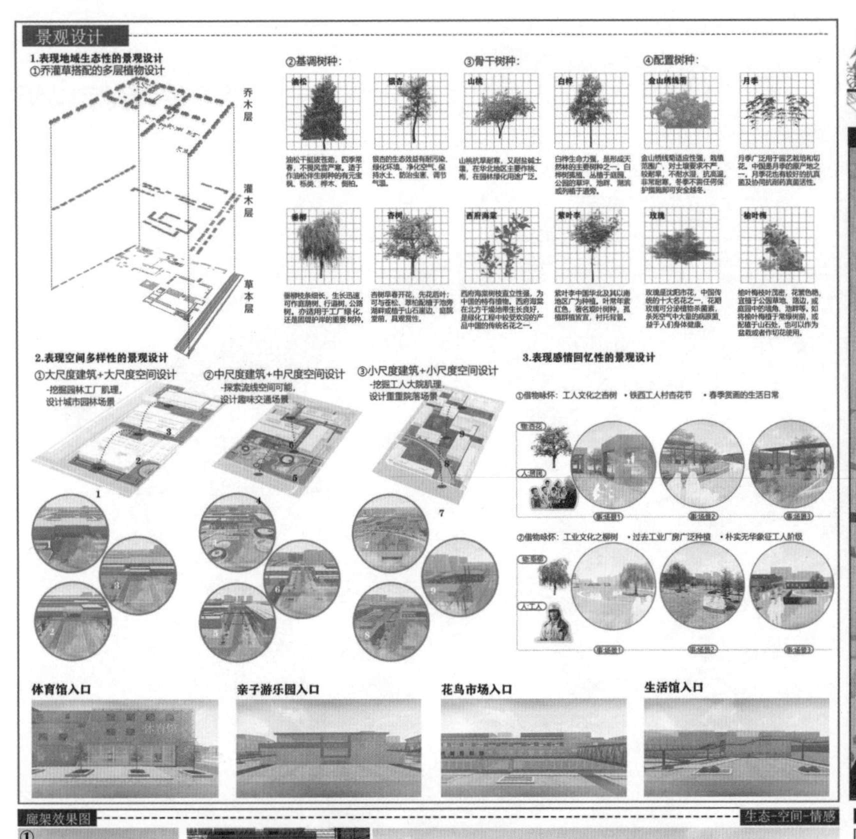

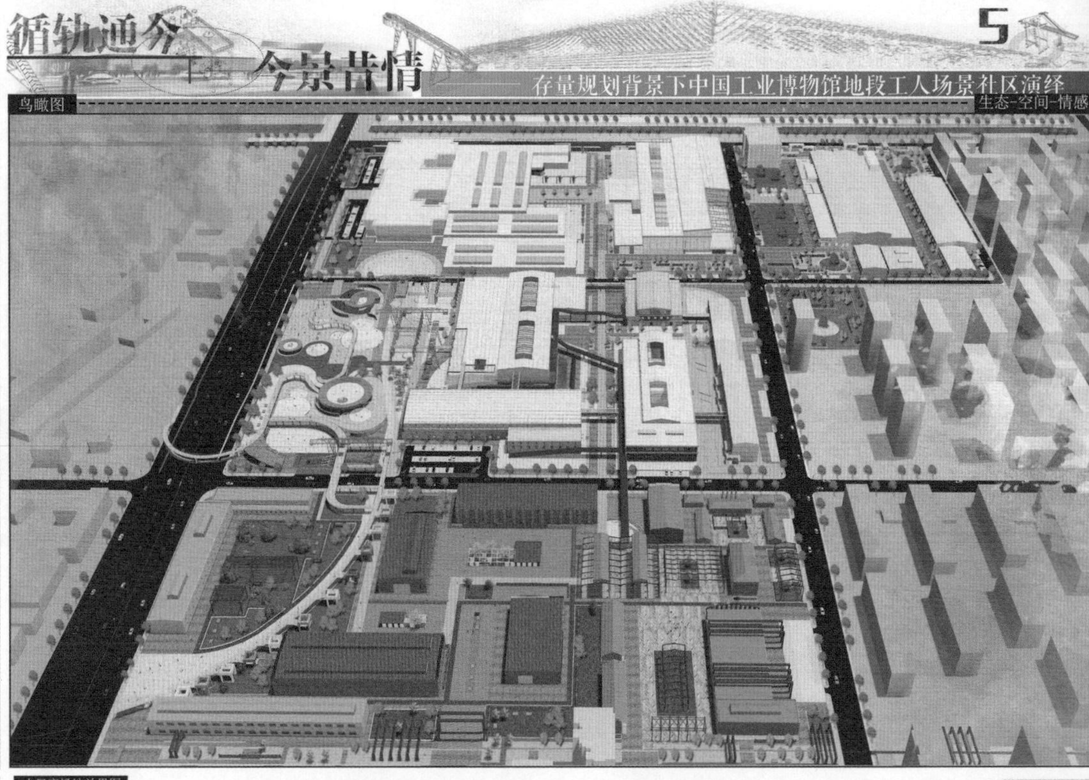
循轨通夯
今景昔情
5
存量规划背景下中国工业博物馆地段工人场景社区演绎
鸟瞰图
生态-空间-情感

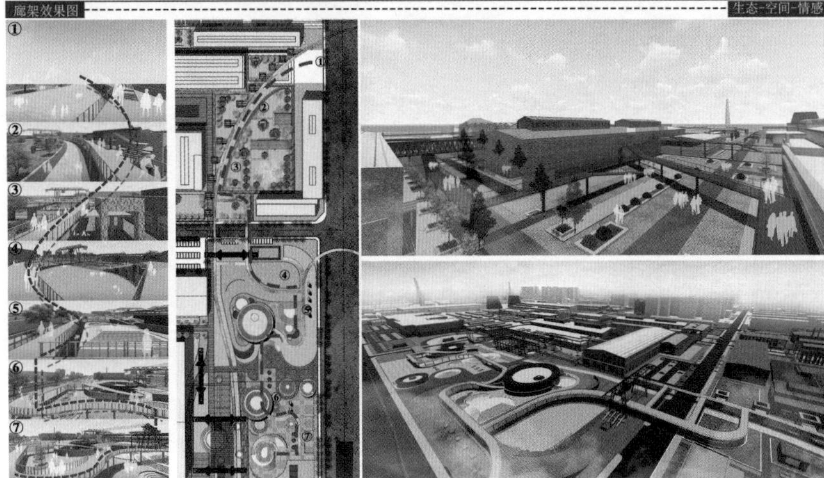

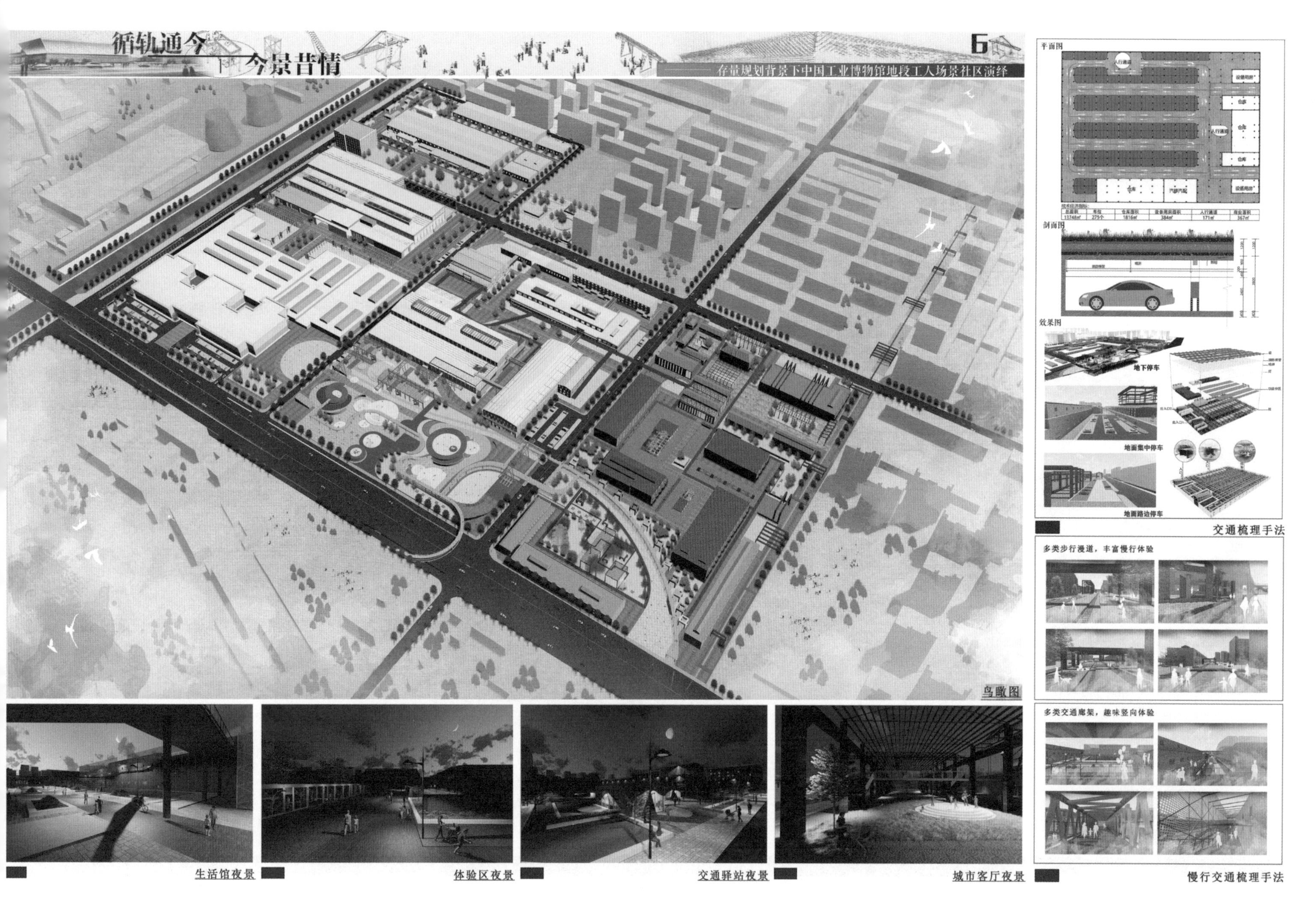
循轨通今
今景昔情
6
存量规划背景下中国工业博物馆地段工人场景社区演绎
鸟瞰图
平面图
剖面图
效果图
地下停车
地面集中停车
地面路边停车
交通梳理手法
多类步行漫道，丰富慢行体验
多类交通廊架，趣味竖向体验
生活馆夜景
体验区夜景
交通驿站夜景
城市客厅夜景
慢行交通梳理手法

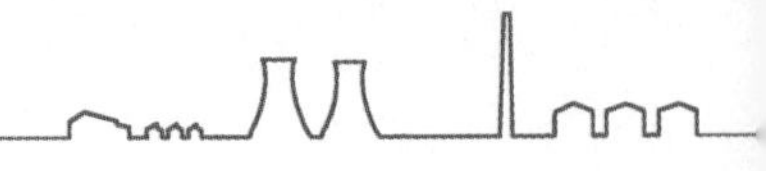

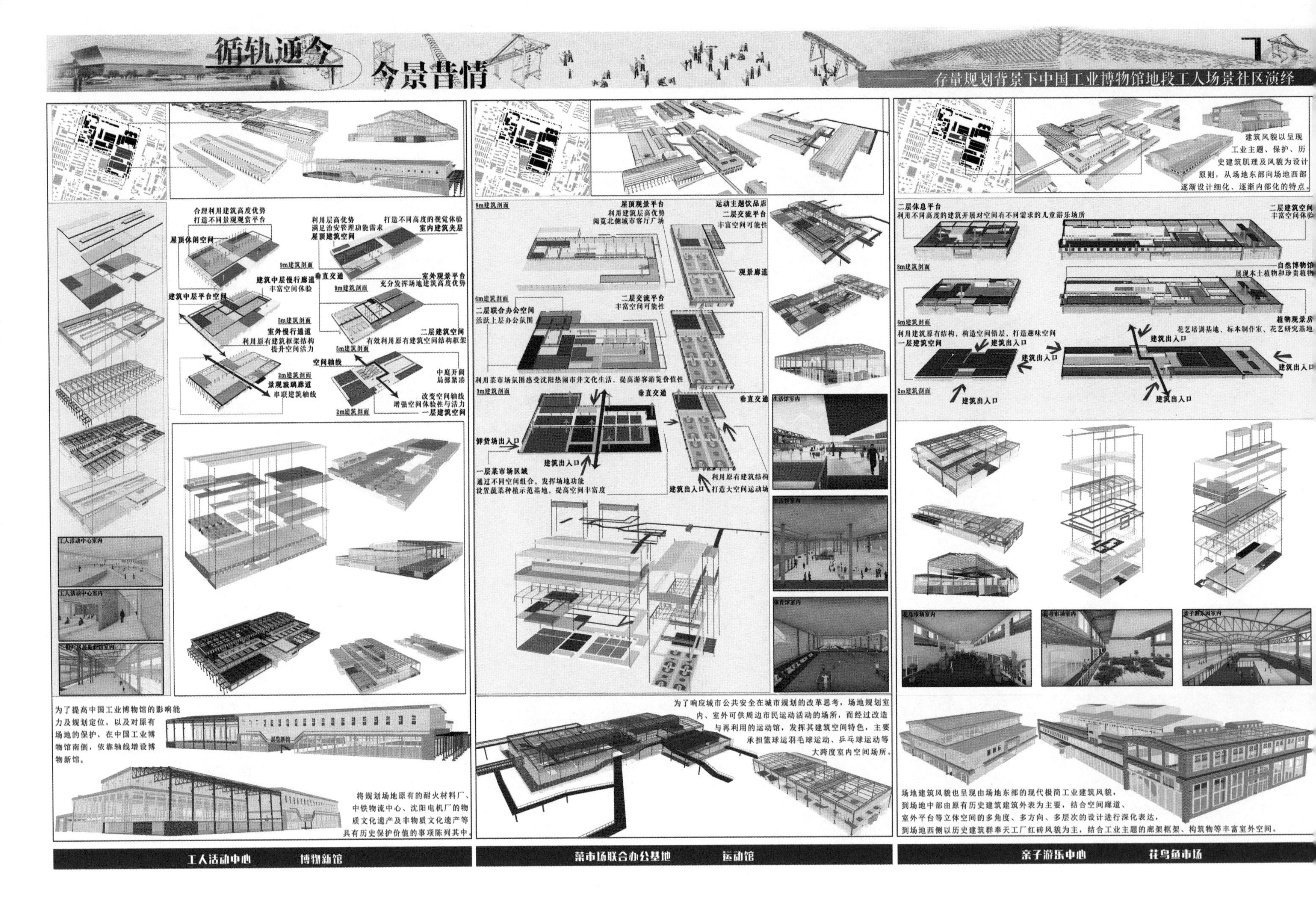
循轨通今
今景昔情
存量规划背景下中国工业博物馆地段工人场景社区演绎
建筑风貌以呈现工业主题、保护、历史建筑肌理及风貌为设计原则，从场地东部向场地西部逐渐设计细化、逐渐内部化的特点。
为了提高中国工业博物馆的影响能力及规划定位，以及对原有场地的保护，在中国工业博物馆南侧，依靠轴线增设博物新馆。
将规划场地原有的耐火材料厂、中铁物流中心、沈阳电机厂的物质文化遗产及非物质文化遗产等具有历史保护价值的事项陈列其中。
为了响应城市公共安全在城市规划的改革思考，场地规划室内、室外可供周边市民运动活动的场所，而经过改造与再利用的运动馆，发挥其建筑空间特色，主要承担篮球运羽毛球运动、乒乓球运动等大跨度室内空间场所。
场地建筑风貌也呈现由场地东部的现代极简工业建筑风貌，到场地中部由原有历史建筑建筑外表为主要，结合空间廊道、室外平台等立体空间的多角度、多方向、多层次的设计进行深化表达，到场地西侧以历史建筑群奉天工厂红砖风貌为主，结合工业主题的廊架框架、构筑物等丰富室外空间。
工人活动中心
博物新馆
菜市场联合办公基地
运动馆
亲子游乐中心
花鸟鱼市场

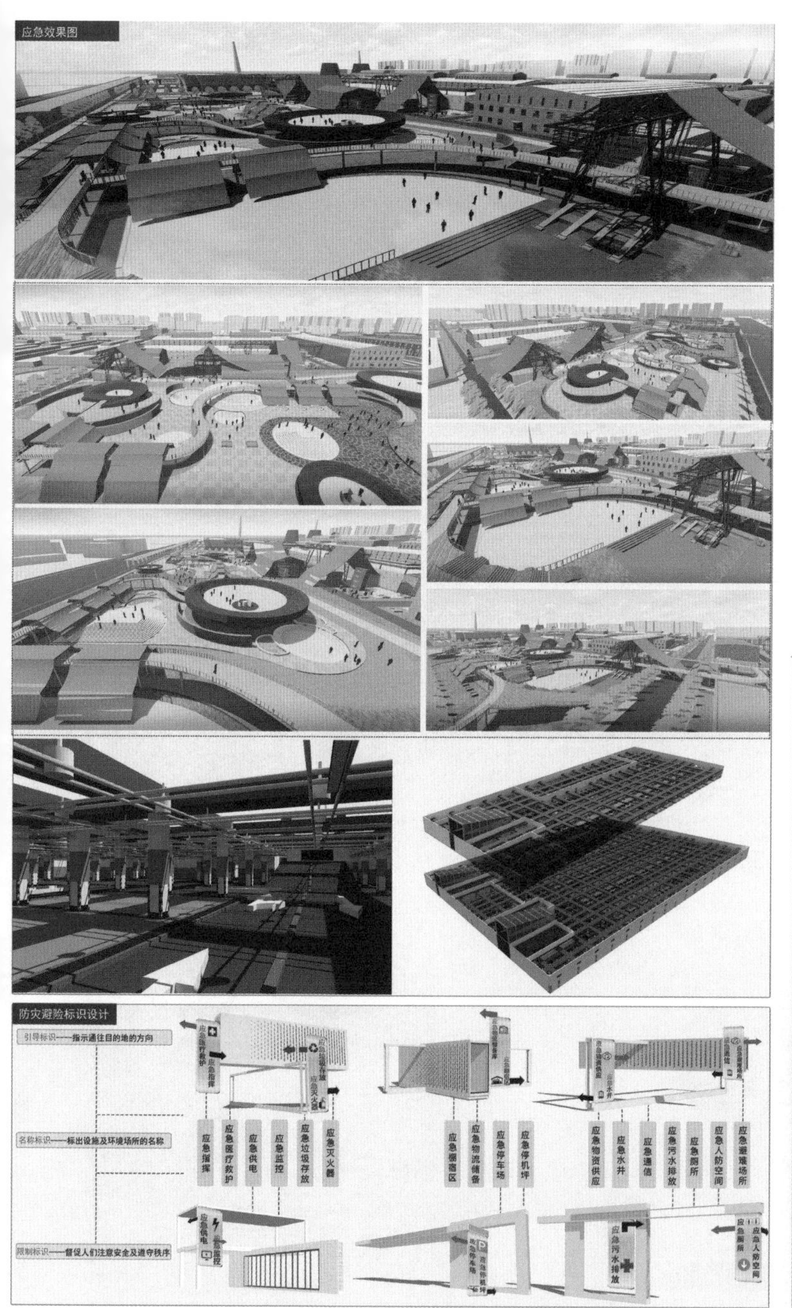
应急效果图
防灾避险标识设计
引导标识——指示通往目的地的方向
名称标识——标出设施及环境场所的名称
限制标识——督促人们注意安全及遵守秩序
应急指挥
应急医疗救护
应急供电
应急监控
应急垃圾存放
应急灭火器
应急栖宿区
应急物流储备
应急停车场
应急停机坪
应急物资供应
应急水井
应急通信
应急污水排放
应急厕所
应急人防空间
应急避难场所

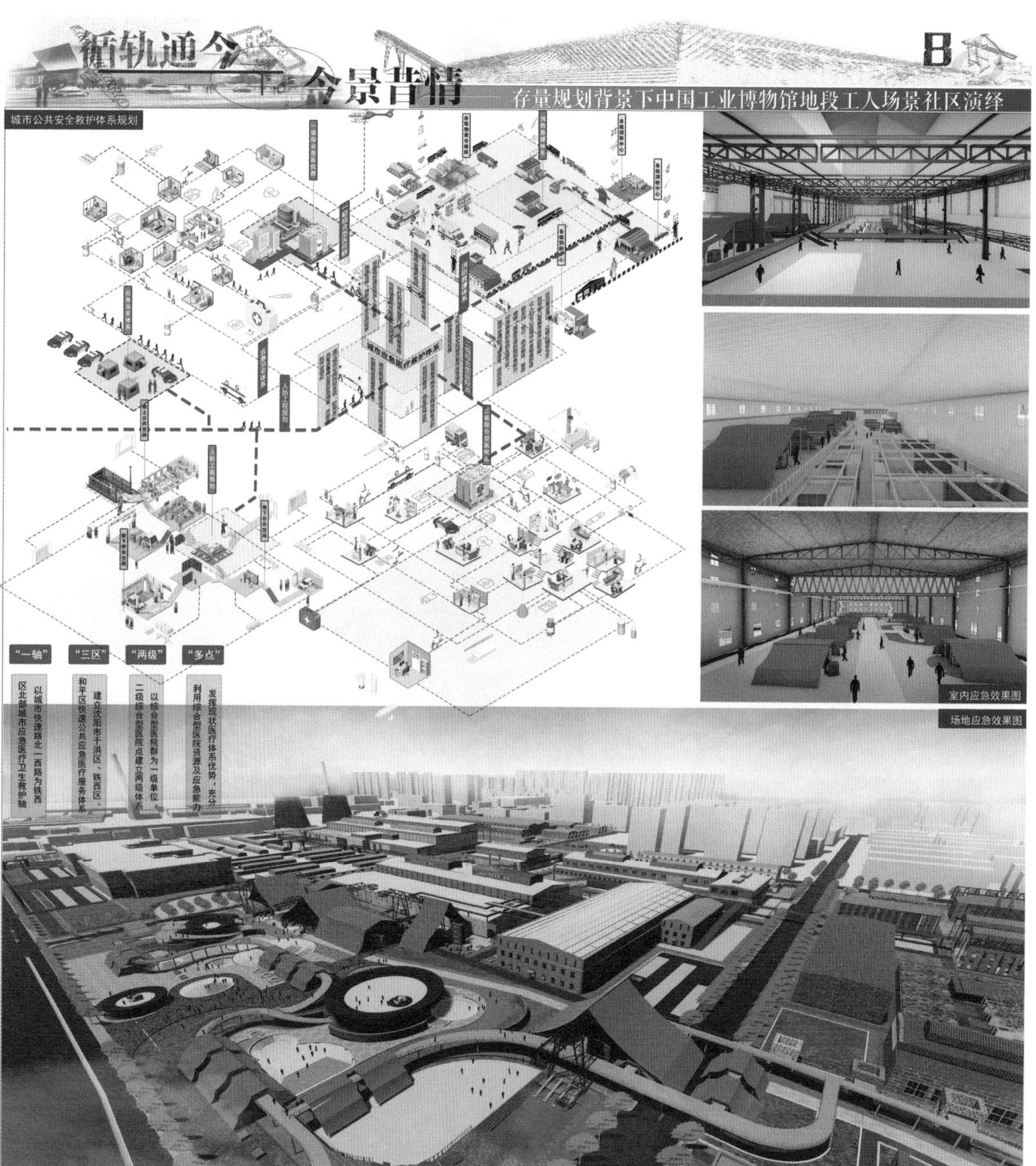
循轨通今
今景昔情
B
——存量规划背景下中国工业博物馆地段工人场景社区演绎
城市公共安全救护体系规划
"一轴"
以城市快速路北一西路为铁西区北部城市应急医疗卫生救护轴
"三区"
建立沈阳市于洪区、铁西区、和平区快速公共应急医疗服务体系
"两级"
以综合型医院群为一级单位，二级综合型医院点建立两级体系
"多点"
发挥现状医疗体系优势，充分利用综合型医院资源及应急能力
室内应急效果图
场地应急效果图

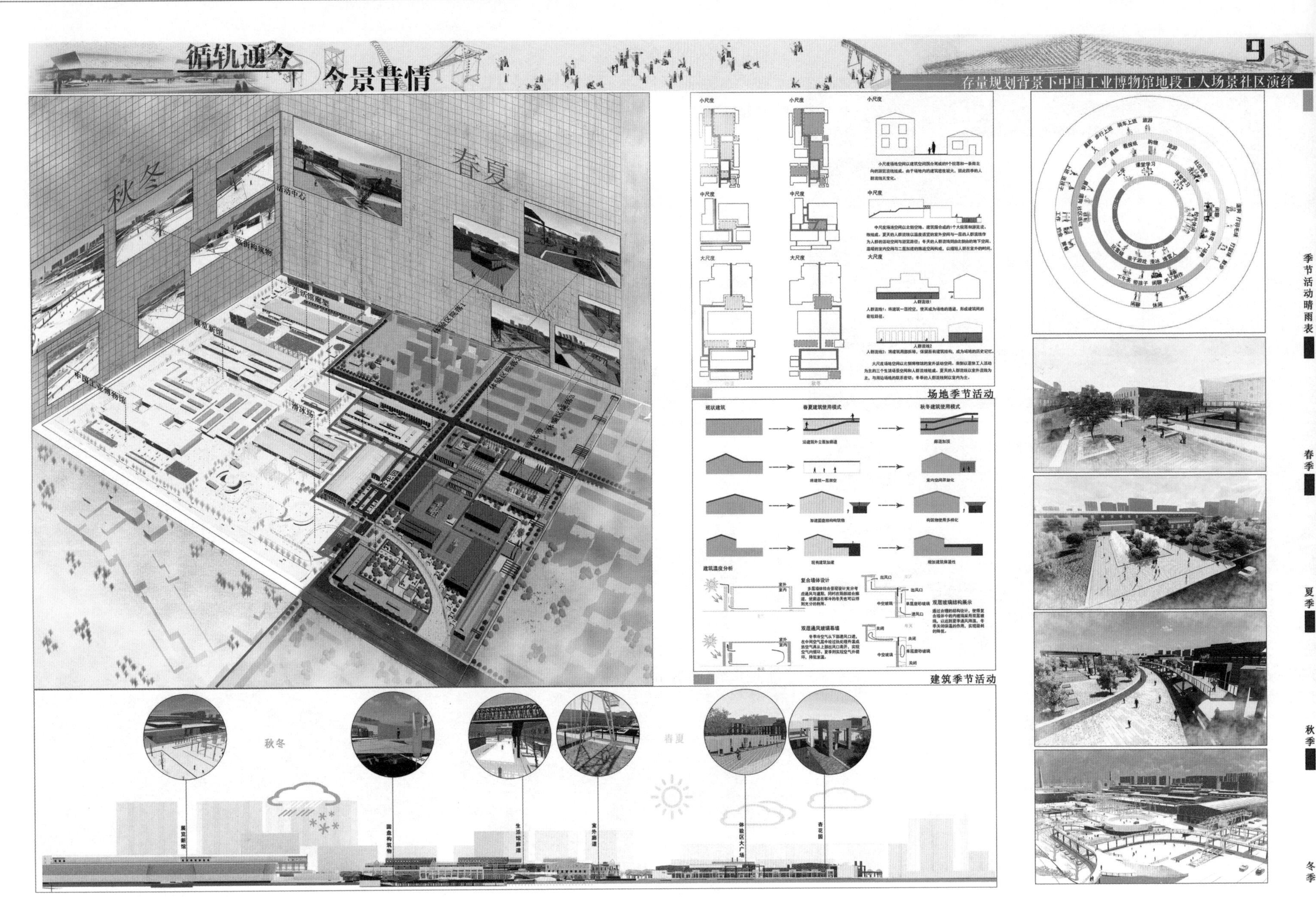
循轨通今
今景昔情
存量规划背景下中国工业博物馆地段工人场景社区演绎
秋冬
春夏
场地季节活动
建筑季节活动
季节活动晴雨表
春季
夏季
秋季
冬季

天津城建大学

Tianjin Chengjian University

济南大学
大连理工大学
北京工业大学
吉林建筑大学
山东建筑大学
天津城建大学
内蒙古工业大学
北京建筑大学
沈阳建筑大学

指导老师：朱凤杰

学生：赵航

学生：籍飞阳

指导教师感言

本年度北方规划教育联盟联合毕业设计以“沈阳工业遗产区域保护更新设计”为主题，规划选址位于大东区和铁西区的工业遗产保护与更新地段。沈阳作为重要的老工业基地，目前处于工业转型发展时期。两个地块既要满足片区产业转型的发展需求，又要延续区域内博物馆的文化传承。基于此，将“传承文化基因，利用工业遗产价值，激活片区发展活力”作为基本理念，探索其在新时期的保护与更新策略，成为贯穿本次联合毕业设计整个周期的主线。

参与学生感言

2020年的疫情改变了本次联合毕业设计的教学和交流方式，现场调研未能如期进行。但是我们通过沈阳建筑大学提供的厚实的基础资料，以及云调研挖掘的各类数据，使本次毕业设计更加开放化、更具创新性。同时，数字化时代的互联互通给联合毕业设计的教学和交流方式的创新带来了契机，通过大家的共同努力，尤其是今年主办方沈阳建筑大学、北京建筑大学、内蒙古工业大学的老师们的精心组织，开题、中期以及终期答辩各项环节通过网络平台如期进行，大家因不受时空制约，交流更加热烈和充分，同时聆听了众位专家和老师们的精彩点评和指导，使大家受益匪浅。2020年的联合毕业设计，因疫情变得异样，本次基于云服务的高质量交流方式，也将被我们铭记于心。

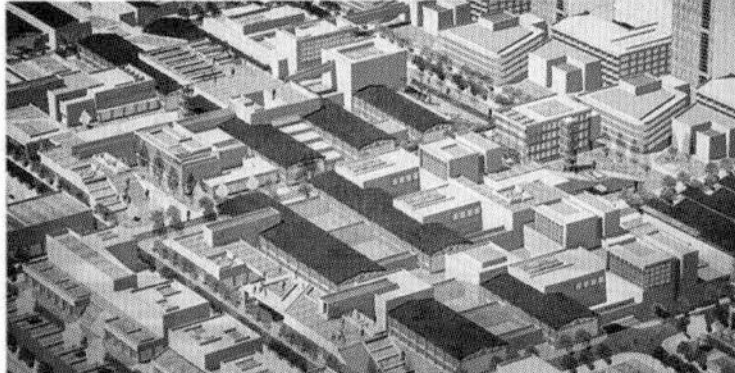

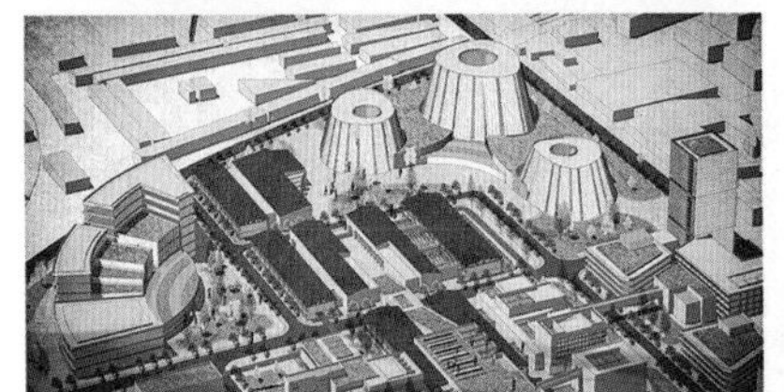

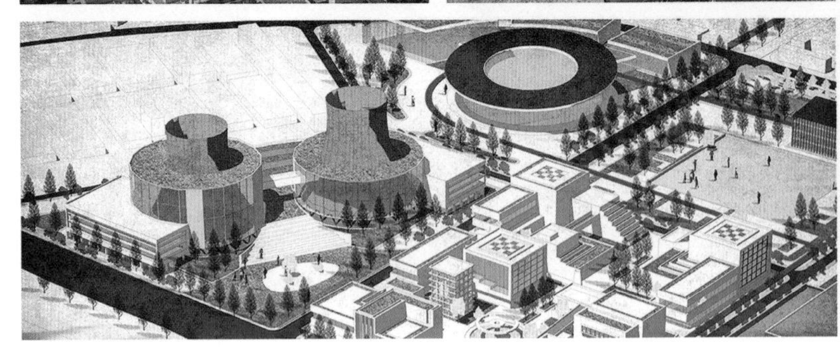

01 基因重塑 文化再生 —— 沈海热电厂及东贸库地段城市设计

天津城建大学建筑学院

目录

1.1 设计思路

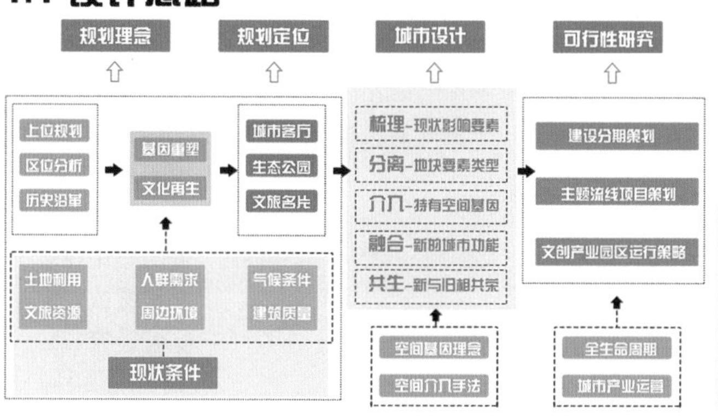

1.2基地概况

区位

沈阳地处东北亚经济圈和环渤海经济圈的中心，是长三角、珠三角、京津冀地区通往关东地区的综合枢纽城市。占地面积约1.3万km²，浑河是沈阳重要的水域通道。

大东区是沈阳市中心城区，位于沈阳市城区东部，面积100km²，人口69.64万。

沈阳城市空间结构是单中心圈层形态演变发展的。一些新城建设跳跃式布局，形成新型工业区，并在城市中心区城市郊之间形成相互依附的关系。

上位规划参照

1.国家层面——《全面振兴东北老工业基地战略》

规划目标：到2020年，东北地区要在转变经济发展方式和结构性改革取得重大进展，产业迈向中高端水平，自主创新能力大幅提升；资源枯竭、产业衰退地区转型取得显著成效。

2.市区层面——《大东区人民政府2019年政府工作报告》

（1）全力推动产业优化升级。

（2）打造一流营商环境，着力打造更高效的政务服务和更宽松的发展环境。

（3）建设生态宜居家园。

3.城市层面——《沈阳城市总体规划（2011-2020年）》

根据上位规划中关于文旅产业定位和国家旅游业的规划，地块文旅产业模式改造能够促进沈阳产业结构退二进三转型，提高土地利用价值，强调生态保护和以人为本理念，同时促进旅游业经济发展，鲜明沈阳工业城市特色，打造新型工业创意城市。

1.3 历史分析

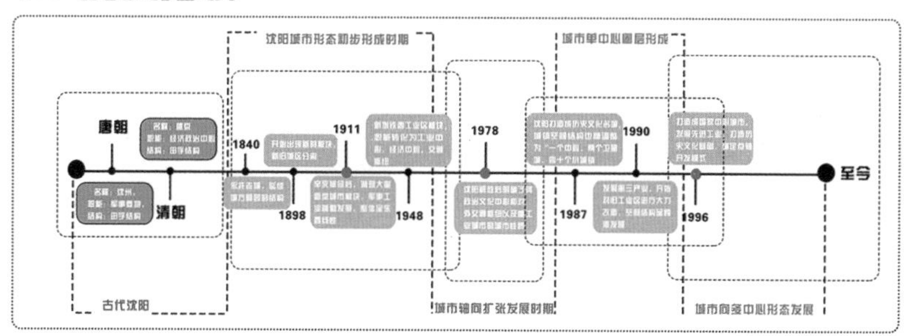

沈阳从清朝开始呈现不断扩张的城市形态，到近代由于新城板块建设，逐步发展，分区之间相互融合，依托浑河形成单中心圈层扩张的形式，在城市转型升级和城中心人口压力加大的背景下，多中心的发展形态成为城市未来的发展方向，分区中心的规划设计和品质提升成为当务之急。

1.4 转型思考

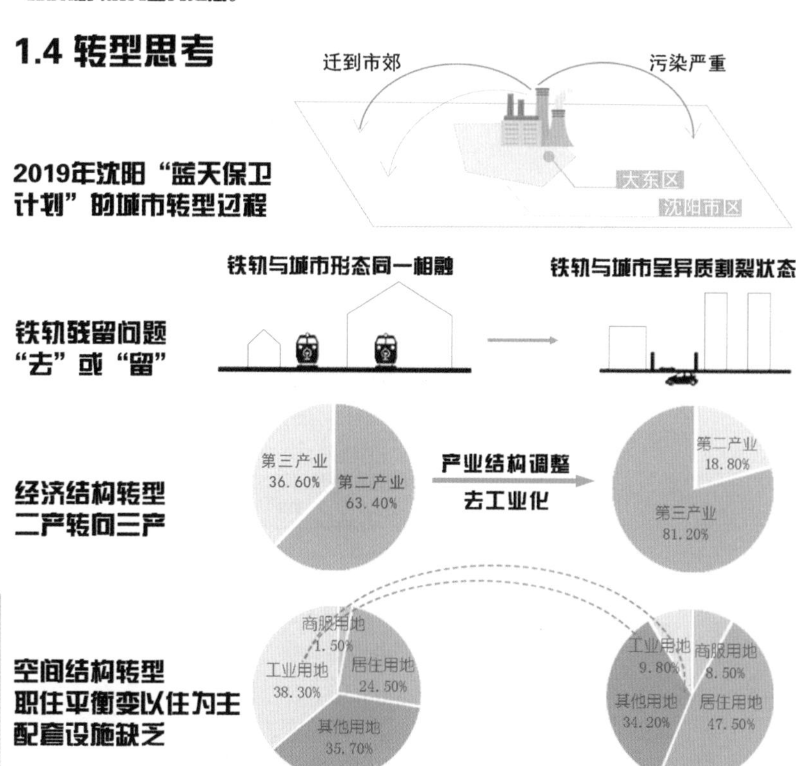

02 基因重塑 文化再生 —— 沈海热电厂及东贸库地段城市设计

1.5 宏观分析——确定基地定位

基地周边交通分析——城市“公共客厅”

基地有具有较好的交通可达性，未来有潜力成为沈阳城市活力中心。

地铁7号线（规划）
南北快速干道
沈吉线
三环
一环
二环
东北大马路
沈阳东站
东贸路
沈阳北站
4km
SITE
东西快速干道
地铁1号线（规划）
地铁2号线
地铁1号线
新开河
地铁10号线（规划）

图例
地铁站（颜色越深 距离基地越近）
公交站
停靠站
出入口
地铁站步行30min内可达范围
地铁30min内可达范围
基地步行30min内可达范围

基地周边公共空间分析——城市“生态公园”

基地位于城市景观发展轴带上，有潜力成为工业主题的生态转型示范区。

基地周边文旅资源分析——城市“文旅名片”

基地位于“一路一街一镇多园”的文旅发展环带内，有潜力打造为商业文化一体的综合体验中心。

沈阳世博园
沈阳北陵公园
喜园
铁西老工业组群
作坐文创园
沈阳东陵公园
工业博物馆
华晨宝马中心
1955文创园
长江街商圈
北站商圈
沈阳北站
北市场商圈
中街商圈
龙之梦商圈
东民工业区
工人村
铁西商圈
太原街商圈
五里河商圈
三好街商圈
南塔商圈
劳动公园
奉天记忆
万泉公园
工业文创园
红梅文化园
奥林匹克生态公园
南湖公园
龙呈文化创意产业园
浑南生态区

图例
周边商圈
产业资源
生态资源
工业遗产
历史文化资源
一路一街一镇

其他地区文创园分析

松山文创园，台北
1914华山文创园，台北
西门红楼，台北
红专厂创意区，广州
798艺术区，北京
八号桥，上海
1933老场坊，上海
莫干山艺术区，上海
F518时尚创意区，深圳

0% 10% 20% 30% 40% 50% 60% 70% 80% 90% 100%

工作空间：艺术工作室、设计工作室、创意办公
开放空间：画廊展厅、展厅、零售餐饮、宿舍酒店

目标：
避免同质化，
因地制宜转变功能。

预计功能占比：
工业展示32%
创意办公20%
景观娱乐18%
零售餐饮13%
配套设施12%
宿舍酒店5%

转型后功能分析

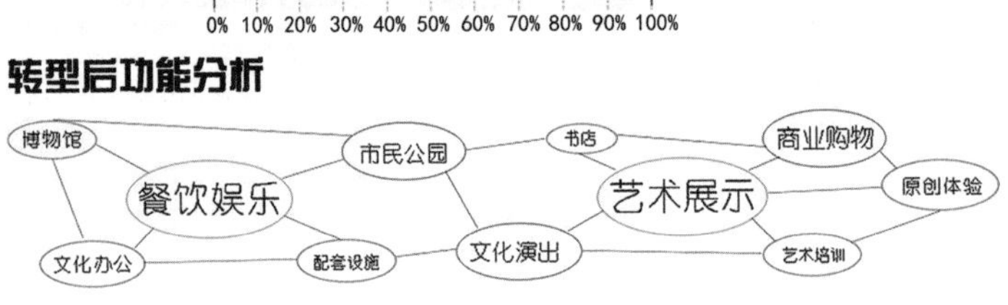

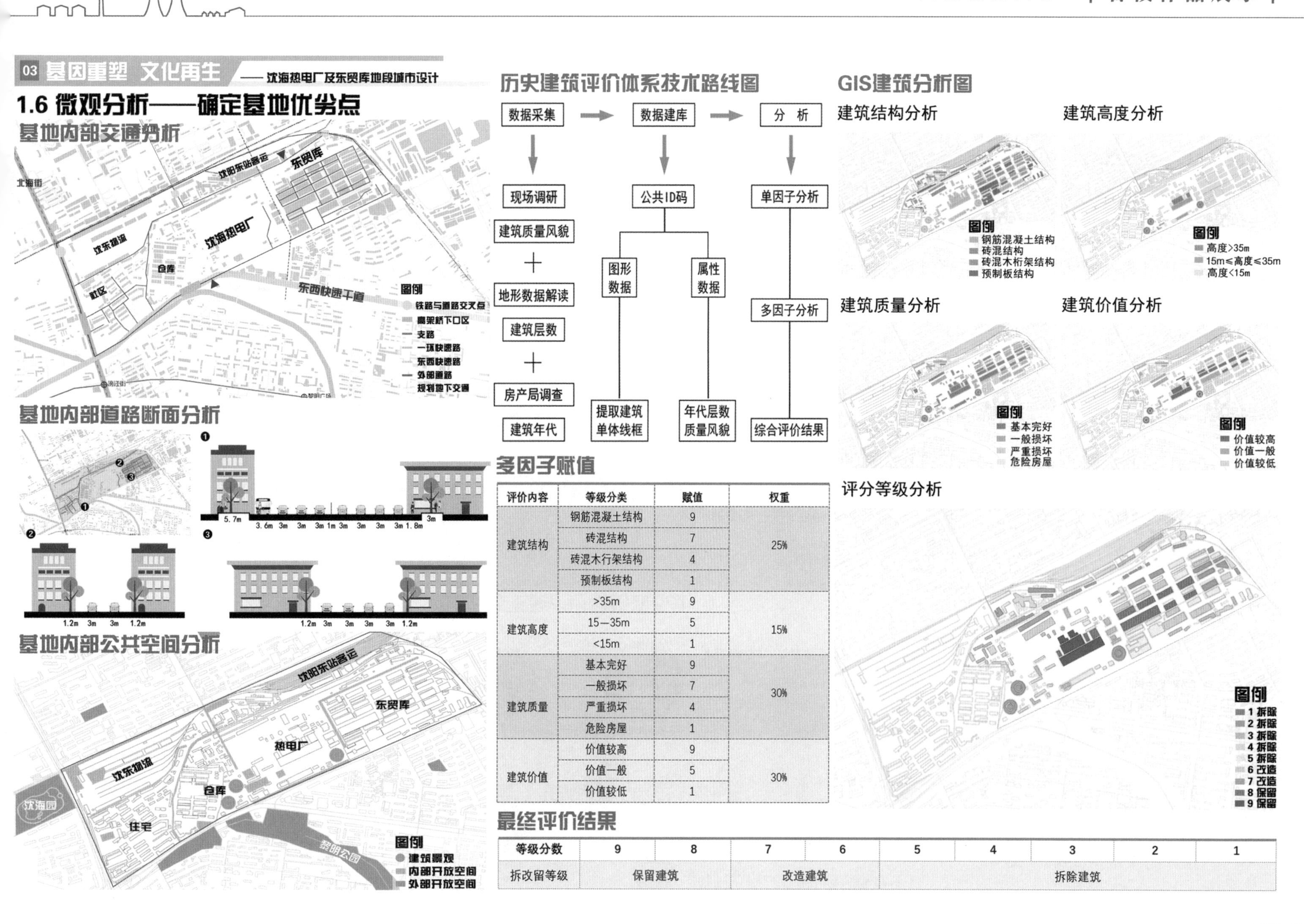

多因子赋值

评价内容	等级分类	赋值	权重
建筑结构	钢筋混凝土结构	9	25%
	砖混结构	7	
	砖混木行架结构	4	
	预制板结构	1	
建筑高度	>35m	9	15%
	15—35m	5	
	<15m	1	
建筑质量	基本完好	9	30%
	一般损坏	7	
	严重损坏	4	
	危险房屋	1	
建筑价值	价值较高	9	30%
	价值一般	5	
	价值较低	1	

最终评价结果

等级分数	9	8	7	6	5	4	3	2	1
拆改留等级	保留建筑		改造建筑		拆除建筑				

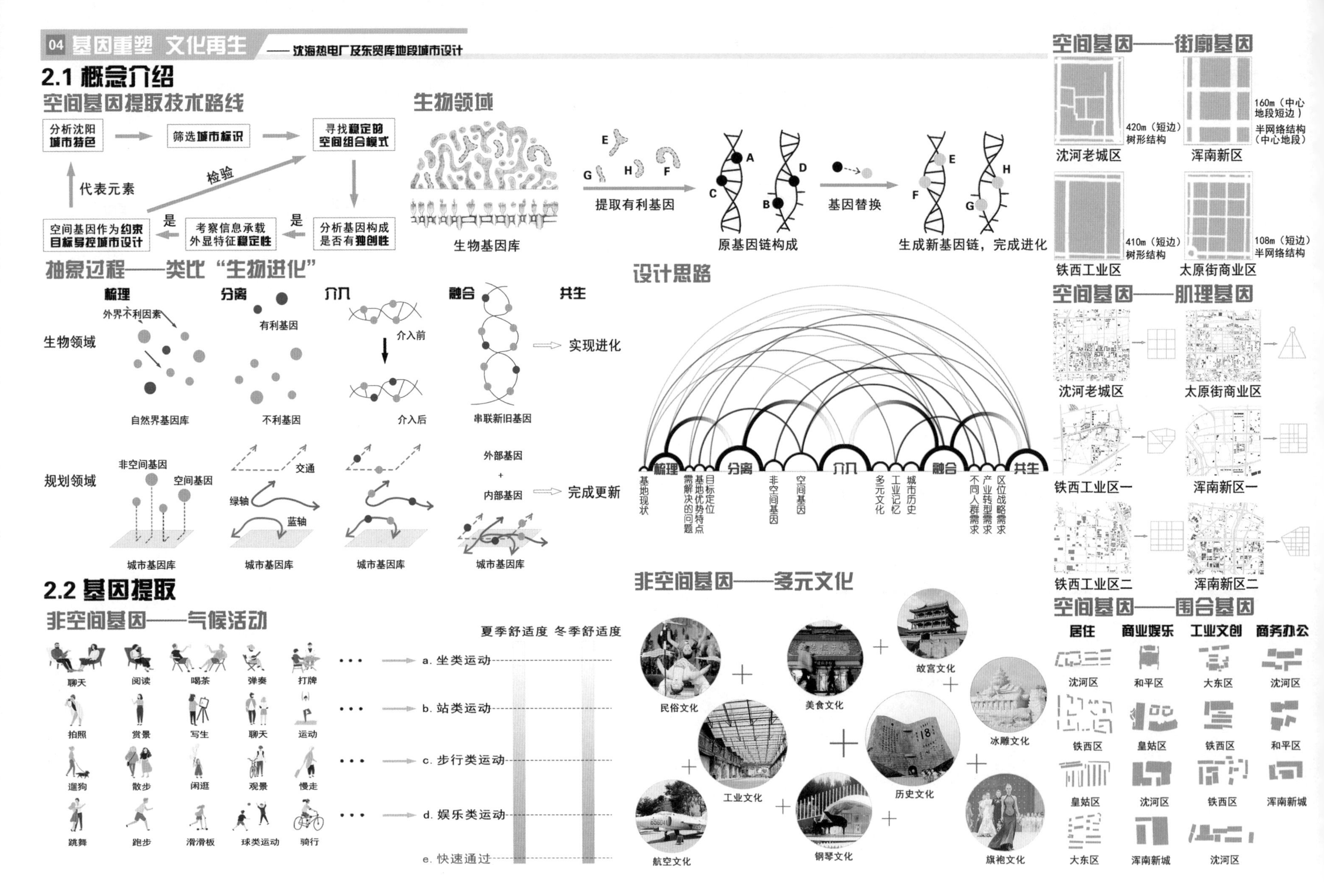
04 基因重塑 文化再生 —— 沈海热电厂及东贸库地段城市设计
2.1 概念介绍
空间基因提取技术路线
分析沈阳城市特色
筛选城市标识
寻找稳定的空间组合模式
代表元素
检验
空间基因作为约束目标导控城市设计
是
考察信息承载外显特征稳定性
是
分析基因构成是否有独创性
生物领域
生物基因库
提取有利基因
原基因链构成
基因替换
生成新基因链，完成进化
抽象过程——类比"生物进化"
梳理
分离
介入
融合
共生
生物领域
外界不利因素
自然界基因库
有利基因
不利基因
介入前
介入后
串联新旧基因
实现进化
规划领域
非空间基因
空间基因
城市基因库
交通
绿轴
蓝轴
外部基因
内部基因
完成更新
设计思路
基地现状
需解决的问题
基地优势特点
目标定位
非空间基因
空间基因
多元文化
工业记忆
城市历史
不同人群需求
产业转型需求
区位战略需求
2.2 基因提取
非空间基因——气候活动
夏季舒适度 冬季舒适度
聊天 阅读 喝茶 弹奏 打牌
a. 坐类运动
拍照 赏景 写生 聊天 运动
b. 站类运动
遛狗 散步 闲逛 观景 慢走
c. 步行类运动
跳舞 跑步 滑滑板 球类运动 骑行
d. 娱乐类运动
e. 快速通过
非空间基因——多元文化
民俗文化
美食文化
故宫文化
冰雕文化
工业文化
历史文化
航空文化
钢琴文化
旗袍文化
空间基因——街廓基因
沈河老城区
420m（短边）树形结构
浑南新区
160m（中心地段短边）半网络结构（中心地段）
铁西工业区
410m（短边）树形结构
太原街商业区
108m（短边）半网络结构
空间基因——肌理基因
沈河老城区
太原街商业区
铁西工业区一
浑南新区一
铁西工业区二
浑南新区二
空间基因——围合基因
居住 商业娱乐 工业文创 商务办公
沈河区 和平区 大东区 沈河区
铁西区 皇姑区 铁西区 和平区
皇姑区 沈河区 铁西区 浑南新城
大东区 浑南新城 沈河区

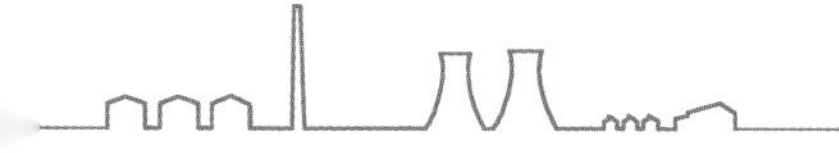

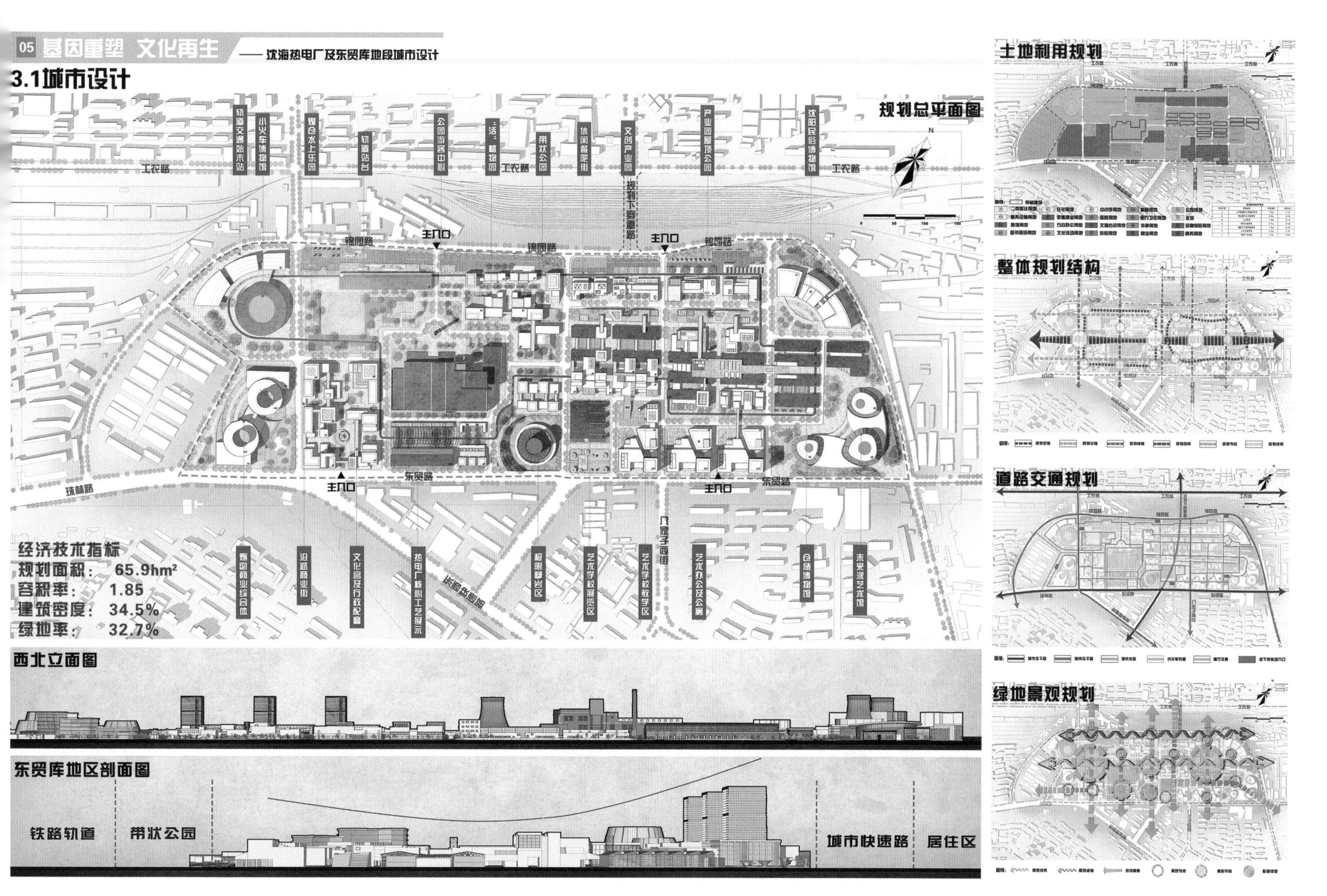

05 基因重塑 文化再生
——沈海热电厂及东贸库地段城市设计
3.1城市设计
规划总平面图
轨道交通始末站
小火车博物馆
观仓水上乐园
轨道站台
公园游客中心
"活"植物园
带状公园
休闲酒吧街
文创产业园
产业园屋顶公园
沈阳民俗博物馆
工农路
规划下穿道路
锦园路
主入口
东贸路
珠林路
八家子西街
烟囱商业综合体
沿路商业街
文化宫及行政配套
热电厂核心工艺展示
极限攀岩区
艺术学校展览区
艺术学校教学区
艺术办公及公寓
仓储博物馆
未来派艺术馆
经济技术指标
规划面积：65.9hm²
容积率：1.85
建筑密度：34.5%
绿地率：32.7%
土地利用规划
整体规划结构
道路交通规划
绿地景观规划
西北立面图
东贸库地区剖面图
铁路轨道
带状公园
城市快速路
居住区

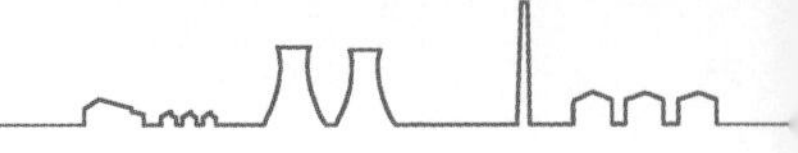

06 基因重塑 文化再生 —— 沈海热电厂及东贸库地段城市设计

3.2分区设计

【发展—"文化+公园"】

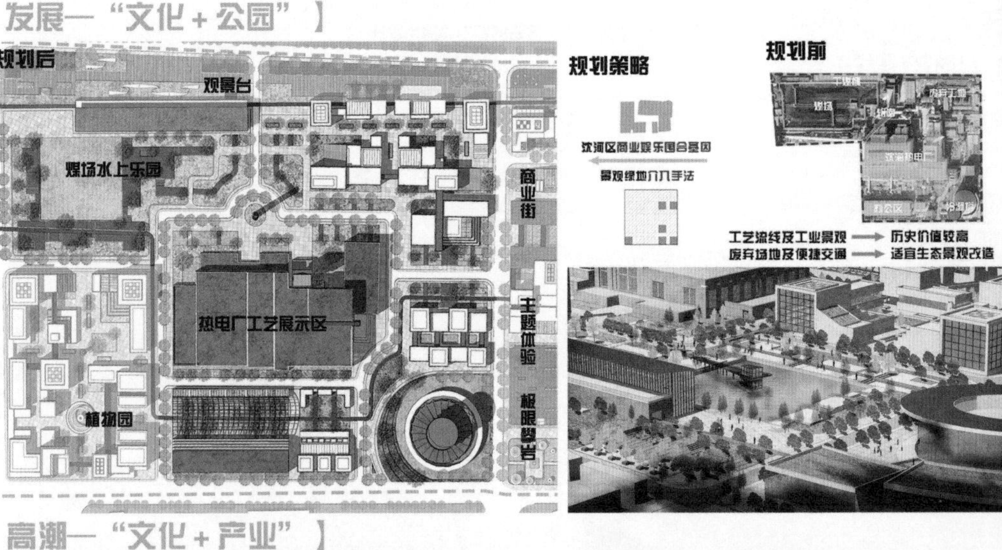

【高潮—"文化+产业"】

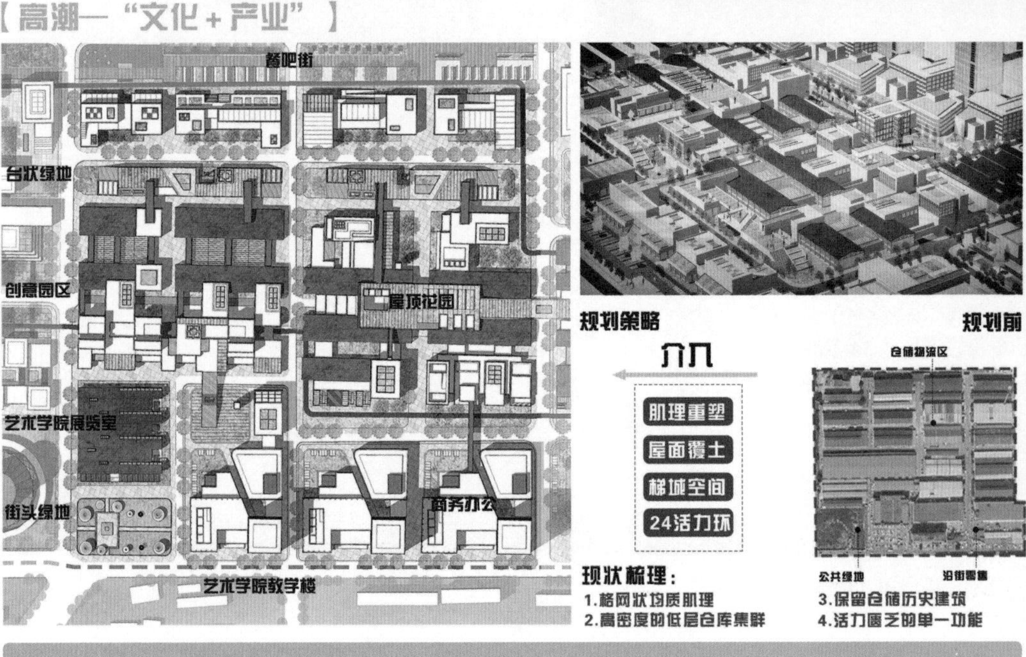

该分区位于地块的核心区域，具有较大的改造灵活性，原本错综的路网形式以及适宜的街道断面为文创产业园功能转换提供了便利条件。

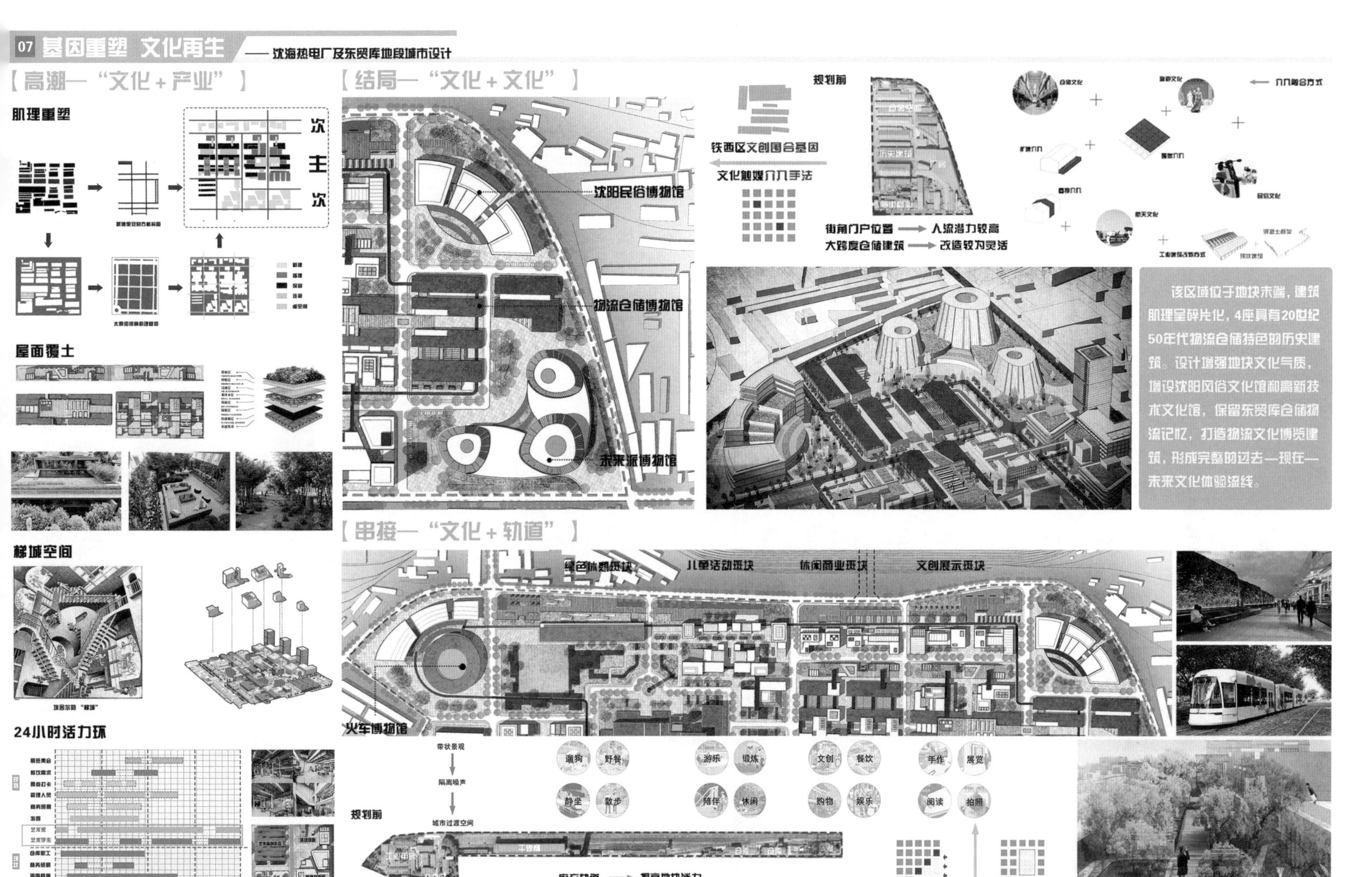

07 基因重塑 文化再生
——沈海热电厂及东贸库地段城市设计
【高潮——"文化+产业"】
肌理重塑
次
主
次
屋面覆土
梯城空间
24小时活力环
6:00
12:00
18:00
24:00
6:00
【结局——"文化+文化"】
沈阳民俗博物馆
物流仓储博物馆
未来派博物馆
规划前
铁西区文创园合基因
文化触媒介入手法
街角门户位置 → 人流潜力较高
大跨度仓储建筑 → 改造较为灵活
介入融合方式
该区域位于地块末端，建筑肌理呈碎片化，4座具有20世纪50年代物流仓储特色的历史建筑。设计增强地块文化气质，增设沈阳风俗文化馆和高新技术文化馆，保留东贸库仓储物流记忆，打造物流文化博览建筑，形成完整的过去—现在—未来文化体验流线。
【串接——"文化+轨道"】
绿色休憩板块
儿童活动板块
休闲商业板块
文创展示板块
火车博物馆
带状景观
隔离噪声
城市过渡空间
规划前
遛狗
野餐
游乐
锻炼
文创
餐饮
手作
展览
静坐
散步
陪伴
休闲
购物
娱乐
阅读
拍照
废弃轨道 → 提高地块活力
连续开敞空间 → 串联基地不同功能
自然景观介入手法
广场空间介入手法

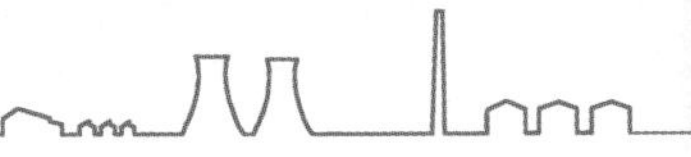

08 基因重塑 文化再生 —— 沈海热电厂及东贸库地段城市设计

【开端——“文化＋商业”】

规划前

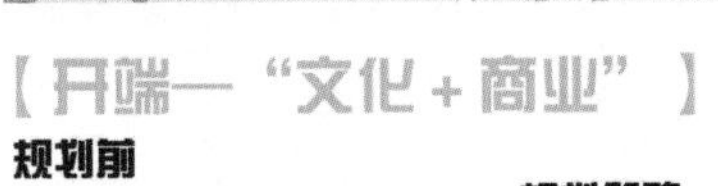

规划策略

浑南新城办公园合基因

休憩空间介入手法

交通便利 → 经济潜力较高

高速合口 → 标志性城市景观

文化工业建筑 → 城市记忆

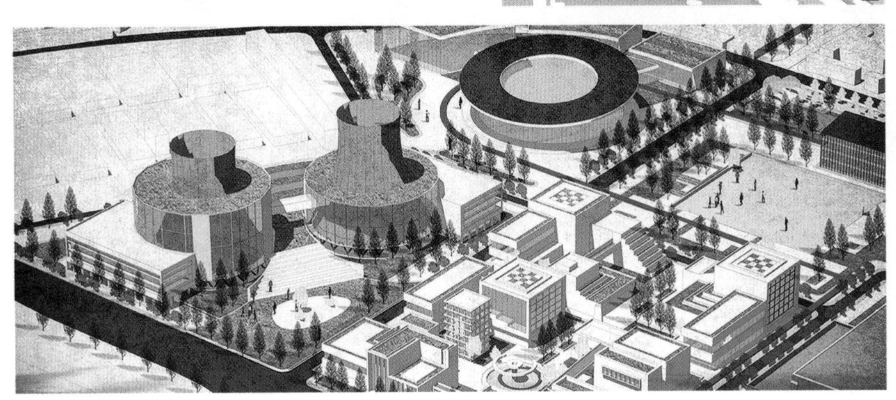

【发展——“文化＋公园”】

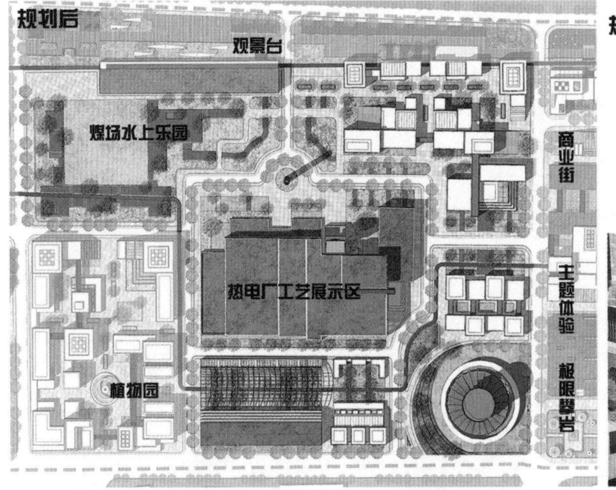

规划策略

沈河区商业娱乐园合基因

景观绿地介入手法

规划前

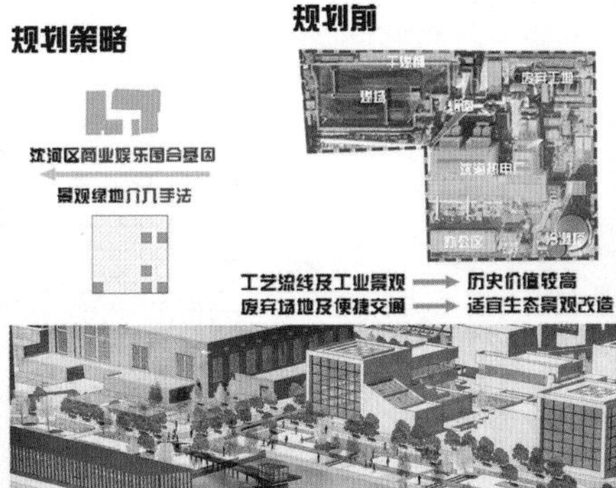

工艺流线及工业景观 → 历史价值较高

废弃场地及便捷交通 → 适宜生态景观改造

【高潮——“文化＋产业”】

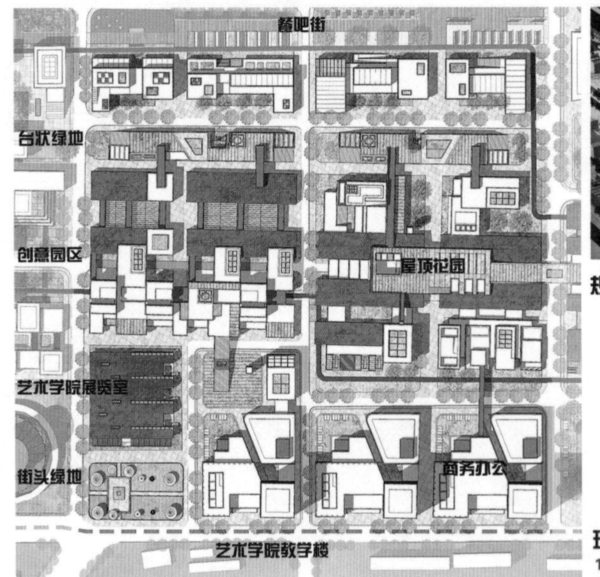

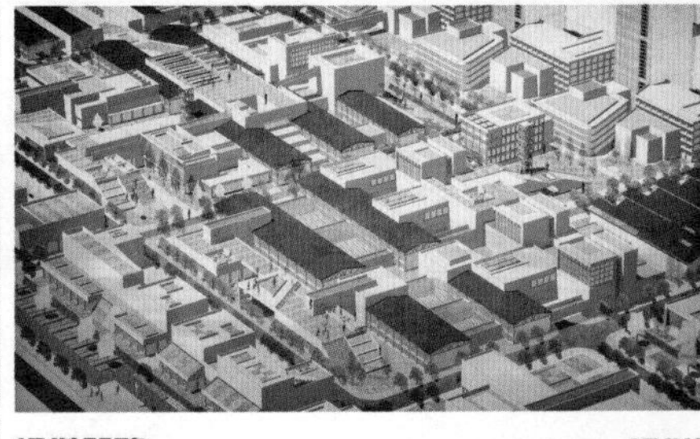

规划策略

介入

肌理重塑

屋面覆土

梯城空间

24活力环

规划前

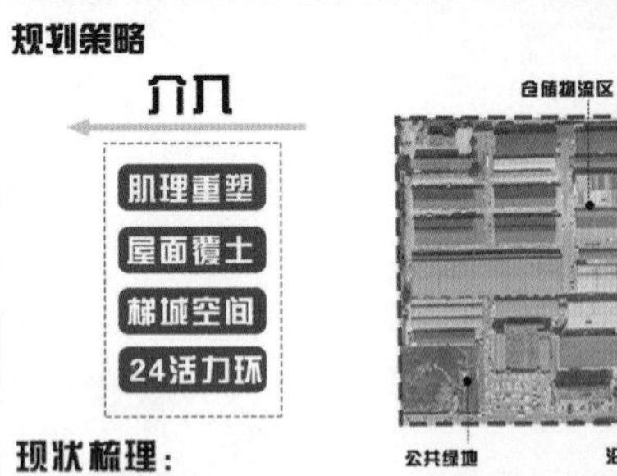

现状梳理：

1.格网状均质肌理

2.高密度的低层仓库集群

3.保留仓储历史建筑

4.活力匮乏的单一功能

该分区位于地块的核心区域，具有较大的改造灵活性，原本错综的路网形式以及适宜的街道断面为文创产业园功能转换提供了便利条件。

09 基因重塑 文化再生 —— 沈海热电厂及东贸库地段城市设计

4.1运营策略

可行性研究——文创园衰败原因

北京798文创园的衰败

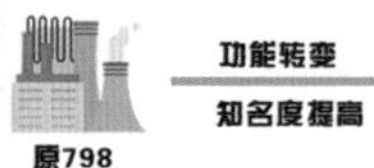

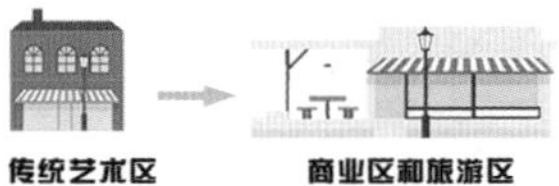
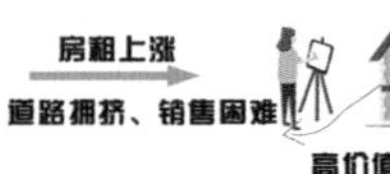

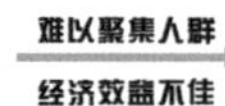

教训经验：
应明确主题，不可随意放进大量餐饮、店铺等庸俗“艺术家”，成为鱼龙混杂的大市集。

青岛1919文创园的衰败

教训经验：
筛选当地具有独创性的艺术形式，同时配有一定的商业进行经济支撑。

总结文创园衰败的原因

1.大量文创园同质化现象严重
2.核心挖掘不足发展空间不大
3.盈利模式欠佳政府补贴不足
4.人才流失严重理论体系不完整

ppp模式运营

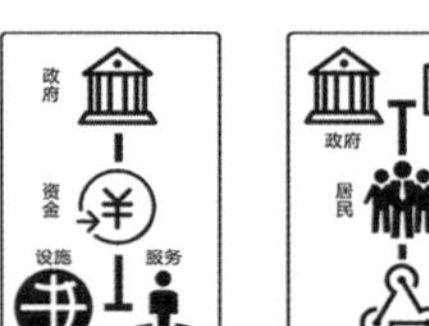

1.文化要有独创性
2.政府支持要到位
3.筛选流程要细化
4.商业配套要完善
5.交通位置要便捷

根据文创产业园区工业改造的衰败案例和原因分析，城市项目运营应鼓励当地居民、原工厂职工、投资者、政府共同参与建设的PPP模式，居民，店面租户自助运营，政府政策支持，严控租金和业态形式，投资者运营管理，以高水平文化体验和生态休闲体验为主导，高度混合相关产业形式，实现集群化产业结构，各类利益主体共建共享。

4.2分期建设

可行性研究——全生命周期建设分期

1.全生命周期既包括个体纵向时间的延展，也包括同一时间维度不同空间中各年龄段的个体
2.全生命周期理念下的城市设计更加强调以人为本，完全以不同人的生活需求为主要出发点，植入不同功能业态和设计内涵
3.在城市管理及经营层面，全生命周期意味着应对项目本身进行一定的规划，通过分期建设，实现项目长时间的可持续发展

全生命周期视角下地块功能策划

以全生命周期的需求为出发点

少年儿童	中青年人	老年人
嬉戏玩耍	就近办公	欣赏风景
文化教育	社交活动	漫步休闲
幼儿照看	购物娱乐	照看小孩
学习培训	文化需求	社交娱乐

文化办公	休闲娱乐	商业贸易
文化创意园 产业办公区 文化博览馆 工遗展示区	生态公园 水上娱乐区 文创集市 植物园	综合商业区 小吃一条街 文创交易区 零售购物区

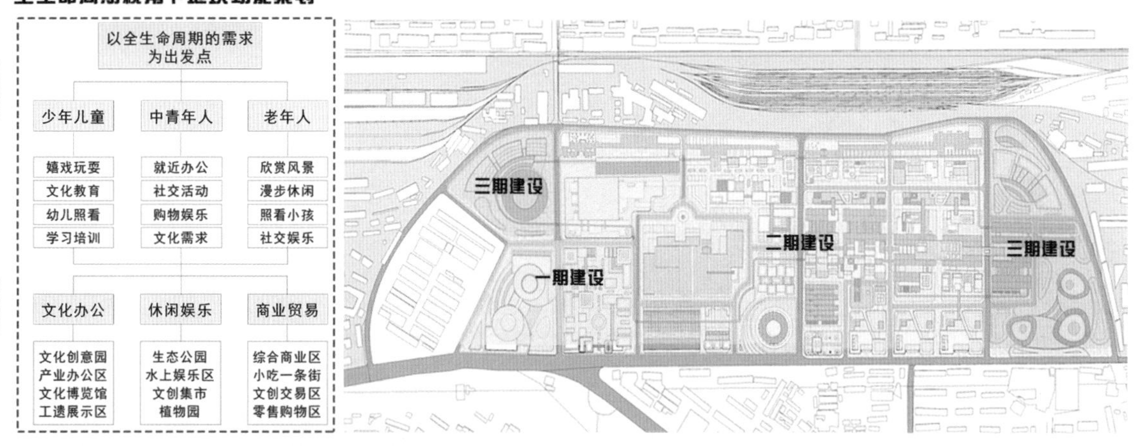

根据项目策划及概念，结合基地内工业遗产的实际情况，将整个片区开发分为三期进行建设：
1.一期开发：清理厂区内的污染物，恢复土壤本身的自然属性，结合工业遗存完善内部交通道路网。开发重点商业片区及商业综合体，将其收入作为后续开发的资金来源。
2.二期开发：完善园区配套设施建设，改造东贸库及热电厂的历史建筑，增设艺术学校、商务办公、零售餐饮、景观长廊等区域，以此来吸引周边人流量，为三期开发奠定基础。
3.三期开发：在人流量及资金投入有一定保障的基础下，增设轨道观光路线，开辟始末站点；加建未来派艺术馆、仓储博物馆及沈阳民俗博物馆等大型展览艺术馆，吸引外地游客，扩大基地发展潜力。

4.3流线策划

可行性研究——主题参观流线策划

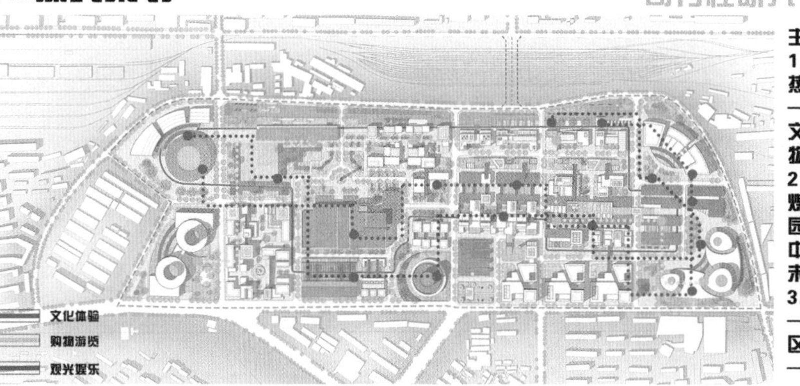

主题参观流线：
1.文化体验流线：小火车博物馆—热电厂工遗博物馆—“活”植物园—文创园保留厂房展示区—未来派文化馆—物流博物馆—沈阳民俗博物馆—餐吧街 —带状公园
2.购物游览流线：烟囱购物中心—煤场站台改造活动中心—热电厂公园周边零售餐饮—餐吧街—文创园中心屋顶公园—仓储物流博物馆—未来派文化馆广场
3.观光娱乐流线：轨道交通始末站—煤场水上乐园—热电厂室外展示区—极限攀岩区—文创园屋顶花园—文化中心广场—带状公园

沈阳铁西区工业博物馆地区更新设计

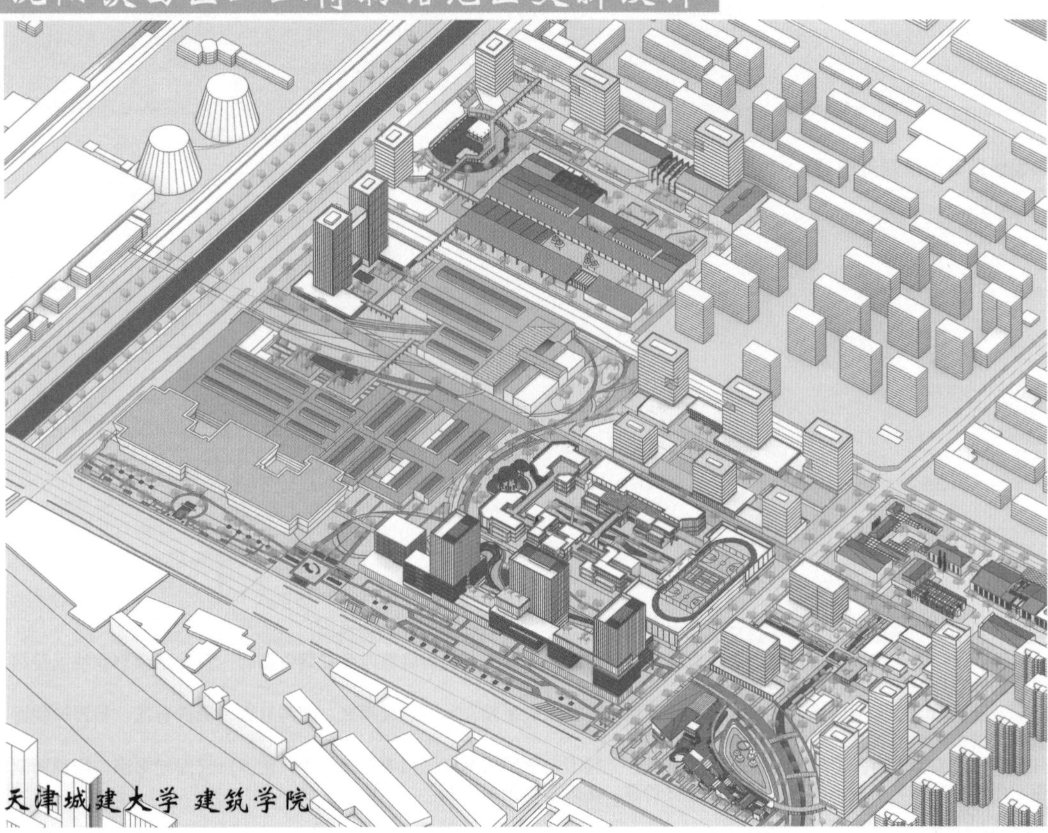

2020 北方规划教育联盟联合毕业设计是如此的与众不同。疫情对现场调研、资料收集、分组合作、汇报讨论带来了新的挑战，各校师生同心协契，共克时艰。面对“沈阳工业遗产区域保护更新设计”这样一个极具地域特色和时代感的命题，9 所高校的 18 组同学给出了多样思考和深入解答。
同学们在抗击新冠肺炎疫情时期，用特别的努力，完成了特别的毕业设计，为自己的本科学习画上了圆满的句号。值此毕业之际，愿同学们在接下来的人生旅程中，思如智者，不惧海阔天空；行如少年，不畏山高地远。

指导教师感言

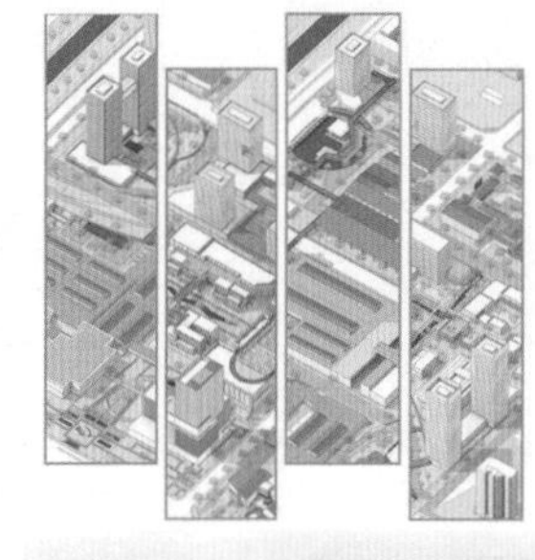

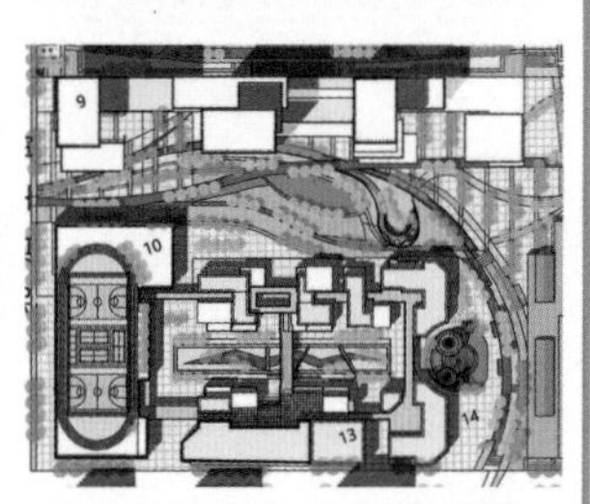

设计理念

沈阳为因铁路逐渐繁荣发展而成的城市，他影响了城市的形态，促进了城市发展。铁路贯穿整个城市之中，与城市空间布局相互影响、相互发展。对基地进行空间形态分析，提取不同年代的肌理，重点保护奉天工厂尺度。使用 GIS 进行综合分析得出建筑综合评价，根据不同得分对建筑进行拆除、改建和保留。废弃的这些空间像是死去的细胞一样，将这片荒寂之地重新恢复生机。土地上所附属空间形式可以改变土地的属性，进而改变人们生活的方式。整体性的规划，关键是能够在一个具体的地点创造出一种城市的生活，平衡已知与未知的领域。

团队成员

讲师 宫同伟

成员 张晶

成员 刘伊婷

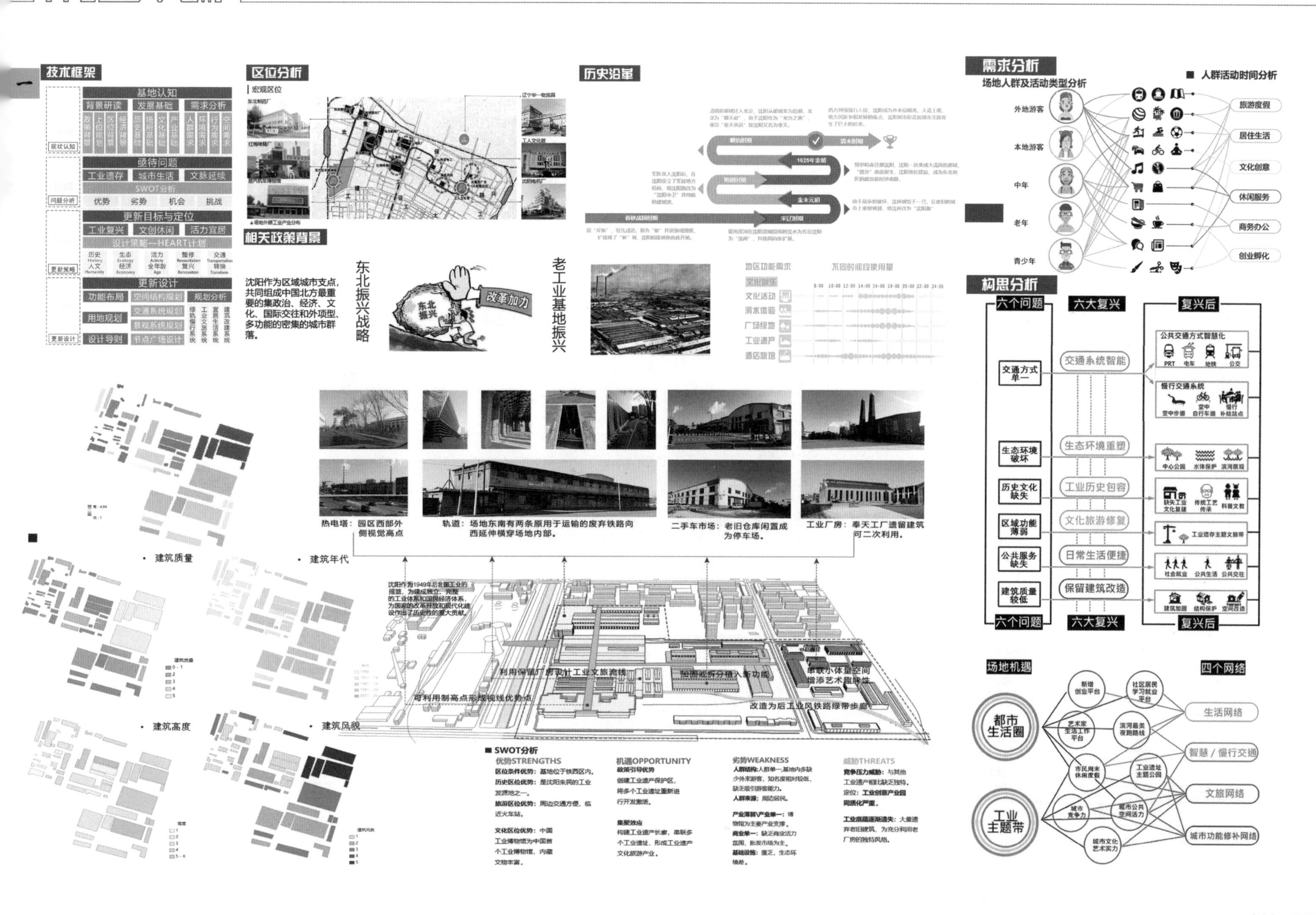

技术框架
基地认知
背景研读
发展基础
需求分析
亟待问题
工业遗存
城市生活
文脉延续
SWOT分析
优势
劣势
机会
挑战
更新目标与定位
工业复兴
文创休闲
活力宜居
设计策略—HEART计划
更新设计
功能布局
空间结构规划
规划分析
用地规划
交通系统规划
景观系统规划
设计导则
节点广场设计
区位分析
宏观区位
相关政策背景
沈阳作为区域城市支点，共同组成中国北方最重要的集政治、经济、文化、国际交往和外项型、多功能的密集的城市群落。
东北振兴战略
改革加力
老工业基地振兴
历史沿革
地区功能需求
不同时间段使用量
文化娱乐
文化活动
滑水体验
广场绿地
工业遗产
酒店旅馆
需求分析
场地人群及活动类型分析
人群活动时间分析
外地游客
本地游客
中年
老年
青少年
旅游度假
居住生活
文化创意
休闲服务
商务办公
创业孵化
构思分析
六个问题
六大复兴
复兴后
交通方式单一
生态环境破坏
历史文化缺失
区域功能薄弱
公共服务缺失
建筑质量较低
交通系统智能
生态环境重塑
工业历史包容
文化旅游修复
日常生活便捷
保留建筑改造
公共交通方式智慧化
慢行交通系统
建筑质量
建筑年代
建筑高度
建筑风貌
热电塔：园区西部外侧视觉高点
轨道：场地东南有两条原用于运输的废弃铁路向西延伸横穿场地内部。
二手车市场：老旧仓库闲置成为停车场。
工业厂房：奉天工厂遗留建筑可二次利用。
沈阳作为1949年后我国工业的摇篮，为建成独立、完整的工业体系和国民经济体系，为国家的改革开放和现代化建设作出了历史性的重大贡献。
利用保留厂房设计工业文旅商线
加固或拆分植入新功能
串联小体量空间增添艺术趣味性
可利用制高点形成视线优势点
改造为后工业风铁路绿带步廊
SWOT分析
优势STRENGTHS
区位条件优势：基地位于铁西区内。
历史区位优势：是沈阳朱民的工业发源地之一。
旅游区位优势：周边交通方便，临近火车站。
文化区位优势：中国工业博物馆为中国首个工业博物馆，内藏文物丰富。
机遇OPPORTUNITY
政策引导优势
创建工业遗产保护区，将多个工业遗址重新进行开发激活。
集聚效应
构建工业遗产长廊，串联多个工业遗址，形成工业遗产文化旅游产业。
劣势WEAKNESS
人群结构：人群单一，基地内多缺少外来游客，知名度相对较低，缺乏吸引游客能力。
人群来源：周边居民。
产业薄弱\产业单一：博物馆为主要产业支撑。
商业单一：缺乏商业活力氛围，批发市场为主。
基础设施：匮乏，生态环境差。
威胁THREATS
竞争压力威胁：与其他工业遗产相比缺乏独特。
定位：工业创意产业园同质化严重。
工业底蕴逐渐消失：大量遗弃老旧建筑，为充分利用老厂房的独特风格。
场地机遇
四个网络
都市生活圈
工业主题带
新增创业平台
社区居民学习就业平台
艺术家生活工作平台
滨河最美夜跑路线
市民周末休闲度假
工业遗址主题公园
城市竞争力
城市公共空间活力
城市文化艺术实力
生活网络
智慧 / 慢行交通
文旅网络
城市功能修补网络

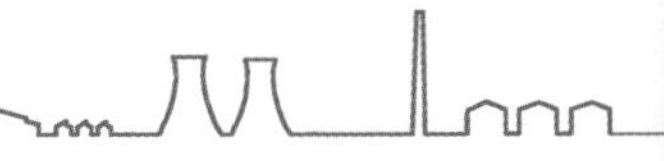

二 规划目标及概念

■ 更新设计概念——绿轨之锦，绣美奉天

绿规之锦，绣美奉天：

以历史线、生活线、文创线为3条主线，通过慢行系统串联起工业文旅参观区、文创集群区、"工"寓区、共享文化区、休闲娱乐区、商业购物区等，基地内"人"字铁道演变为"人"字绿道+部分高线公园，共同构建城市瞳望及公众服务系统。

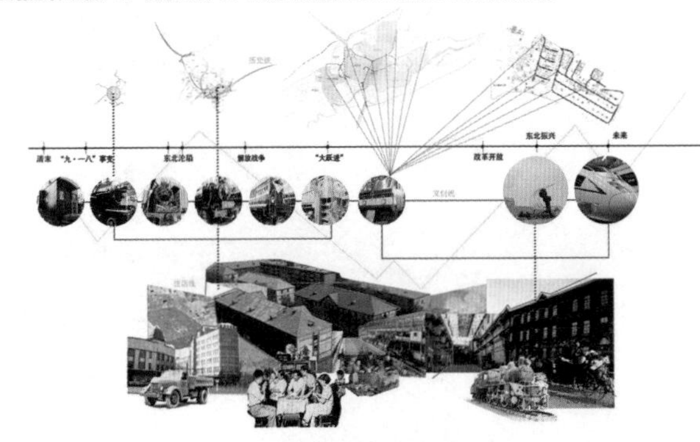

规划远景

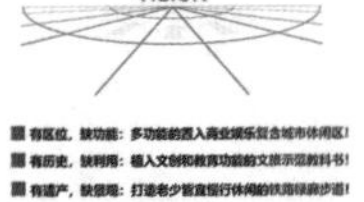

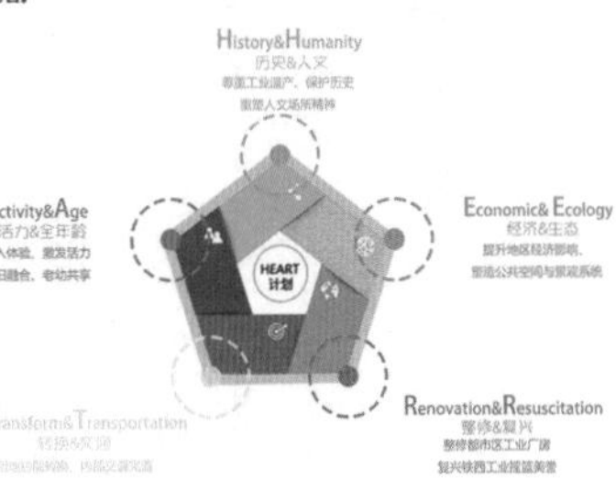

规划手法——HEART计划

■ "工业遗产"为因，"HEART"概念为媒：

在工业遗产改造中，从城市空间出发，保护地区发展历史、延续工人精神文脉。根据需求植入新城市功能，提升参观游览体验，使之服务于当地居民、吸引外来游客。

规划定位

■ 东北地区工业文旅浸入式核心体验区——以铁轨改造为历史线，串联基地文旅功能，展现共和国工业摇篮诞生发展之路

■ 城市区域活力中心区——触发基地活力，以共享广场为生活线节点，打造铁西"十字金廊"&"工业走廊"上的区域城市中心

■ 集群工作坊交互设计示范区——以文创线引领艺术家集群工作室，助力文化旅游产品良性更新，打造文创产销体系

■ 浮光掠影·城市港湾—创意"工"寓孵化地——延续工人文化风格，打造城市综合公寓，换取回笼资金进行下期投资

4. 规划目标

■ 三大目标：

工业复兴——创新文化旅游，人文多元和谐的魅力之城

文创休闲——现代服务集群，功能多元复合的时尚之城

活力宜居——打造绿带公园，全年龄段共享的活力之地

■ 五大网络：

工业文旅复兴网络、慢行网络、共享生活网络、文创产销网络、景观网络

5. 规划策略

交互设计：以满足参与者的多重体验需求为目标，利用交互设计理念诱导，刺激空间内行为主体及客体间信息的产生、传递反馈，实现交流互动，从而丰富物质和精神二元内涵。

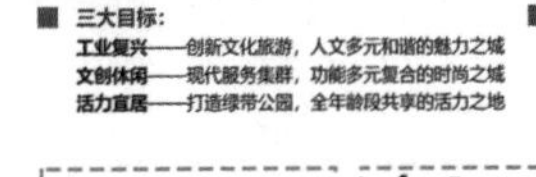

HEART计划

HEART计划——History&Humanity

History——"历史要素提取"

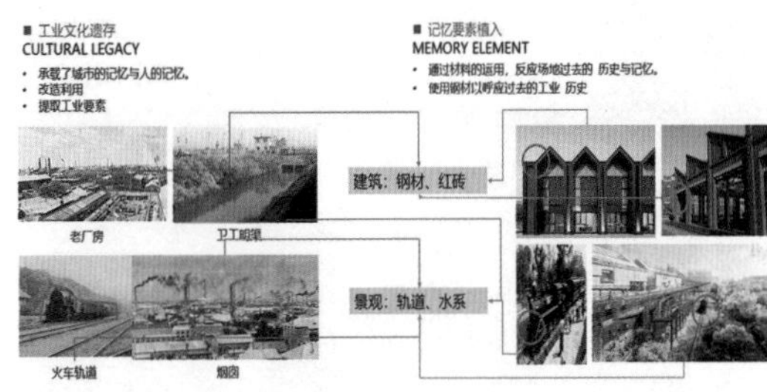

HEART计划——History&Humanity

Humanity——人文场景重塑

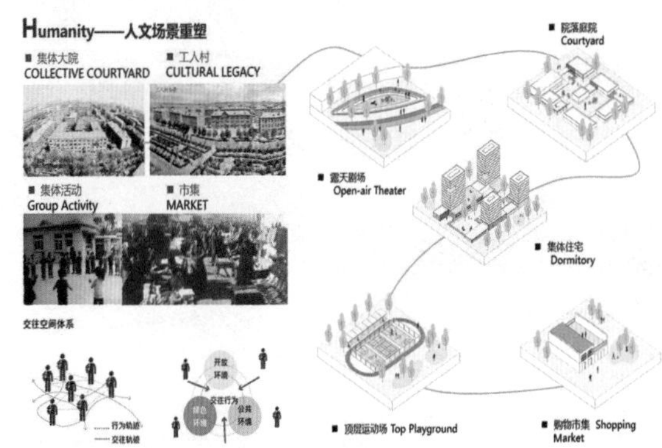

HEART计划——Ecology&Economic

Economic——经济产业提升

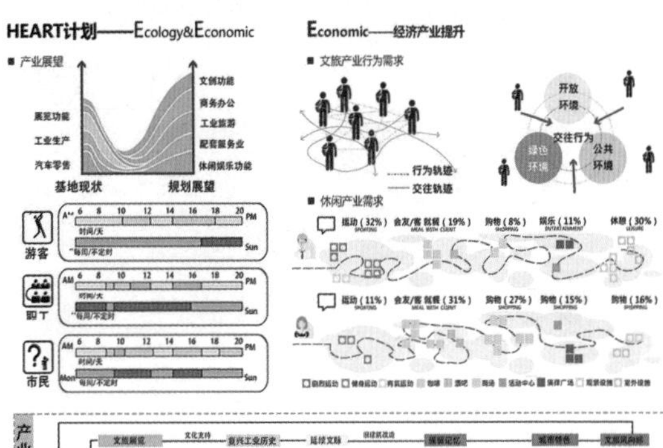

HEART计划——Activity & Age

Activity ——注入体验 激发活力

Age ——新旧融合 老幼共享

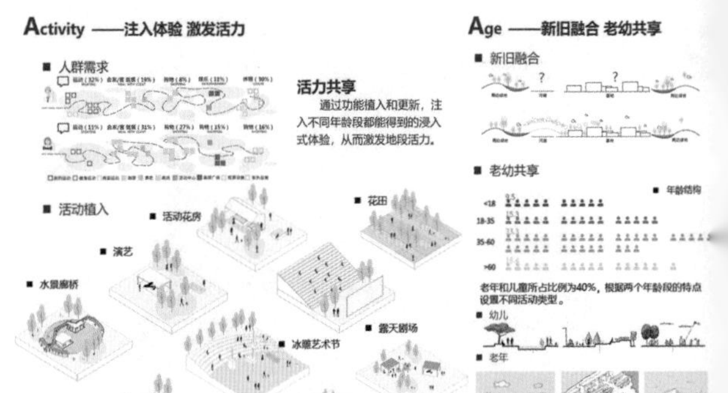

活力共享

通过功能植入和更新，注入不同年龄段都能得到的浸入式体验，从而激发地段活力。

HEART计划——Ecology &Economic

Ecology——生态景观修补

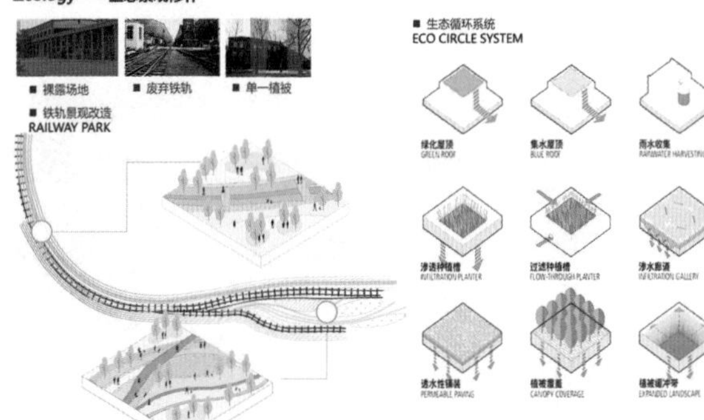

HEART计划——Renovation & Resuscitation

Renovation——整修

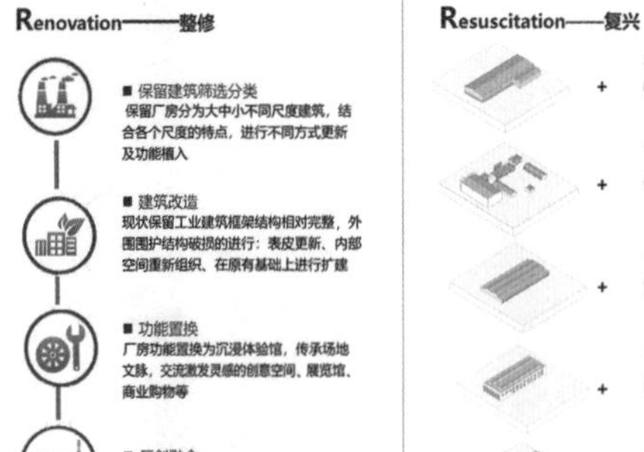

■ 保留建筑筛选分类

保留厂房分为大中小不同尺度建筑，结合各个尺度的特点，进行不同方式更新及功能植入

■ 建筑改造

现状保留工业建筑框架结构相对完整，外围围护结构破损的进行：表皮更新、内部空间重新组织、在原有基础上进行扩建

■ 功能置换

厂房功能置换为沉浸体验馆，传承场地文脉，交流激发灵感的创意空间、展览馆、商业购物等

■ 厂创融合

通从工业文化带肌理，规划文旅产业带，空就岸上衍生工业廊道串联新旧建筑

Resuscitation——复兴

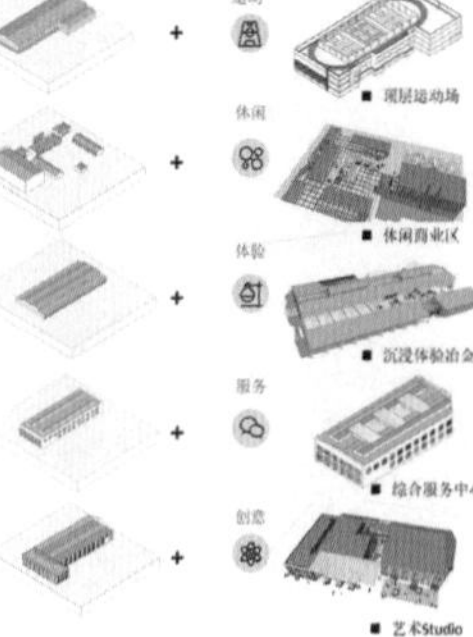

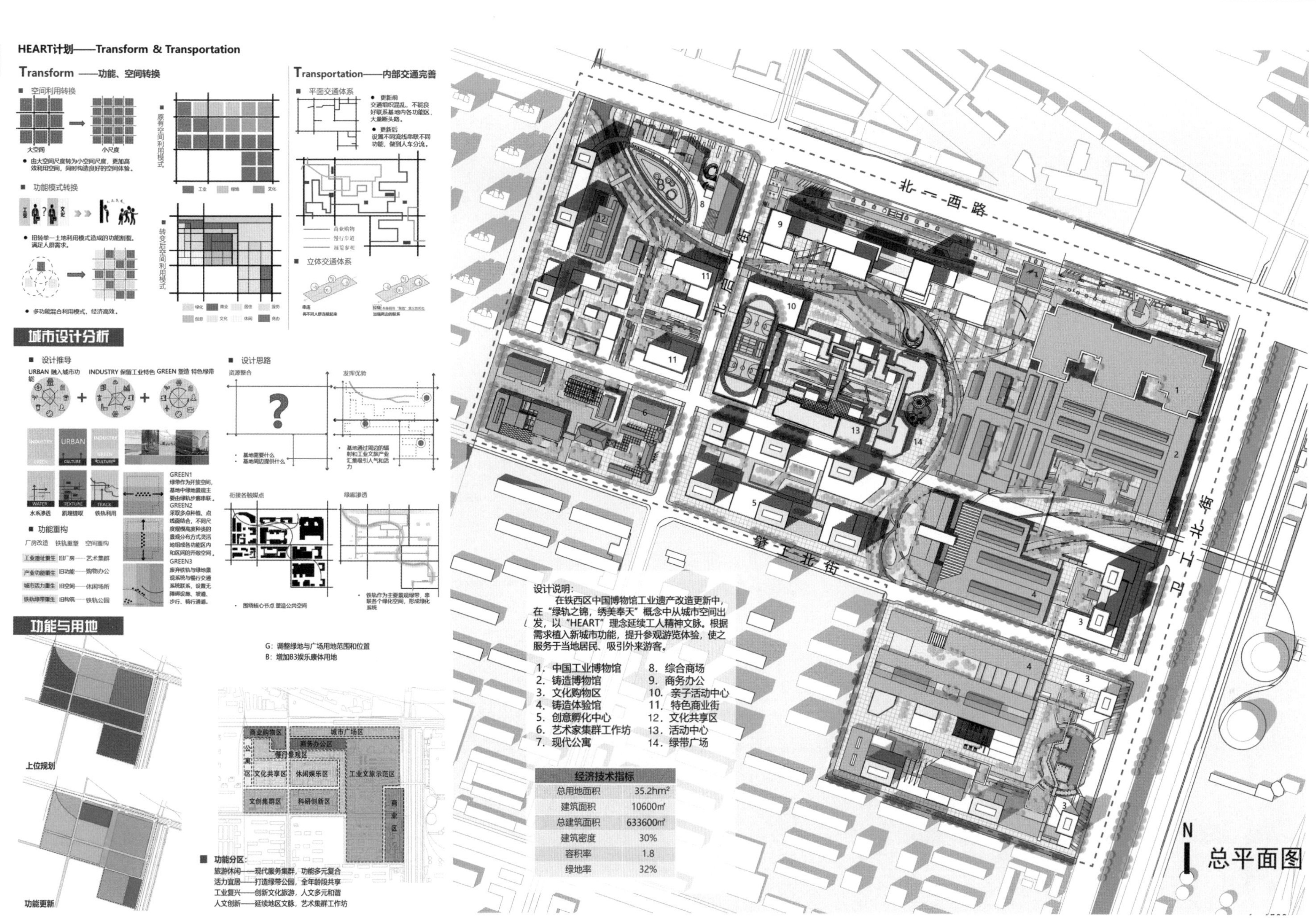

三
HEART计划——Transform & Transportation
Transform ——功能、空间转换
Transportation——内部交通完善
城市设计分析
功能与用地
设计说明：
在铁西区中国博物馆工业遗产改造更新中，在"绿轨之锦，绣美奉天"概念中从城市空间出发，以"HEART"理念延续工人精神文脉。根据需求植入新城市功能，提升参观游览体验，使之服务于当地居民、吸引外来游客。
1. 中国工业博物馆
2. 铸造博物馆
3. 文化购物区
4. 铸造体验馆
5. 创意孵化中心
6. 艺术家集群工作坊
7. 现代公寓
8. 综合商场
9. 商务办公
10. 亲子活动中心
11. 特色商业街
12. 文化共享区
13. 活动中心
14. 绿带广场
经济技术指标
总用地面积 35.2hm²
建筑面积 10600㎡
总建筑面积 633600㎡
建筑密度 30%
容积率 1.8
绿地率 32%
北一西路
卫工北街
总平面图
功能分区：
旅游休闲——现代服务集群，功能多元复合
活力宜居——打造绿带公园，全年龄段共享
工业复兴——创新文化旅游，人文多元和谐
人文创新——延续地区文脉，艺术集群工作坊
G：调整绿地与广场用地范围和位置
B：增加B3娱乐康体用地
上位规划
功能更新

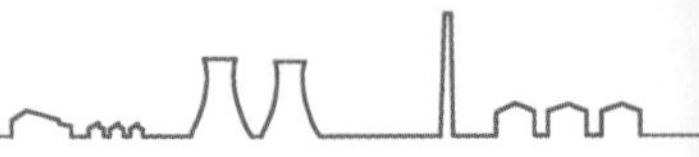

四 空间结构规划

■ 规划结构：一轴两带多点

地块内形成由北向南贯穿整个功能区的绿轨慢行轴线，并形成垂直的市民共享带和文化创新带。

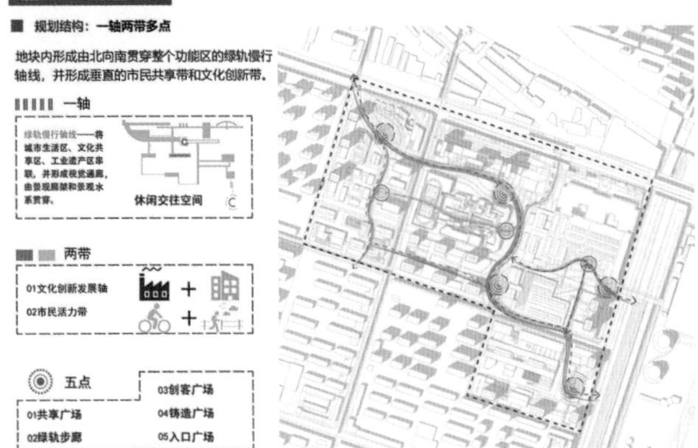

交通系统规划

■ 对外交通结构与静态交通分析

■ 内部交通流线分析图

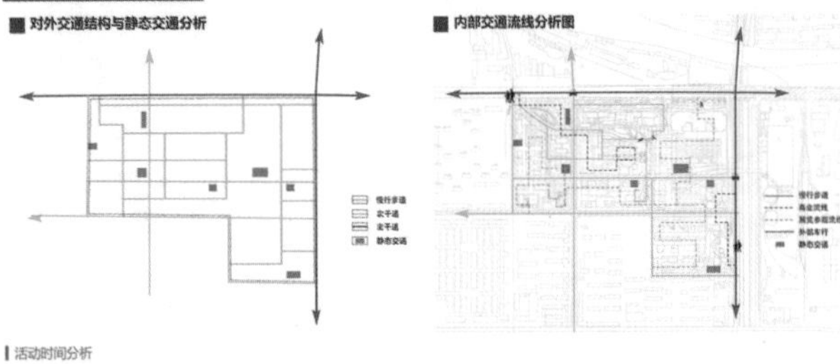

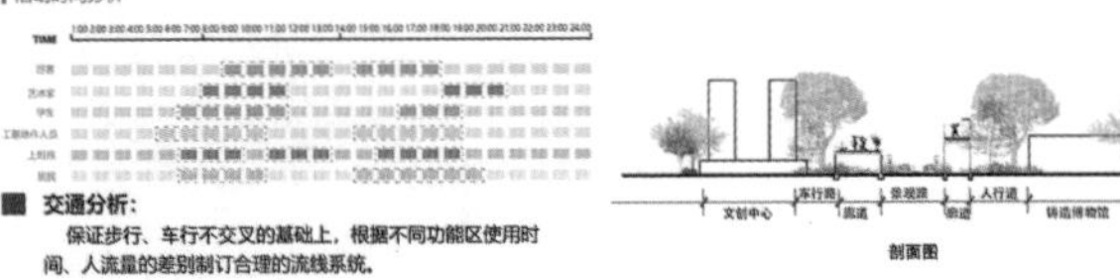

■ 交通分析：

保证步行、车行不交叉的基础上，根据不同功能区使用时间、人流量的差别制订合理的流线系统。

城市设计分析

■ 城市设计要素

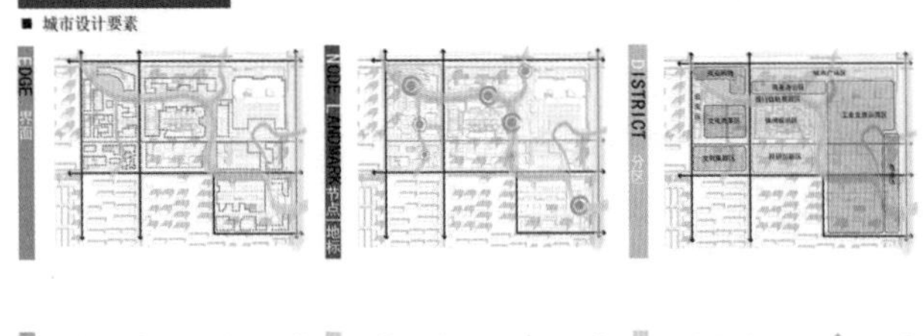

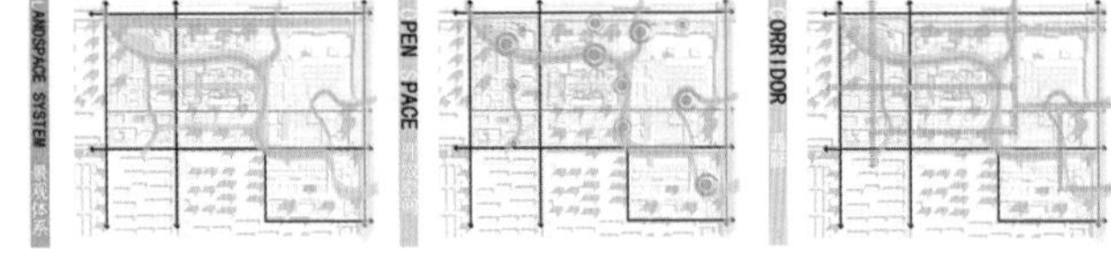

景观规划系统

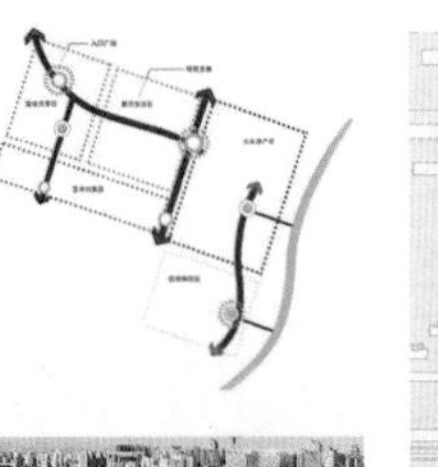

■ 修复棕地土壤

将奉天工厂和铸造博物馆等工业用地通过功能置换，植入新城市生活功能。

景观结构规划节点图

■ 打造绿色廊道

以废弃铁轨为出发点通过修复环境、打造步廊、引入绿植来提升空间体验和市民意愿，从而为城市消极地块注入活力。

景观与节点设计——铸造广场

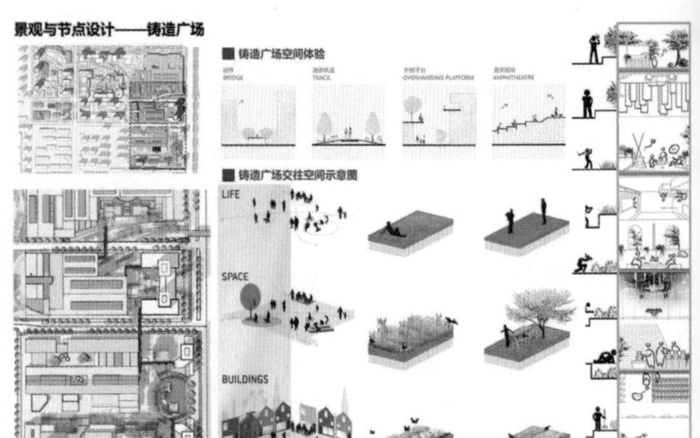

景观节点设计

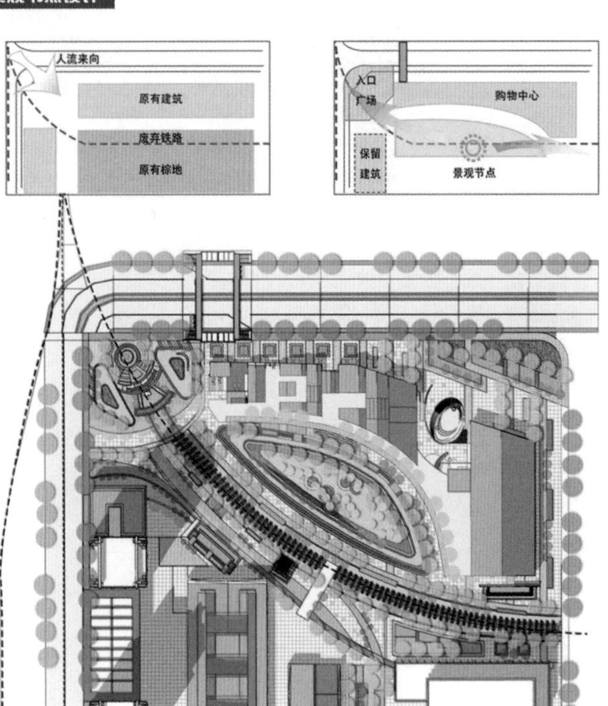

■ 入口广场设计

北邻大成站与城市公交站，西部有大量居住区，有人流基础，与废弃铁路改建为入口广场，内部衔接景观节点。

▲北一西路与北启工北街交口

▲北一西路入口处

五 景观与节点设计——共享广场

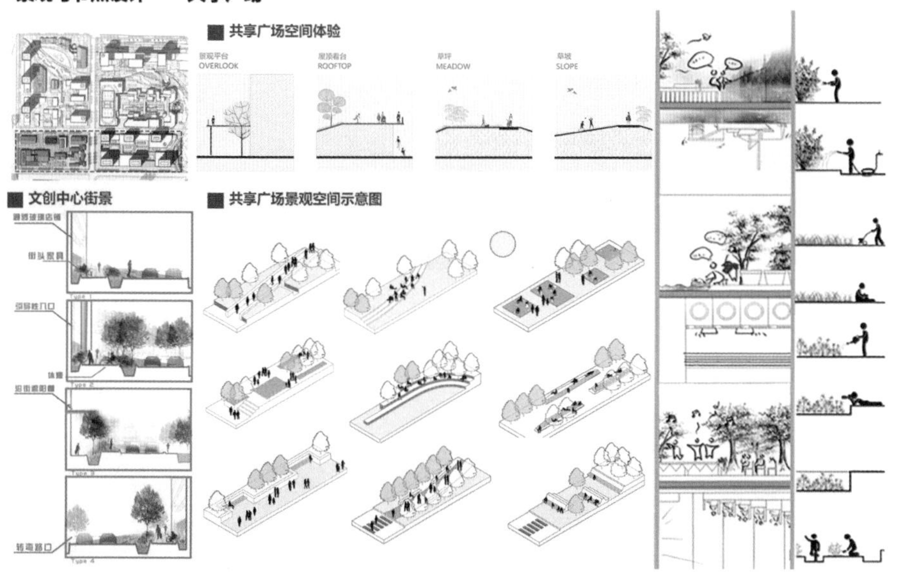

景观节点

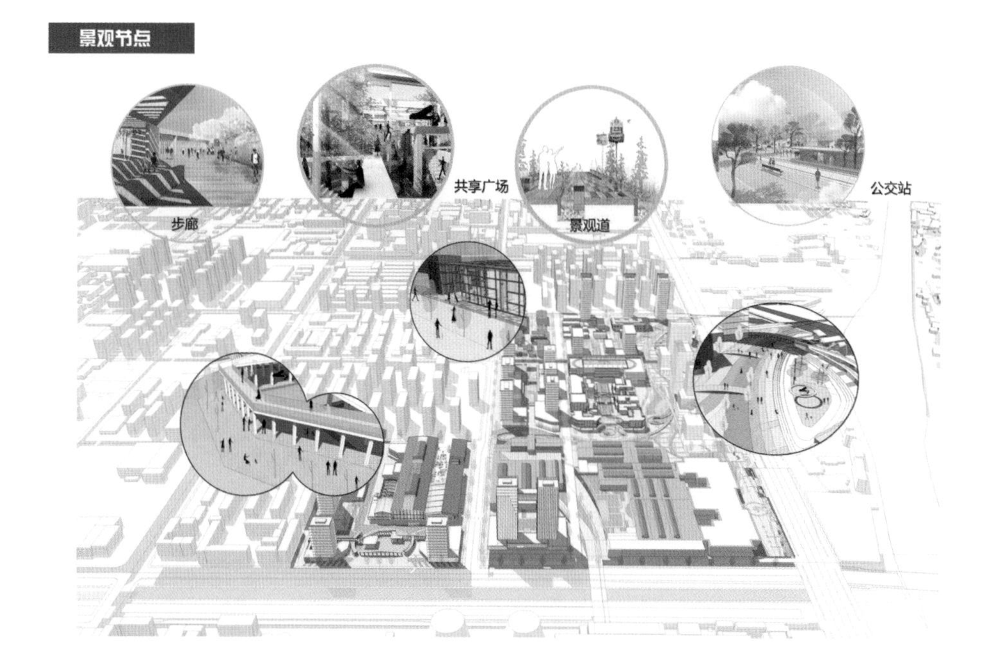

城市设计导则

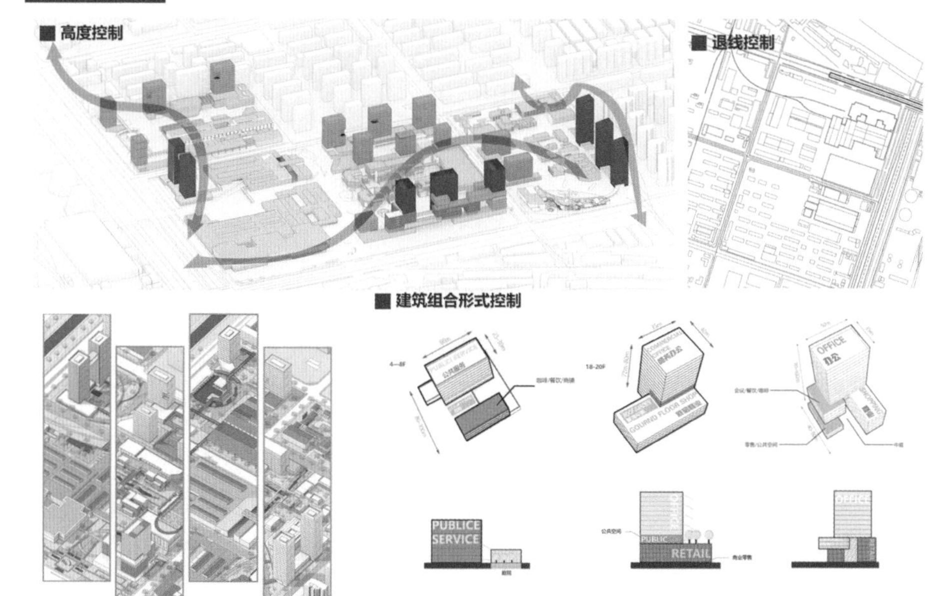

城市立面

■ 北侧立面图

■ 东侧立面图

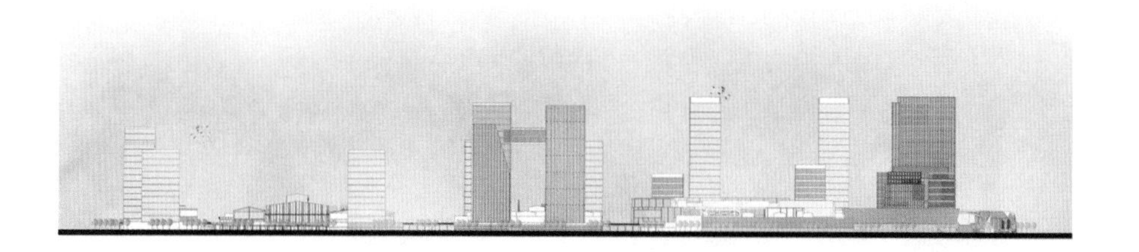

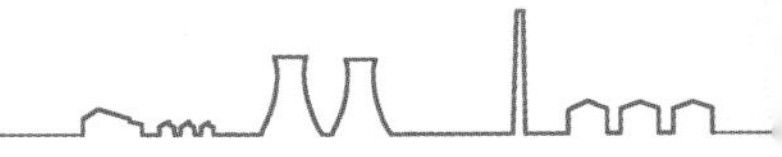

六 绿轨慢行系统

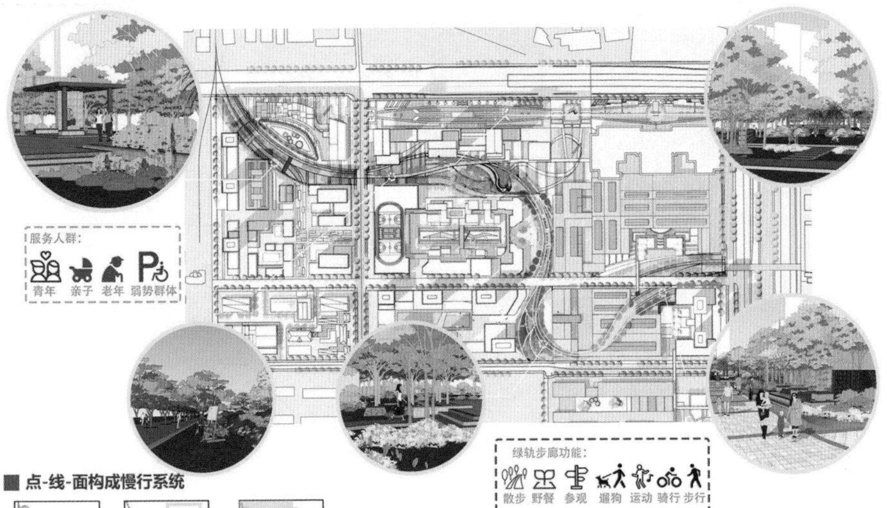

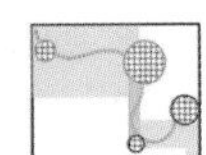

■ 点-线-面构成慢行系统

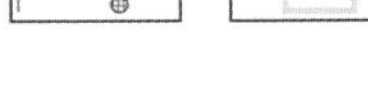

将基地内保留铁路延伸、拓展，将工业文旅参观流线和新植入的城市生活功能串联为一体，统共构成绿轨慢行系统。

■ 修复废弃空间与棕地土壤

场地内铁路废弃地作为曾经的工业用地，辐射范围内的线性空间存在着一定土壤污染的风险

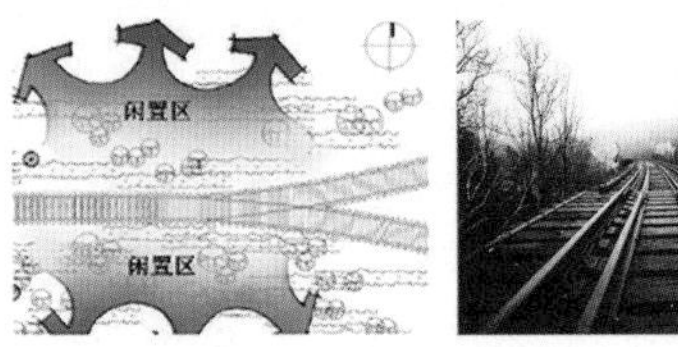

■ 区域微环境与热岛效应

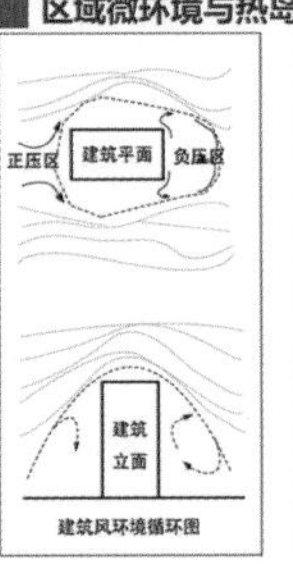

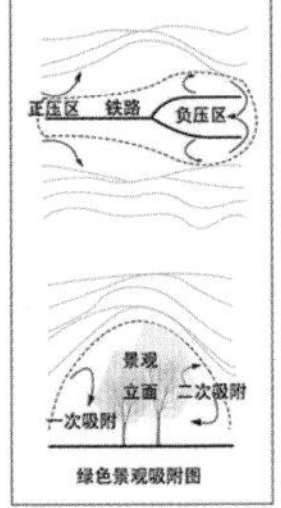

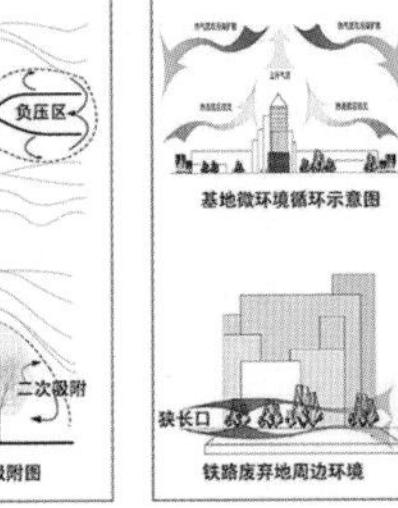

■ 土地生态复兴与城市风廊植入

铁路废弃地再生空间改造为公共景观的整体结构，并且有良好的连通性。从孤立、荒废逐步走向网络化、系统化

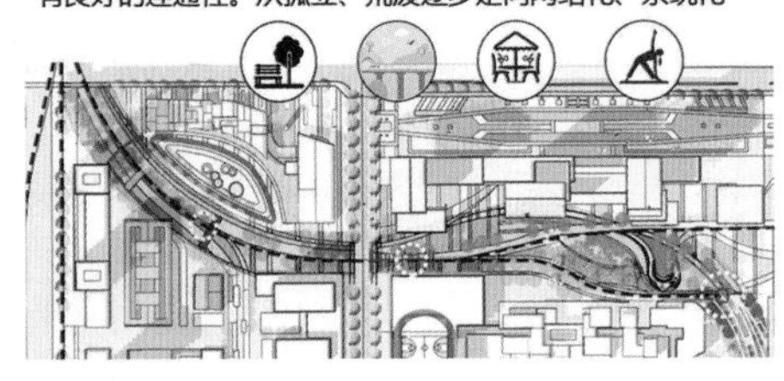

工业文旅系统

复兴工业文脉，延续基地历史

■ 功能与结构

■ 流线与节点

■ 空间与景观

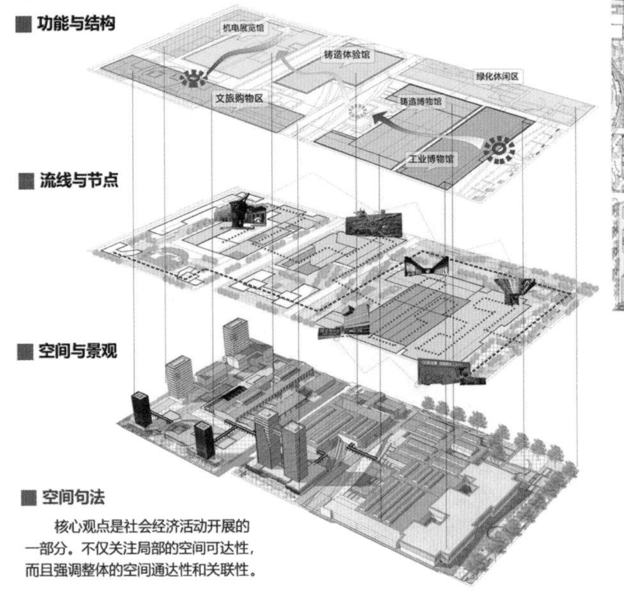

■ 空间句法

核心观点是社会经济活动开展的一部分。不仅关注局部的空间可达性，而且强调整体的空间通达性和关联性。

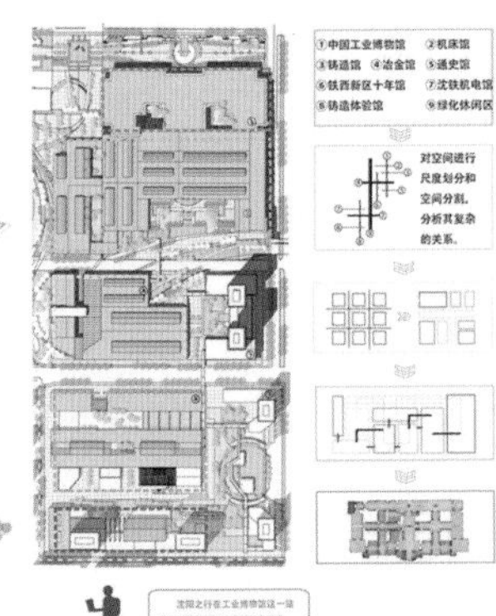

■ 设计方法

具有重要意义的废弃地，做标志符号，加深节点空间的历史使命、增加空间丰富性，在一些有历史文化的区域设计纪念性景观。

纪念性景观—道路

纪念性景观—边界

纪念性景观—节点

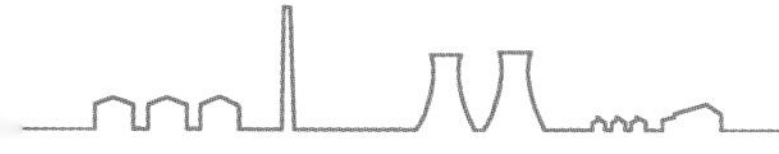

七 建筑改造设计

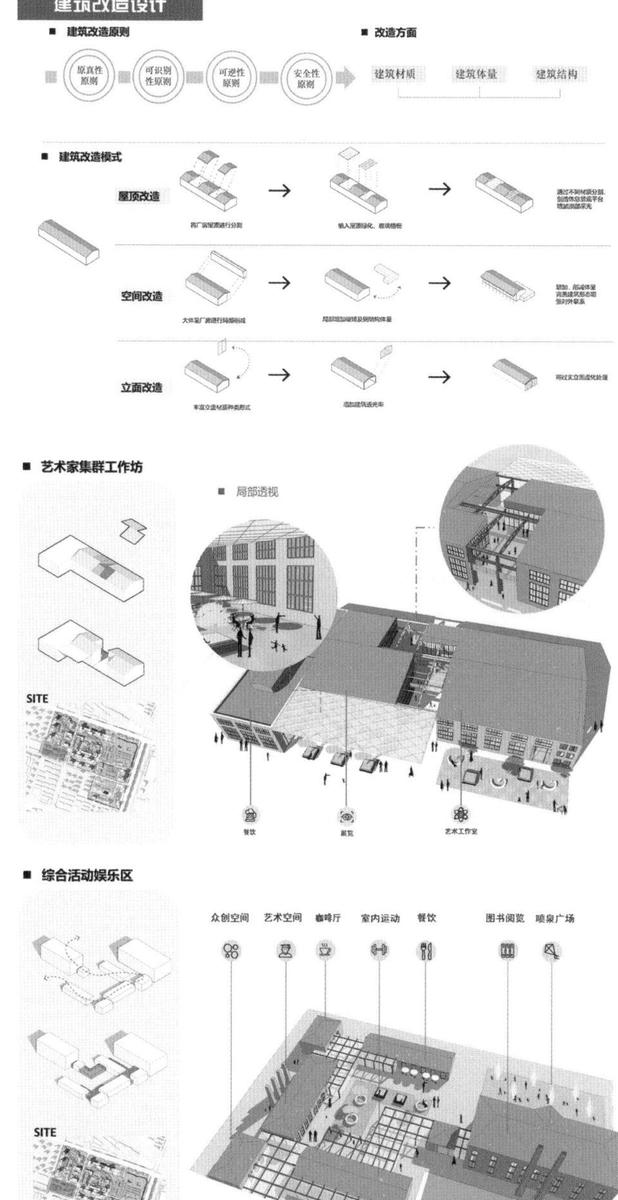

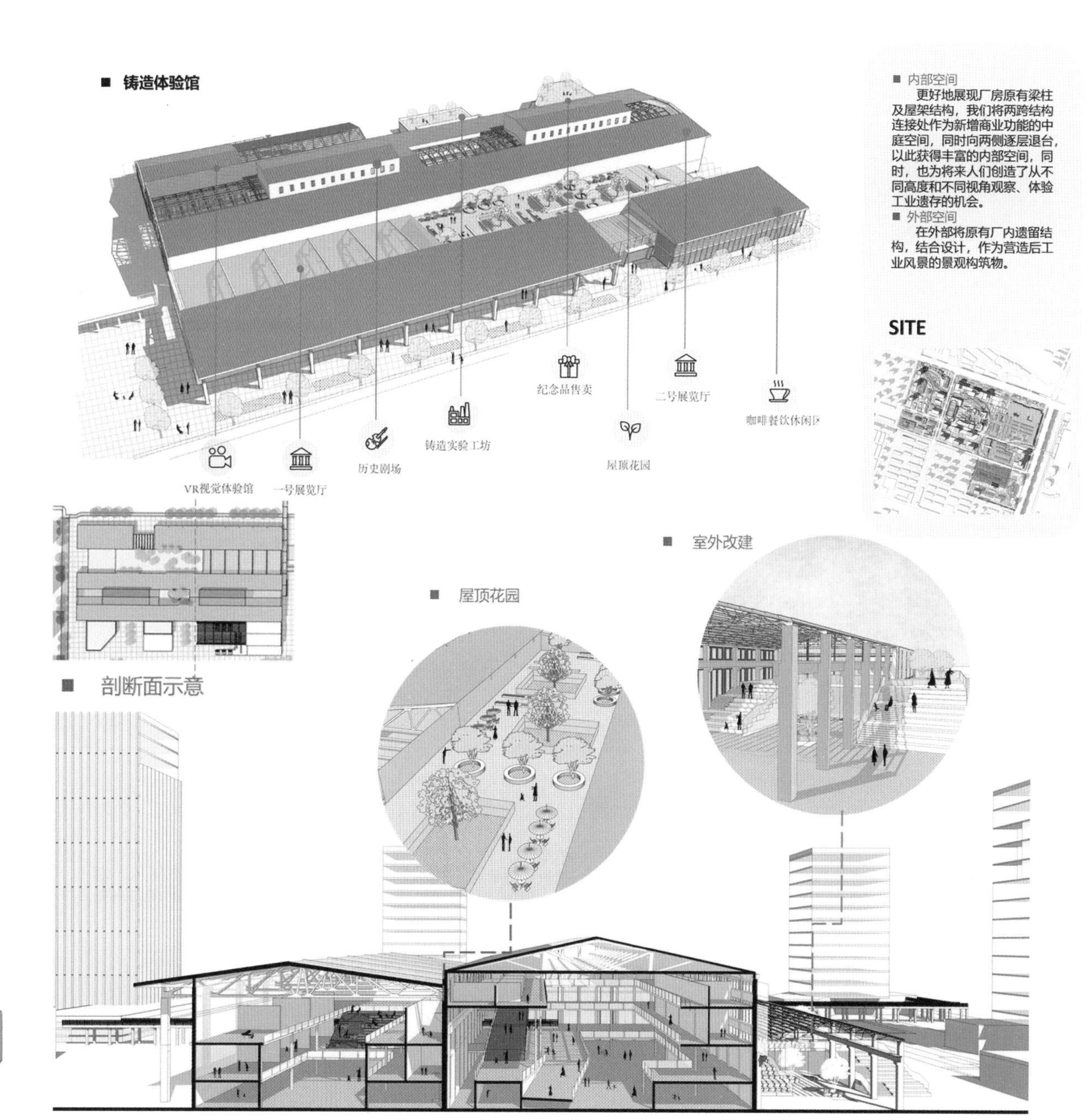

■ 内部空间

更好地展现厂房原有梁柱及屋架结构，我们将两跨结构连接处作为新增商业功能的中庭空间，同时向两侧逐层退台，以此获得丰富的内部空间，同时，也为将来人们创造了从不同高度和不同视角观察、体验工业遗存的机会。

■ 外部空间

在外部将原有厂内遗留结构，结合设计，作为营造后工业风景的景观构筑物。

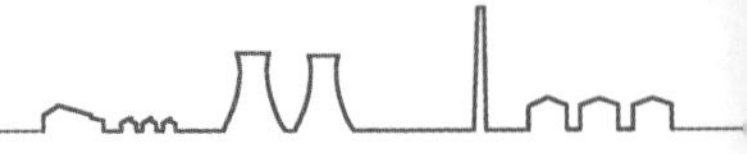

八 鸟瞰图

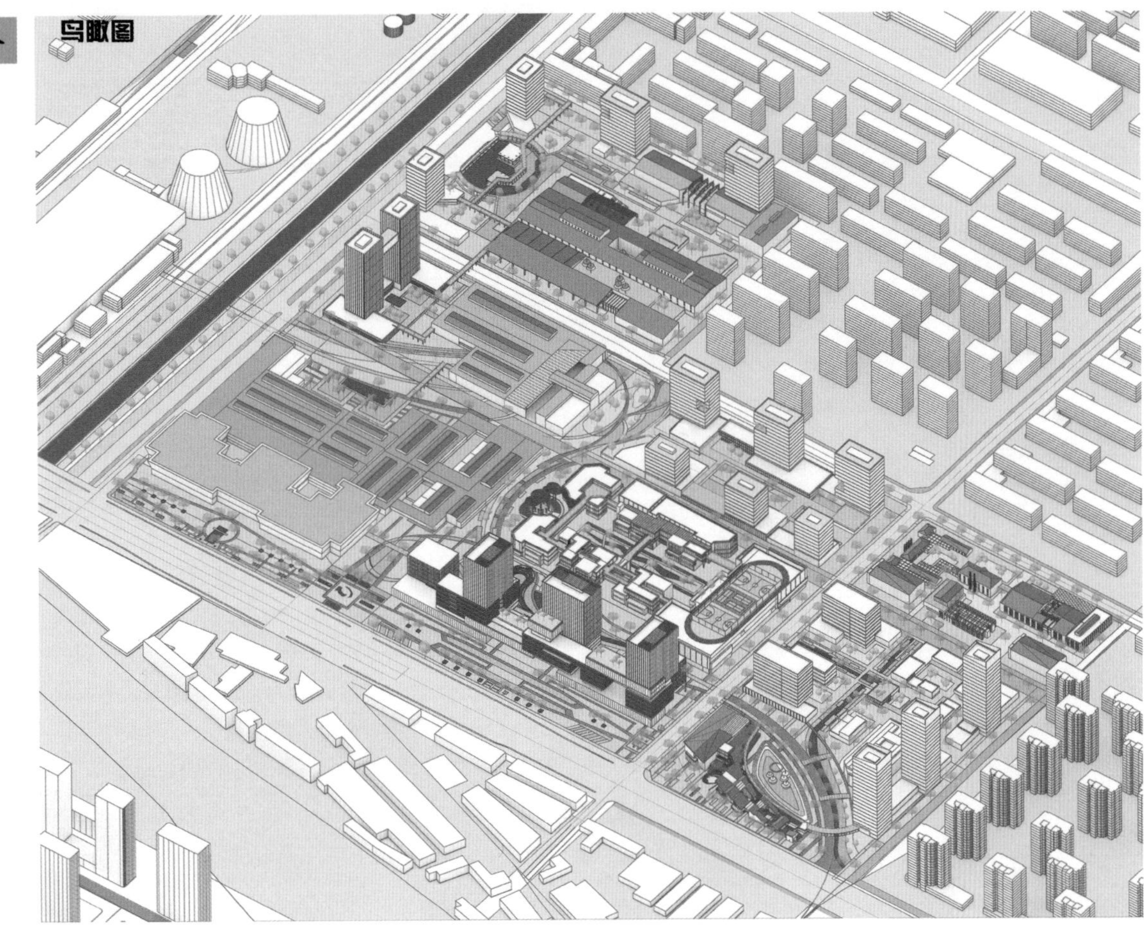

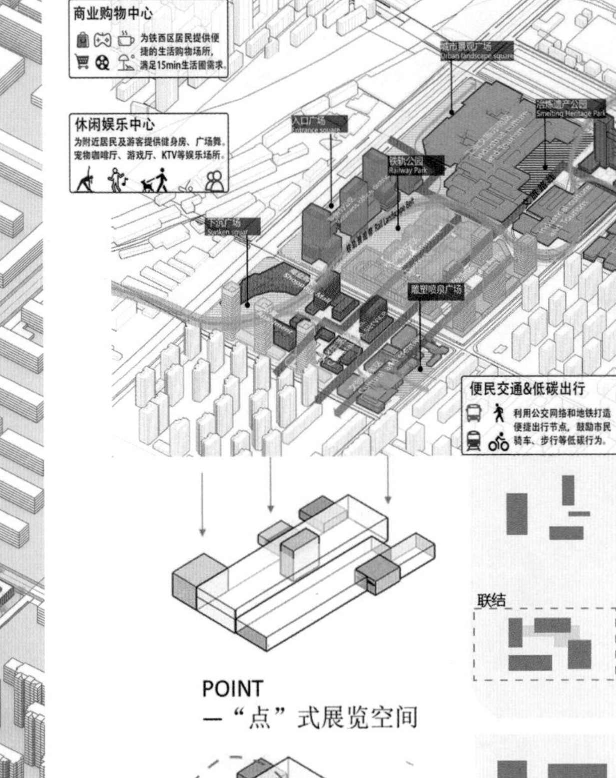

POINT
—“点”式展览空间

LINE
—“线”式参观流线

SPACE
—“面”式公共空间

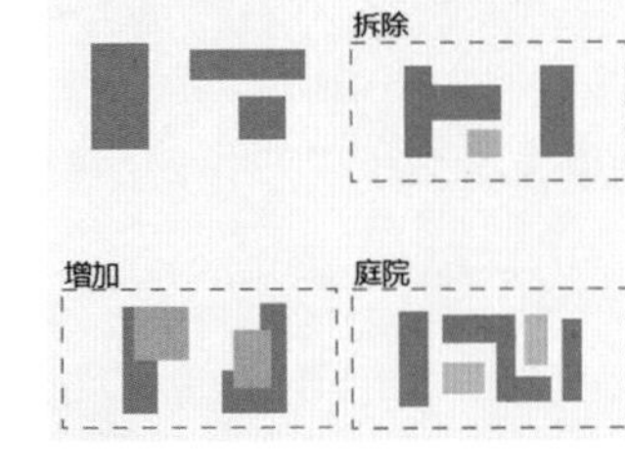

• **小尺度——冶金厂**
基地小尺度厂房排列杂乱，运用加建玻璃走廊、平台方式进行串联。形成整体。

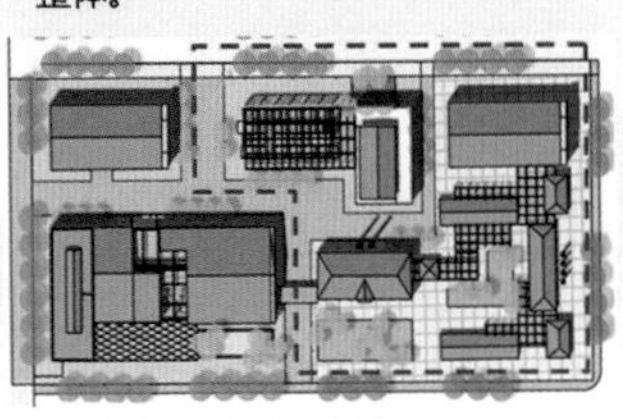

• **中尺度——机电厂**
对中尺度厂房进行适当拆除，局部增添多层结构。围合空间组成庭院。

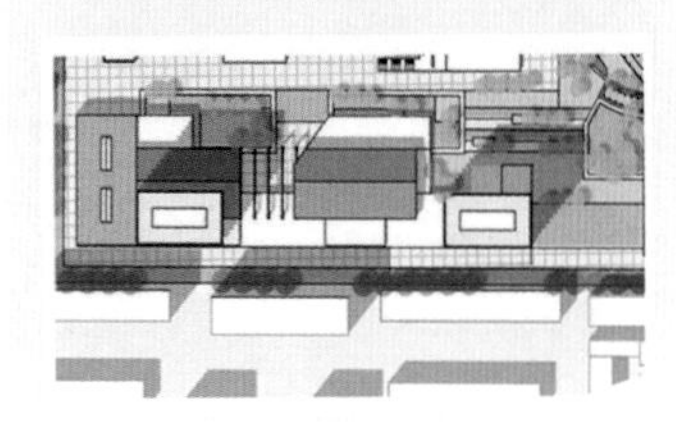

• **大尺度——机电厂**
大尺度建筑运用挖空、削减及分割丰富建筑形式，提高空间利用效率。

山东建筑大学

Shandong Jianzhu University

济南大学
大连理工大学
北京工业大学
吉林建筑大学
山东建筑大学
天津城建大学
内蒙古工业大学
北京建筑大学
沈阳建筑大学

触·新态——山东建筑大学

小组成员

指导老师：范静

组员：李俊荣

组员：葛文渊

基本信息

参与院校：山东建筑大学
指导老师：范静
小组成员：李俊荣、葛文渊
设计地块：沈海热电厂及东贸库地段
完成时间：2020年3月~6月
设计题目：触·新态——沈阳工业遗产区域保护更新设计
设计简析：

通过城市触媒理论的运用及触媒激活手法对基地内的工业遗产进行结构改造与功能重构，成为带动片区整体发展的触媒点，为地块带来新活力、新发展，最终得以构建新的整体形态与状态，成为城市中的发展节点。

参与感言

非常荣幸能够参加此次北方规划教育联盟联合毕设，虽然由于不期而至的新冠肺炎疫情，整个毕设过程均在线上进行，未能进行基地的实地调研工作，也无法与老师进行面对面的沟通，但老师和同学们并没有因此而减少任何一分热情，在大家的努力和老师的悉心指导下，线上毕设完成得非常顺利。作为参与的学生，我们感到收获颇多。

这次毕业设计，我们通过特殊而难忘的方式认识了沈阳，认识了它辉煌的工业历史和令人震撼的工业遗产。前期，我们通过多种渠道查阅资料、翻阅文献，并与其他学校的同学老师进行交流，即使未能对基地实地调研，也对基地的现状有了比较充分的了解，同时也锻炼增强了我们在线上获取资料的能力。在设计汇报阶段，我们有幸观摩了其他同学的设计方案，和同学们的交流让我们见识了不同的思考角度和对基地的不同见解，这对我们开拓思路、加深理解起了至关重要的作用。而汇报答辩时老师与专家的意见和指导也带给我们许多启发与收获，让我们能够从更加客观、全面、理性的角度看待我们的设计，认识到我们还有很多方面需要补足完善。

感谢北方规划教育联盟为我们提供了参与、进步的机会，感谢老师们的教导，特别是范静老师在整个毕业设计过程中对我们的指导和帮助，她专业负责的教学和耐心细致的指导让我们在学习过程中收获颇丰，也使我们的设计成果更加合理、完善。

触·新态 01

山东建筑大学

城市背景

城市概况

沈阳，简称"沈"，是辽宁省省会，副省级市，特大城市，中国人民解放军北部战区司令部驻地和直属中军委沈阳联勤保障中心驻地，是国务院批复确定的东北地区重要的中心城市，先进装备制造业基地和国家历史文化名城，素有"一朝发祥地，两代帝王都"，"盛京"之称。是中国最重要的以装备制造业为主的重工业基地，有着"共和国长子"美誉。

沈阳市位于中国东北南部、辽宁中部，地处东北亚经济圈和环渤海经济圈的中心，是长三角、珠三角、京津冀地区通往关东地区的综合枢纽城市。

沈阳地处辽宁中部城市群中心，是沈阳民族工业的发祥地。

城市人口

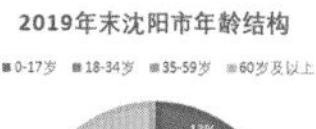

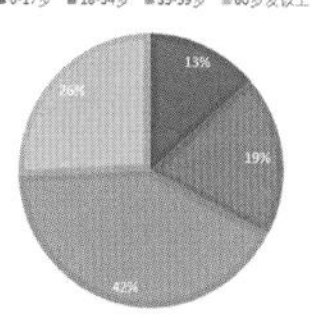

2017年沈阳人口指标		
指标	全市	市区
总户数(户)	2721516	2215933
总人口	7369522	5910980
出生率(‰)	8.79	9.29
死亡率(‰)	11.31	9.56
自然增长率(‰)	-2.53	-0.27
迁入人口	73501	71395
省内迁入	45174	43856
省外迁入	28327	27539
迁出人口	29369	23750
机械变动率(‰)	6	8.09

根据沈阳市公安局月报统计数据显示，截至2019年11月末，沈阳市户籍人口为755.7万人，同比增长1.41%。其中，城镇人口539.5万人，乡村人口216.1万人。

随着劳动年龄人口比重的不断下降和老年人口比重的持续上升，"人口红利"正在逐渐减弱。

从城乡结构看，2019年11月，沈阳市户籍人口，城镇人口539.5万人，城镇化率71.40%，比上年同期上升0.87个百分点，户籍人口城镇化水平进一步提高。全国城镇化率为60.6%。

交通概况

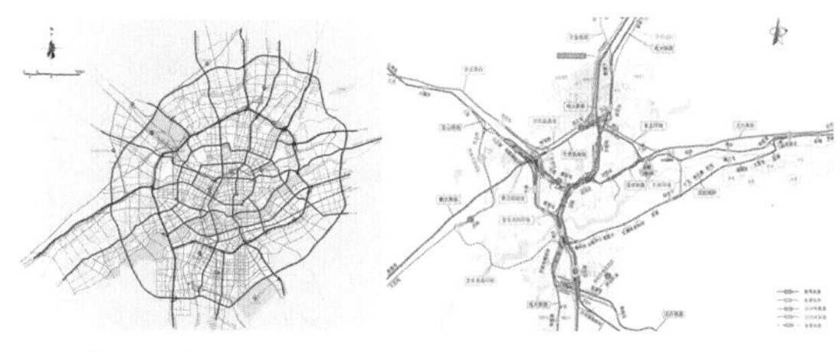

以"枢纽城市、公交都市、畅达城市"为目标，建立设施布局合理、与城市职能相适应、与城市空间结构发展相协调的城市综合交通运输体系。

完善由快速路、主干路、次干路和支路组成的路网体系，提高路网容量，打造层次分明、骨架清晰、密度合理的城市道路系统。

东北现象

东北现象指1949年10月后东北地区以若干大型重化工业集中在特定城市空间为特征的现代工业体系的辉煌发展，以及20世纪90年代以来老工业基地衰退的事实。

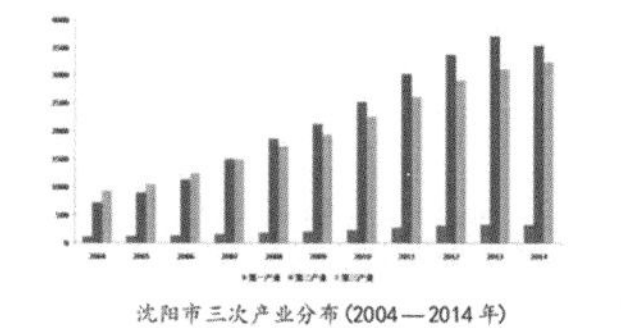

沈阳市三次产业分布（2004—2014年）
单位：亿元

在全国经济下行的总体背景下，东北之所以受影响最大，主要是因为东北经济中长期存在的深层体制性、机制性和结构性矛盾并未彻底解决，主要表现为经济结构不合理，体制机制不健全，人才外流与缺失。

农业产业结构和产品结构还不尽合理，种植业内部还没有形成粮食作物—经济作物—饲料作物的"三元结构"。

第二产业产品水平层次不高，轻重工业比例失调，产业发展与经济发展不协调，国企改革力度不够。

三产内部结构不够合理，现代服务业的比重太低。

地域文化

民俗文化

羽毛画、葫芦雕、秧歌、北陵公园等。

盛京文化

在满清时期沈阳被命名为盛京并先后作为首都与陪都的鼎盛历史阶段、以沈阳为中心及其周边地区的各族人民在生产生活过程中创造的独有文化。

文化优势

作为清代文化重要中心，盛京文化不仅对辽宁区域内各地区产生了文化辐射力，也对东北其他地区乃至整个中国北方地区的文化产生了影响力。

产业结构

从"文革"恢复到正轨（1978—1984年）

稳步发展阶段（1985—1991年）

快速发展阶段（1992—2000年）

全面繁荣阶段（2001年至今）

沈阳作为老工业基地，经过半个多世纪的建设和改造，形成了**以机械工业为主，原材料和化学工业为辅**，包括冶金、建材、汽车、医药、石化、轻工、纺织、电子、航空航天、农产品深加工等门类齐全的综合性工业体系。"工业立市"是沈阳经济发展的重大战略决策，是进一步落实科学发展观，坚持走新型工业化道路的正确抉择。

沈阳八大支柱产业占工业总产值比重

各支柱产业2003-2007年工业总产值

2003年，国家开始实施东北老工业基地振兴战略。沈阳由此大规模调整产业结构，改善了沈阳市的产业结构以及产业生态环境，使得辽宁中部城市群装备制造业发展的核心、支撑、辐射以及带动作用得以加强。

历史沿革

01 古代时期

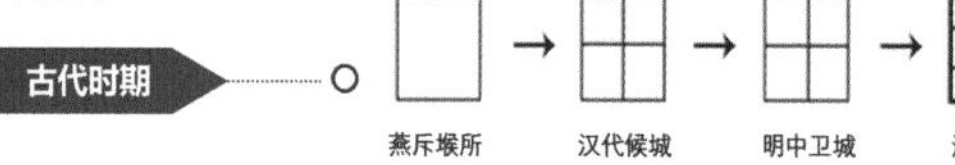

沈阳古代城市形态演进图

沈阳古代城市强烈的军事、政治职能表现了"城"的形象，与中原古代日益兴隆的商业流通职能中"市"的形象形成了鲜明的对比。

02 近代时期

沈阳近代城市形态结构示意图

此时期，导入了西方早期的巴洛克式古典主义规划思想，讲究平面构图的优美和纯几何的对称轴线关系。

03 现代时期

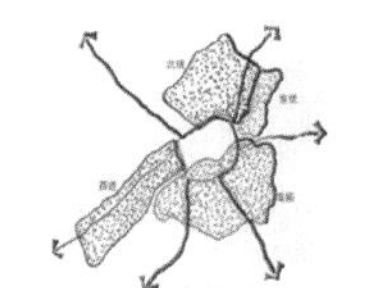

沈阳四大空间发展示意图

随着沈阳市"四大空间"发展战略实施，"西进、南拓、东优、北统"形态格局成型。沈西工业走廊、大浑南、东部国际旅游开发区、沈北新区土地开发利用进入超速发展期。

触·新态 02

山东建筑大学

基地分析

区位

基地范围

基地位于沈阳市大东区东南,临近市中心；具体位置为北海街与东贸路交叉口，东、北至铁路专用线边界，南至东贸路，西至北海街。

基地临近沈阳市中心，靠近多条重要交通线路，**区位条件优良。**

交通

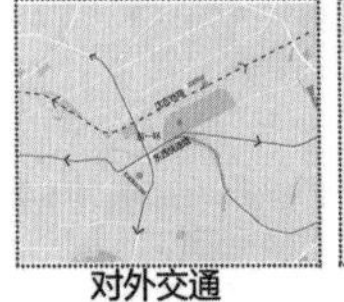

对外交通

公共交通

基地北邻沈阳东站与沈吉铁路，西邻东一环，南侧为东西快速干道、靠近长途汽车客运总站，对外交通十分便利。分析基地外围1km范围内的公交车站，人群主要通过东贸路和北海街两条主要道路流入或流出。

商业

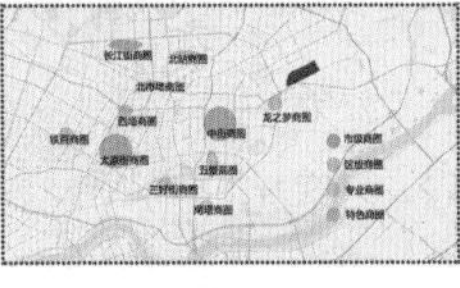

基地临近龙之梦区级商圈，且所在的一环外东部城区缺少服务范围足够的市级大型商圈。

上位规划

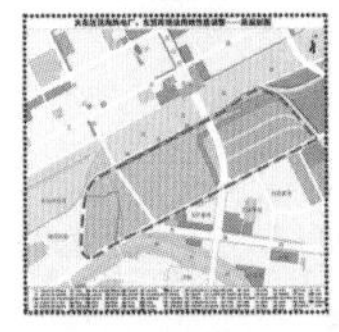

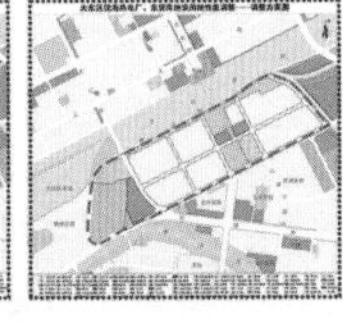

1.沈海热电厂由于存在环境污染、安全隐患等问题，2012年辽宁省实施蓝天工程以来，省、市政府均提出沈海热电厂外迁要求。

2.东贸库物流仓储功能长期处于低效利用状态。储运集团拟结合土地收储，将东贸库外迁至于洪永安地区，满足现代物流业务和功能发展需求。

3.商业用地约4.75hm²，建设集中特色商业，结合东贸库历史建筑保护利用及发展文化类特色商业。

周边住区

2004年1月15日卫星图

2006年8月19日卫星图

2011年3月18日卫星图

2013年10月12日卫星图

2015年6月23日卫星图

2016年5月28日卫星图

2017年5月26日卫星图

2019年12月21日卫星图

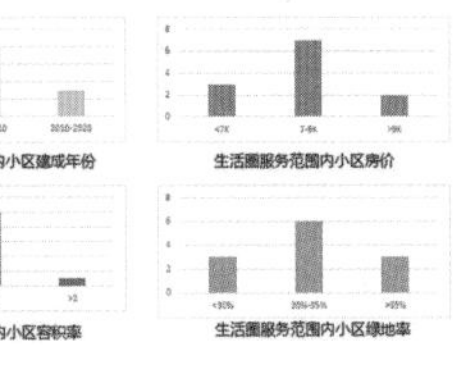

周边住区建设不断增加完善。

对小区建成时间、容积率、绿地率、价格进行比较，为周边住区居住质量打分。可以发现，周边住区居住质量大部分处于中等水平，包含少部分较低及较高的居住质量。

综合以上分析对周边住区的主要使用人群进行定位，以中端消费水平的中老年人为主，包括部分高消费群体、学龄儿童、青少年。

现状分析

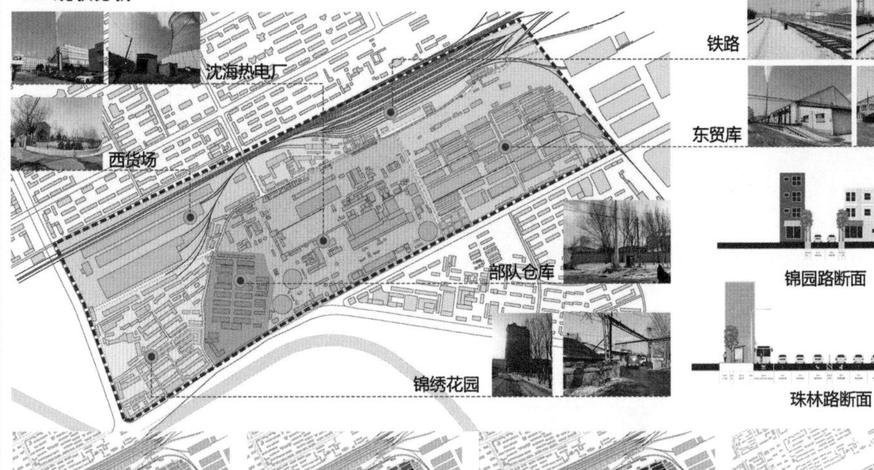

锦园路断面

珠林路断面

建筑高度分析

建筑质量分析

历史价值分析

现状交通分析

周边设施

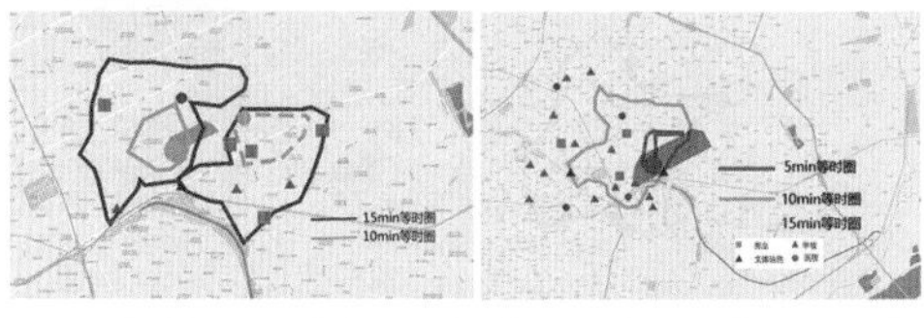

基地离城市级绿地较远，缺少社区级绿地；周边住区配套学校、医疗设施充足；缺少商业购物场所与文体设施较少。

需求分析

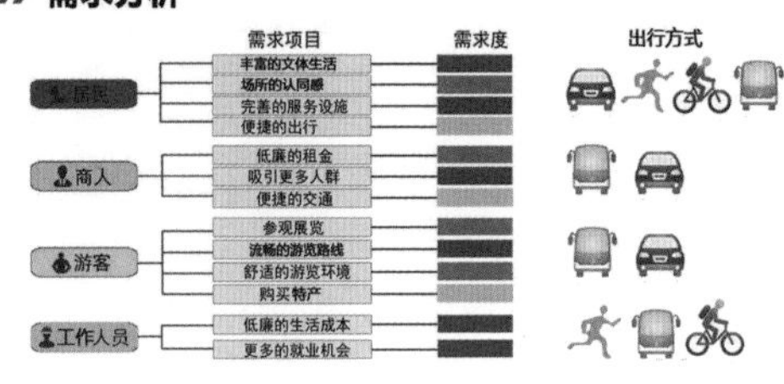

现状问题

问题一：功能缺失。热电厂外迁，地块内主要功能缺失，整个地块缺乏活力。

问题二：精神缺失。重构"地方感"，增加周边居民认同感。

问题三：生态缺失。生态本底破碎，空间品质降低。

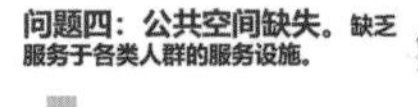

问题四：公共空间缺失。缺乏服务于各类人群的服务设施。

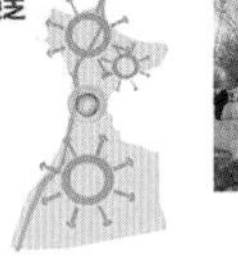

触·新态 03 —— 山东建筑大学

功能定位

条件整合

商业区位优良 ➡ 有发展商业商贸的巨大潜力

对外交通便利 ➡ 临近客货运节点，对外交通优势明显

周边住区建设成熟 ➡ 使用人群广泛且基数大

十五分钟生活圈配套设施不足 ➡ 补充建设相关配套设施的需求

自身缺乏吸引力 ➡ 重建场所精神的需求

功能定位

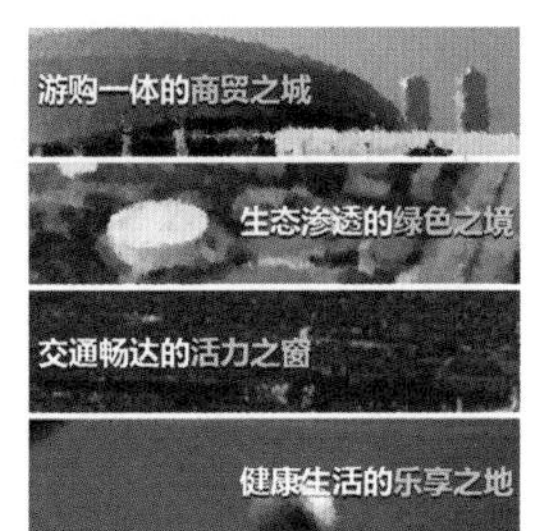

规划目标

游购一体的商贸之城

生态渗透的绿色之境

交通畅达的活力之窗

健康生活的乐享之地

设计理念

理念缘起

2019年10月30日，5G技术正式上线商用民用，开启了网络发展新时代。2020年1月23日，武汉封城，新冠肺炎重创社会经济生活的方方面面；但在让原有的生活方式受到严重影响的同时，却也推动了新型生活方式的迅猛发展。

新变革

线上销售、直播带货、产地直销等多种新型商业模式的发展及新冠疫情带来的线下商业寒潮，给商业模式的发展带来了新的机遇与挑战。

新发展

目前我国的体育人口、体育市场规模、人均体育消费都在稳步增长，我国体育产业已经进入良性发展时期，人们对健康有着也前所未有的重视。

新挑战

智慧城市、健康城市、韧性城市。

新要求

适应生活方式变革，发展新型商业商贸，促进体育健康发展，重视防灾避难需求。

商业、商贸模式发展历程

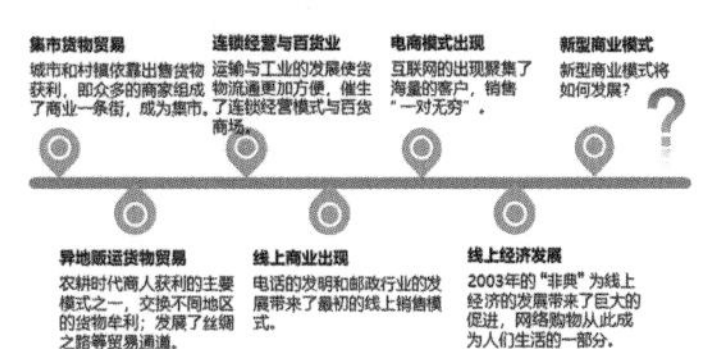

设计理念

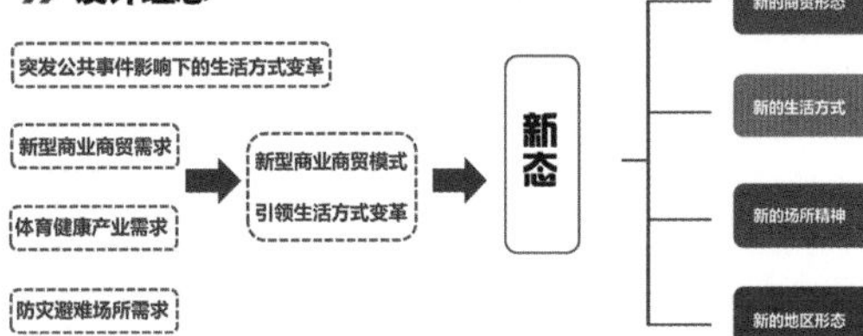

设计手法

城市触媒理论

其作用原理是注入的新细胞和该区域的原生细胞相互联系相互作用，交互产生新的有机生长体的过程。

在商贸区、活动中心中将城市触媒点由点、线汇合成面。集合两个要素的核心优势，发挥基地特色，植入触媒活力因子，实现城市触活。

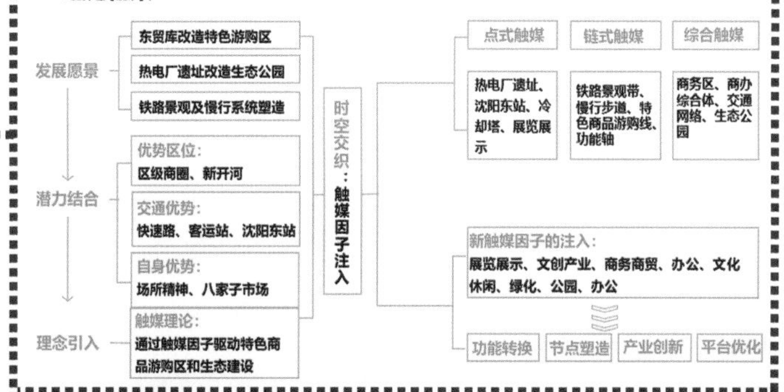

理论框架

基地触媒整合

现状触媒要素提取：

一级触媒点： 热电厂、库房（历史建筑）
二级触媒点： 冷却塔

分析各类保留建筑结构与风格特点，进行合理的功能置换

⇩

加入新的触媒因子：活力休闲空间

三级触媒点： 办公、展厅、公寓等

⇩

打造触媒链： 铁路特色景观带、轴线、不同人群慢行线路

⇩

引发触媒效应：

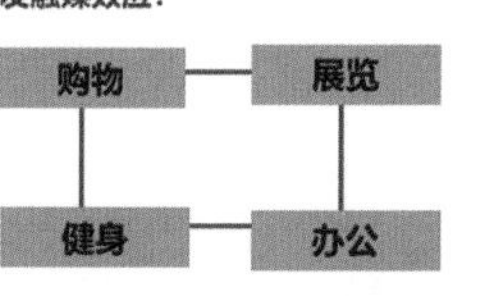

触·商贸——游购一体的商贸之城

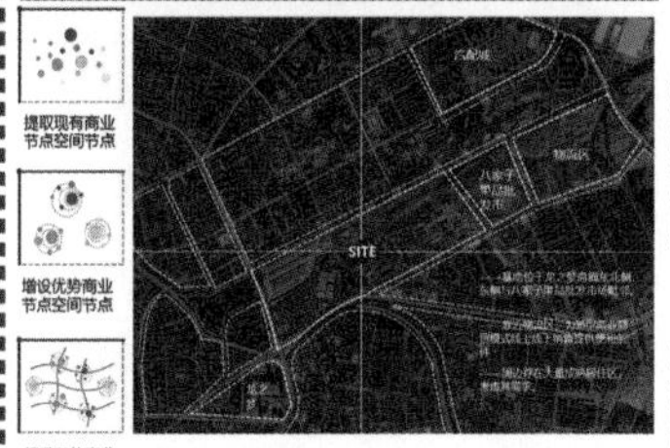

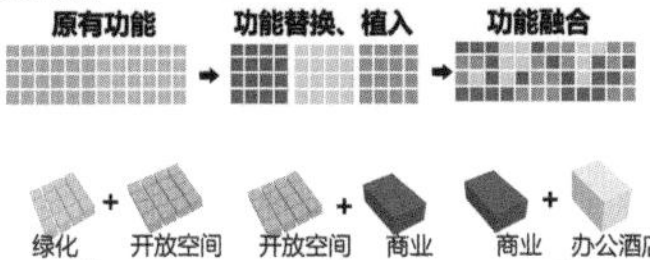

结合基地现有商业要素，基于新型商业商贸模式的分析，集合现有商业布局，分析外部商业要素对基地的影响。

依托铁路、货运站及原有仓库、周边批发市场，建设新型线上线下结合，集展览、销售、直营于一体的商贸中心；以及由特色商业、体验经济引领的新型商业中心。

通过分析各类保留建筑结构与风格特点，借由八家子市场的影响，对仓库在保留保护建筑的历史价值基础上进行充分利用。

触·生活——健康生活的乐享之地

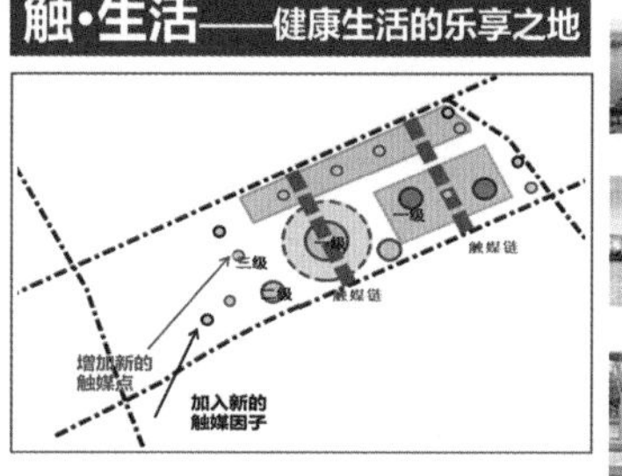

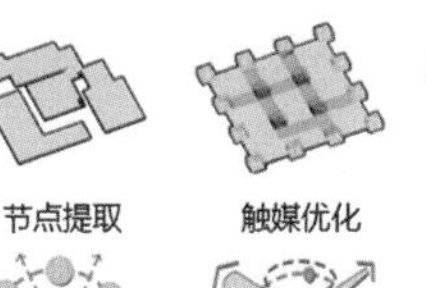

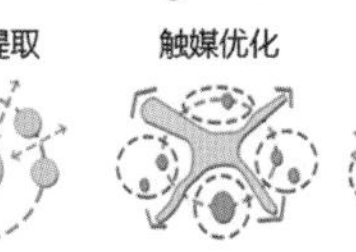
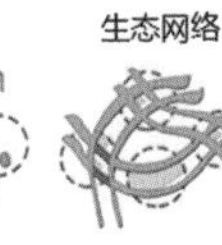

动感跑道

特色商业

生态广场

运动球场

工业景观

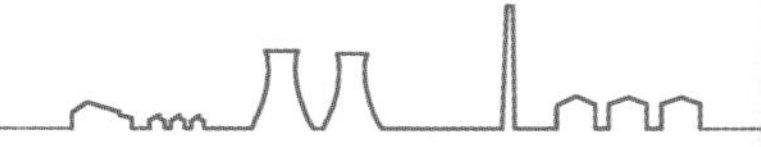

触·新态 04

山东建筑大学

总平面图

经济技术指标
用地面积：70.2hm²
建筑面积：103.2（万m²）
容积率：1.5
建筑密度：29%
绿地率：32%

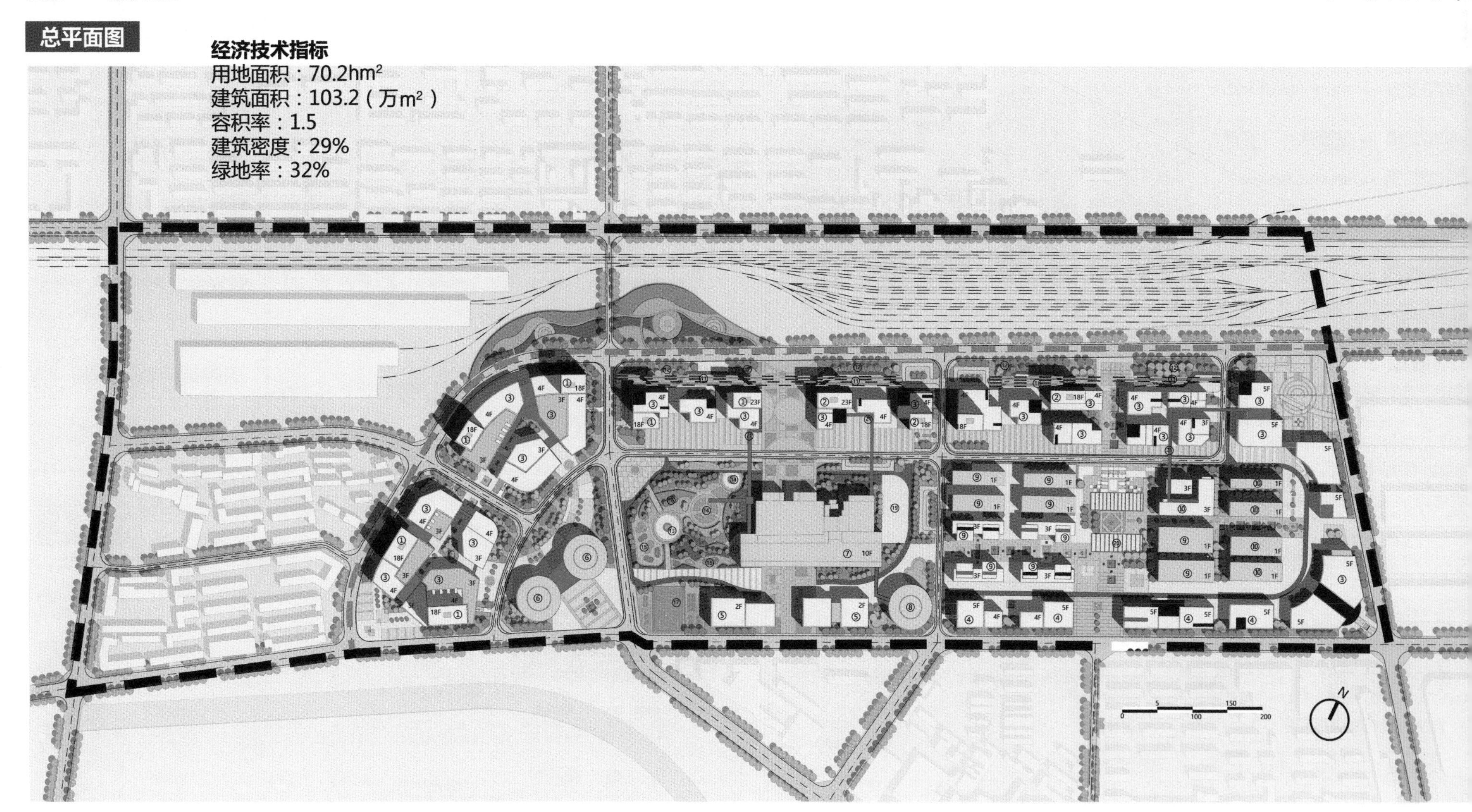

① 综合办公 ② 酒店 ③ 综合商业 ④ 生活购物 ⑤ 商业零售 ⑥ 展览、影院 ⑦ 体育休闲活动中心 ⑧ 特色餐饮、娱乐 ⑨ 特色商业 ⑩ 综合展销 ⑪ 铁路景观 ⑫ 生态绿道 ⑬ 景观广场

⑭ 儿童活动场 ⑮ 滑板场地 ⑯ 生态绿地 ⑰ 球类场地 ⑱ 攀岩场地 ⑲ 溜冰场 ⑳ 仓库改建景观 ㉑ 观景连廊

触·新态 05

山东建筑大学

鸟瞰图

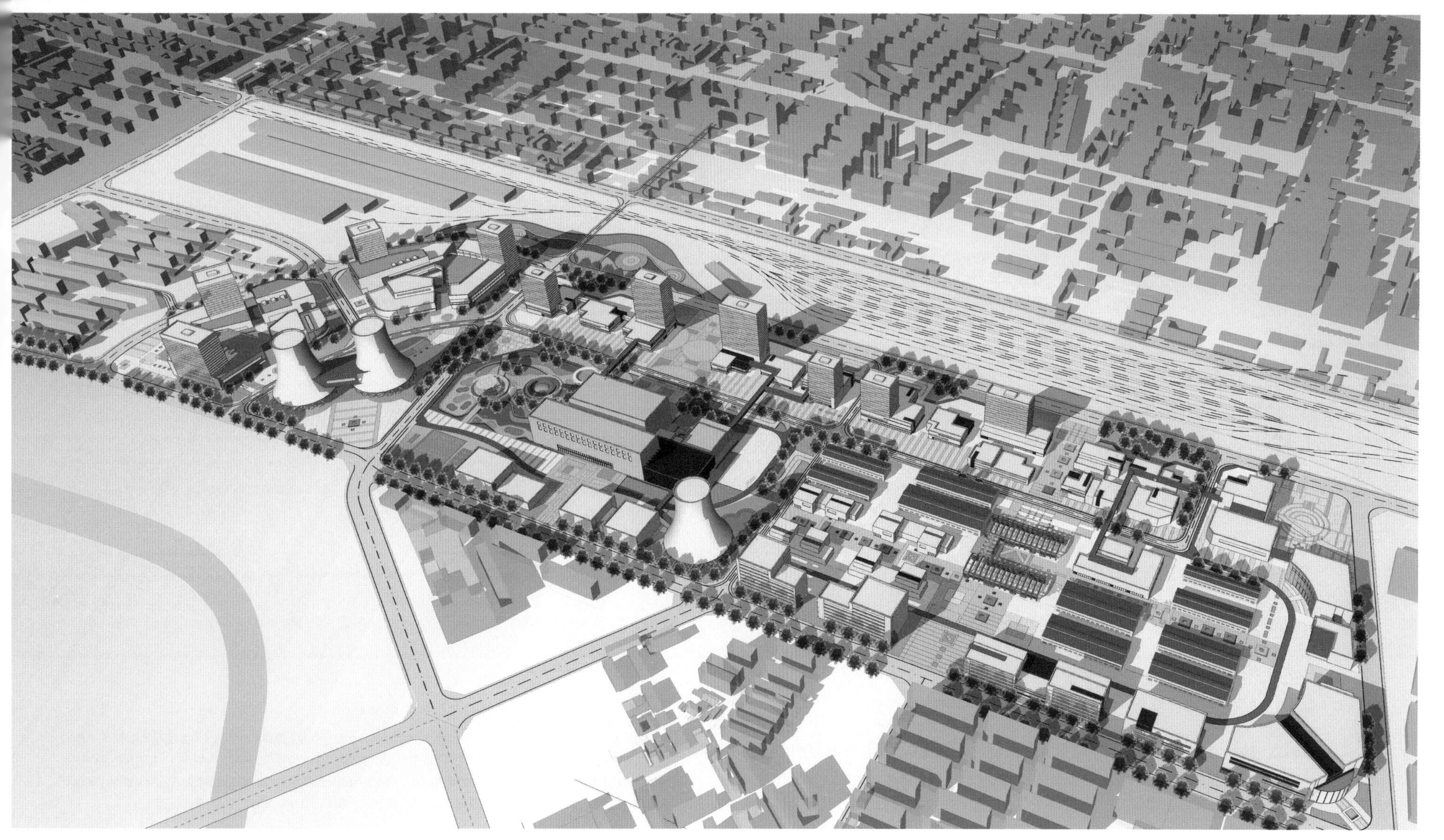

触·新态 06 山东建筑大学

功能分区

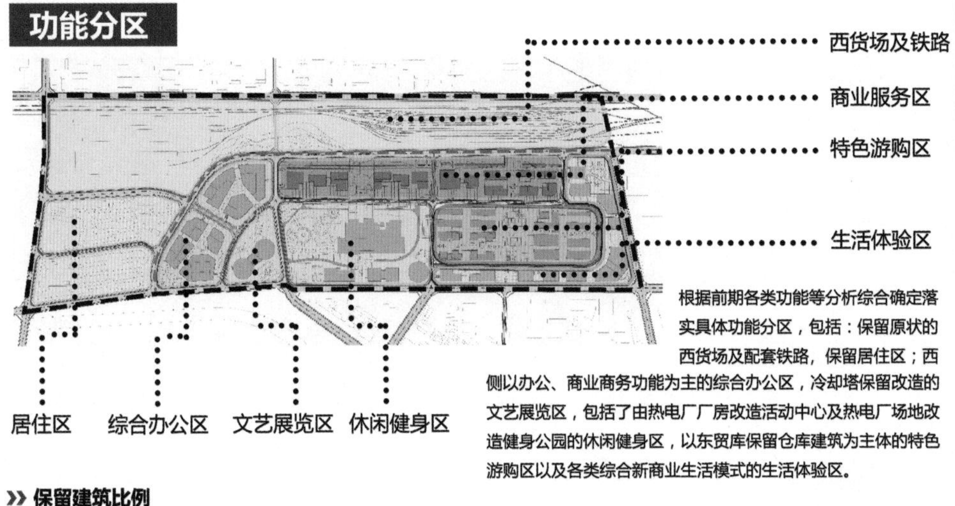

根据前期各类功能等分析综合确定落实具体功能分区，包括：保留原状的西货场及配套铁路，保留居住区；西侧以办公、商业商务功能为主的综合办公区，冷却塔保留改造的文艺展览区，包括了由热电厂厂房改造活动中心及热电厂场地改造健身公园的休闲健身区，以东贸库保留仓库建筑为主体的特色游购区以及各类综合新商业生活模式的生活体验区。

》保留建筑比例

特色游购区：保留建筑 27.5%，新建建筑 72.5%

体育休闲区：新建建筑 15%，保留建筑 85%

展览演艺区：保留建筑 100%

基地整体：保留建筑 22.5%，新建建筑 77.5%

景观结构

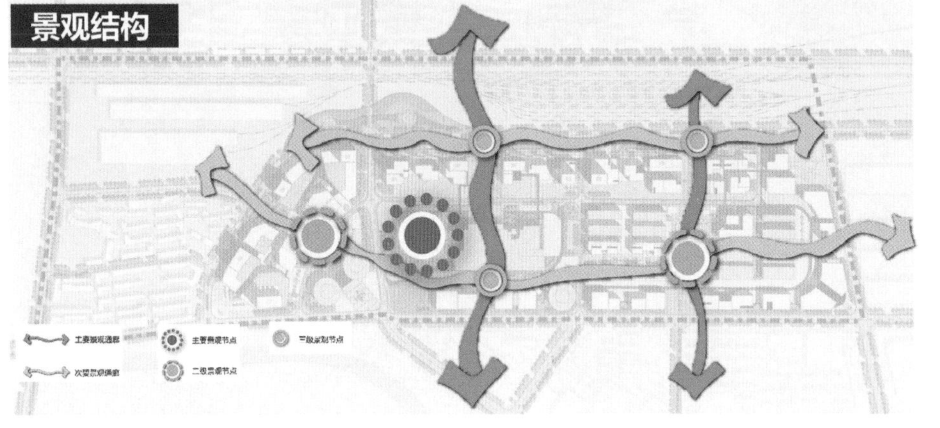

空间结构

主要空间廊道
次要空间廊道
主要空间节点
次要空间节点

交通分析

》车行交通

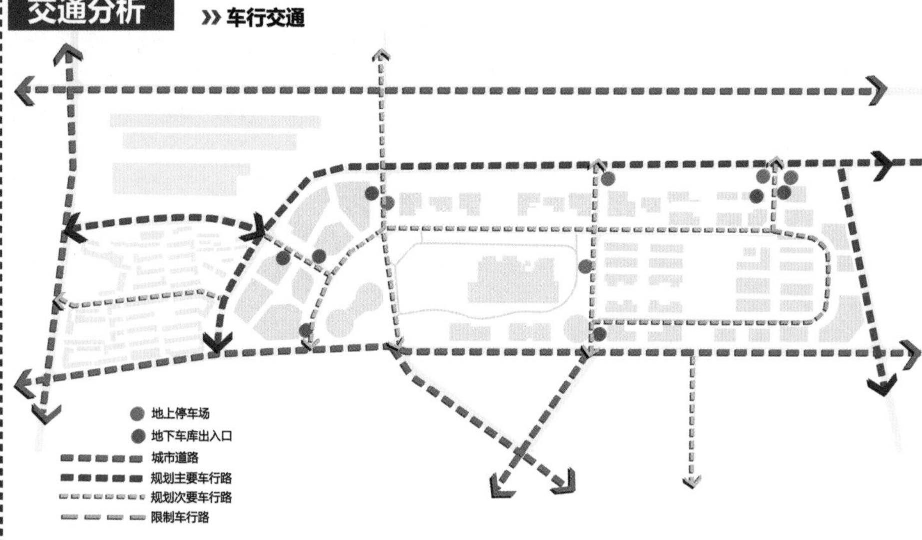

规划内部主要车行路，与基地周边道路形成完整的道路系统，改善与外部交通联系差的情况；梳理内部路网，进行原有道路的整修并新建道路，解决原有内部交通不畅及路况差的问题。同时规划一个控制车行的步道，在日常使用中禁止行车以保证步行园区安全及环境，在举办特殊活动、有夜间装卸货物需求及消防等防灾需要时可与周边车行路顺畅连接，通车使用。通过合理安排地上停车场及地下停车出入口，将车行引导在基地园区，打造步行园区。

触·新态 07 ——山东建筑大学

交通分析

非机动车交通

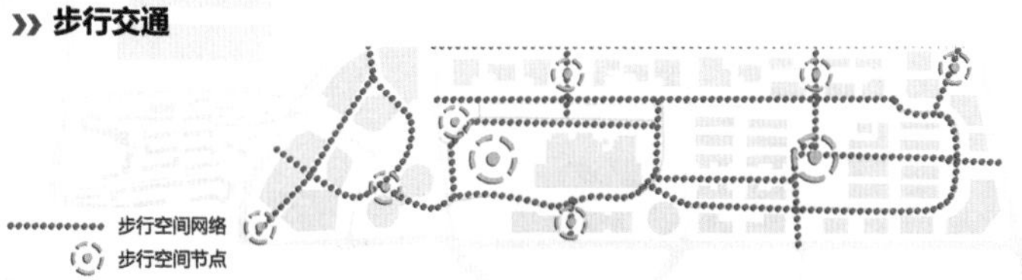

游览流线

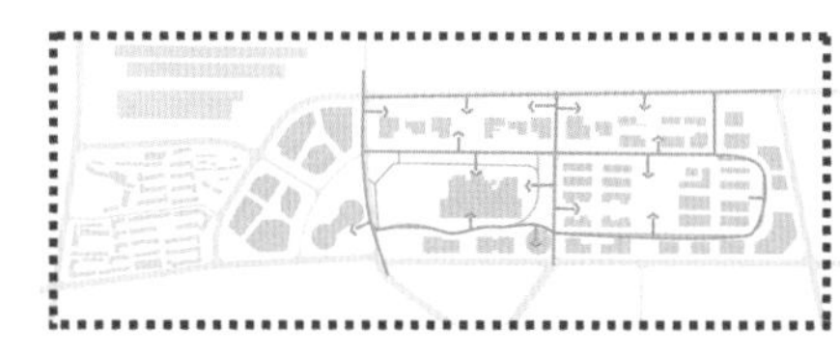

商业流线

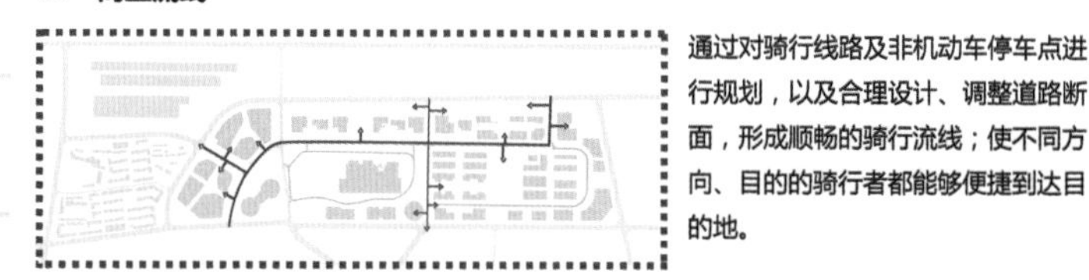

通过对骑行线路及非机动车停车点进行规划，以及合理设计、调整道路断面，形成顺畅的骑行流线；使不同方向、目的的骑行者都能够便捷到达目的地。

步行交通

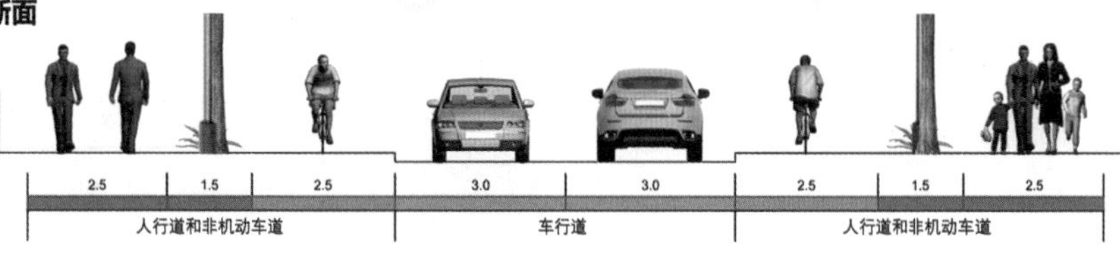

游览流线

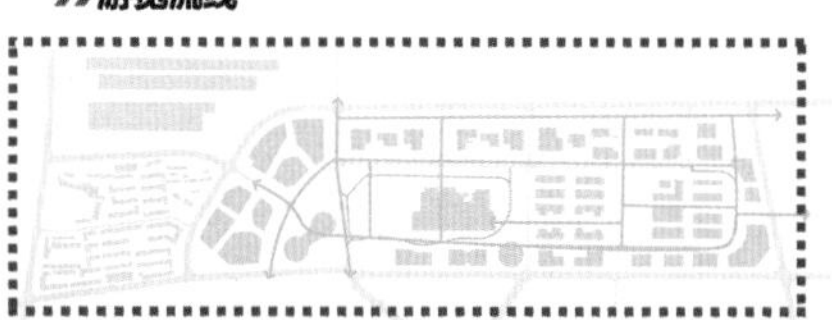

商业流线

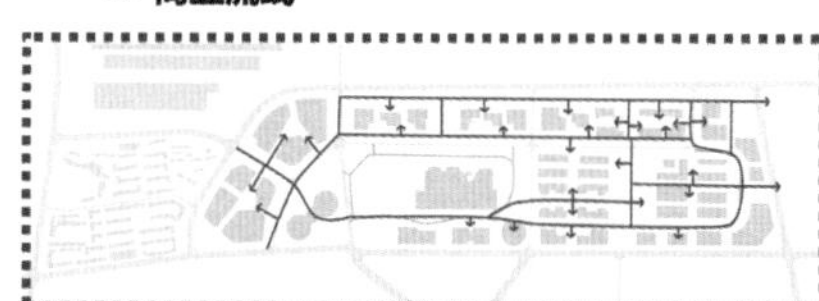

步行交通规划中除了对广场、商业街等主要步行空间进行规划设计外，还通过对道路断面的调整优化了人行道的步行环境，将主要的步行空间及节点进行串联，打造流线畅通、环境优良的步行交通。

道路断面

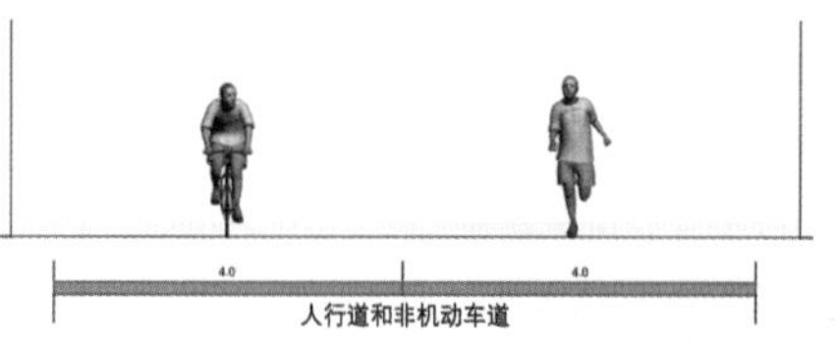

在基地内车行路的断面设计上，通过降低车行道宽度、增加非机动车道与人行道的宽度以及在非机动车道与人行道间增加绿化隔离等方式，减缓内部车行速度，完善骑行交通网络、优化步行交通环境，打造基地内部的慢行交通系统。

慢行系统

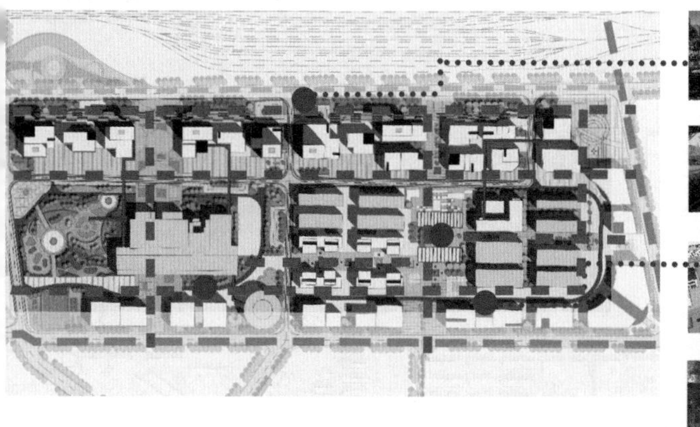

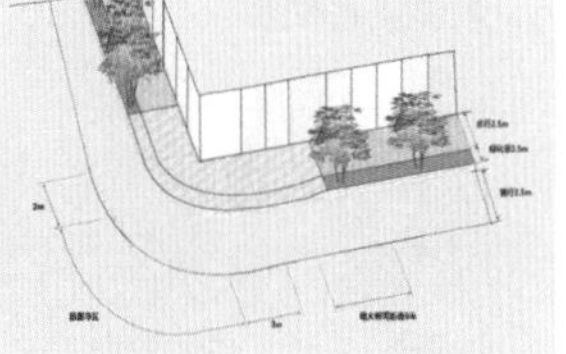

打造贯穿基地活力点的慢行系统，包括骑行、步行的设计，适当拉开行道树距离，增强保留历史建筑的可视性，以及保证路侧净区，保证车辆的安全行驶，减少其对慢行系统的影响。

防灾系统

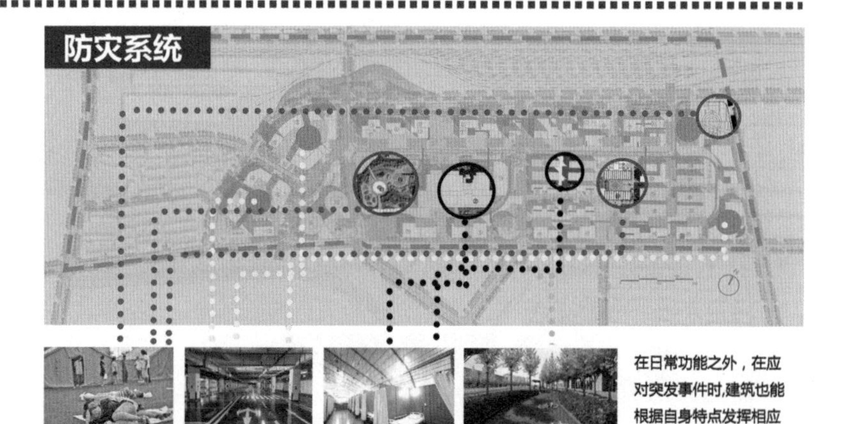

在日常功能之外，在应对突发事件时，建筑也能根据自身特点发挥相应防灾应对功能，增强片区乃至整个城市的防灾韧性。

触·新态 08

山东建筑大学

铁路景观更新设计

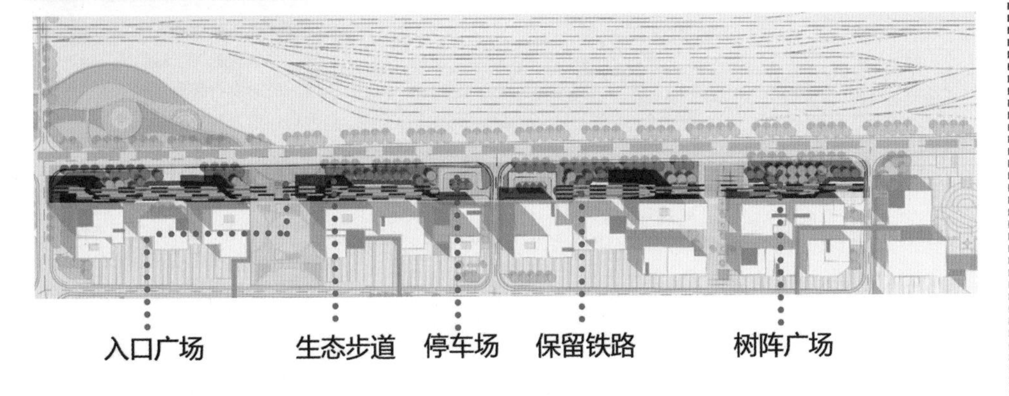

铁路改造细节

保留铁路

景观改造

东贸库更新设计

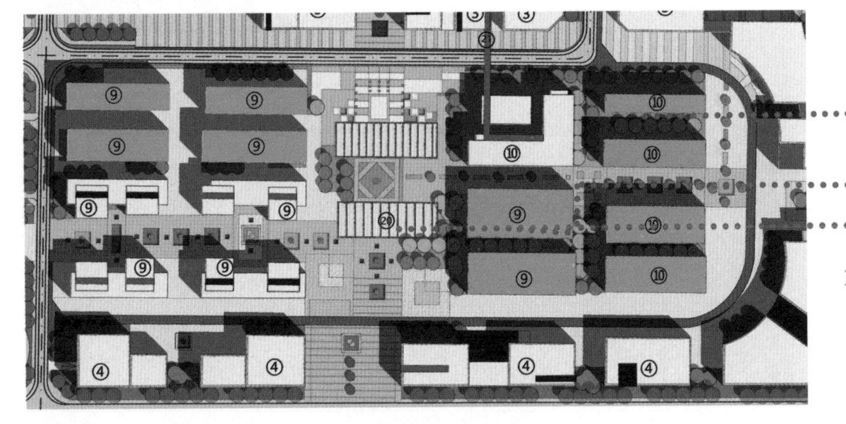

库房功能改造

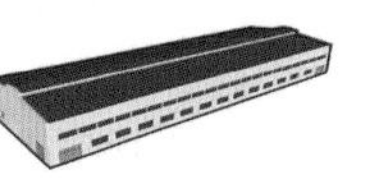
原有仓库建筑

内部功能改造

结构改造

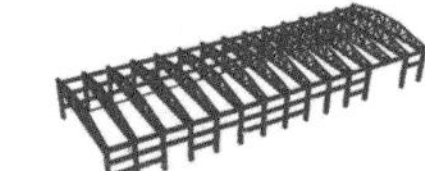
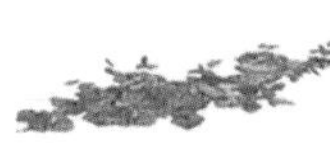

内部空间改造

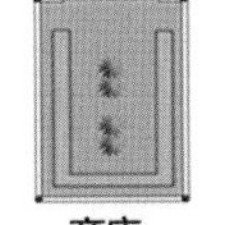
商店

体验区

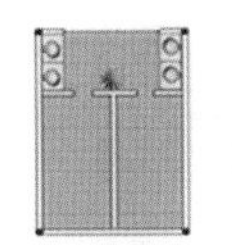
洗手间

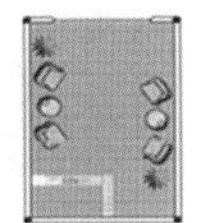
休闲吧

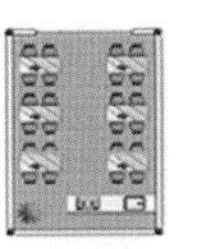
餐吧

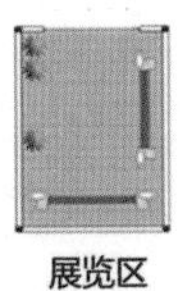
展览区

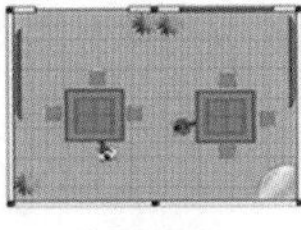
展销平台

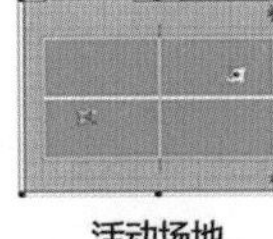

活动场地

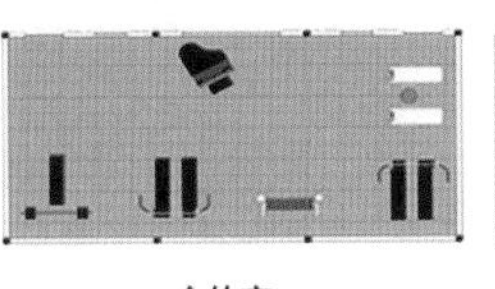
文体室

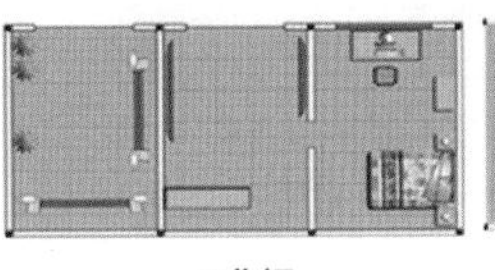
工作间

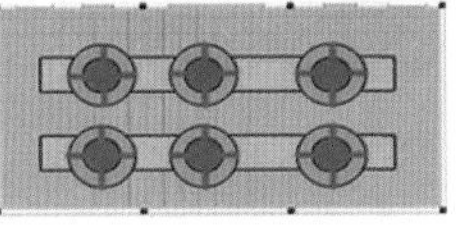
体验馆

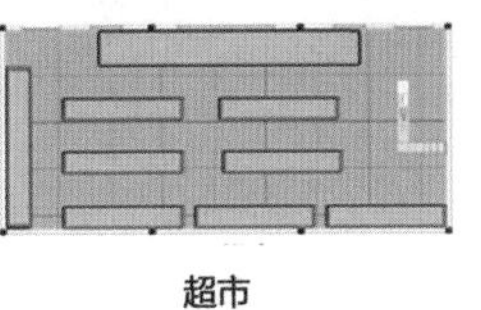
超市

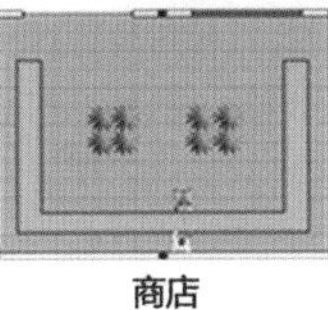
商店

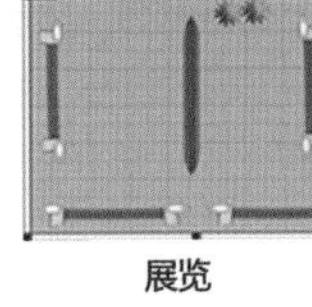
展览

触·新态 09 —— 山东建筑大学

体育公园设计

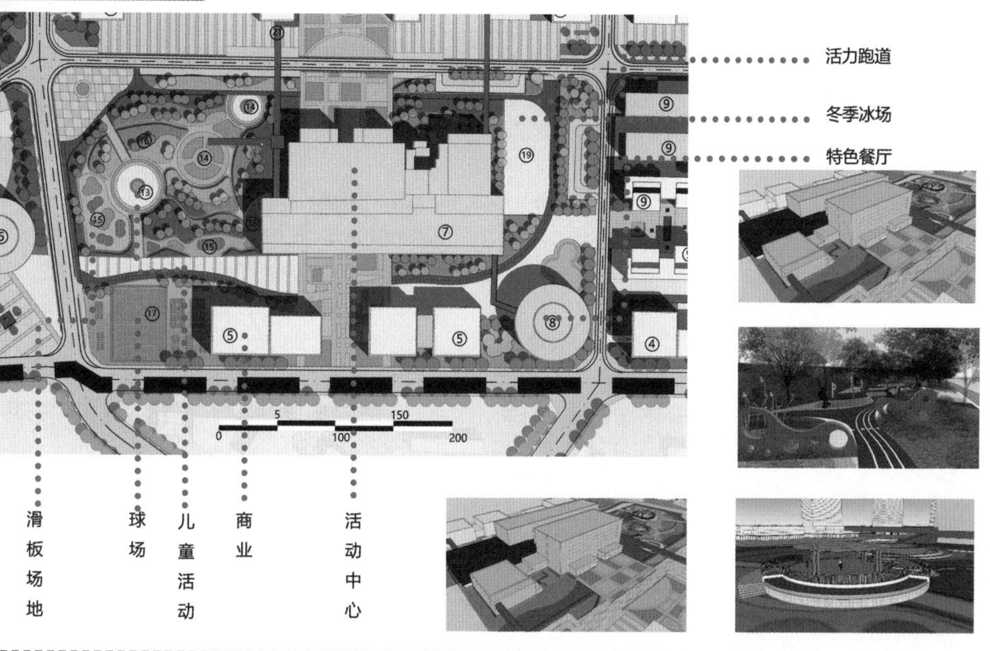

冷却塔更新设计

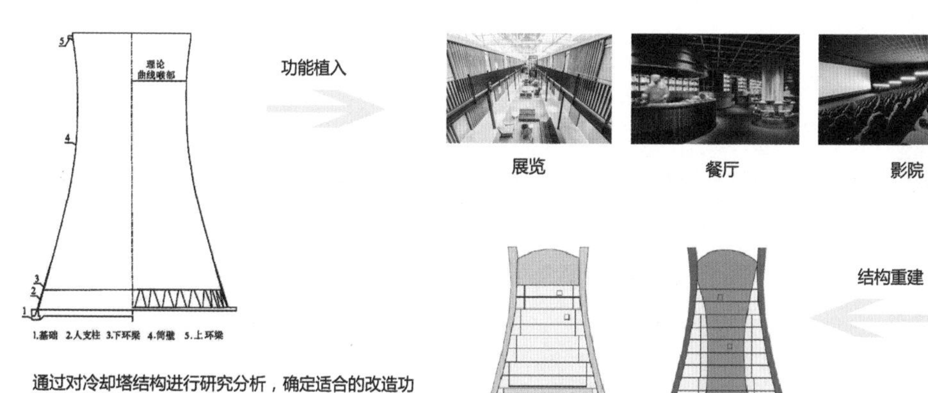

通过对冷却塔结构进行研究分析，确定适合的改造功能后进行功能植入和结构重建。

厂房建筑更新设计

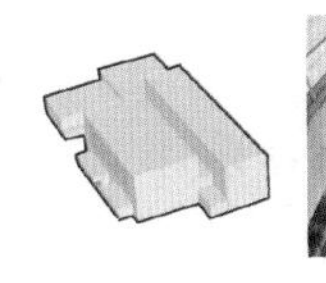

空间及结构分析

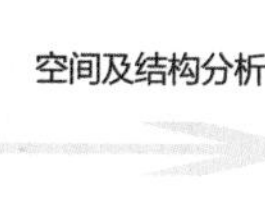

热电厂厂房

钢板 铁链 设备遗存 管道

市民活动中心

铺装

娱乐设施

观景台

交通廊道

场地公园植物恢复

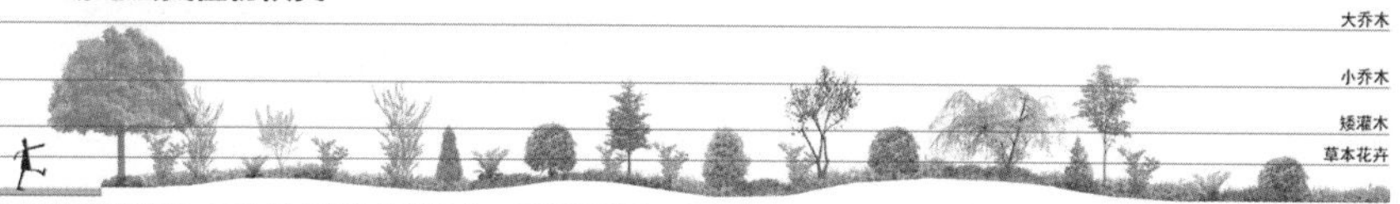

近期种植易存活、可改善土质的先锋植物：以抗逆性较强的草本和灌木作为先锋植物，快速恢复生态稳定性，种植行道树，辅以乔木幼苗。

中期种植观赏性较高的景观植物：大小乔木逐渐长成，再引入观赏性植物可提升景观品质，营造丰富的色彩。

远期进一步丰富植物层次：引入适宜的乡土阔叶树，形成林地，大量种植灌木，丰富竖向空间层次，生态格局基本形成。

通过在绿地公园内种植物种多样、垂直空间层次丰富的植物，分近、中、远三期分别营造，最终形成环境优良的生态公园。

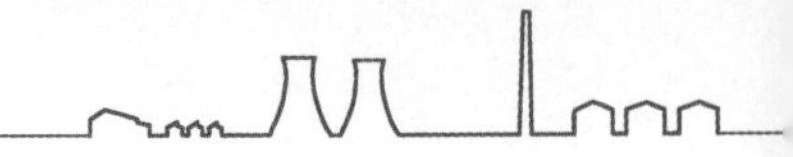

唤工业忆，塑健康城

——基于空间叙事理论的沈阳工业遗产更新设计

指导老师：范静

组员：连皓

组员：丁福明

很高兴可以参加这次联合毕设，因为疫情这次毕设变得非同寻常，让所有的学习交流转成了线上，这给毕设的各个环节带来了诸多不便，但在老师和同学的帮助合作下，毕设也如期圆满结束。

通过这次学习交流，我们了解了沈阳的历史人文和铁西区的辉煌历史，了解学习了不同学校的学生从不同的出发点和落脚点对基地进行分析研究产生了各种不同视角的方案设计，开阔了我们的视野，让我们从中受益良多。前期各个学校分享自己的前期分析和沈阳的同学为我们拍摄的现状照片让我们对基地的现状了解得到了很好的补充。答辩时，老师专家的点评和建议也让我们充分认识到我们考虑的欠缺和设计上的不足，带给了我们很多有益的思考，给出的肯定也让我们备受鼓舞。

这是一次独特而又令人难忘的毕业设计，虽然未能到实地去进行基地调研，未能亲身体验沈阳的风土人情，未能与老师同学们面对面交流学习，但是这些困难未能阻止我们对沈阳和异校同学的好奇，通过我们的努力合作，让其对设计的影响降到最小，通过线上交流学习，我们了解了沈阳，了解了彼此不同的想法。

感谢各位老师认真细致的指导和不同学校的师生线上陪伴交流学习。特别是范静老师循循善诱的教导和不拘一格的思路给予我们无尽的启迪。范老师负责的精神、有启发性的设计思维和对学生的关怀让我们深受感动。

唤工业忆，塑健康城

01【背景解读】

区域背景

气候特点

月份	1月	2月	3月	4月	5月	6月	7月	8月	9月	10月	11月	12月	全年
沈阳市（平均数据1971—2000年，极端数据1951—2010年）气候平均数据													
极端高温 ℃（℉）	8.6 (47.5)	17.2 (63)	20.6 (69.1)	29.8 (85.6)	34.3 (93.7)	36.2 (97.2)	38.3 (100.9)	35.7 (96.3)	32.9 (91.2)	29.2 (84.6)	21.7 (71.1)	13.4 (56.1)	38.3 (100.9)
平均高温 ℃（℉）	−4.8 (23.4)	−0.9 (30.4)	6.8 (44.2)	16.5 (61.7)	23.0 (73.4)	27.2 (81)	29.1 (84.4)	28.4 (83.1)	23.6 (74.5)	15.7 (60.3)	5.7 (42.3)	−1.9 (28.6)	14.0 (57.2)
平均气温 ℃（℉）	−11.0 (12)	−6.9 (19.6)	1.2 (34.2)	10.2 (50.4)	17.1 (62.8)	22.0 (71.6)	24.7 (76.5)	23.6 (74.5)	17.5 (63.5)	9.5 (49.1)	0.3 (32.5)	−7.5 (18.5)	8.4 (47.1)
平均低温 ℃（℉）	−16.1 (3)	−12.2 (10)	−3.8 (25.2)	4.2 (39.6)	11.2 (52.2)	17.0 (62.6)	20.6 (69.1)	19.3 (66.7)	12.1 (53.8)	4.2 (39.6)	−4.2 (24.4)	−12.1 (10.2)	3.5 (38.3)
极端低温 ℃（℉）	−32.9 (−27.2)	−30.1 (−22.2)	−25.0 (−13)	−12.5 (9.5)	0.2 (32.4)	3.6 (38.5)	12.4 (54.3)	5.7 (42.3)	1.0 (33.8)	−8.3 (17.1)	−22.9 (−9.2)	−30.5 (−22.9)	−32.9 (−27.2)
降水量 mm（英寸）	6.0 (0.236)	7.0 (0.276)	17.9 (0.705)	39.4 (1.551)	53.8 (2.118)	92.0 (3.622)	165.5 (6.516)	161.8 (6.37)	74.7 (2.941)	43.3 (1.705)	19.2 (0.756)	9.8 (0.386)	690.3 (27.177)
相对湿度（%）	60	55	53	52	55	67	78	78	71	65	63	61	63.2
平均降水日数（≥ 0.1 mm）	3.5	4.0	5.1	7.7	9.2	11.9	13.5	10.9	7.6	6.7	5.4	3.8	89.3
日照时数	162.5	179.3	221.8	236.3	256.0	238.6	206.8	218.8	228.4	212.3	161.0	146.2	2,468.0

沈阳 气候图表

温度以摄氏（°C）表记
降雨量单位为公厘

沈阳属于温带半湿润大陆性气候，年平均气温6.2—9.7℃，全年降水量600—800mm，全年无霜期155—180天。受季风影响，降水集中在夏季，温差较大，四季分明。冬寒时间较长，近六个月，降雪较少；夏季时间较短，多雨。春秋两季气温变化迅速，持续时间短：春季多风，秋季晴朗。

四季分明、冬寒较长、夏季较短

人口特点

2017年沈阳人口指标

指标	全市	市区
总户数(户)	2721516	2215933
总人口	7369522	5910980
出生率(‰)	8.79	9.29
死亡率(‰)	11.31	9.56
自然增长率(‰)	−2.53	−0.27
迁入人口	73501	71395
省内迁入	45174	43856
省外迁入	28327	27539
迁出人口	29369	23750
机械变动率(‰)	6	8.09

截至2019年11月末，沈阳市城镇化率为71.40%，60岁及以上人口占总人口的25.66%。

老龄化严重、城市化水平高、自然增长率低

文化特色

1949年后，沈阳成为中国重要的以装备制造业为主的重工业基地，被誉为“共和国装备部”，有着“共和国长子”和“东方鲁尔”的美誉，有着浓厚的工业文化。

工业文化：工业成就、工人文化

沈阳在长期的历史发展中，逐渐形成了以汉族为主体的、由多民族组成的聚居区。沈阳有41个少数民族，包括满族、朝鲜族、蒙古族、回族、锡伯族等，各民族有其丰富的民俗特色。

多民族文化

沈阳人的夜市文化很红火，喧嚣、热闹、烟火气、美食，就是夏天夜晚的象征。

独具特色 富有活力

历史沿革

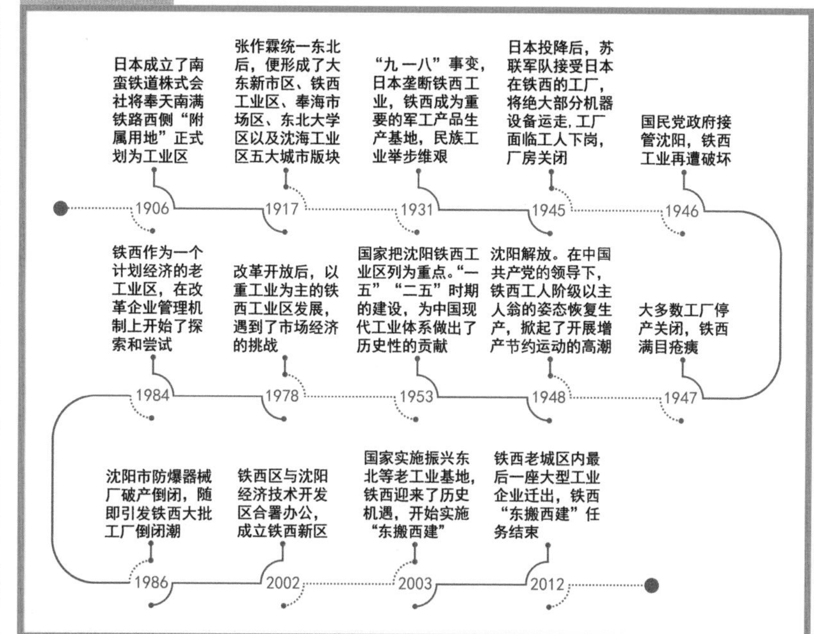

相关规划

【现状分析】02　唤工业忆，塑健康城

区位分析

宏观区位

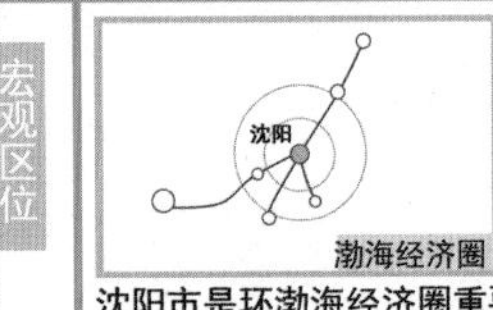
渤海经济圈

城区

启工北片区

沈阳市是环渤海经济圈重要城市，同时是东北地区的中心城市，区域交通重要节点，区位优势明显。素有“一朝发祥地，两代帝王都”，有着“盛京”之称，有着“共和国长子”美誉。基地位于沈阳市铁西区的老工业区，承载着中国工业发展历史，有着独特的工业历史文化和景观风貌。

中观区位

现状周边交通体系

现状15min生活圈绿地体系

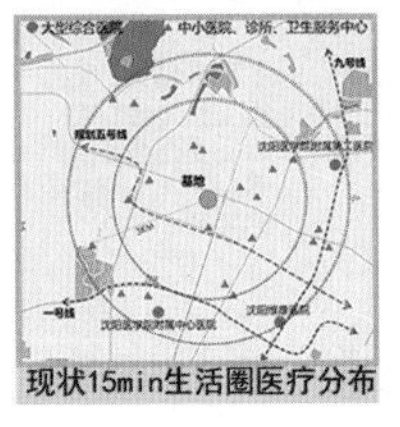
现状15min生活圈医疗分布

现状15min生活圈商业设施

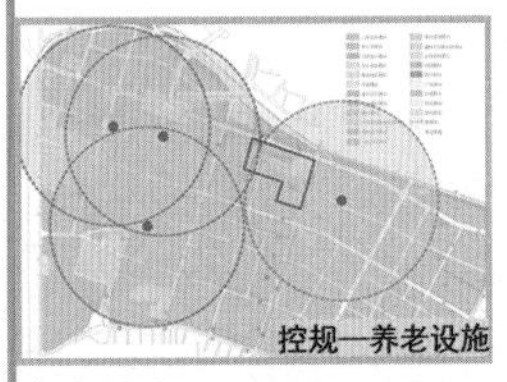
控规—养老设施

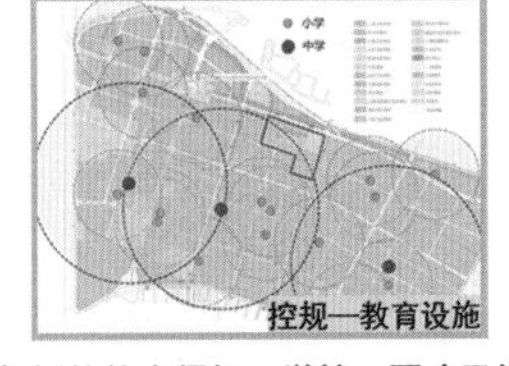
控规—教育设施

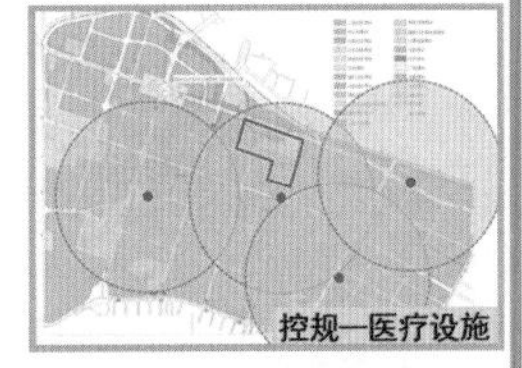
控规—医疗设施

未来缺失：通过对现状的分析和规划的补充得知，学校、医疗及福利设施基本可以覆盖所有住区，绿地多以沿街防护绿地为主，规划绿地不能满足北住区的和公共活动空间的需求。周边部分居民达不到15min生活圈绿地空间的需求。

周边用地演变

影像截取自2004—2019年的周边用地变化。周边主要以房地产居住功能开发为主，大多住区集中在2004—2012年建成，因此老年群体占比较高，服务于日常生活的商业设施集中在东侧较远处，靠近基地的商业为汽车服务类商业，缺少集中的休闲商业设施。

微观区位

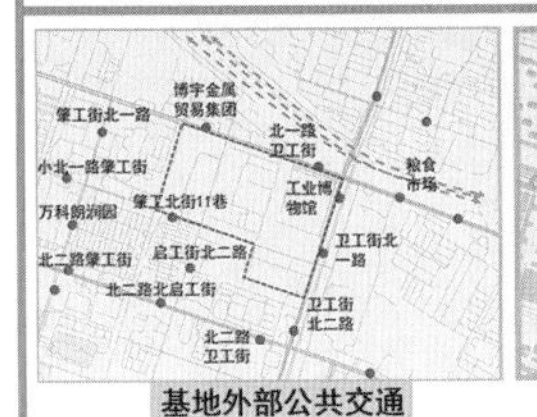
基地外部公共交通

基地外部道路交通

基地内部交通

现状分析

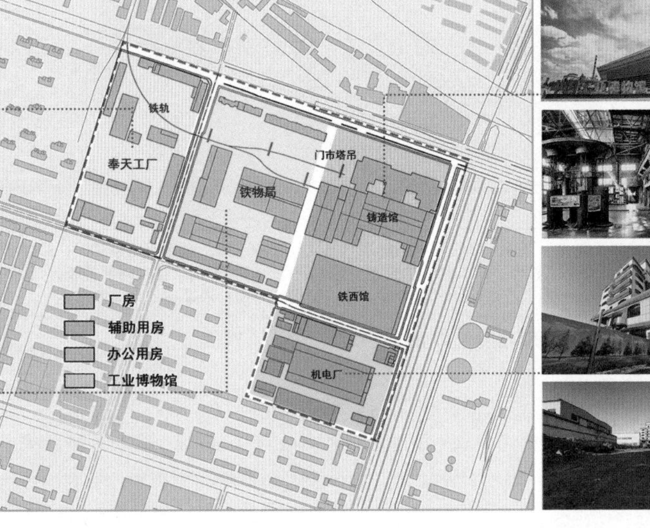
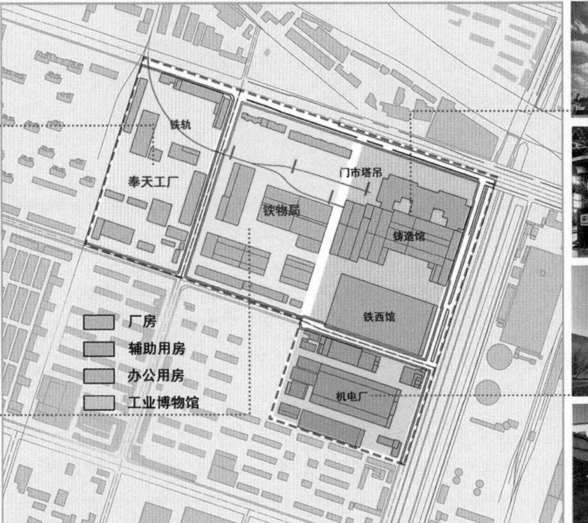

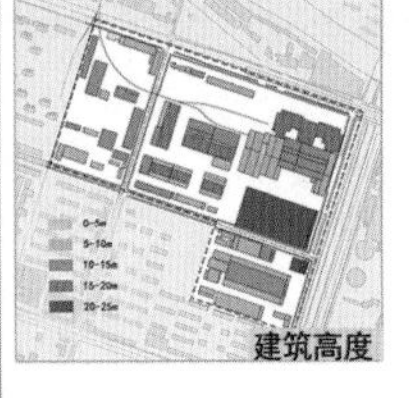
建筑高度

建筑结构

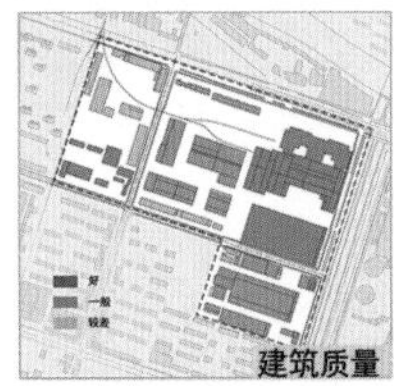
建筑质量

历史价值

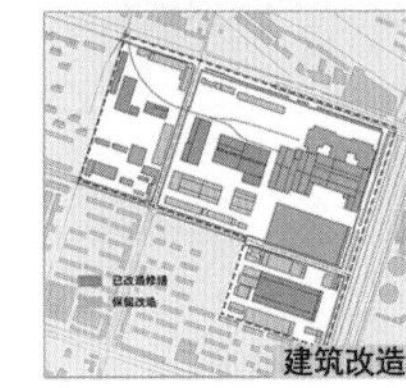
建筑改造

现状问题

1. 内部功能割裂，相互独立；
2. 环境风貌较差，没有系统的公共空间；
3. 工业博物馆未对周边场地实现辐射带动作用；
4. 对工业文化保护不佳；
5. 功能较为单一，空间利用效益低下。

发展问题

1. 未来发展方向，如何定位，新时代在城市中的作用；
2. 如何协调基地与周边功能衔接；
3. 如何将工业博物馆的公共空间衍生到空间场地；
4. 如何展现铁西丰富多彩的工业文脉；
5. 工业厂房的改造如何适应现代及未来城市民众的需求；
6. 兼顾地块开发的经济效益。

唤工业忆，塑健康城

03【方案构思】

基地功能定位

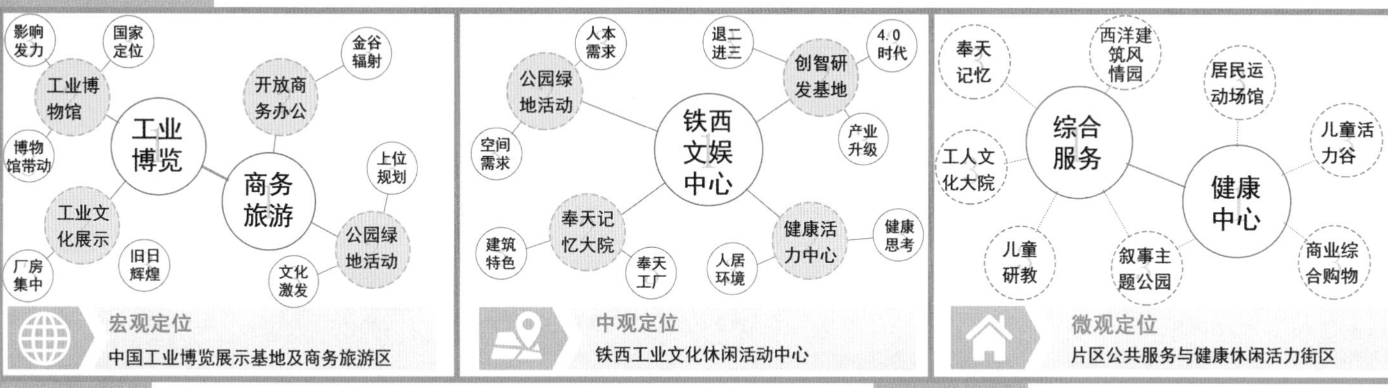

设计理念

工业遗址其本身用地功能单一，其属性便决定了与城市的空间结构缺乏有机联系，缺乏活力。在工业遗址的更新中将建筑与场所相结合，因为其文化记忆和历史记忆具有时空性，强调用场所激发记忆，强调空间环境的整体互动性，依靠人的参与来提升更新的综合价值。

此次突发公共卫生事件让人们经历了居家隔离的漫长生活，人们也开始反思健康的体魄对应对突发公共卫生事件的重要性，也意识到室外开敞的活动空间对生活的必要性。通过对基地绿色开敞空间的塑造，引导人们进行健康的室外活动，为片区提供特色鲜明的城市绿心。

工业记忆 民族记忆 发展记忆 奉天记忆

功能健康 产业健康 生态健康 交往健康

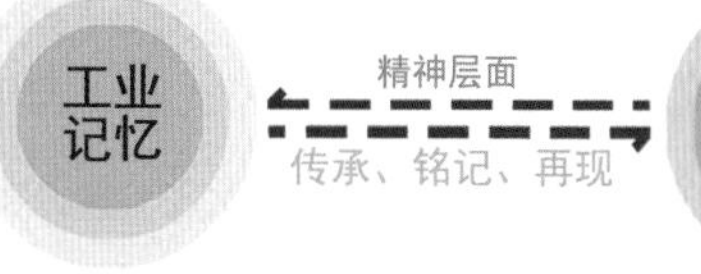

以铁西工业发展为线索，工业文化和城市记忆为聚焦核心，空间场地为叙事平面载体，向人们讲好工业故事。

因突发公共事件的偶然因素，思考绿地场所对人们生活方式的影响，倡导健康生活行为，打造适宜室外的活动中心。

设计目标

1. 塑造特色文化，利用工业遗存厂房

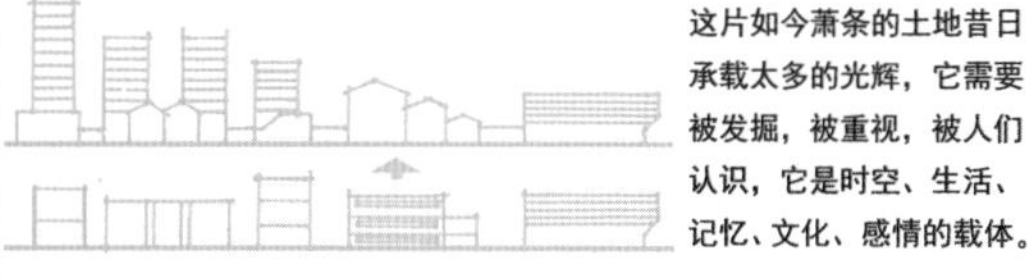

这片如今萧条的土地昔日承载太多的光辉，它需要被发掘，被重视，被人们认识，它是时空、生活、记忆、文化、感情的载体。

2. 丰富公共空间，塑造全龄友好健康中心

营造多元的城市功能混合地带，倡导健康的生活方式，鼓励积极参与室外空间，男女老少皆有乐趣空间，面向全年龄段人群。

3. 厂房充分利用，兼顾突发公共事件

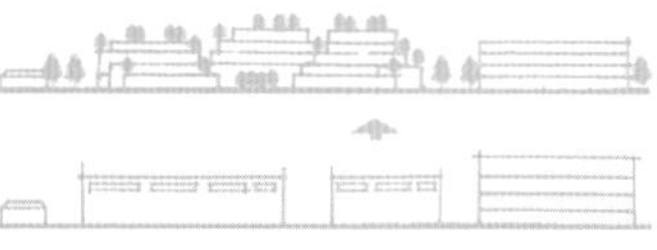

工业厂房的改造充满多种途径，而厂房的大体量、高层高、大容量可为突发公共事件提供避难场所，满足城市灾时防救措施的需求。

4. 恢复生态环境，提供优质室外环境

生态修复是城市面临的巨大挑战，其结果决定了城市居民生活环境的健康程度，恢复生态，是促进居民外出活动的巨大动力。

人群定位

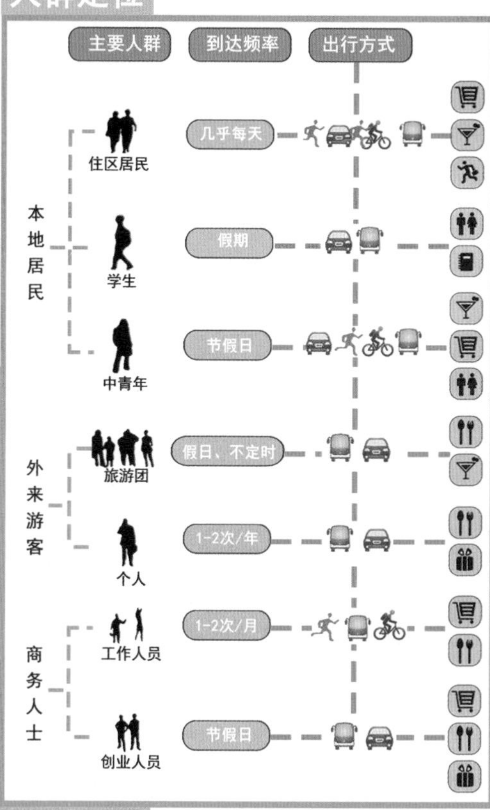

人群需求

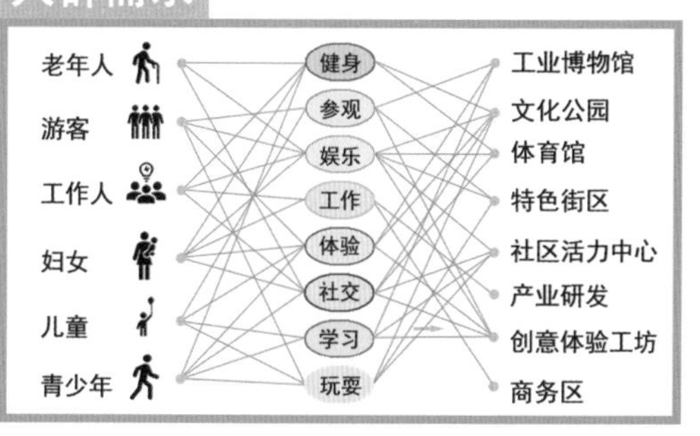

【方案构思】04 唤工业忆，塑健康城

设计手法

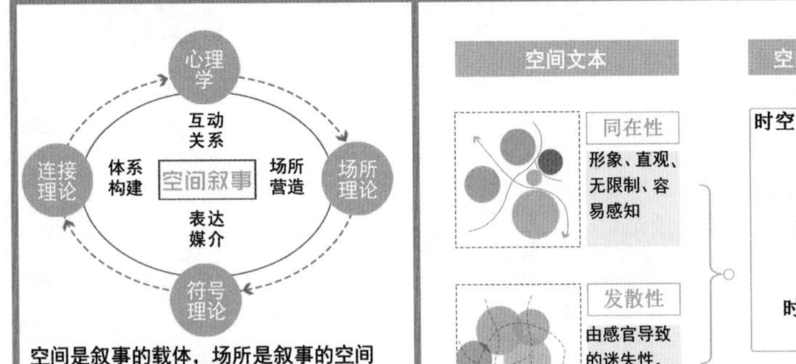

空间是叙事的载体，场所是叙事的空间表现，在场所赋予其一定的文化内涵，场所便可以影响人们对空间的心理感知，通过线性空间构建达到场所的串联。

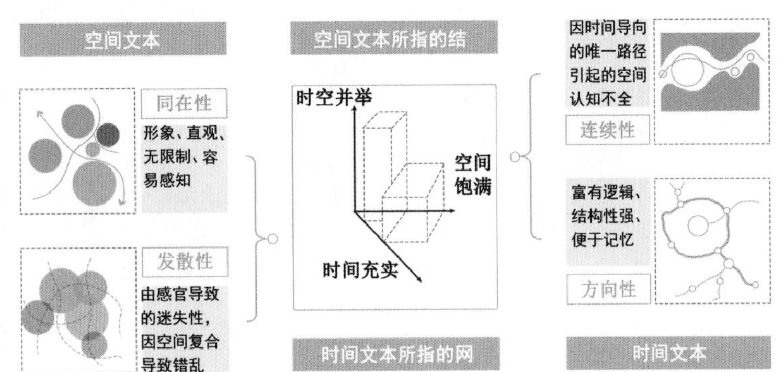

设计原则

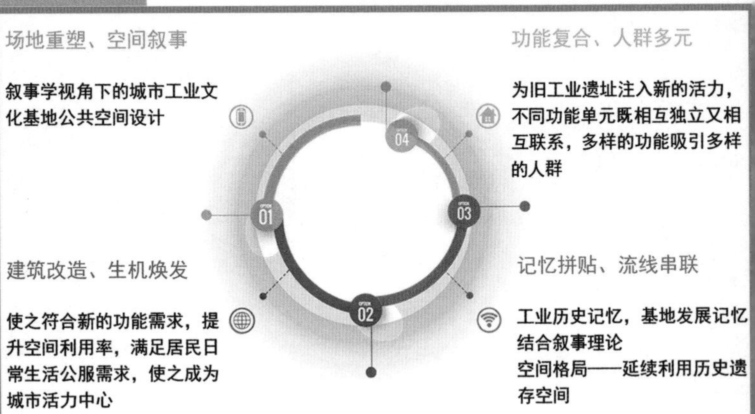

场地重塑、空间叙事

叙事学视角下的城市工业文化基地公共空间设计

功能复合、人群多元

为旧工业遗址注入新的活力，不同功能单元既相互独立又相互联系，多样的功能吸引多样的人群

建筑改造、生机焕发

使之符合新的功能需求，提升空间利用率，满足居民日常生活公服需求，使之成为城市活力中心

记忆拼贴、流线串联

工业历史记忆，基地发展记忆结合叙事理论
空间格局——延续利用历史遗存空间

功能导入

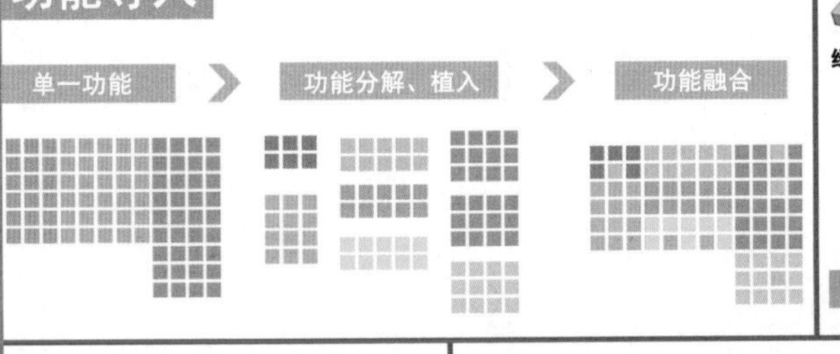

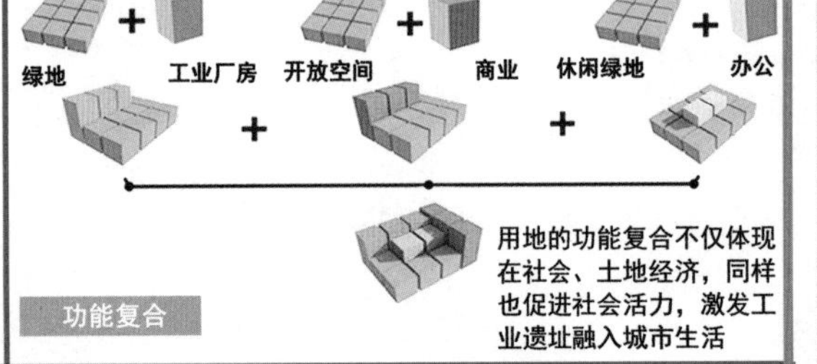

用地的功能复合不仅体现在社会、土地经济，同样也促进社会活力，激发工业遗址融入城市生活

商务博览功能：考虑到铁西金谷的城市定位和主要人群，在基地北侧设置生态商务办公区，一方面可以衔接北部用地功能，对地块的产业结构进行调整和升级；另一方面也可以改善城市天际线，作为基地地标。

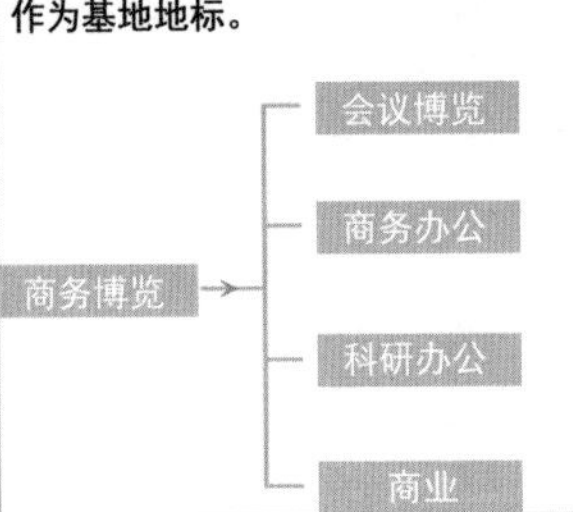

休闲公服功能：基地周边现状用地以居住用地居多，其中2010年以前建成小区较多，周边居民对城市公共服务设施的需求较强烈。同时大多商业中心商圈集中在城市中心，对基地没有均衡的覆盖。

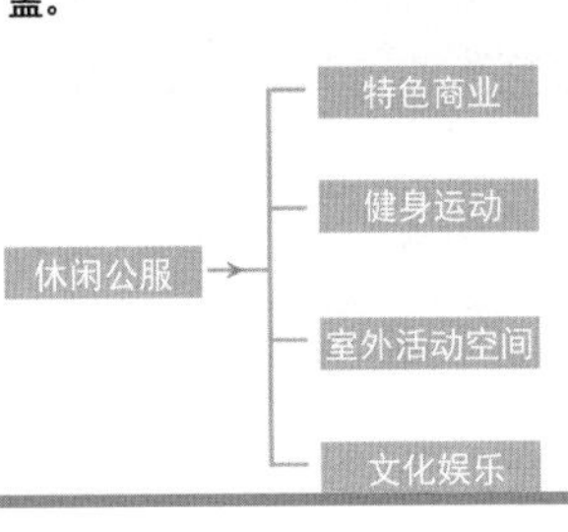

文化体验功能：工业博物馆对城市乃至全国都有不可忽视的影响，这里承载铁西工业发展史，沈阳城市变迁史，通过工业博物馆和奉天工厂室内外环境的交互，让人们认识到曾经辉煌岁月。

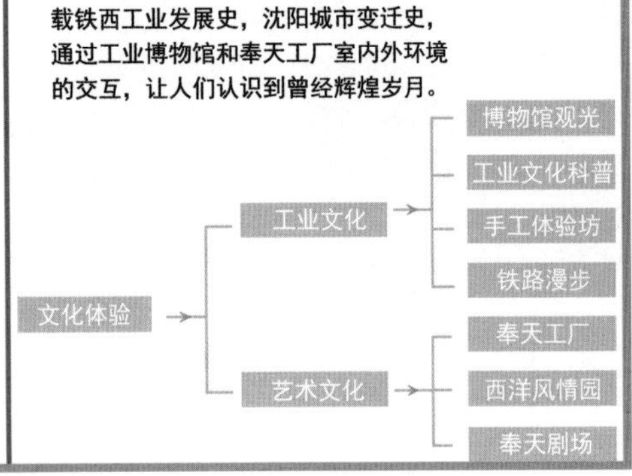

叙事架构

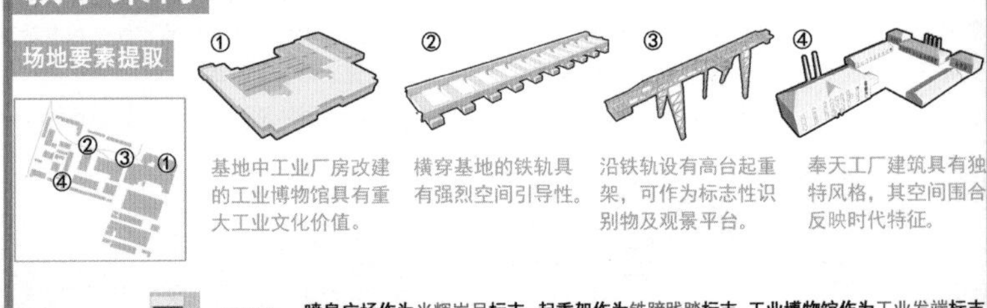

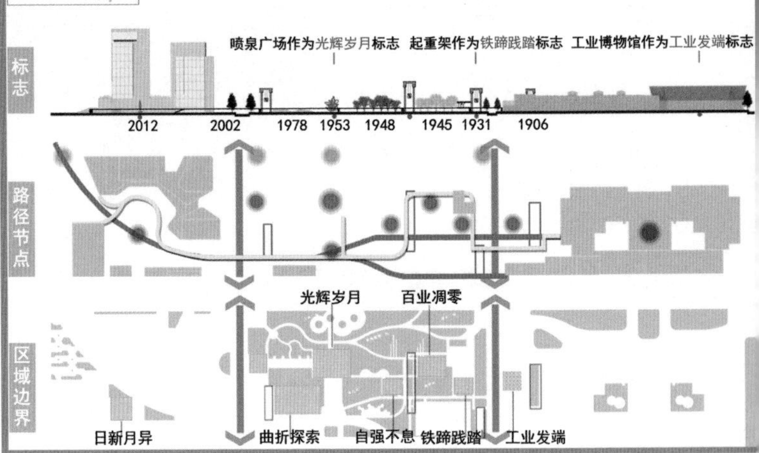

唤工业忆，塑健康城

05【方案展示】

规划平面

设计说明：

沈阳铁西区是一个老工业区，在 20 世纪 90 年代之后“退二进三”的推动下，原有的工业区也随之被城市居住功能所取代，然而所遗留的工业老厂房建筑却难以融入城市功能而衰败闲置。地块周边缺乏公共休憩空间，并且内部还有定位较高的中国工业博物馆。

以此为出发点，综合考虑居民对公共空间的需求，立足于奉天记忆铁西精神的焕发以及突发公共卫生事件背后人们对于健康的反思，充分分析未来各个人群的不同设施需求和空间场所要求，致力于打造一个体现城市特色文化的全龄友好的公共健康活力中心。

以铁路线性要素组织地面工业事件节点浏览路径，以起重架为标志，加建连廊组建空中浏览路径，充分体现铁西波澜起伏的曲折岁月，唤起人们对昔日铁西光辉的记忆：奉天工厂保留 20 世纪工人村的肌理，利用院落表达旧时的物质空间和社会形态，形成“活泼的院子”；商业综合体融入山体意向打造室内外互动的购物模式；厂房改造满足居民的日常公服需求。

技术经济指标

指标	用地面积（hm²）	建筑面积（万m²）	容积率	绿地率	建筑密度
奉天工厂	6.23	5.91	0.95	41%	33%
商务办公	1.61	6.67	4.14	33%	47%
活力中心	9.6	10.02	1.04	57%	25%
产业研发	5.73	12.5	2.18	30%	45%
博物馆	9.9	17.28	1.75	21%	58%
综合	33.07	52.38	1.58	38%	40%

总平面图

【方案展示】06 唤工业忆，塑健康城

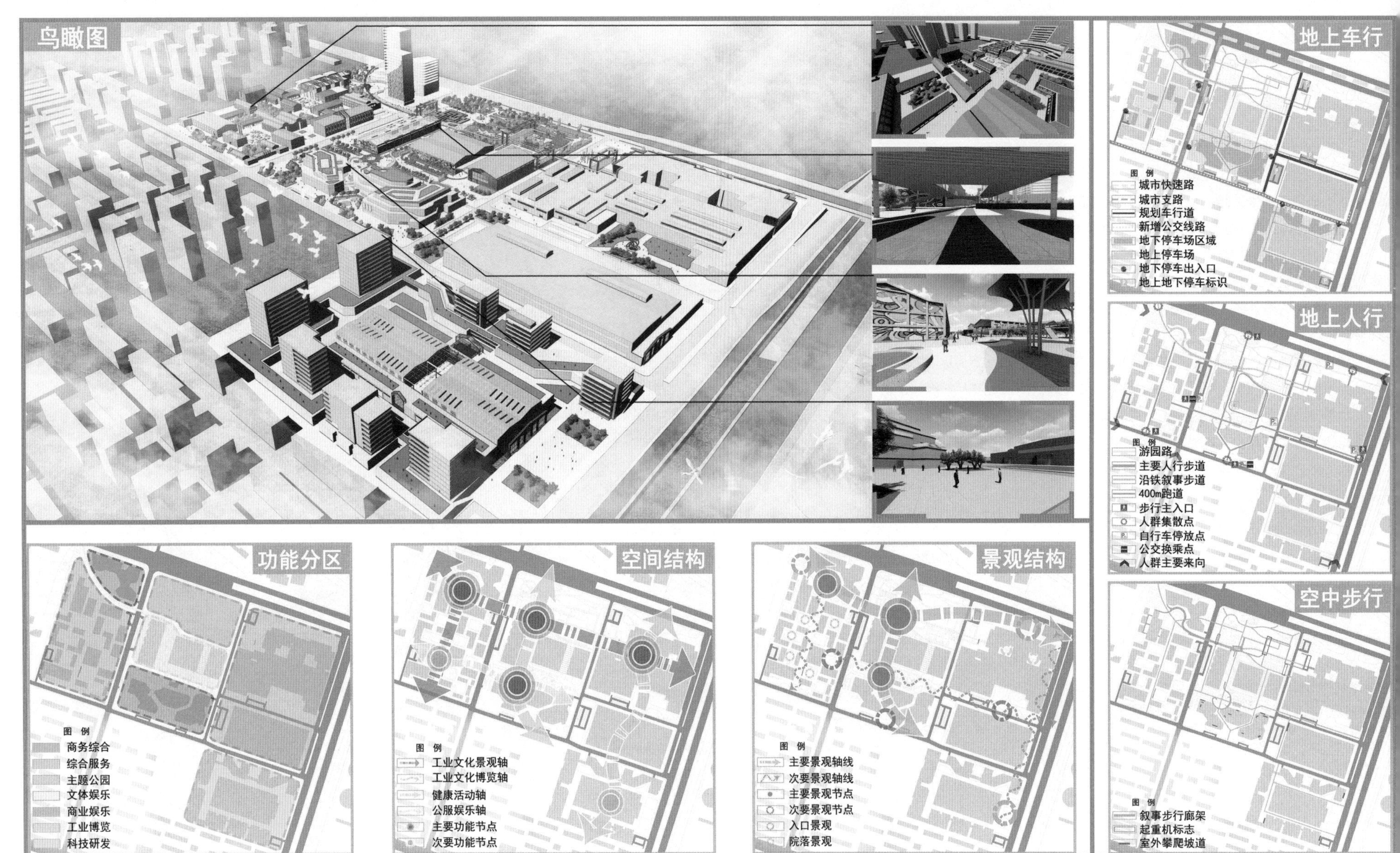

唤工业忆，塑健康城

07【游线规划】

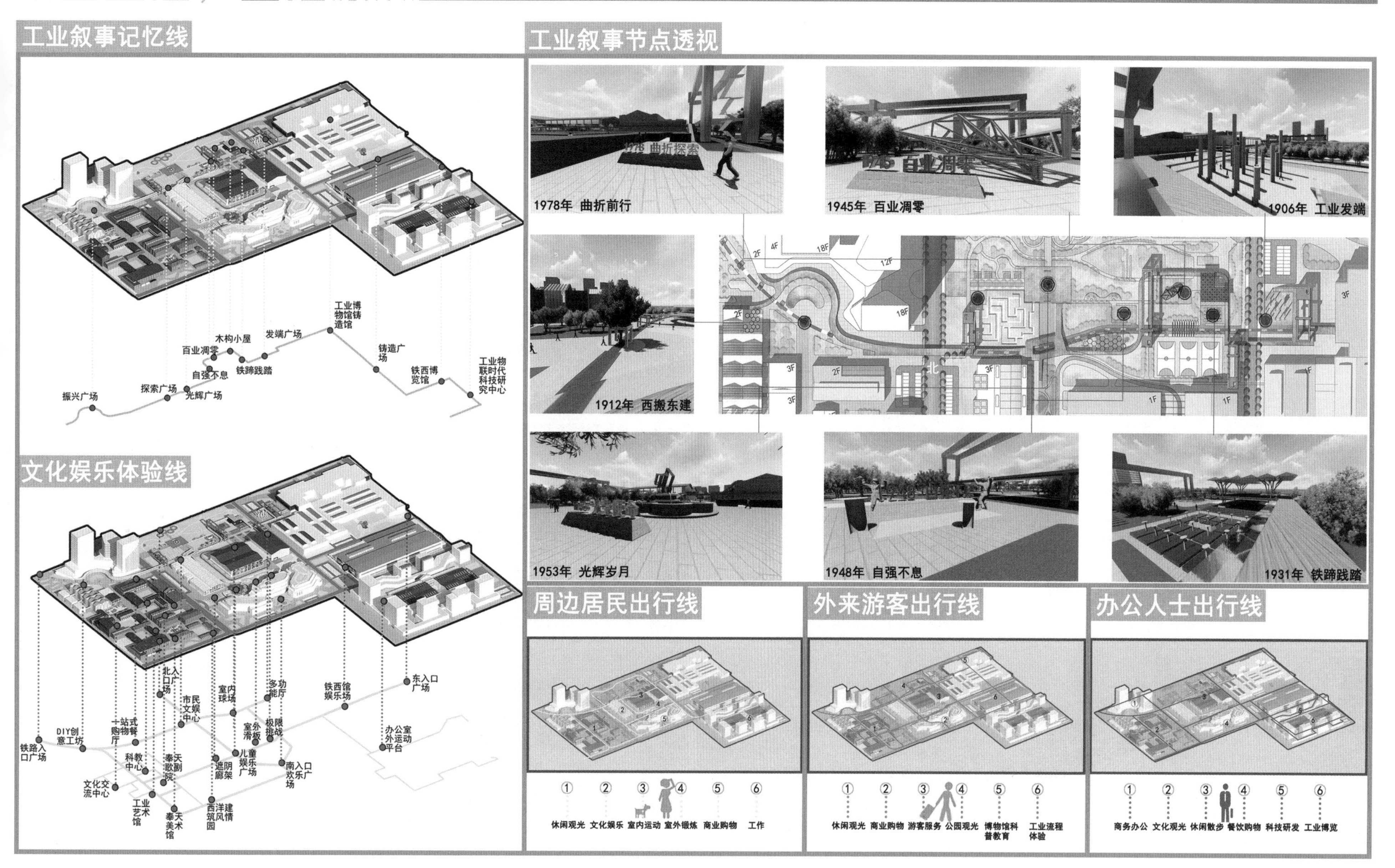

【板块解读】08 唤工业忆，塑健康城

奉天工厂

空间围合

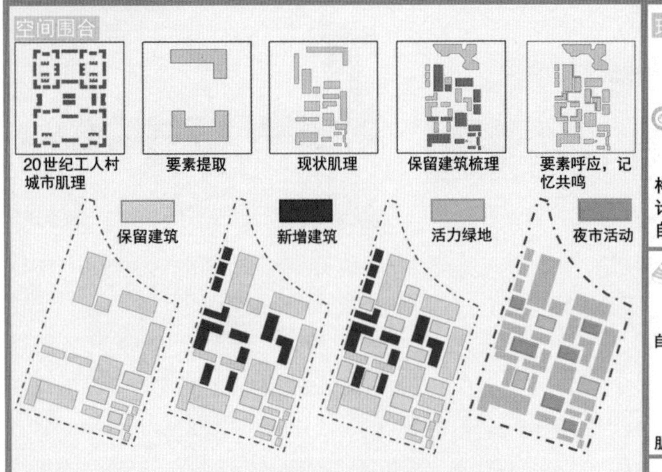

· 结合沈阳“工人新村”布局，以此为线索创造新的庭院空间。
· 沈阳人的夜市文化很红火，喧嚣、热闹、烟火气、美食，就是夏天夜晚的全部美好。
· 让部分庭院空间变成可以户外经营的商业空间，可增加地块的商业活力。

环境健康

奉天美术馆后广场

青年公寓多功能绿地

工人文化大院绿地

创意工坊入口空间

由建筑围合成的绿地空间，以草垛的形式进行自由组合，既可以打破平面的呆板，也可以在空间上形成工人们休憩、驻足的社交空间，创意工坊入口可形成儿童欢乐空间，提高活力。

活力中心

理念置入

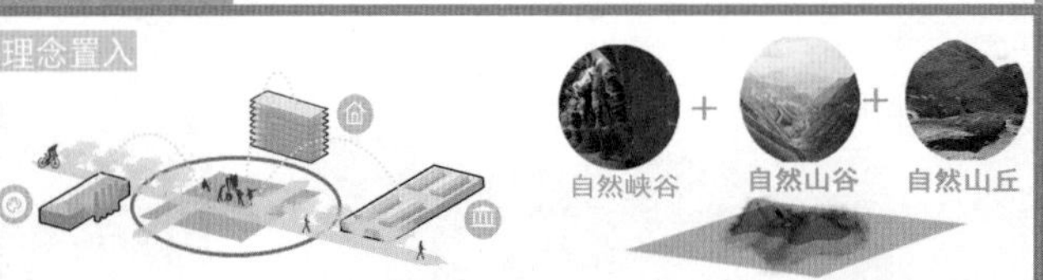

构想“人造山”，考虑自然生态符号，将峡谷、山谷、山丘等元素加入到场地设计，构建覆土建筑，用建筑退层来表示等高线，采用不同“D/H”来引导对不同自然元素的感知。

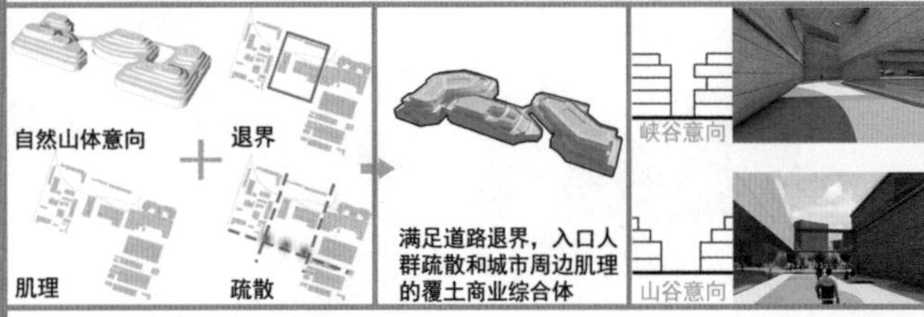

· 核心地段应承担其丰富的城市功能分工，而不单单是广场绿地，规划设置商业体育建筑，引入生态自然符号。
· 结合自然生态意向，构建室内外互动的商业中心；焕发工业记忆和铁西精神，设置生态主题公园。
· 厂房利用联动奉天工厂，形成面向全龄、各人群的城市公共活力空间。

环境健康

室内综合健身场馆

绿带蜿蜒小路

南入口活力谷

海绵生态健康步道

在两大厂房建筑中间减少硬质铺装的使用，采用带形绿地，形成基地绿廊，在有限的绿化面积里，采用下渗、滞留、净化对雨水进行收集。同时在带状绿地设置蜿蜒步道，减少居民对步行空间感知的单调性。

科创研发

场地优化

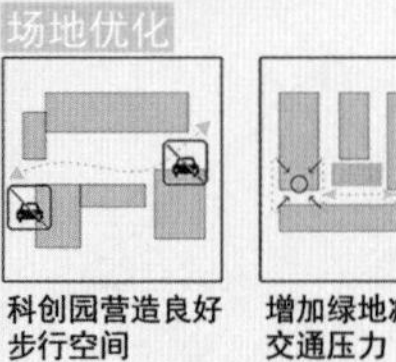

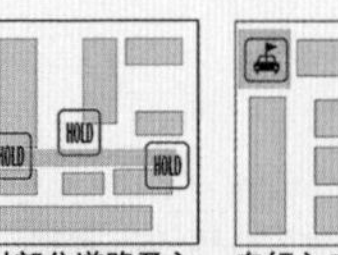

科创园营造良好步行空间

增加绿地减内外交通压力

通过标识引导静态交通

对部分道路及入口空间予以保留

车行入口予以标识

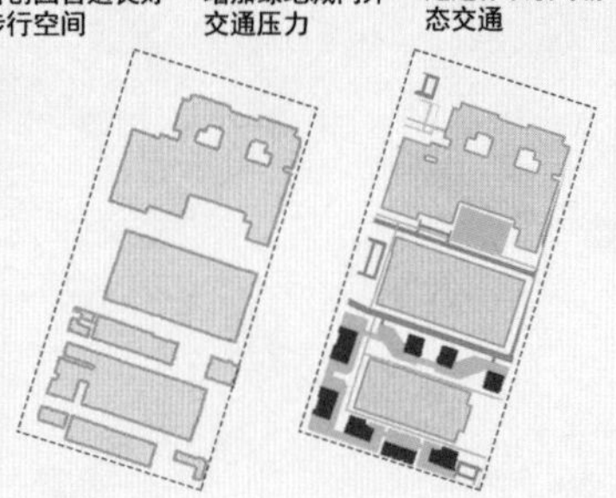

· 以博物馆为发力点，对周边功能实现辐射联动。
· 机电厂厂房改造满足工业博览会议需求，强化入口空间，体现基地工业文化氛围。
· 新建科研办公，面向未来工业信息化导向，助力产业转型。

环境健康

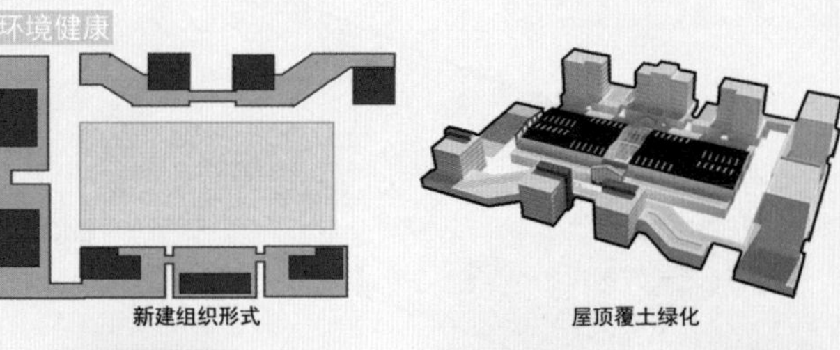

新建组织形式

屋顶覆土绿化

屋顶绿化外部坡道1

屋顶绿化外部坡道2

办公厂房的屋顶绿化，旨在营造健康的办公环境和办公方式，科研工作者长期在实验室及制造车间工作，与户外环境接触较少，屋顶的线性绿化，提供适宜的室外空间，且裙房绿化连接成线，可以形成办公人员的室外健康运动平台。

唤工业忆，塑健康城

09【细节展示】

厂房改造

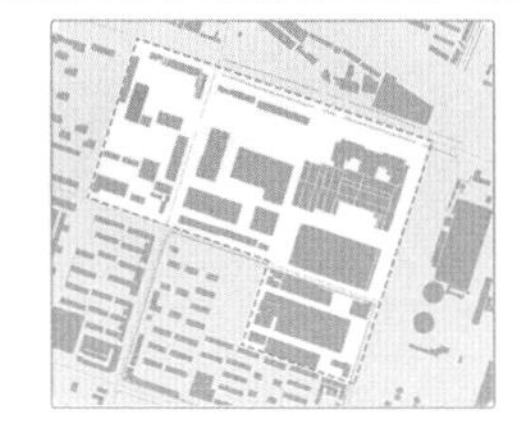

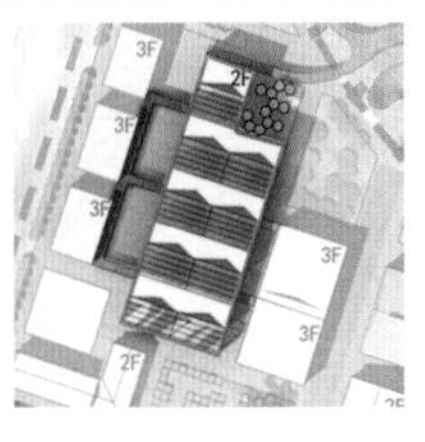

功能改造:创新工坊
改造方式：嵌套玻璃体，丰富形体，增加采光，增加构件，强调入口增添趣味性。

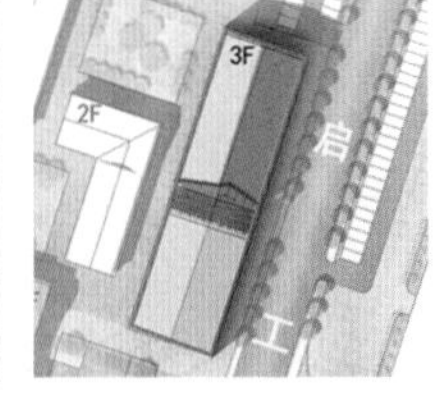

功能改造：LOFT公寓
改造方式：通过穿插玻璃体打破原有结构单一狭长的形态，同时可以强化入口空间。

功能改造：文娱中心
改造方式：嵌套新构筑物，丰富形体，外墙增加涂鸦，丰富立面。

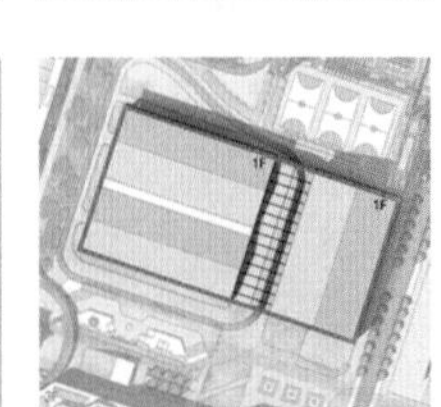

功能改造：室内球场
改造方式：将厂房从中间切割，打破原有厂房对地块的分割，增加采光，保留原有承重结构，改造立面。

机电厂主体厂房

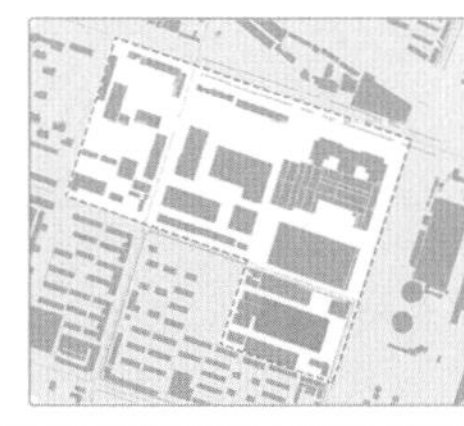

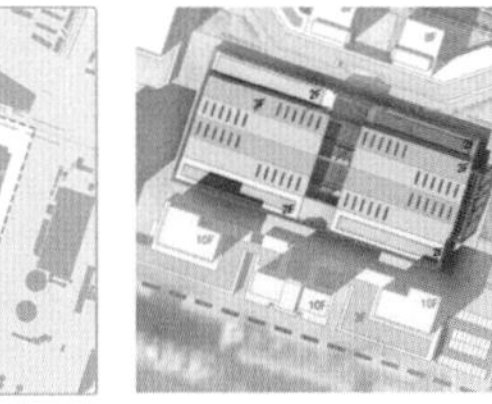

功能改造：工业博览
改造方式：裸露构架，增加空间趣味性，嵌套玻璃体强调入口空间，更新表皮，提升美感。

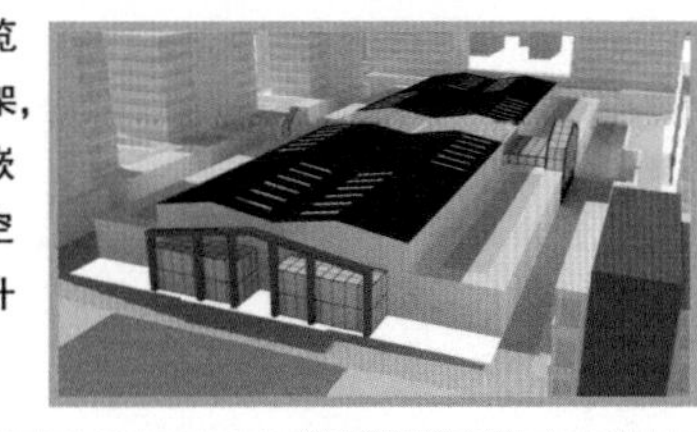

空间感知

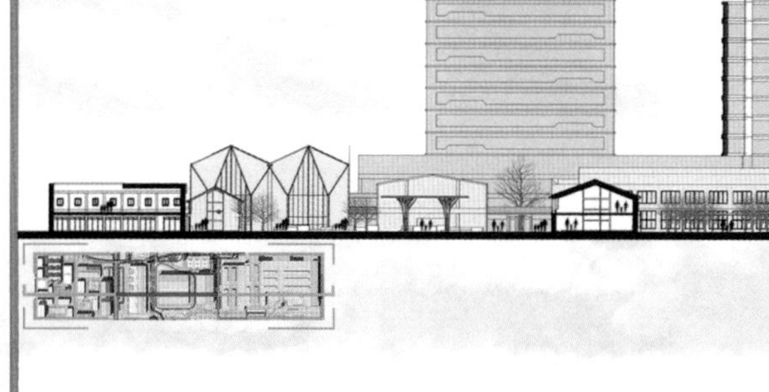

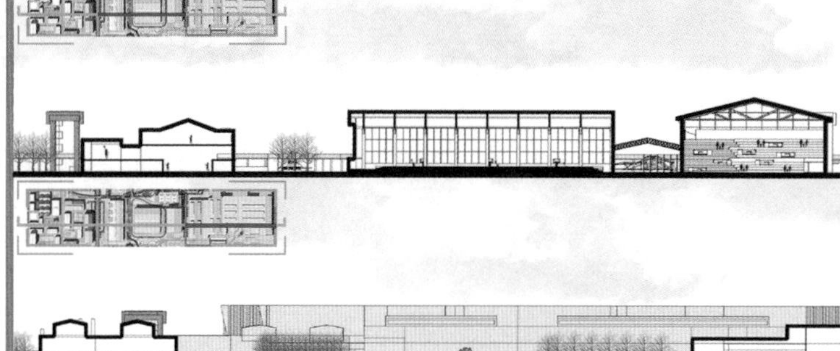

吉林建筑大学

Jilin Jianzhu University

济南大学
大连理工大学
北京工业大学
吉林建筑大学
山东建筑大学
天津城建大学
内蒙古工业大学
北京建筑大学
沈阳建筑大学

吉林建筑大学

指导教师

吕静

2020 年北方规划教育联盟联合毕业设计，在见证沈阳老工业基地昔日的荣耀与辉煌的同时，共同研讨工业遗产的更新、传承与共生的策略。

在别样的毕业季里，师生收获满满，“云调研 + 云辅导 + 云答辩”，时空对话超级挑战，开启全新的教学模式！短短 15 周的时光中，作为指导教师的我在云端见证了学生们的成长和进步，体验了兄弟院校们的严谨和执着。感谢北方规划教育联盟搭建联合设计这个平台，不但促进各校之间的合作进一步深入，而且促成各校间的交流更加广泛和持久。

祝愿北方规划教育联盟联合毕业设计再创辉煌！自此我愿与大家一道，携手并进，共谋发展！

杨柯

从白雪皑皑的 1 月到烈日炎炎的 6 月，我们经历了一场疫情战，但没有阻隔院校间和师生间的学习、讨论与交流。同学们发挥出超长的耐力和认真的态度，老师们付出百倍的精力和责任，让这个特殊的毕业季永存了一份珍贵的记忆和难忘的时光。

这个夏季让每位同学成长，学会了合作、担当、责任和感恩，收获了单纯的快乐、幸福的时光和大学时光的最后一份答卷。

希望 2020 年的 6 月是每位同学新的起点，从这里起飞，追逐自己的梦想，不忘初心，踏踏实实走好每一段路程，不后悔、不放弃，期待每一位同学精彩无限、勇闯天涯！

学生团队

沈阳热电厂及东贸库地段小组

骆玉岩

时光荏苒、白驹过隙，始于晚冬终于初夏的联合毕业设计，就此过于段落，虽然因为疫情，大家无法相聚在一起，但还是能十分强烈地感受到大家团结、亲切的样子，经过五年的学习积淀，在最重要的一次设计中 ，有幸参加北方规划教育联盟联合设计中来，既是为五年的本科学习生涯画上圆满句号的表现，也是一次快速学习的好机会。

在此次设计中，我们通过新技术新方法找寻 1+1>2 的最优解，以理性规划的科学态度和不失规划师温情的人文色彩并驾齐驱，收获了更多的面对复杂问题的解决思路和逻辑思维的建立以及面对苦难的勇气。最后十分感谢我的队友、指导教师及为此次联设设计组织的各位老师和所有同学，从每一位身上都吸纳了可以提高的优点，愿各位毕业的同学一路繁花似锦，各位老师工作顺利！

杨帆

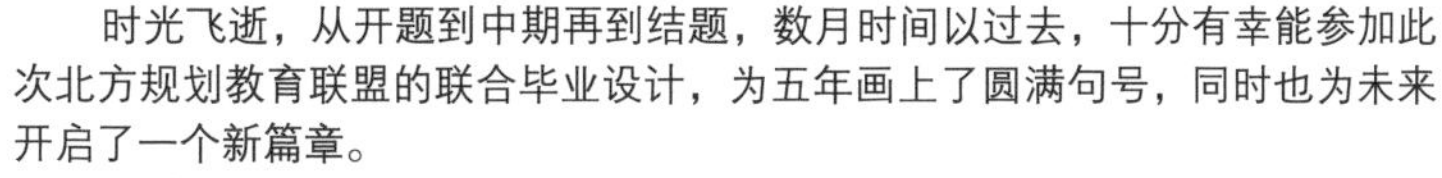

时光飞逝，从开题到中期再到结题，数月时间以过去，十分有幸能参加此次北方规划教育联盟的联合毕业设计，为五年画上了圆满句号，同时也为未来开启了一个新篇章。

这是让我一生铭记的一场别开生面但又收获满满的毕业设计。我和我的合作伙伴，在此次设计中经历了种种困难，但都被我们逐一克服，那份喜悦和成就感是无与伦比的，经过五年的积淀，在这一次都最大化地将自己的能力和潜能挖掘出来，在老师的耐心指导下，逐渐建立起解决问题的思路和逻辑关系，各位老师给我们的夸奖和鼓励给了我们前行的勇气，老师的指导和建议更是为我们扫清了未来人生道路上的诸多障碍，最后，十分感谢我的队友、指导老师以及在这场特殊的毕业设计中为联合设计精心准备的老师和同学们！

中国工业博物馆地段小组

黄宇敬

不知不觉就这样经历了冬夏，无关风月，难言晨昏。有幸收获绿洲的钥匙，于是，举目千里，登高博见。纵难相识，但在每一次交流中，各个小组所表现出来的自身独有的特质和魅力，让我从中有所感、有所得。我珍惜每一次聆听老师们指导和同学们展示的机会，或直观或领悟到自己的不足，去探寻、去织补。

指导老师在学习与生活中，像是一个亲密的朋友，传授着宝贵的经验，让我们的方案蹩金结绣，我为此无比感激；同时也感谢我的伙伴和帮助过我的同学们，是你们让我体验到了友情的温暖。

今时，遗憾只能从他人口中听得沈阳浓厚隽妙的历史底蕴与铁西区庞大架构的工业色彩；他日，必当置身其地，领略新旧交织的文化碰撞。“金麟岂是池中物”，愿大家前程似锦，破云化龙！

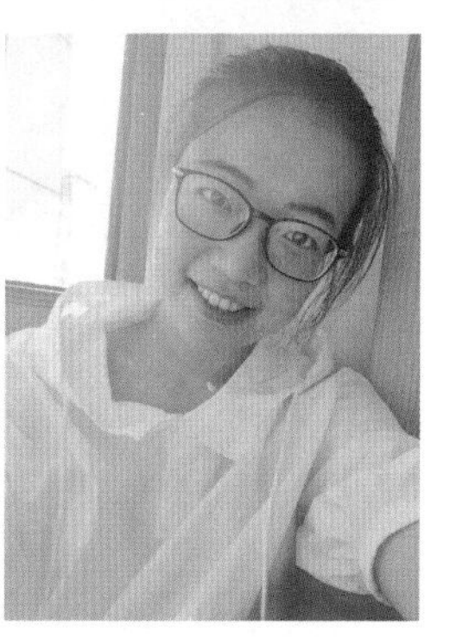

李慧

这次联合毕业设计，是一次特殊的经历，因为疫情的影响，让一切都变得特殊起来，我们以一种特殊的形式结束了这次联合毕业设计虽然略有遗憾，但是我们还是收获了很多东西，联合答辩中，我更加开阔了自己的视野，了解到了各种不同的设计方式，为我们以后的工作生活都打下了坚实的基础。另外，非常感谢两位杨老师，吕老师的悉心教导，一遍遍不厌其烦地为我们解决各种我们所遇到的难题，让我们在此次联合毕业设计中快速成长。

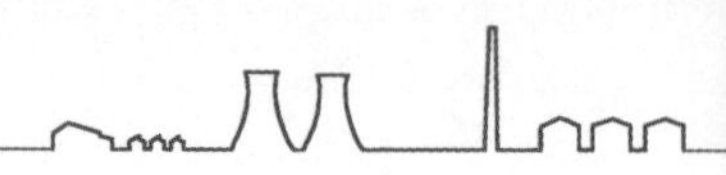

“城市驿站 空间并联”——基于空间句法的沈阳热电厂及东贸库地段更新设计 -1-

项目概况

基地位于大东区南部，大东区北海街与东贸路交叉口。范围北至如意五路，南至东贸路，西至北海街，东至东贸库东，占地约126hm²。

沈阳储运集团公司第一分公司始建于1950年，又称“东贸库”，以仓储、运输、物流配送为主，现有建筑63栋，铁路专用线2条。东贸库是沈阳市现存建设年代最早、规模最大、保存最完整的民用仓储建筑群，在沈阳乃至东北地区仓储物流业发展史上具有重要地位。

现状区位分析

宏观分析：

沈阳市东北地区最大的中心城市。地处东北亚经济圈和环渤海经济圈的中心，具有重要的战略地位。以沈阳为中心，半径150km的范围内，分布着钢铁基地鞍山、煤炭基地抚顺、化纤基地辽阳、煤铁基地本溪、石油基地盘锦、煤粮基地铁岭、电力基地阜新等7座百万人口以上的大型工商业城市，构成了经济联系特别紧密、市场容量巨大的城市群体，不仅可为工业企业提供丰富的矿产资源，而且还是一个购买力极强的产品销售市场。

中观分析：

大东区所在的沈阳地处辽宁中部城市群中心，是沈阳民族工业的发祥地，以大东区为中心，以150km为半径的范围内，分布着钢铁基地鞍山，煤炭基地抚顺，化纤基地辽阳，煤铁基地本溪，石油基地盘锦，煤粮基地铁岭，电力基地阜新等7座大型工商业城市，构成了经济联系特别紧密，市场容量巨大，发展前途十分广阔的辽宁中部城市群体。

微观分析：

基地位于沈阳市大东区北海街与东贸路交叉口，东、北至铁路专用线边界，南至东贸路，西至北海街，占地约60hm²。基地区位地理水文条件良好，基地位于大东区南部核心地段，大东区地处浑河冲积平原，地势北高南低，由北向南缓缓倾斜，地势平坦。基地周边地形平坦，无明显坡度。基地南部紧临运河（新开河）。

现状人群分析

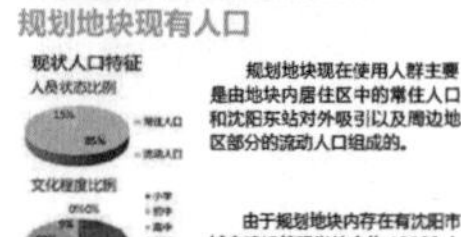

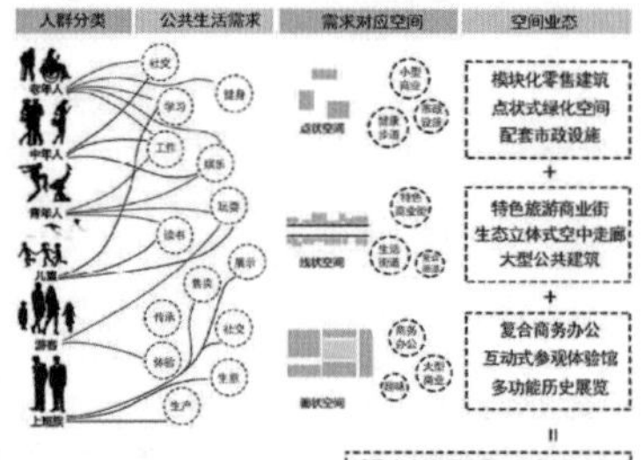

政策解读

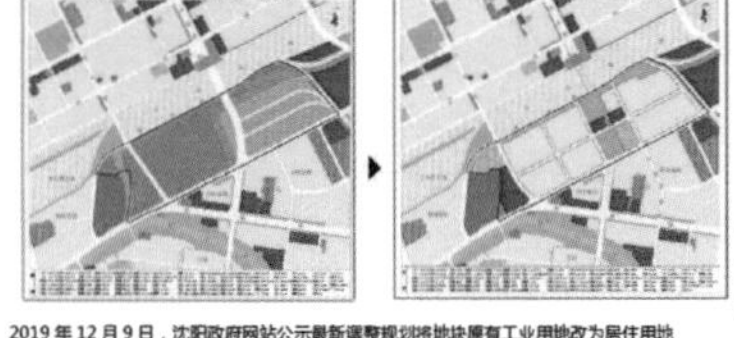

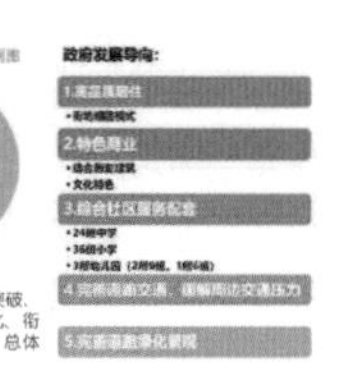

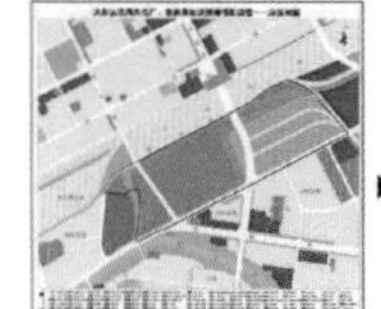

2019年12月9日，沈阳政府网站公示最新调整规划将地块原有工业用地改为居住用地

设计框架

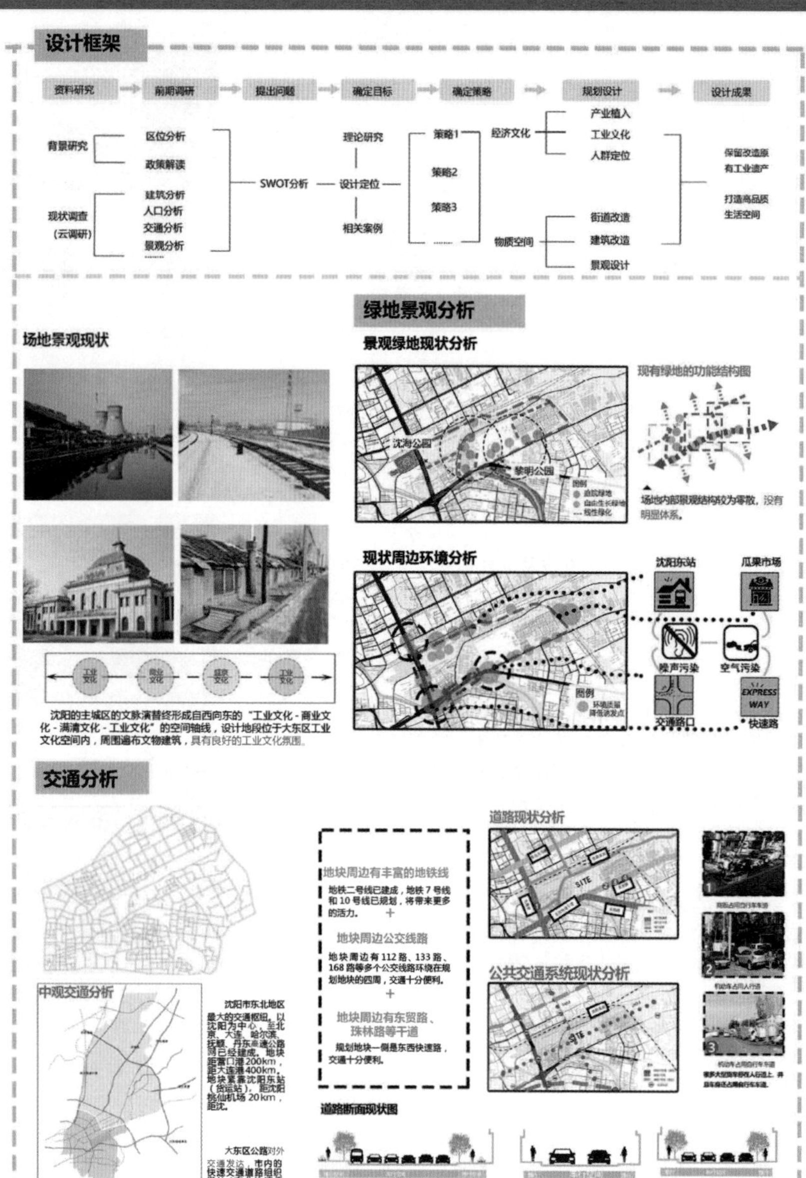

发展愿景

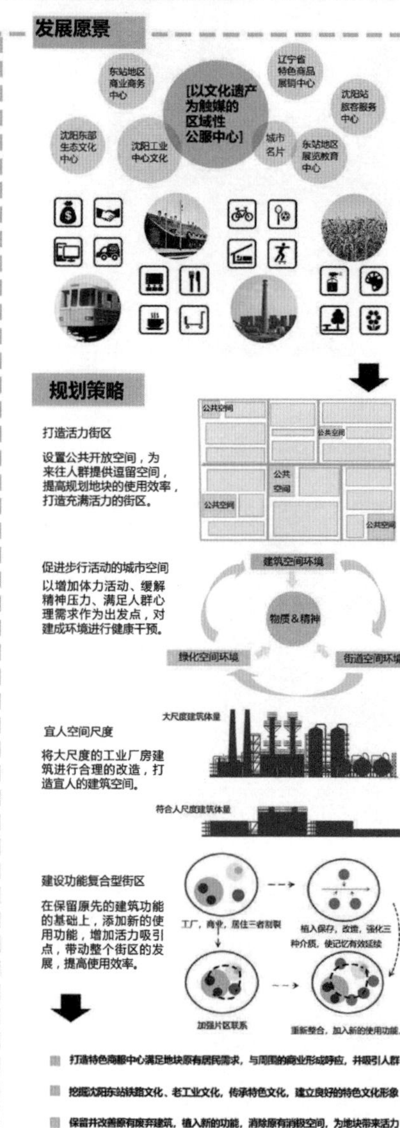

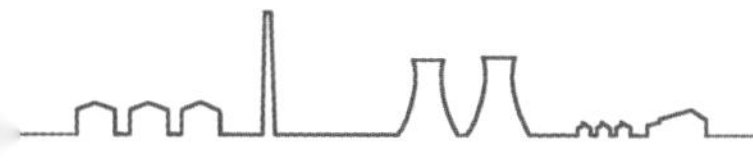

"城市驿站 空间并联"——基于空间句法的沈阳热电厂及东贸库地段更新设计 -2-

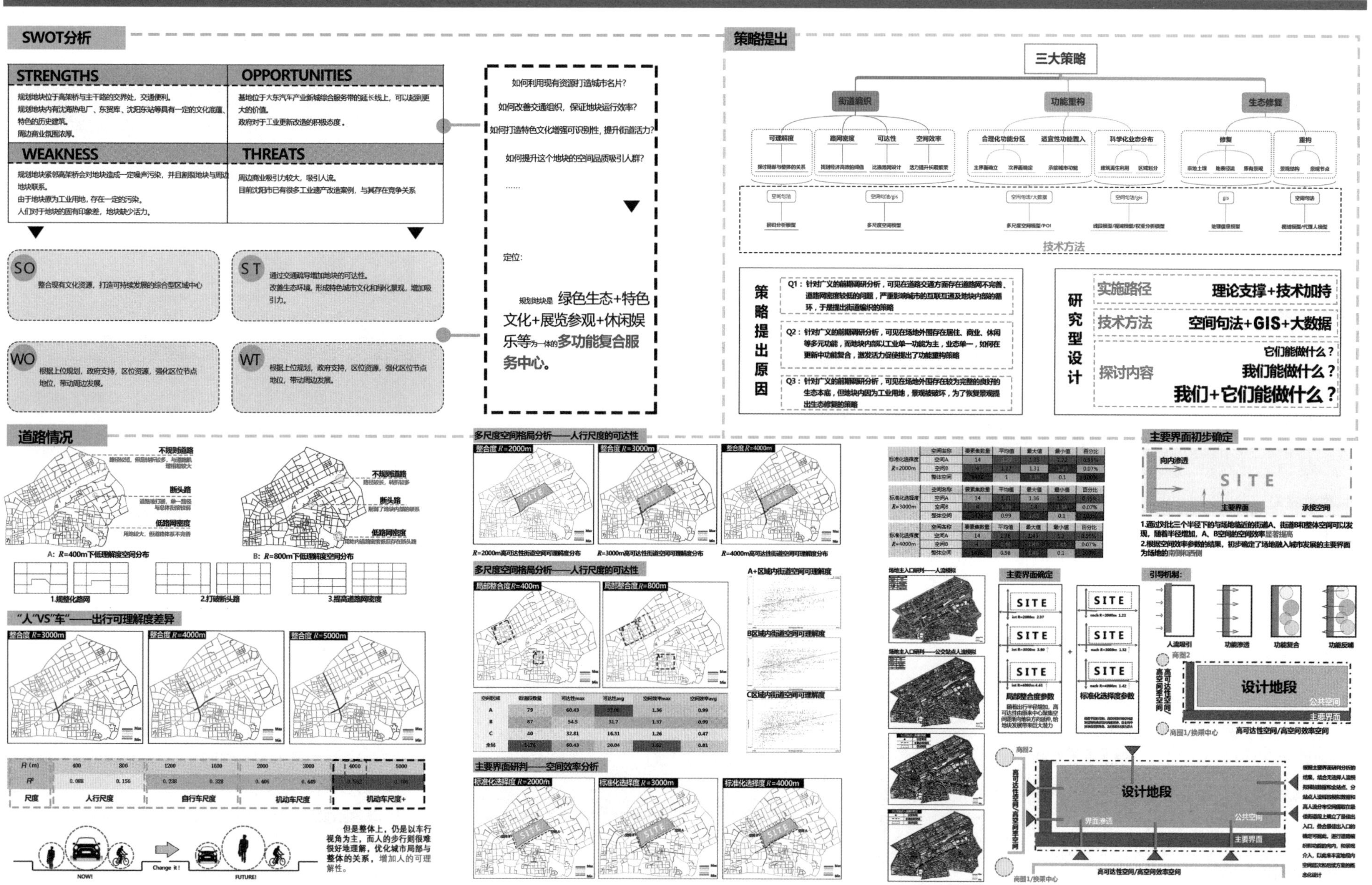

“城市驿站 空间并联”——基于空间句法的沈阳热电厂及东贸库地段更新设计 -3-

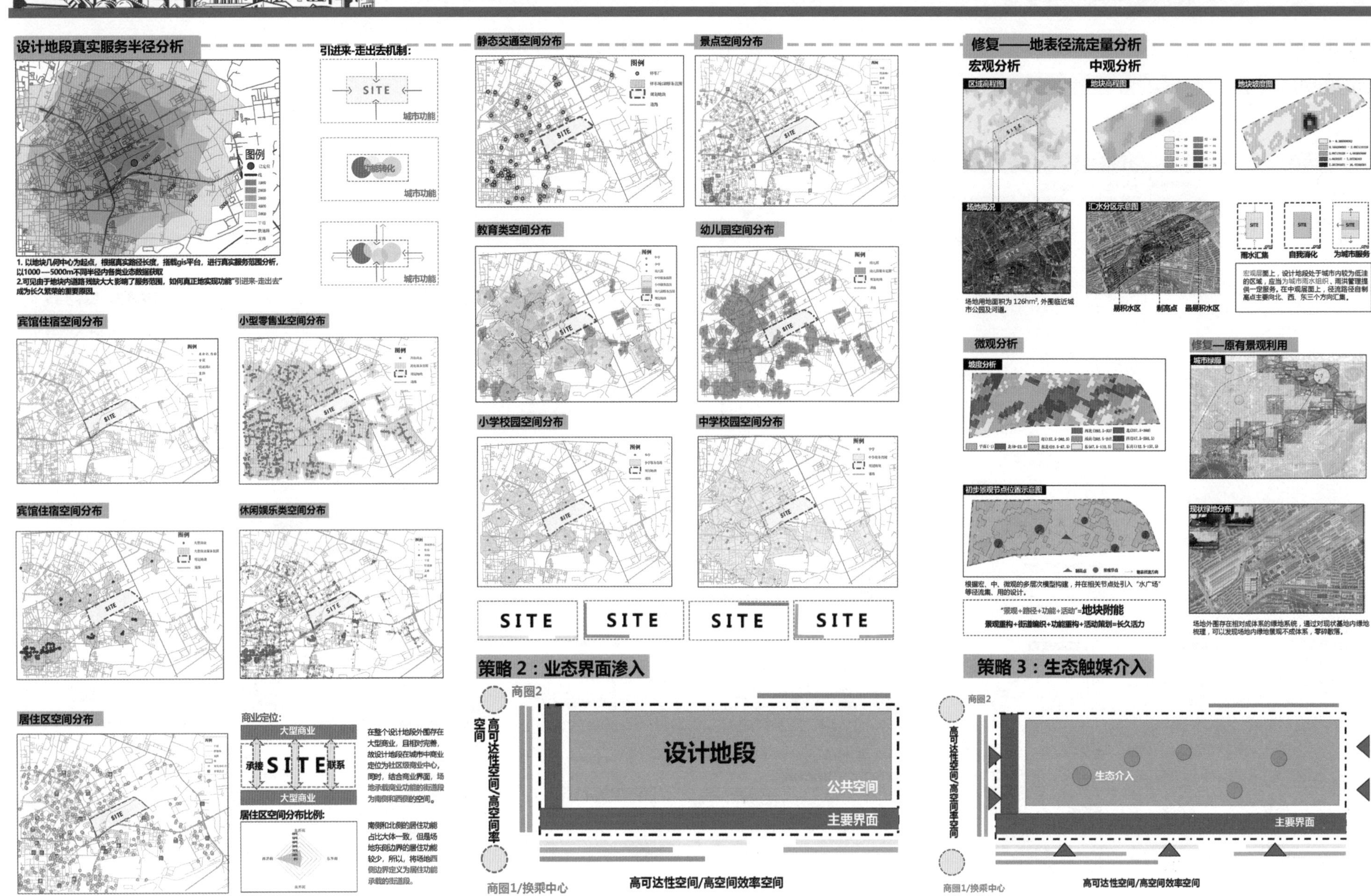

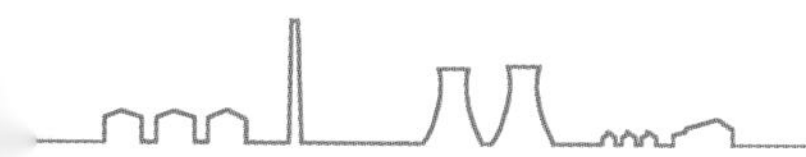

“城市驿站 空间并联”——基于空间句法的沈阳热电厂及东贸库地段更新设计 -4-

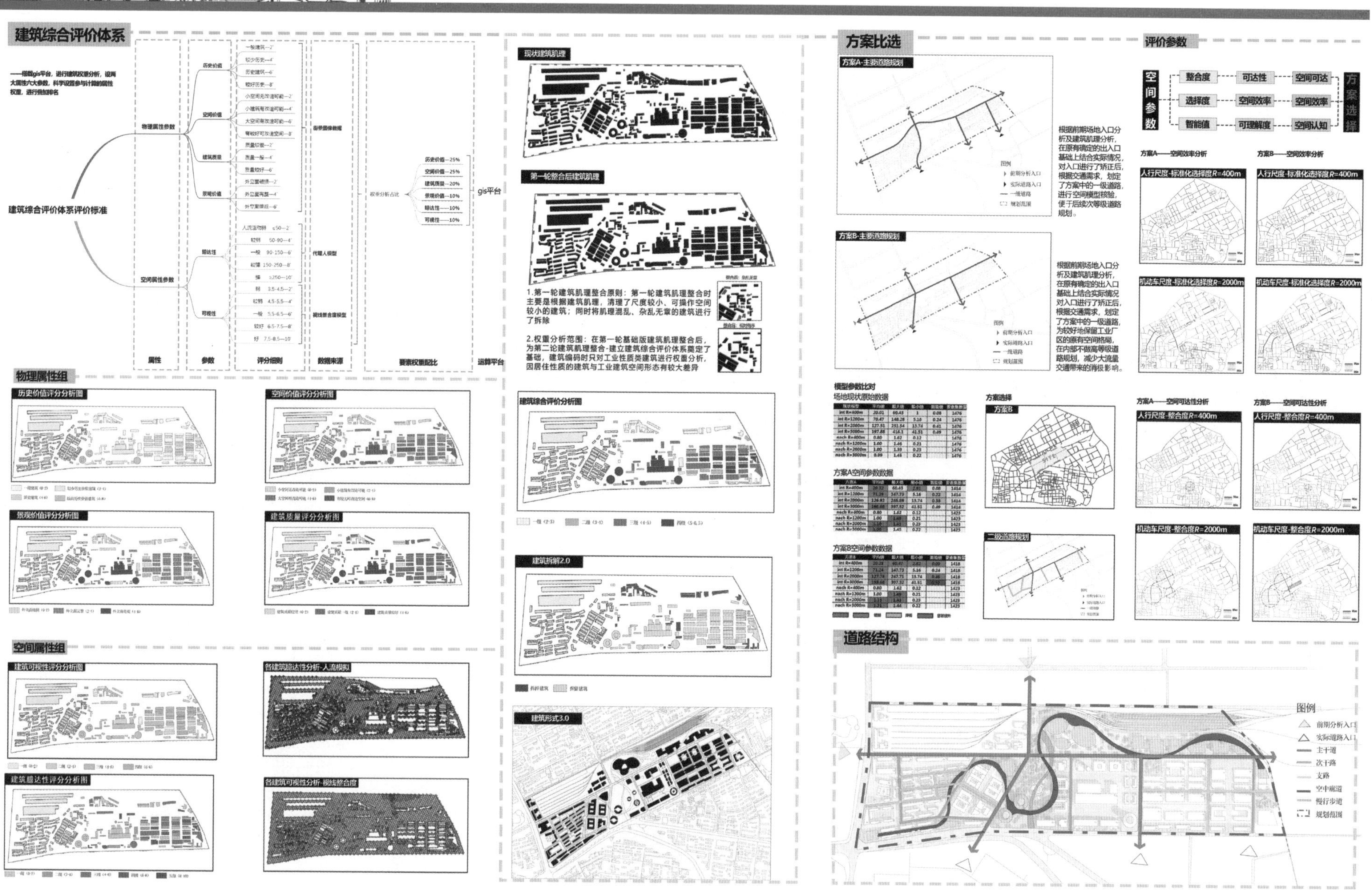

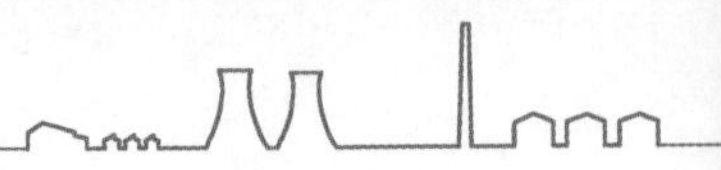

“城市驿站 空间并联”——基于空间句法的沈阳热电厂及东贸库地段更新设计 -5-

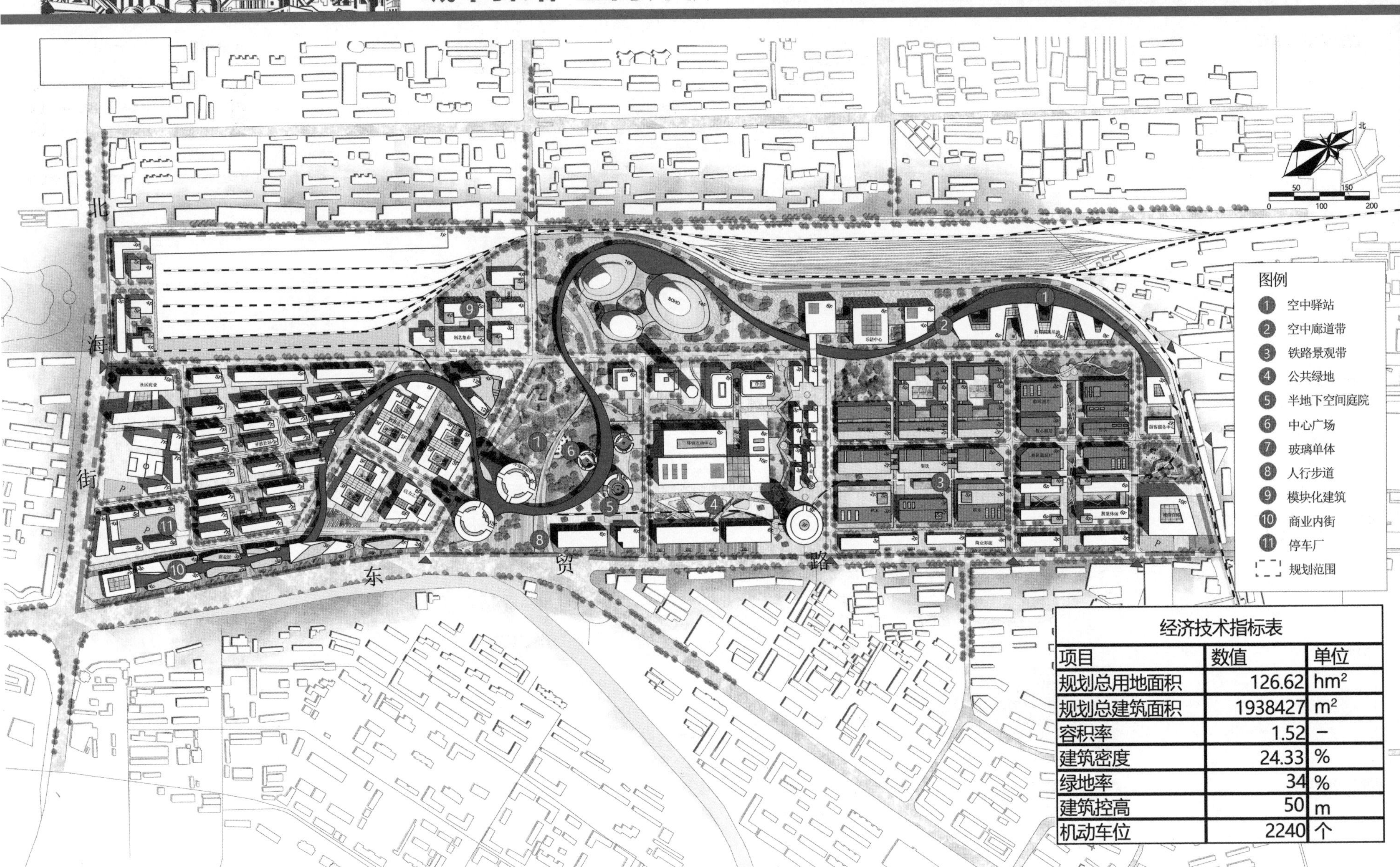

经济技术指标表

项目	数值	单位
规划总用地面积	126.62	hm^2
规划总建筑面积	1938427	m^2
容积率	1.52	−
建筑密度	24.33	%
绿地率	34	%
建筑控高	50	m
机动车位	2240	个

“城市驿站 空间并联”——基于空间句法的沈阳热电厂及东贸库地段更新设计 -6-

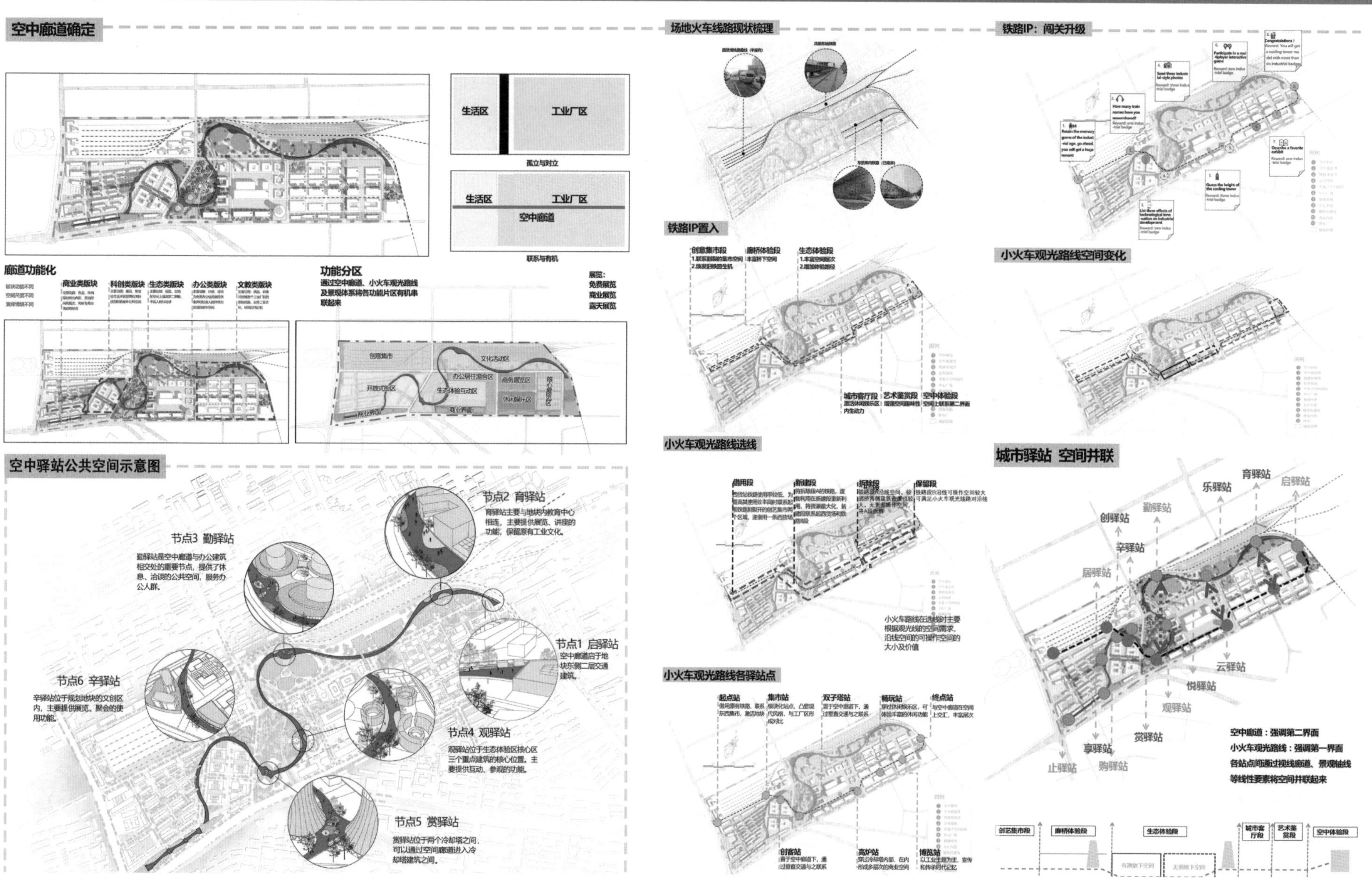

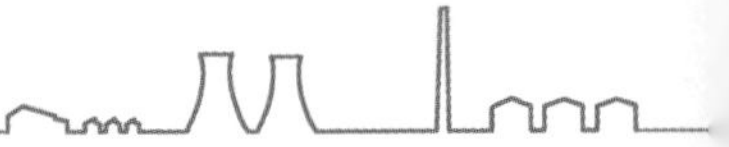

“城市驿站　空间并联”——基于空间句法的沈阳热电厂及东贸库地段更新设计 -7-

鸟瞰图

原有建筑更新改造

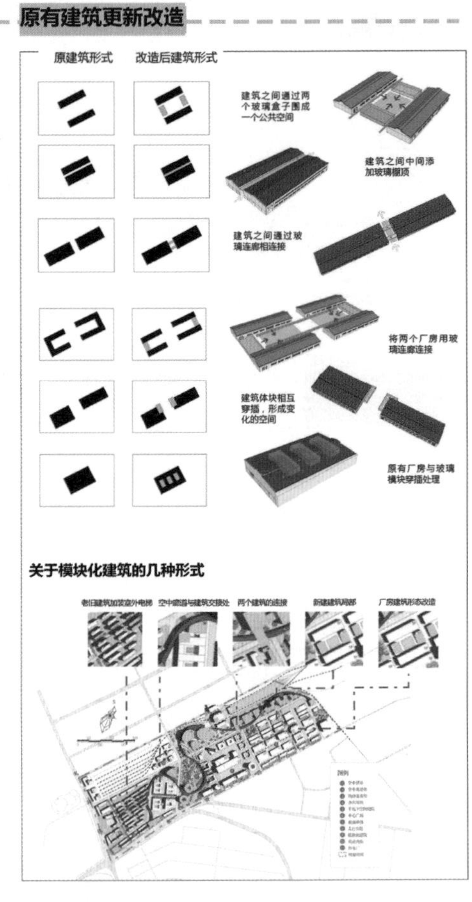

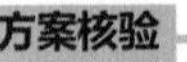

方案核验

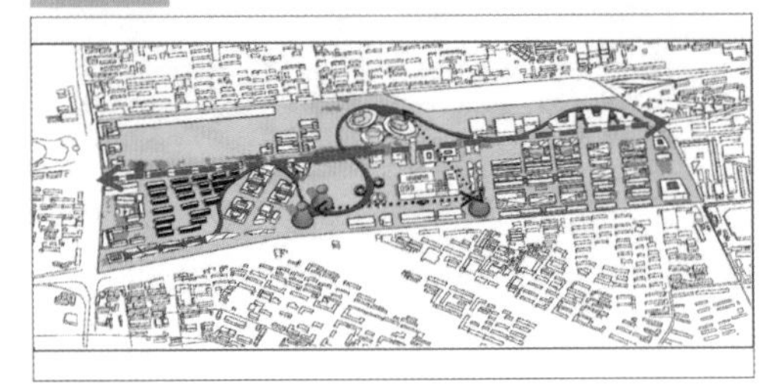

空间层次

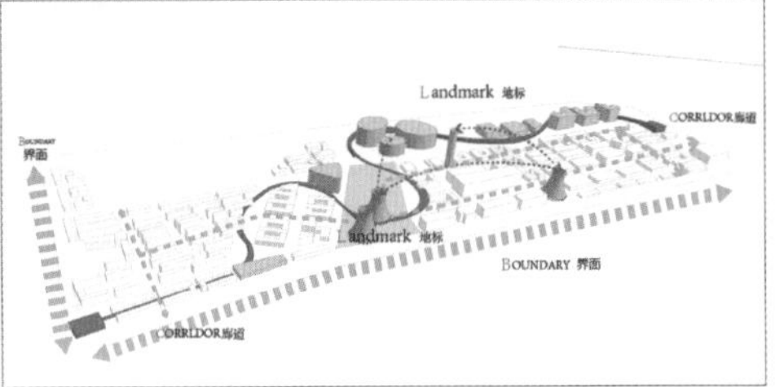

空间结构

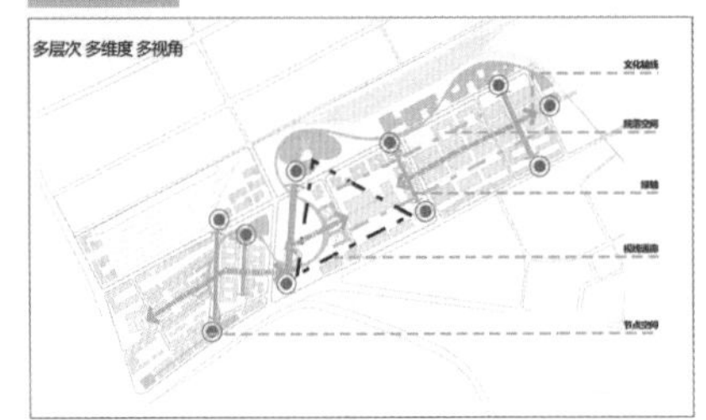

建筑形式

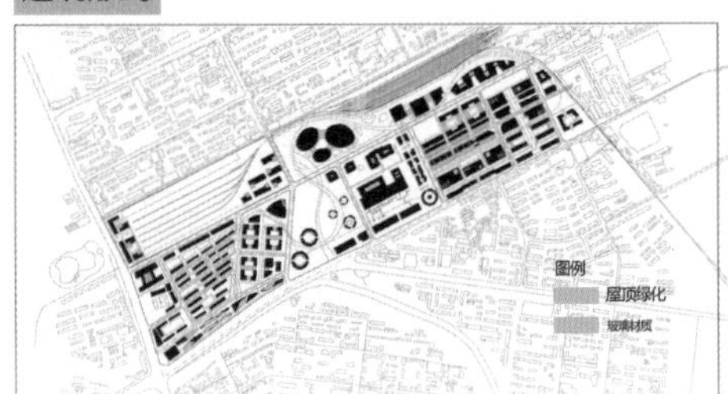

“城市驿站 空间并联”——基于空间句法的沈阳热电厂及东贸库地段更新设计 -8-

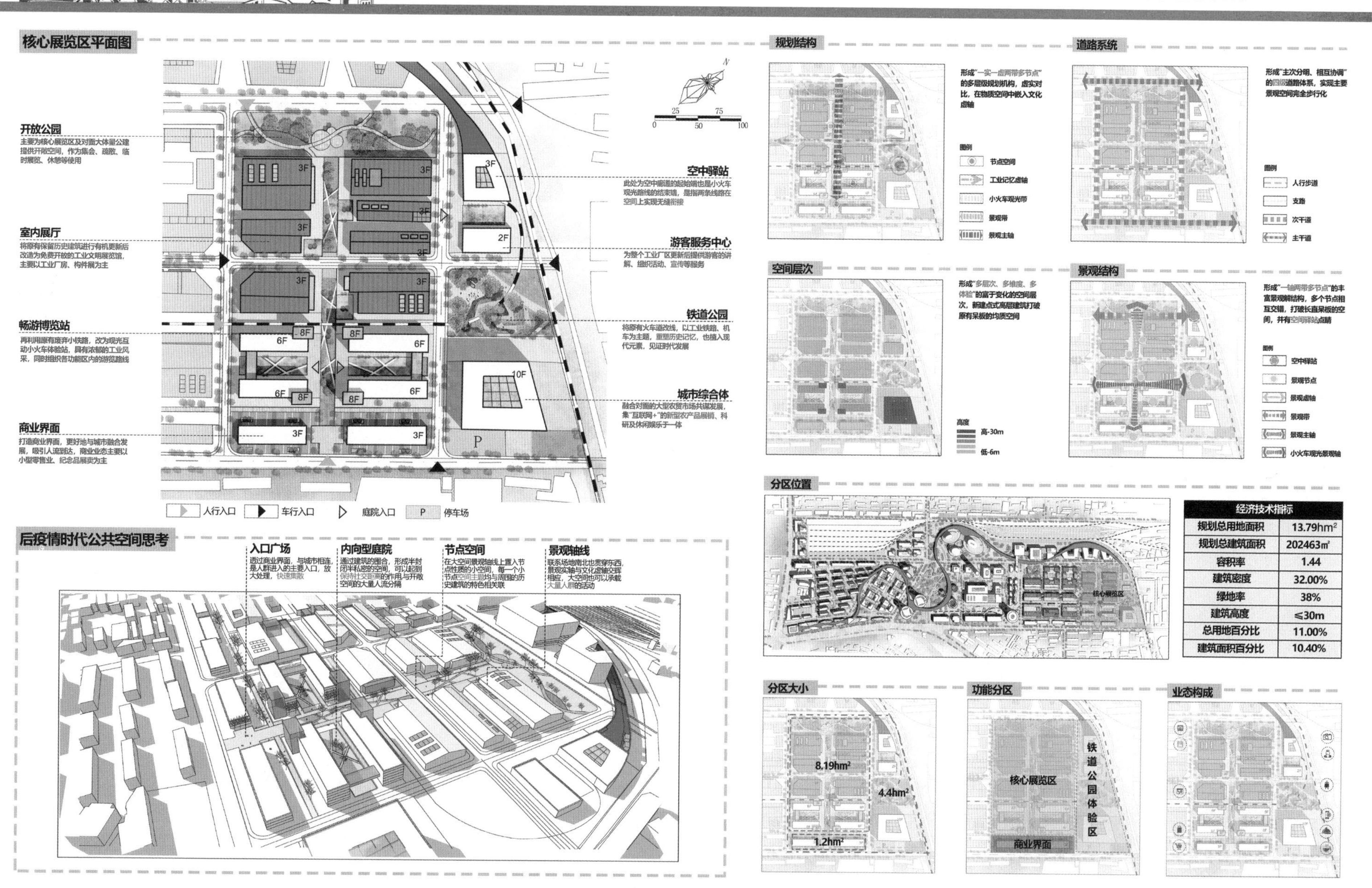

经济技术指标	
规划总用地面积	13.79hm²
规划总建筑面积	202463㎡
容积率	1.44
建筑密度	32.00%
绿地率	38%
建筑高度	≤30m
总用地百分比	11.00%
建筑面积百分比	10.40%

“城市驿站 空间并联”——基于空间句法的沈阳热电厂及东贸库地段更新设计 -9-

弹性海绵体系规划结构

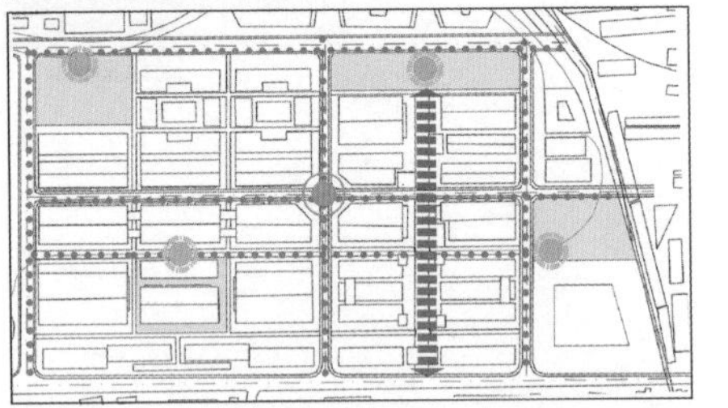

通过“点-线-面”的方式，由小见大地编织起弹性海绵生态网络，依据地形的坡度变化，在北侧进入地段的主要入口处设置叠水景观，丰富景观效果同时可以延长水流路径，降低冲蚀的能力；在立交桥一侧设置雨水调蓄生态公园，作为主要的开放空间和生态节点，同时在沿线道路设置植草沟、雨水花园、透水性道路串联起各节点

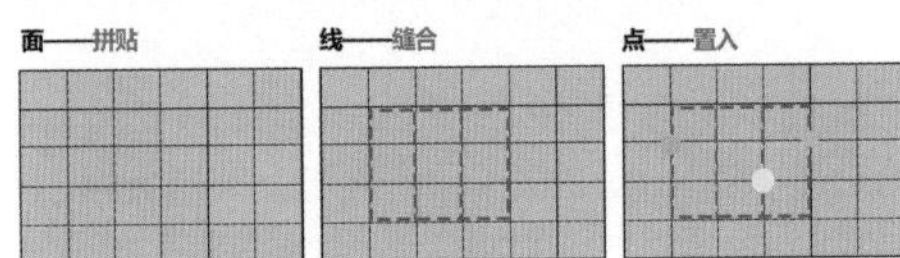

场地设计中，还给城市更多乐空间绿色生态示范区与其他灰色设施集中的区域的面状拼贴

通过生态廊道的设计，将面状流绿空间以线性要素串联起来，进行空间层级的丰富

在面状要素和线性要素交织成网络下，置入点状空间，以小尺度空间点缀大尺度空间

重要节点分析——水广场

将水广场含义扩大化，更适合寒地地区使用，在夏季时作为储水、戏水的公共开放空间，冬季作为储雪、玩雪的公共开放空间，使得广场在全周期内都能发挥作用，同时作为雨水调蓄平台中重要的一员，与整体的系统相辅相成；在辅以“梯田式”绿化，起到对高架桥产生的噪声阻隔的作用。

夏季——储水、戏水的开放空间

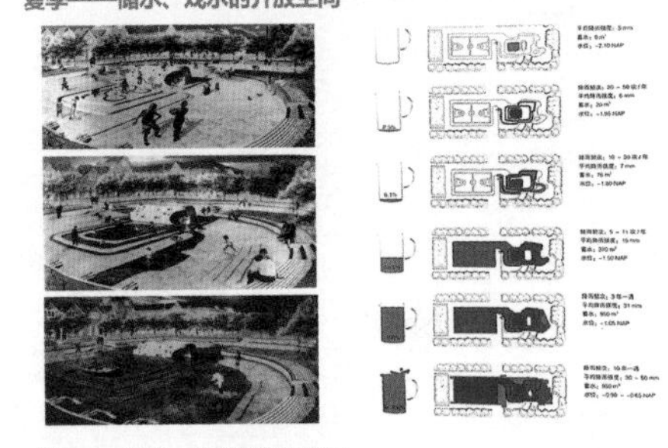

冬季——储雪、玩雪的开放空间

水广场是一个非常具有创意性和功能融合性的措施，不仅能够进行雨洪管理，而且可以提供多样的活动空间，提升环境的景观品质。水广场在不同时节所承担的功能不同，非雨季这里是公共活动空间，而在雨季则成为暂时蓄滞雨洪的场所。

寒地特性分析—场地微气候

疏风廊道的组织

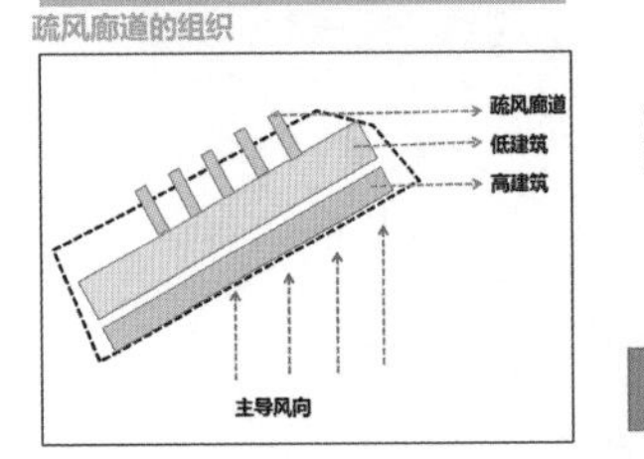

普通玻璃盒子
普通模块化建筑组群主要适用于气候较温和的时节

玻璃阳光房
在寒冷季节，不适宜室外活动时，在模块化筑群中选择主要空间进行阳光玻璃房设计

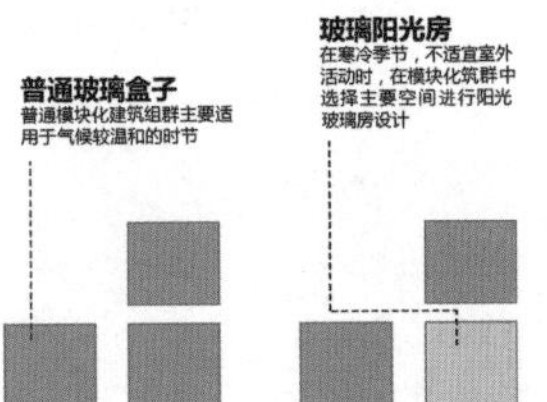

增强承风面材料厚度
在冬季时承风面材料选择较厚重的材料，保温

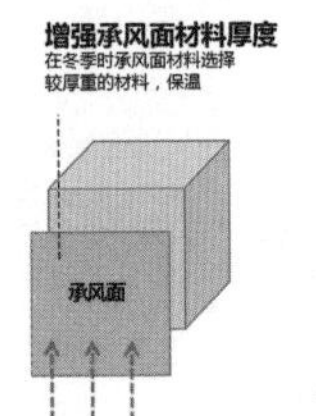

太阳能屋顶
在阳光玻璃房屋顶铺设太阳能电池板，提供取暖清洁能源，与原有工业生产方式形成对比

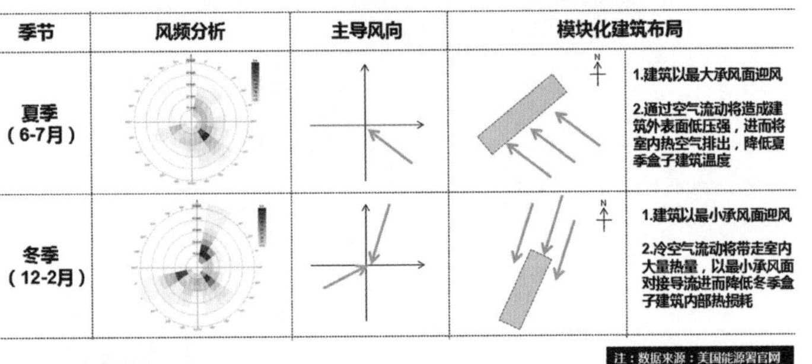

季节	风频分析	主导风向	模块化建筑布局
夏季（6-7月）			1.建筑以最大承风面迎风 2.通过空气流动将造成建筑外表面低压强，进而将室内热空气排出，降低夏季盒子建筑温度
冬季（12-2月）			1.建筑以最小承风面迎风 2.冷空气流动将带走室内大量热量，以最小承风面对接导流进而降低冬季盒子建筑内部热损耗

注：数据来源：美国能源署官网

通过采集《中国建筑热环境分析专用数据库》中的气象数据分析可见，沈阳市夏季和冬季的主导风向差异明显，夏季主要为东南风，冬季则多为西南和东北风

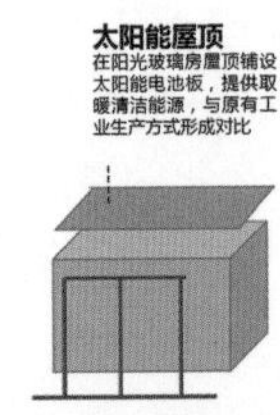

通过生活中实际项目的工业改造案例，引申出虚实对比，厚重与轻盈的对比，现代与过去的对比

绿色屋顶

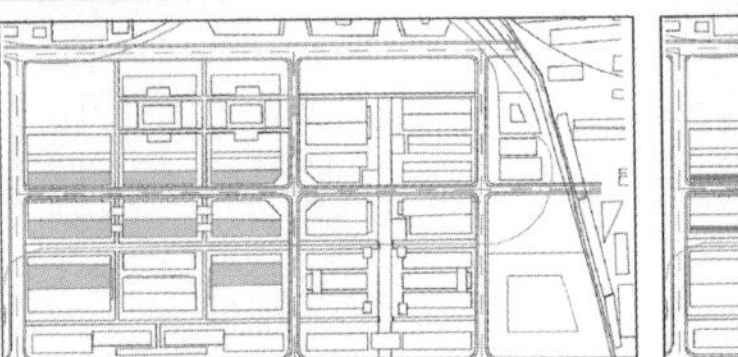

屋顶防水优化

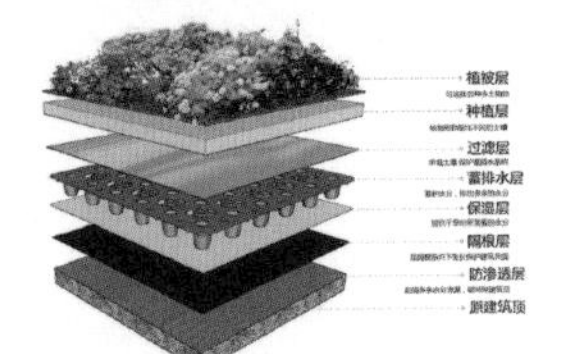

为保护建筑屋顶和防止建筑室内出现渗漏水情况发生，在优化了建筑结构的平屋顶上进行屋顶防水优化，保护建筑，延长使用寿命。

绿色墙面

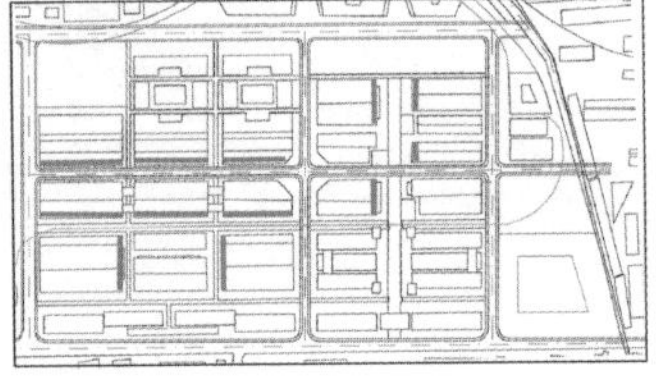

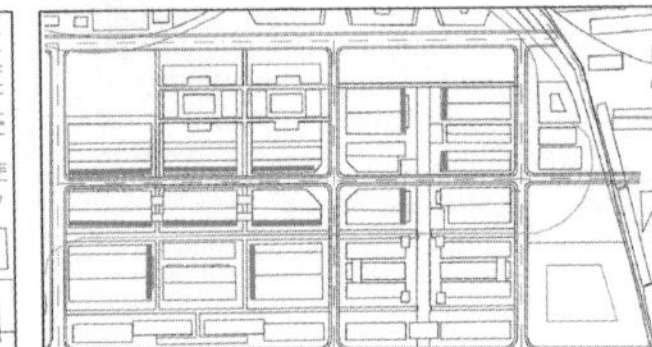

建筑结构优化

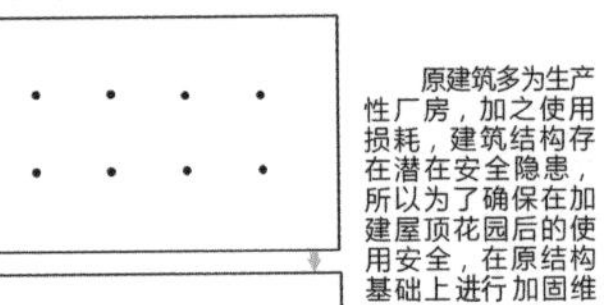

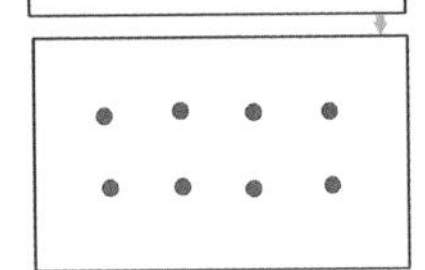

原建筑多为生产性厂房，加之使用损耗，建筑结构存在潜在安全隐患，所以为了确保在加建屋顶花园后的使用安全，在原结构基础上进行加固维护。

绿色墙面优化

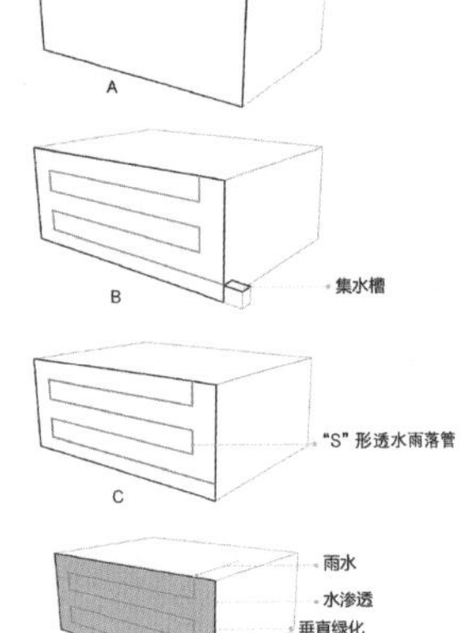

建筑立面优化

户外楼梯

立体绿化示意图

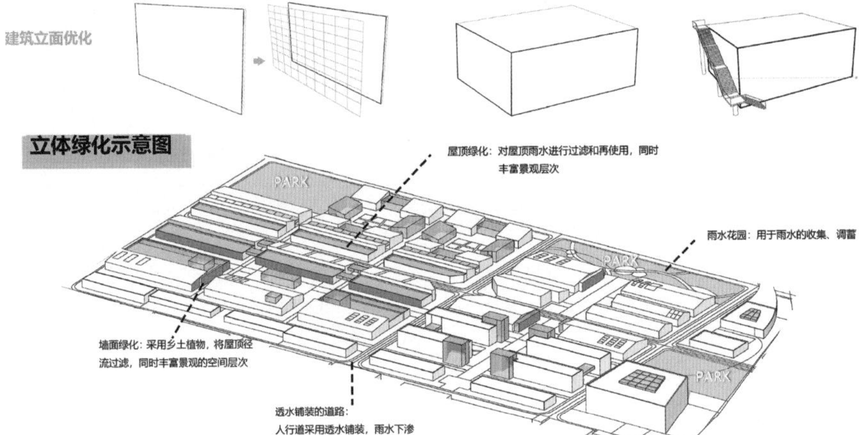

飞廊走绿 旧城新生

——沈阳市工业遗产区域中国工业博物馆地段更新设计 -1-

工作框架 Working Framework

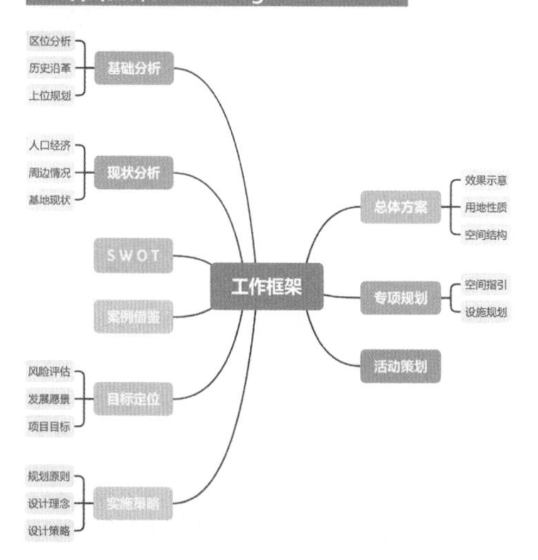

基础分析 Foundation Analysis

区位分析

设计地段位于沈阳市铁西区，是沈阳市的中心城区，北临皇姑区、于洪区，西接辽中区，东与和平区接界。基地位于铁西区老城区北部，东临卫工北街，北接北一西路，西、南两侧皆被居住区所包围，总占地约35.1hm²。

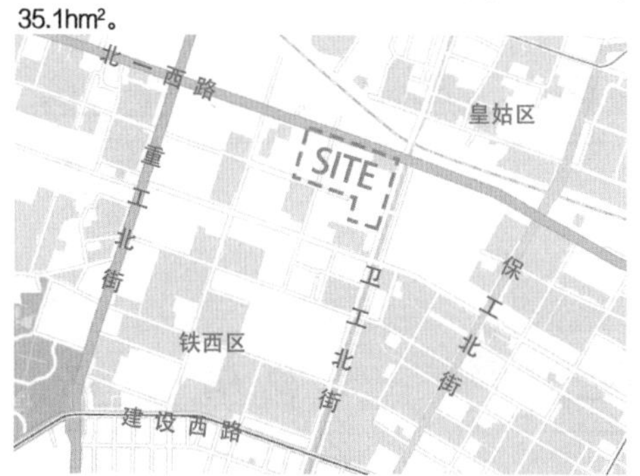

历史沿革

1898 年	沙俄夺取了修筑哈尔滨至旅顺的筑路权，将铁路沿线划为“铁路用地”。
1906 年	日本从沙俄手中接管南满铁路，将东侧划为市街区，西侧为工业地带。
1938 年	奉天市政公署公布条例，成立了铁西区公署，这是铁西区建置的开始。
1948 年	沈阳宣告解放，工厂迅速掀起了生产建设高潮。
2002 年	市委市政府决定铁西区和沈阳经济技术开发区合署办公，成立铁西新区。
2007 年	铁西区被授予“老工业基地调整改造，暨装备制造业发展示范区”称号。
2009 年	铁西产业新城概念的提出标志着铁西新区从工业区向综合新城转型。
2012 年	铁西老城区内最后一座大型工业企业迁出，铁西“东搬西建”任务结束。

上位规划

• 中心城区用地规划

精心推进“一园一城一谷”开发建设，将其作为铁西转型升级和振兴发展的有效载体。

• 中心城区综合交通规划

着眼于全区整体布局和重点园区建设，积极推进公交线路向重点工业园区延伸。

• 中心城区历史文化名城保护规划

构建由历史城区、历史文化街区及历史风貌区、文物保护单位及历史建筑三个层次的保护体系。

• 卫工北单元控制性详细规划

地段内用地性质为物流仓储类用地（W）、一类工业用地(M1)、文化展览用地(A2)和公园绿地(G1)。

现状分析 Status Analysis

人口及经济社会发展

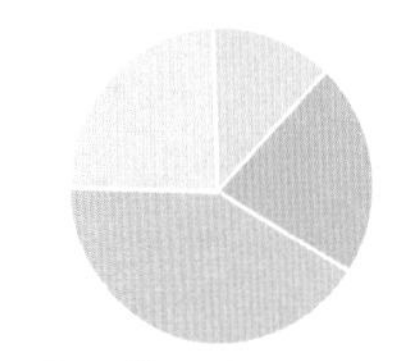

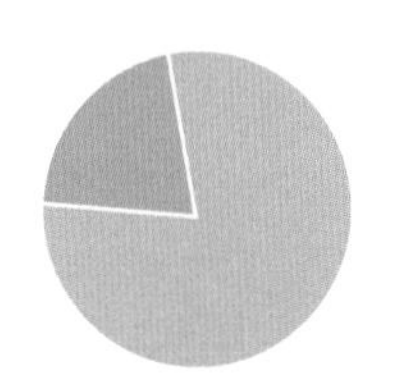

• 年龄构成

铁西区老年人口比例为25.24%，同比高于全国比例。老龄化现象严重，人口活力较低。

• 人口流动

铁西区现状人口多为久居的老年人口及省内其他地区迁入的人口，人口流动性较低。

• 经济产值

服务业增加值增长7.5%。文创园吸引游客40余万人次。旅游收入增长51%。旅游业发展前景大好。

周边交通情况

基地周边交通条件十分便利，拥有便捷的公共交通系统和轨道交通换乘体系，可达性极高。

周边业态分布

● 购物商场 ● 家居商场 ● 建材市场 ● 农贸市场

商业

周边商业多分布于地段东南部，包含综合商场、家居商场和各类建材、农业批发市场。

地段周边缺少服务于附近居住区的购物中心，与生活相关的产品供应确实，配套设施较为薄弱。

● 高等学校 ● 中学 ● 小学 ● 幼儿园

教育

周边教育设施分布具有明显的分区差异，基地周边多为低龄教育。教育幼儿园较多，围绕居住区配套；中小学分布较为均匀。

周边具有丰富的年轻活力的供应，发展教育配套或是更符合年轻人的消费业态会具有更好商业效益。

「飞廊走绿 旧城新生

———— 沈阳市工业遗产区域中国工业博物馆地段更新设计 -2-

周边居住情况

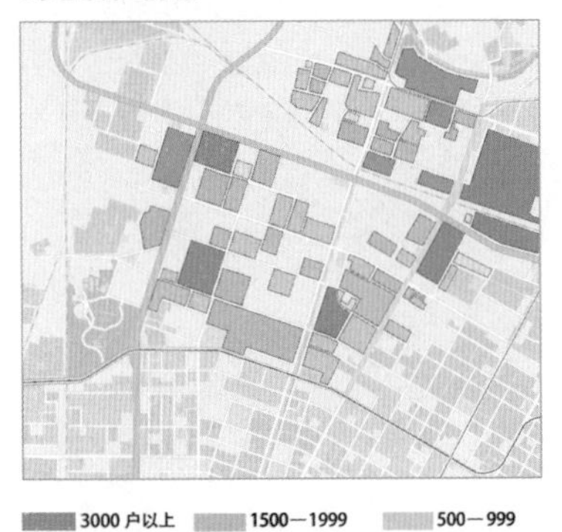

3000 户以上　1500—1999　500—999
2000—2999　1000—1999　500 户以下

基地周边拥有便捷的公共交通系统和轨道交通换乘体系，可达性极高。

周边活力分析

基地周边活力较低，高活力地段与之相比，呈现出以下几个特点：
最高活力分布点往往围绕商场扩散；
办公大厦习惯搭配购物中心，形成商办活力点；
围绕消费的文创街区拥有更高的参访频率；
居住区需要结合多种功能空间来创造地段价值。

地段定位分析

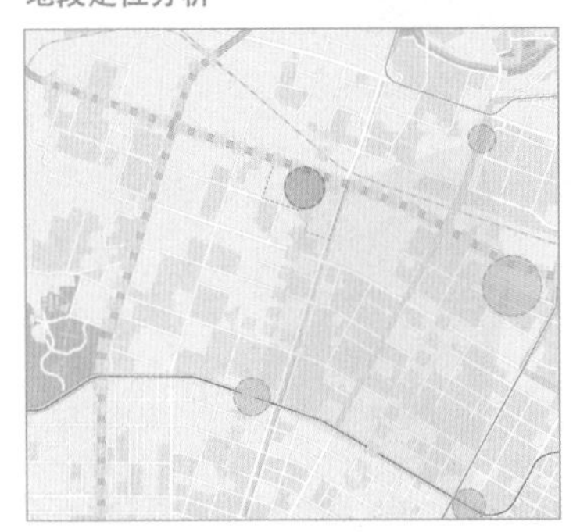

文体轴线　活力圈　基底界限

基地周边轴线上既包含了文化展示类场地，也含有体育场地、文创基地与纪念性广场；已形成的活力圈有四个，但构成的空间较小，辐射范围有限。基底处于其中一条文体轴线，可考虑向文体方向发展，但由于周边居住区活力偏低，也可考虑形成另一个以商业带动的活力圈，扩大空间活力的辐射范围。

基地情况 Site Situation

用地权属

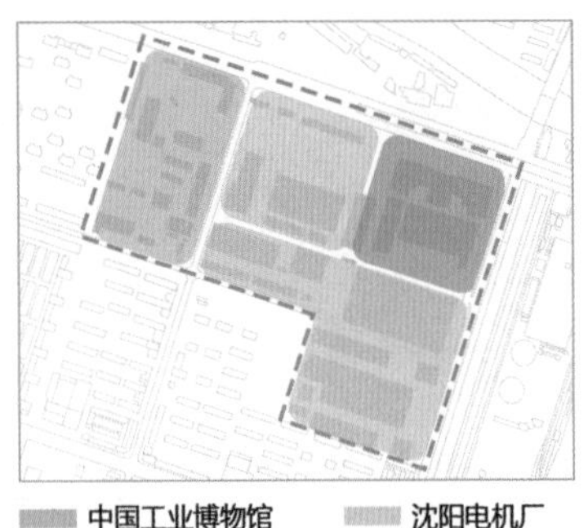

中国工业博物馆　沈阳电机厂
铁路物资公司　奉天工厂

建筑高度

< 10m　10—20m　> 20m

建筑年代

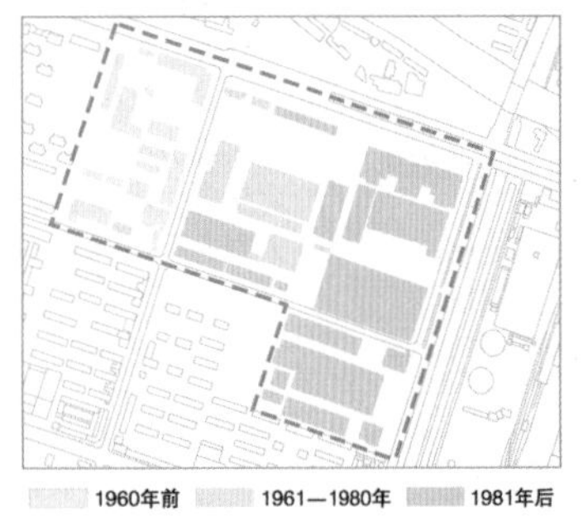

1960年前　1961—1980年　1981年后

建筑取舍

计划拆除　计划改造
计划保留

地段道路分析

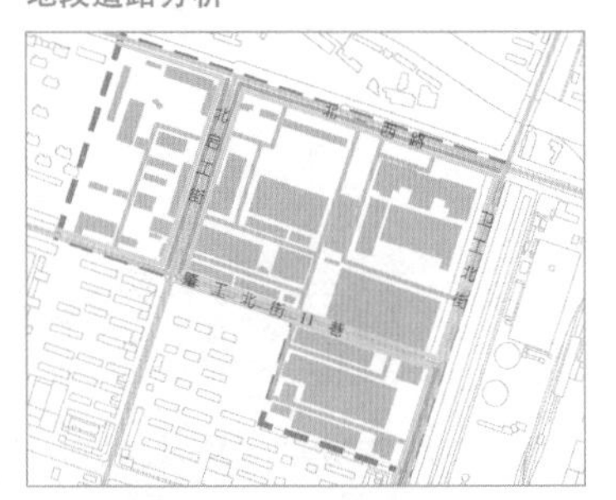

非机动车道　机动车道
人行道　内部道路

基地内部有两条城市道路穿越，道路断面都为双向四车道，对车流产生限制。
非机动车道网络断裂，端点处没有衔接，部分慢行道人非共板，安全没有保障。
人行道宽度参差不齐，过路空间感受性差。
内部道路不成连贯的网络系统，且布局不均匀，造成内部空间交通单调。

景观绿地分析

绿化基底　绿化景观
工业景观节点

基地内部绿化率为 9.4%，远低于工业用地绿化标准的 20%，绿地主要集中在工业博物馆地段与绿化带处。
其他部分有绿化基底，但并无绿化建设。
基地内部景观特色可分为工业遗址特色与后期设计景观特色。
工业遗产特色主要体现在保留的龙门吊和烟囱中。而后期设计景观特色为博物馆馆前广场和馆后小型游园。

39m
北一中路

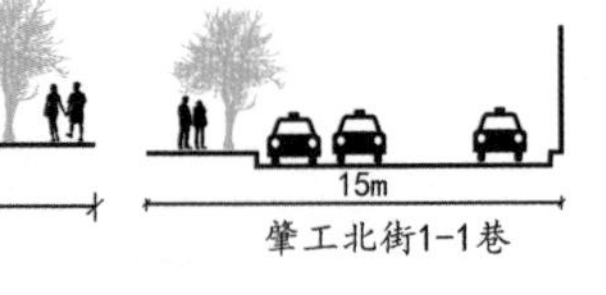

肇工北街1-1巷

26.4m
卫工北街

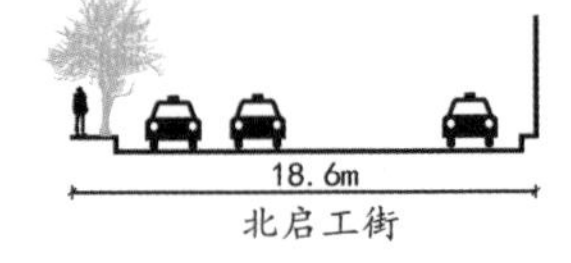

北启工街

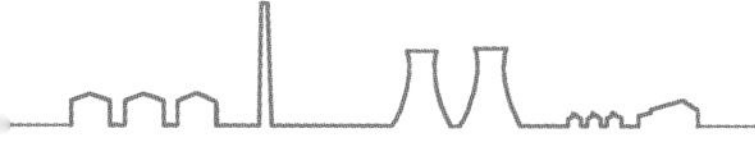

「飞廊走绿 旧城新生

——沈阳市工业遗产区域中国工业博物馆地段更新设计 -3-

SWOT

S 优势	W 劣势	O 机遇	T 挑战
工业遗存 潜在人群 交通便利	活力较低 设施匮乏 绿地较小	遗产长廊 转型经验 品质要求	寒地气候 同质现象 经济带动

目标定位 Aims

规划关键

联系整体

• 将铁西区工业文化地段、商业活力圈，以及周边中小学校联系起来，形成围绕铁西城区的文化商业走廊和围绕地段的教育文化带。

• 通过一系列慢行系统，建立地段内交通的绿色廊道，鼓励并带动周边辐射，形成更大范围的慢行道路体系。

• 贯穿整个区域的公共空间，使得地段成为一个更加安全、更具活力的聚焦场所，增加周边来访者的数量。

吸引商机和人流

• 通过文创模块与办公模块，吸引更多创业者的到来。

• 娱乐项目与教育项目的建设，将实现周边客源的聚集与城市其他地区潜在客源的到访。

• 商业区将为地区创造最直观的价值收益。

提升形象

• 开发方案将为周边居民提供就业岗位。

• 工业主题贯穿地段，提升参观者的归属感和认同度。

• 周期性的主题市场将不断地为地段注入新鲜活力。

地段定位

这将是一个

活力、 健康、 文化

交织共赢的生态活力街区

设计理念

从废弃车道到 飞廊走绿

FROM ABANDONED RAIL TO ECOLOGICAL BRIDGE

• 匹配工业遗产改造方向与基地发展定位
MATCH THE DIRECTION OF INDUSTRIAL HERITAGE TRANSFORMATION AND POSITION OF SITE

• 提升公共空间品质与使用体验
IMPROVE THE QUALITY AND EXPERIENCE OF THE PUBLIC REALM

• 彰显基地处于铁西区中独特的个性和地位
DEMONSTRATE THE UNIQUE PERSONALITY AND STATUS OF THE SITE IN TIEXI DISTRICT

生态桥	+	发展桥	+	生活桥	+	活力桥	+	文化桥
ECOLOGIC BRIDGE		DEVELOPMENT BRIDGE		LIVING BRIDGE		VITALITY BRIDGE		CULTURE BRIDGE
连接自然与城市		连接产业与用地		连接功能与社区		连接历史与新生		连接铁西与世界

飞廊

架于空中、用于联系的桥梁。它连接着各个功能区的主要建筑，布设在建筑的二层，拥有良好的视觉感受，构建空中的步行廊道。就气候条件而言，廊道所构筑的内部步行系统，可以使身处寒地地区的来访者避免冷风和雨雪的侵袭。就个人感受而言，通透的连廊途经各个特色场地给人多彩的景观实视线。

走绿

铺设在地面，进行交流交往的通道。这里的走绿有两层意义：一是慢行系统，绿色的人行方式使人们远离城市污染，体验健康的运动，慢行道路将贯穿整个基地，鼓励周边居民减少机动交通的使用，降低碳足迹；二是景观系统，特色主题的景观将引导人们在区域中的活动流线，享受自然环境带来的负氧离子。

设计策略 Strategies

切割

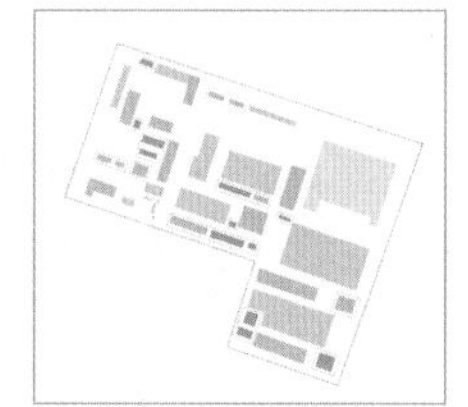

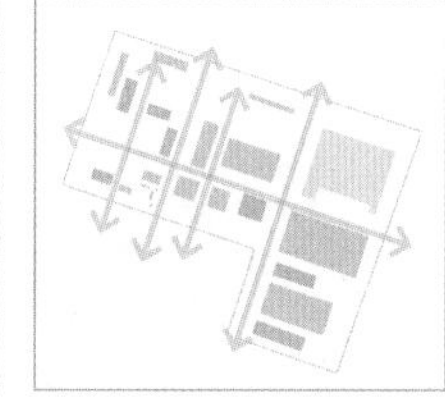

切割部分建筑中结构较差，或与建筑体量相违和的部分；拟构建视觉通廊，切除阻碍视线的建筑结构。

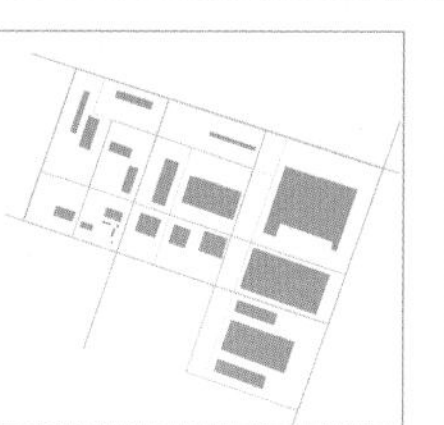

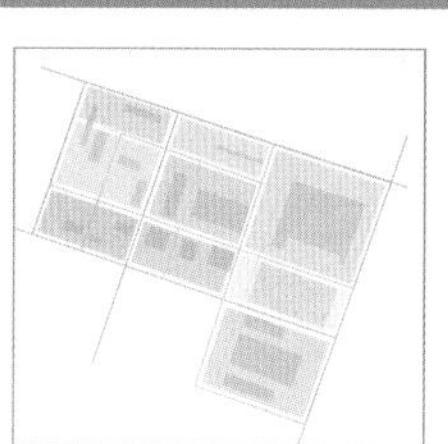

细化道路结构。添加一条机动车道，对基地进行界限的划分。结合视线通道创立慢行道与步行道。根据基地内部主要的道路结构，将基地整齐的切割为几个不同的功能单元。

缝补

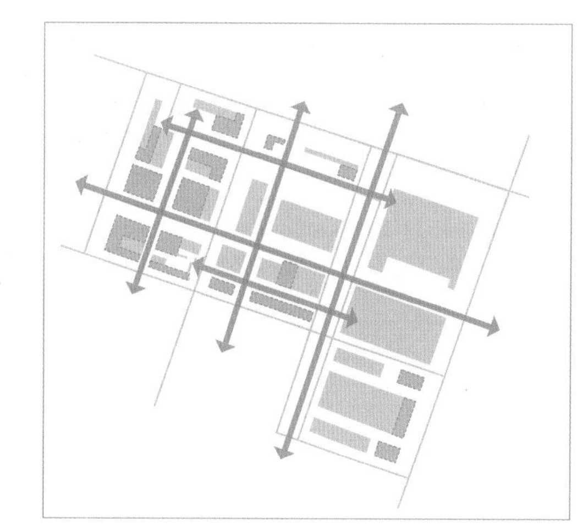

通过对建筑的限定，使建筑形成组群和院落结构，建筑群体形成边界。
在限定的空间内缝补新建筑，使每个区块中的建筑立面得到优化，使沿街建筑变得规整。

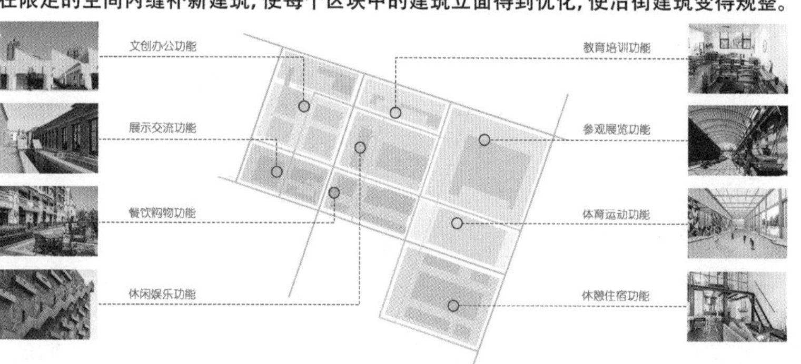

「飞廊走绿 旧城新生

—— 沈阳市工业遗产区域中国工业博物馆地段更新设计 -4-

编织

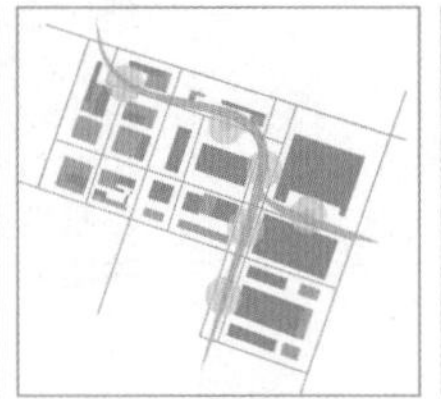

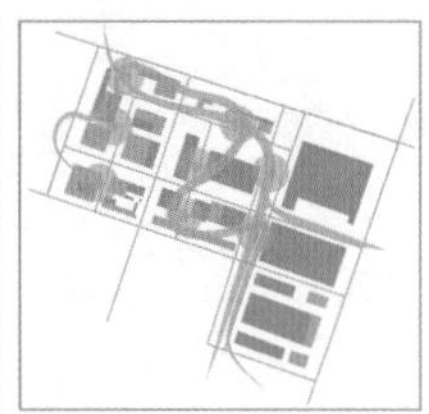

功能编织
各分区之间的功能相互协调，空中走廊将它们串联起来，构成上层的交通联系。

生态编织
景观廊道结合地段原有肌理，利用废弃火车道，创造出基地主要的生态长廊。

活力编织
飞廊走绿将由静区至动区，最终归于一天的结束。

设计过程 Design Idea

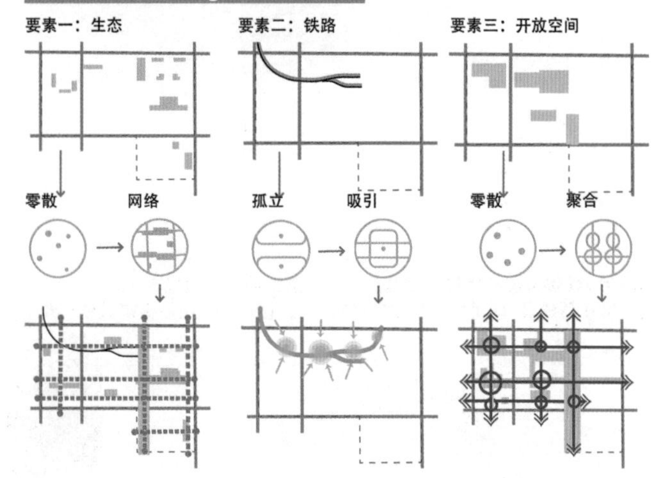

建筑的改造

连接二层建筑，行成玻璃走廊

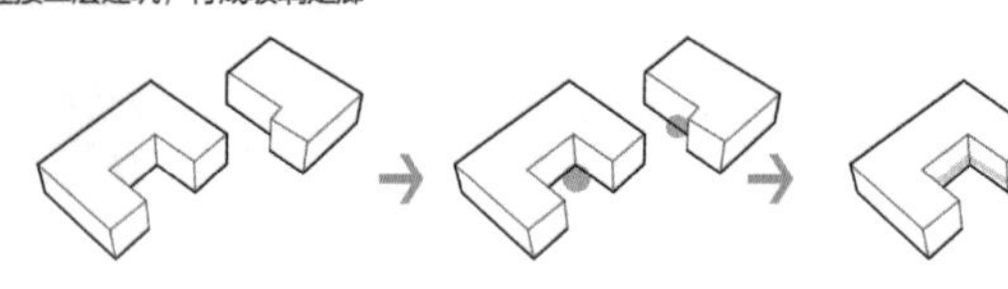

思路形成过程

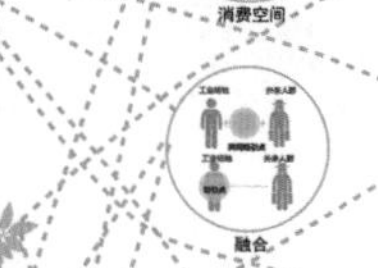

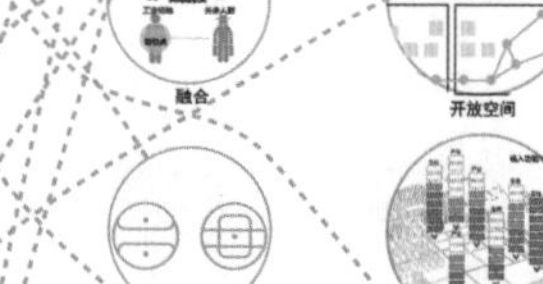

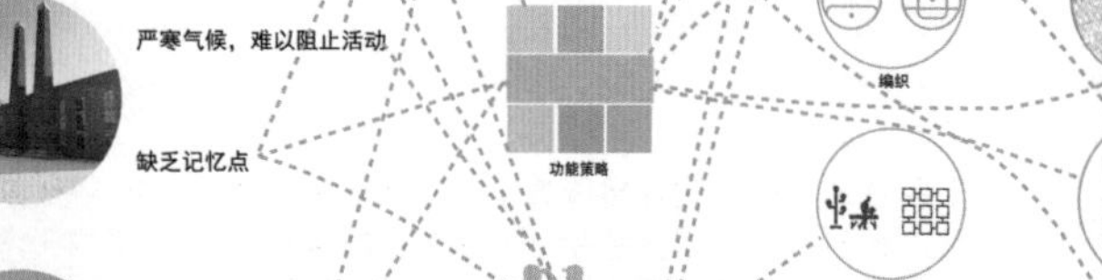

空间随功能复合

如何组织空间使得各式人群能在同一时间同一地点各得其所。

活力城示意

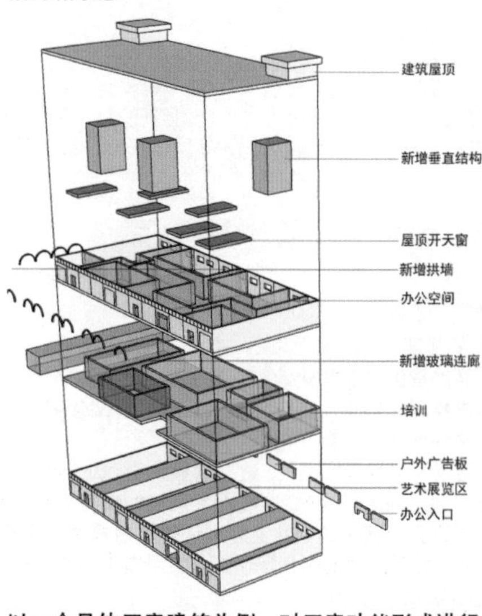

以一个具体厂房建筑为例，对厂房功能形式进行改造：增加建筑屋顶，增加垂直结构，开屋顶天窗，增加办公空间，增加玻璃连廊，增加艺术展览区等，结合具体功能以此为例，应用于整个地块。

融合

融合方式一：置换

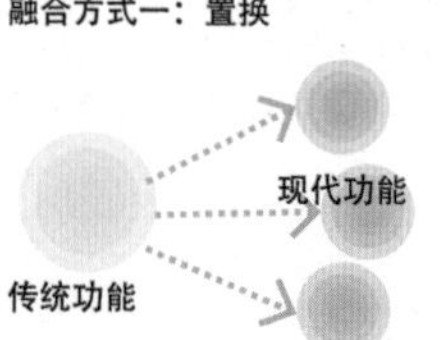

通过对工业功能进行联系性置换，即依据工业功能的功能特质选择合适的现代功能进行置换，使之满足现代生活的需要。

融合方式二：扩散

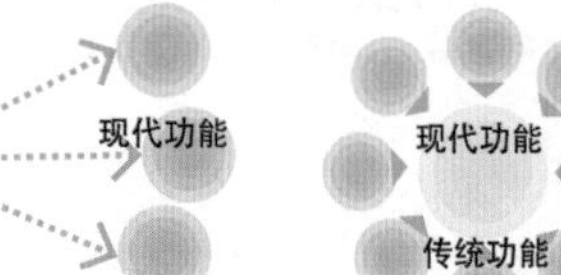

通过对工业功能自身使用价值的扩散作用，植入与之相适应的现代功能，最终形成融合的功能体。

「飞廊走绿 旧城新生

——沈阳市工业遗产区域中国工业博物馆地段更新设计 -5-

融合方式一：改造　　融合方式二：新建

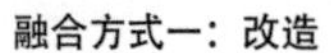

利用现代建筑空间形态（虚空间）玻璃体和廊架，植入到工业形态中，使两者融合。

通过对工业功能自身使用价值的扩散作用，植入现代功能，最终形成融合的功能体。

行为的融合

工业场地和外来人群共同对某一行为发生兴趣，两类人群可体验到不同的行为方式。

基地特有的工业活动行为成为行为发生融合吸引点，外来人群和工业场地都想去彼此的地方。

虚空间的融入（改造）

通过对功能融合方式以及功能转换的分析，在基地内进行合理的功能分区，同时区内又体现功能的多样混合性。

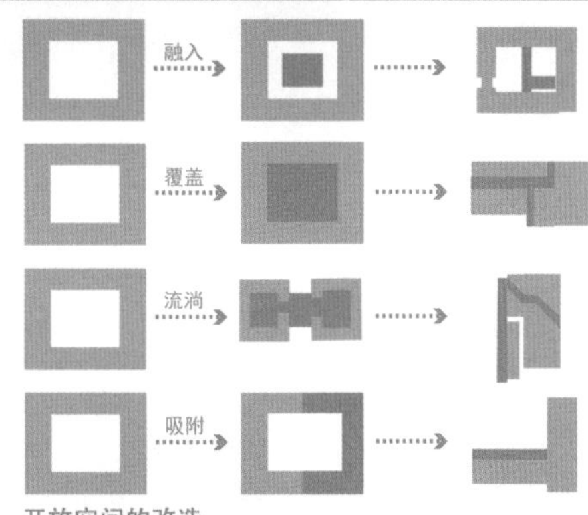

开放空间的改造

拆除建筑 放开空间 激活节点　　单一层次垂直空间的交流

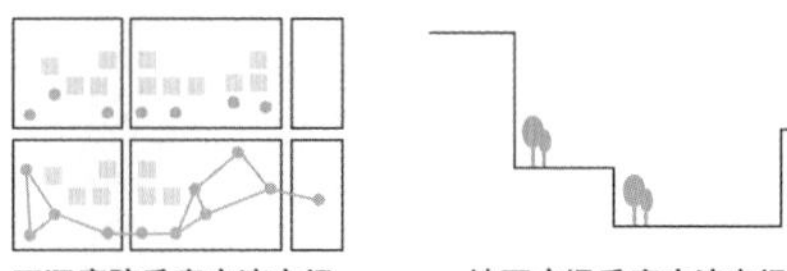

下沉庭院垂直交流空间　　地面广场垂直交流空间

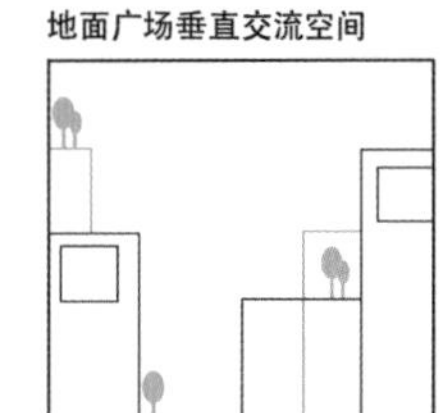

步行行为分析

双向座椅为人们提供多角度的观看条件。

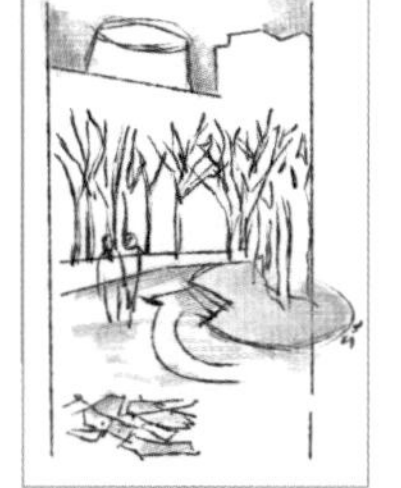

丰富的道路使得步行者更加轻松自由。

休闲功能的加入使得步行街更有活力，服务各年龄阶段的使用者。

更加有效地利用面积把步行者吸引到场地的中央也成为设计的出发点。

在夜晚人们更愿意在灯光下活动。

空旷的空间无人问津，而边缘空间更受步行者的喜爱。

成角度或以围合的形式摆放的座椅更利于人们交谈。

街道或者广场中心设有售货亭。

人行活动流线

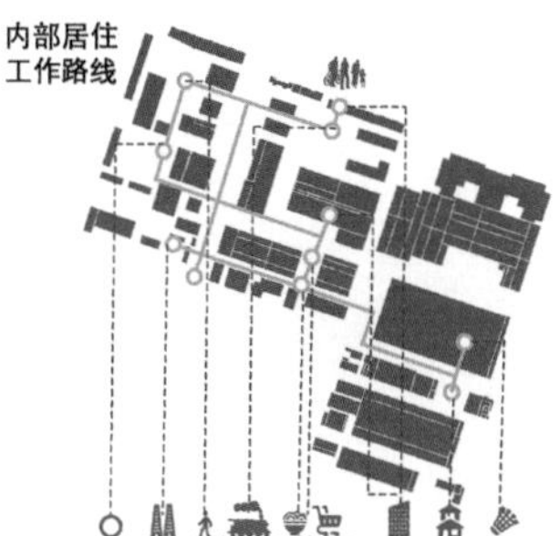

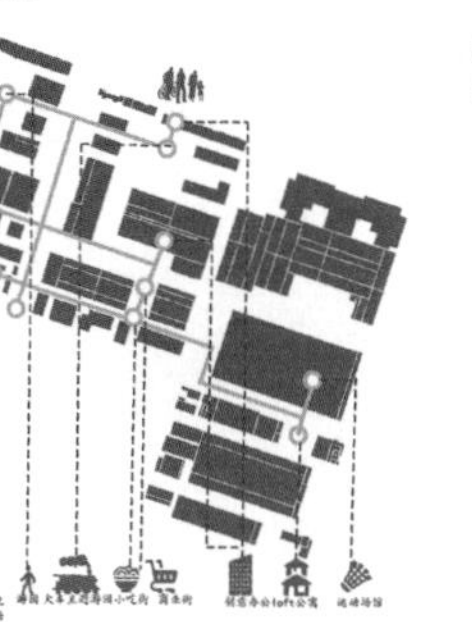

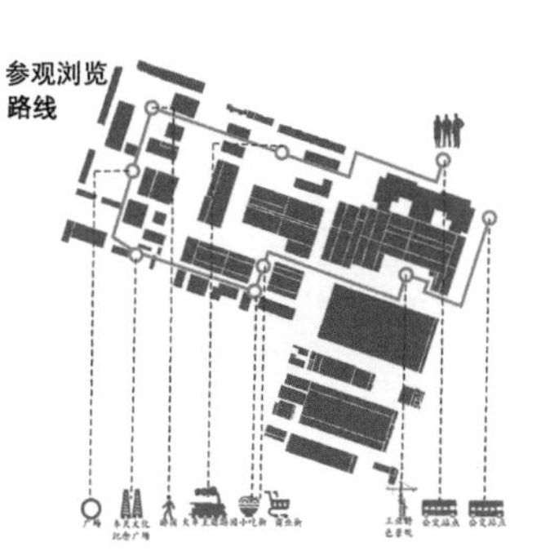

总体设计 General Design

空间结构　　道路系统　　公共空间

支路
公交站点
商业主界面
主要公共空间
景观节点
主要商业中心

城市快速路
城市次干路
支路
慢行道

主要步行空间
广场空间
公园绿地
半私密庭院空间
防护绿带

「飞廊走绿 旧城新生

沈阳市工业遗产区域中国工业博物馆地段更新设计 -6-

消防流线分析

用地性质

绿地系统

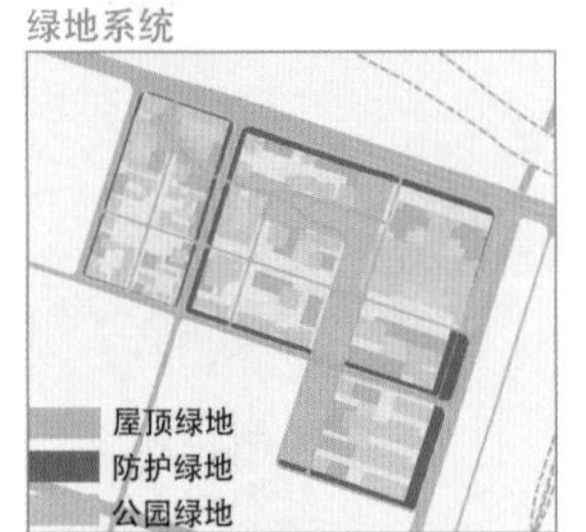

建筑高度

地面层人行系统

上层人行系统

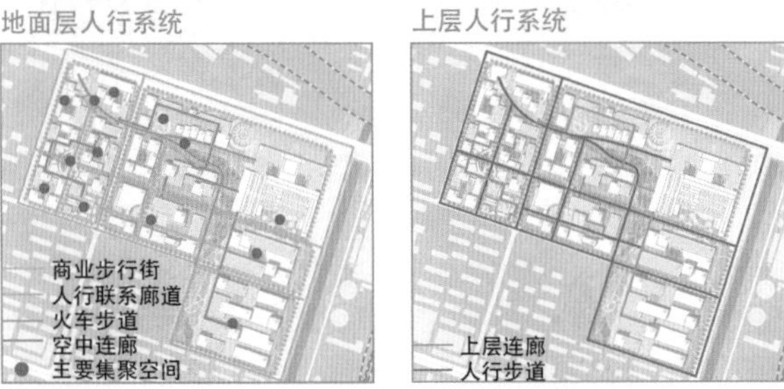

景观结构

功能结构

总平面图

用地代码	用地名称		用地面积 (hm²)	占城市建设用地比例 (%)
R	居住用地		2.85	7.31
A	公共管理与公共服务设施用地		10.06	25.82
	其中	A1行政办公用地	0.00	0.00
		A2文化设施用地	7.31	18.76
		A3教育科研用地	0.00	0.00
		A4体育用地	2.75	7.06
		A5医疗卫生用地	0.00	0.00
		A6社会福利用地	0.00	0.00
		A7文物古迹用地	0.00	0.00
		A8外事用地	0.00	0.00
		A9宗教用地	0.00	0.00
B	商业服务设施用地		14.20	36.45
		B1商业用地	8.88	22.80
		B2商务用地	2.57	6.59
		B3娱乐康体用地	2.75	7.06
M	工业用地		0.00	0.00
W	物流仓储用地		0.00	0.00
S	道路与交通设施用地		7.34	18.87
	其中：城市道路用地		7.34	18.87
H11	绿地与广场用地		4.50	11.55
	城市建设用地		38.95	100.00

经济技术指标		
名称	数值	单位
规划用地面积	38.95	hm²
建筑占地面积	13.6	hm²
总建筑面积	587036	m²
容积率	1.5	
建筑密度	35	%
绿地率	47	%
平均建筑层数	4.2	层
停车数	3000	位

「飞廊走绿 旧城新生

——沈阳市工业遗产区域中国工业博物馆地段更新设计 -7-

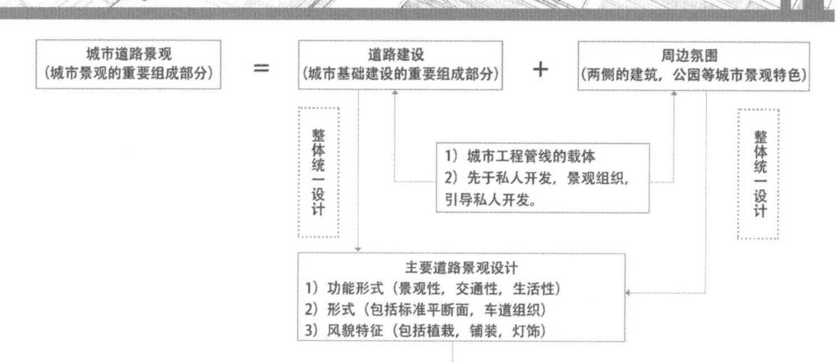

道路名称	功能类型	车道组织	风貌特征	图例
26m城市干道	景观性，交通性	机动车道为主，兼顾人行和非机动车，增加停车	休闲、规则、都市	
23m城市干道	景观性，交通性	机动车道为主，兼顾人行和非机动车及停车	大气、活跃、规则	
23m城市干道	景观性，交通性	机动车道为主，兼顾人行和非机动车	浪漫、休闲、活跃	
7m 慢行道	景观性，生活性	人行和非机动车	生活气息、悠闲，舒适	

专项规划 Special Plan

道路标准段设计

26m城市干道剖面图

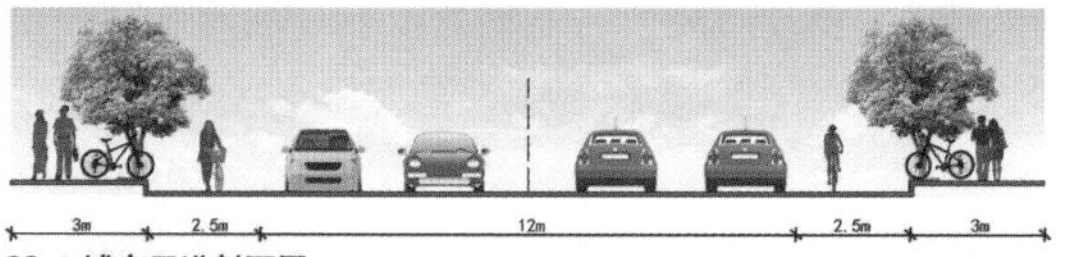
23m城市干道剖面图

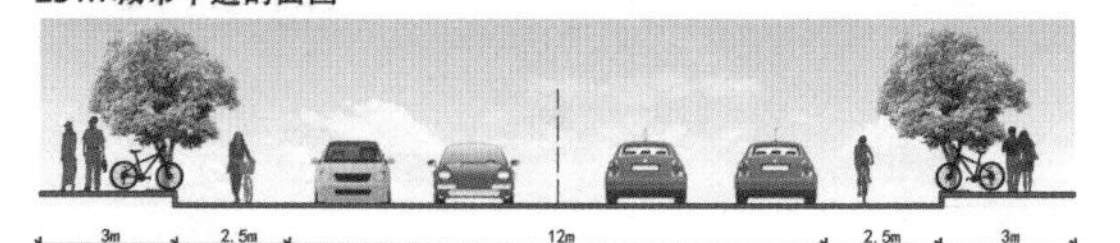
23m城市干道剖面图

7m慢行道剖面图

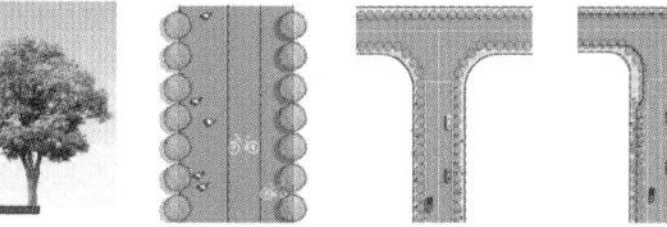
7m平面图 23m平面图 26m平面图

功能复合度

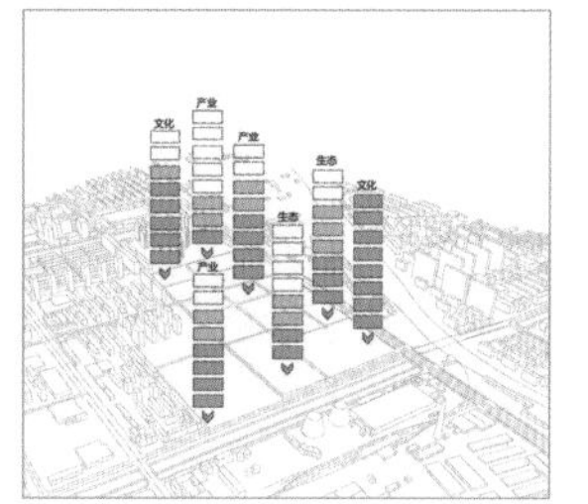

生态基础设施

基地情况概述

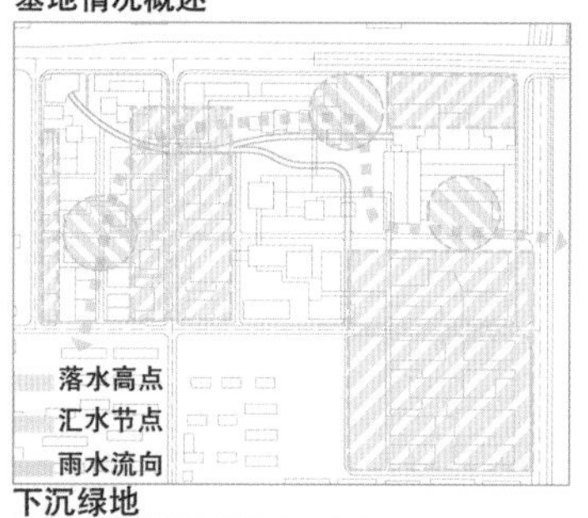

屋顶绿化

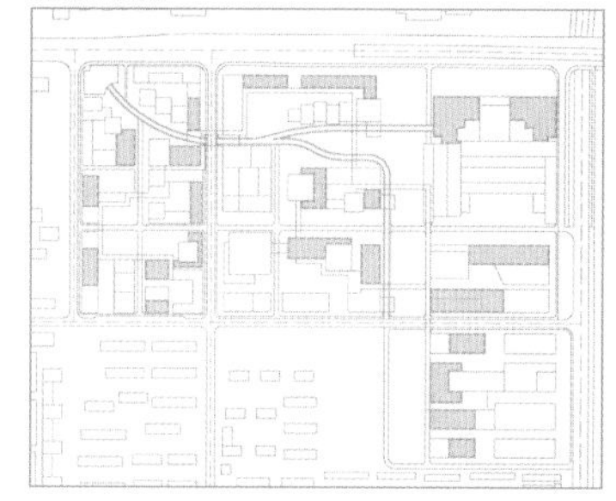

下沉绿地

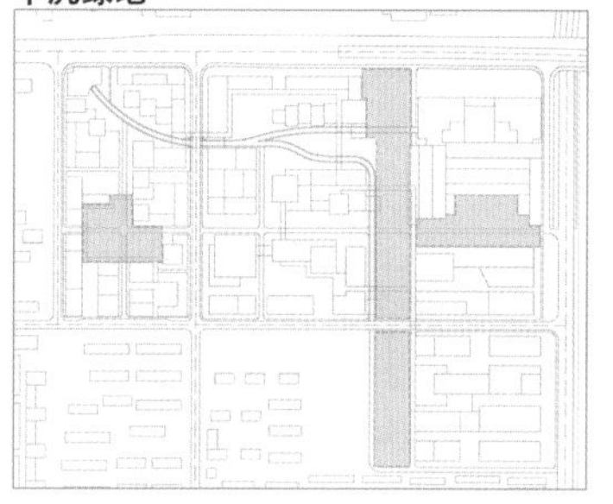

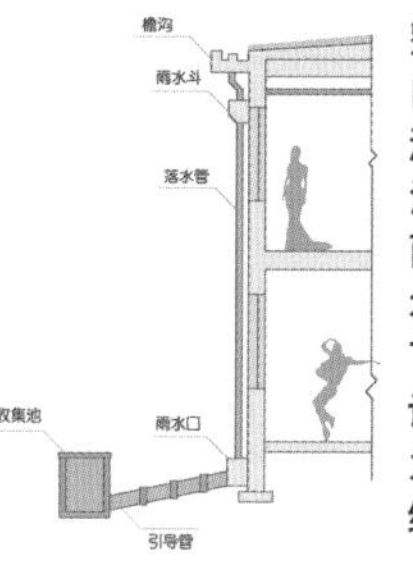

整体生态结构由下垫面、下沉绿地、植草沟、屋顶花园、雨水系统、汇水装置构成。下沉绿地为铺设辅助下垫面为基础的下沉绿地。

「飞廊走绿 旧城新生

——沈阳市工业遗产区域中国工业博物馆地段更新设计 -8-

局部放大图

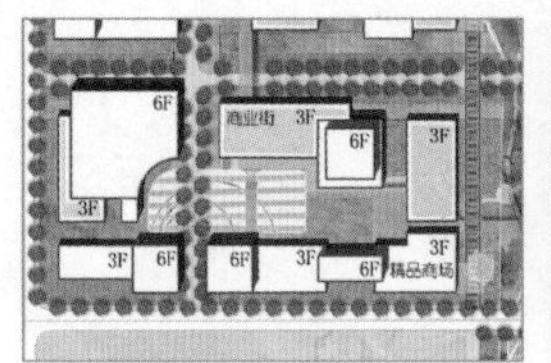

商业餐饮单元亮点
建筑与中央广场流线相贴合，形成围合结构；横向穿行使人的视线范围产生收-放-收的变化。

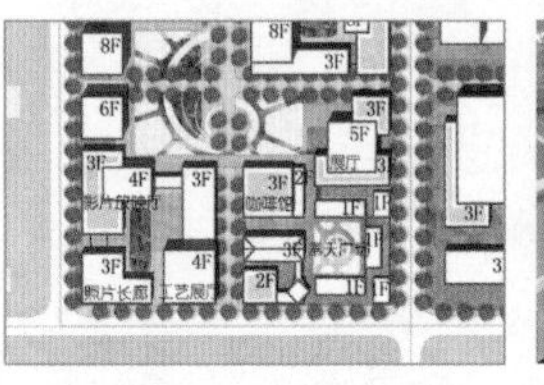

文化展览单元亮点
保留奉天工厂工业遗产，并设计奉天广场；照片展示部分呈“回”字形，尽可能创造开放空间。

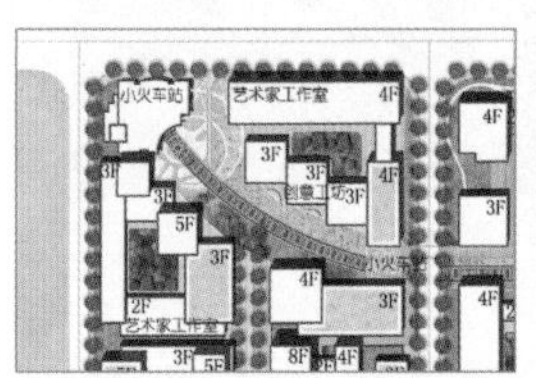

文创办公单元亮点
小火车站的起点兼具展示与景观节点的功能；艺术家工作室创造出景观中庭，提供休憩空间。

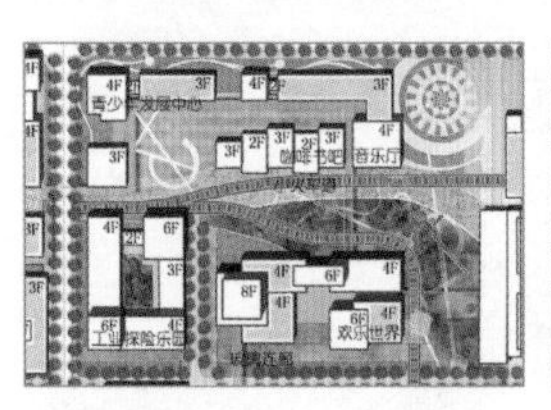

娱乐活力单元亮点
火车特色景观公园是该单元最大的亮点，运用废弃火车道，添加新的景观元素，引人参观。

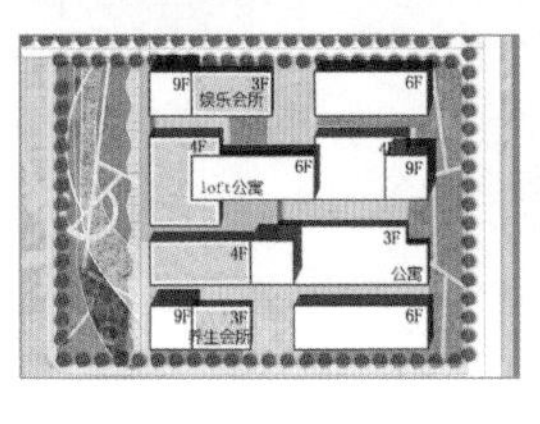

居住休闲单元亮点
建筑分为三种形式，建筑间距错落排列；公寓支持地下停车；小火车站公园延续景观特色。

下沉绿地

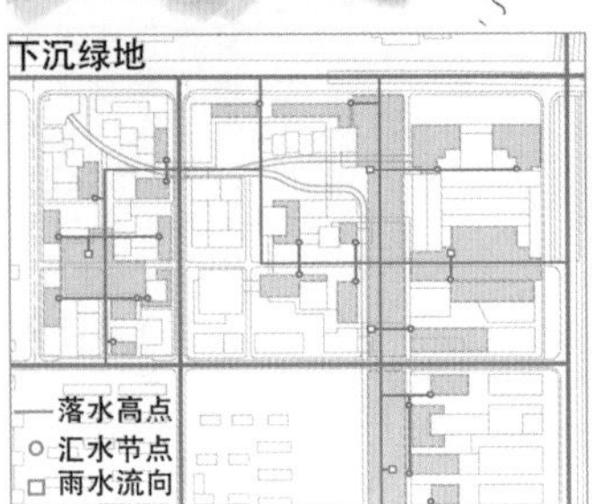

雨水收集系统

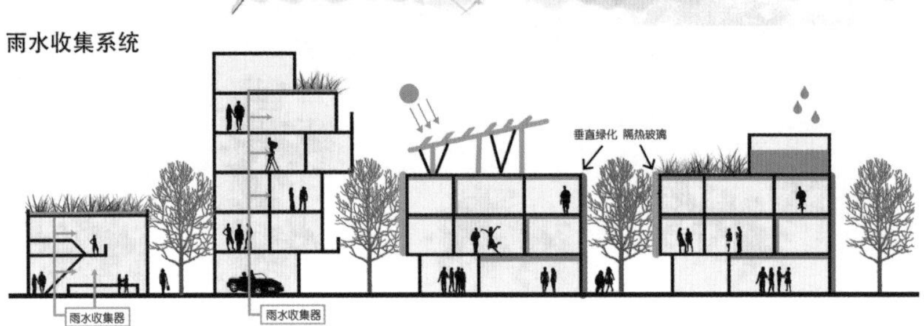

北京工业大学

Beijing University of Technology

济南大学
大连理工大学
北京工业大学
吉林建筑大学
山东建筑大学
天津城建大学
内蒙古工业大学
北京建筑大学
沈阳建筑大学

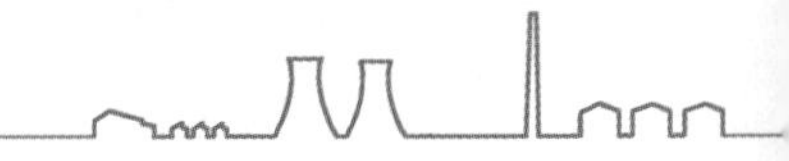

基于多源数据分析的城市更新地段城市设计研究

Urban Design Based on Multi-source Data of Renewal Area

指导老师

武凤文副教授

沈海热电厂组组员

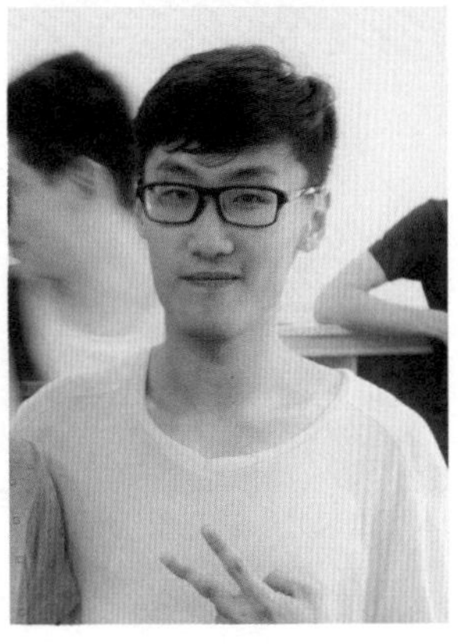

张启曾

主要收获——

毕业设计，是我们大学里的最后一道大题，虽然这次的题量很大，看起来困难重重，但是当我们实际操作起来，又会觉得事在人为。只要认真对待，所有的问题也就迎刃而解。在规划设计之前，对地块现状以及保留建筑进行调研的过程是必不可少的，这也是相对而言比较耗费精力的，然而由于疫情的影响无法实地考察，所以采取线上调研的形式，是这次毕设的一点遗憾；在进行规划定位方面则需要大量数据的搜集整理以及分析推导，一步一步解决地段问题，并通过植入运动康体服务功能为地块带来活力；在设计阶段，建模是最耗时耗力的部分，不仅需要强大的耐心完成庞大的工作量，还需要活跃创新的思维避免陷入怪圈。

在独立完成设计的过程中，我有以下收获：一、遇到什么疑惑的问题应该首先自己独立地思考，而不是未加思考就随便问，这样不仅无法切实地提高思考能力，而且也是一种消极态度的反映。在设计的过程中，我们当然要仔细聆听老师们的见解，可是自己的领悟更重要。而这些独立领悟的东西才是真正深入到我的思维习惯和思维特性中去的内核部分。二、在实际规划过程中要高度集中注意力，按计划完成任务，不能心猿意马，三心二意，这样容易造成时间安排不合理，要素遗漏。

经过专家指导后我了解到：一、应增强前期研究结论的延伸，增强与后期设计阶段的关联性。二、学生阶段规划设计可适当跳出实际，鼓励设计与创新。三、应进一步明确植入功能与特定保护建筑与场所的关联。四、应进一步深化城市设计技术性管控。

指导老师

高璟讲师

团队感言——

今年在新冠疫情的特殊环境，北京工业大学城建学部由武凤文老师带队参加了第二届北方规划教育联盟联合毕设，由于疫情，本次毕设成了最具有特色的云端联合毕设，学生和老师们利用云上现场调研，云上交流和云端答辩，呈现出让老师、专家和设计属地满意的成果，这次联合毕设是老师和学生们终生难忘的最具有特色的，希望北方联盟联合毕设为更多的高校师生架起沟通的桥梁。

北京工业大学城建学部 2015 级学生任伊晗和张启曾同学参加了本次联合毕设，在教师团队的指导下，进行了多轮方案比对，在工业遗产资源挖掘、确定目标人群、设计定位、产业筛选、方系构思和节点设计等方面进行了反复研讨与斟酌，最后呈现给大家优秀的设计成果。在此谨向各位老师的悉心付出和各位同学的不懈努力致以最诚挚的祝福！虽有很多不舍，但是雏鹰终将翱翔，祝同学们在新的校园里展翅高飞！衷心祝愿北方联盟联合毕业设计越办越好！

——武凤文

此次多所北方高校联合毕业设计促进了不同地区学校间的交流与讨论。规划类高校学子相互切磋，大展身手，体现了不同学校的办学特色与优势。虽然正值 2020 年春夏新冠肺炎疫情横行，但联合毕设从选题、开题、云调研、中期交流、终期答辩等环节都非常成功，老师与同学们的热情丝毫没有受其影响。作为指导老师，很荣幸参与其中，收获良多。

——高璟

毕业设计完成后，我参加了联合毕设答辩，有幸见识到了各路人才们的优秀方案，每组方案都独具特色，让我眼前一亮受到启发。专家老师们精彩的点评更是一针见血，帮我更深入的了解各方案的亮点和不足，让我学到很多不同的规划设计思路。

我非常开心能够参加北方联盟的联合毕设，这是一次非常难得的交流机会，也非常荣幸能够与大家分享自己的方案并得到专家老师们的指点。感谢在规划设计过程中指导和帮助我的北京工业大学建规学院武凤文、高璟老师，同时，还要感谢一起讨论方案分享资料的任伊晗同学以及分享调研资料的沈阳的同学们！大家在这次联合毕设中互相学习，互相帮助，共同度过了一段美好而难忘的时光。

——张启曾

沈海热电厂及东贸库地段更新设计

Shenhai Heat & Power Plant and Dongmaoku Area Urban Renewal

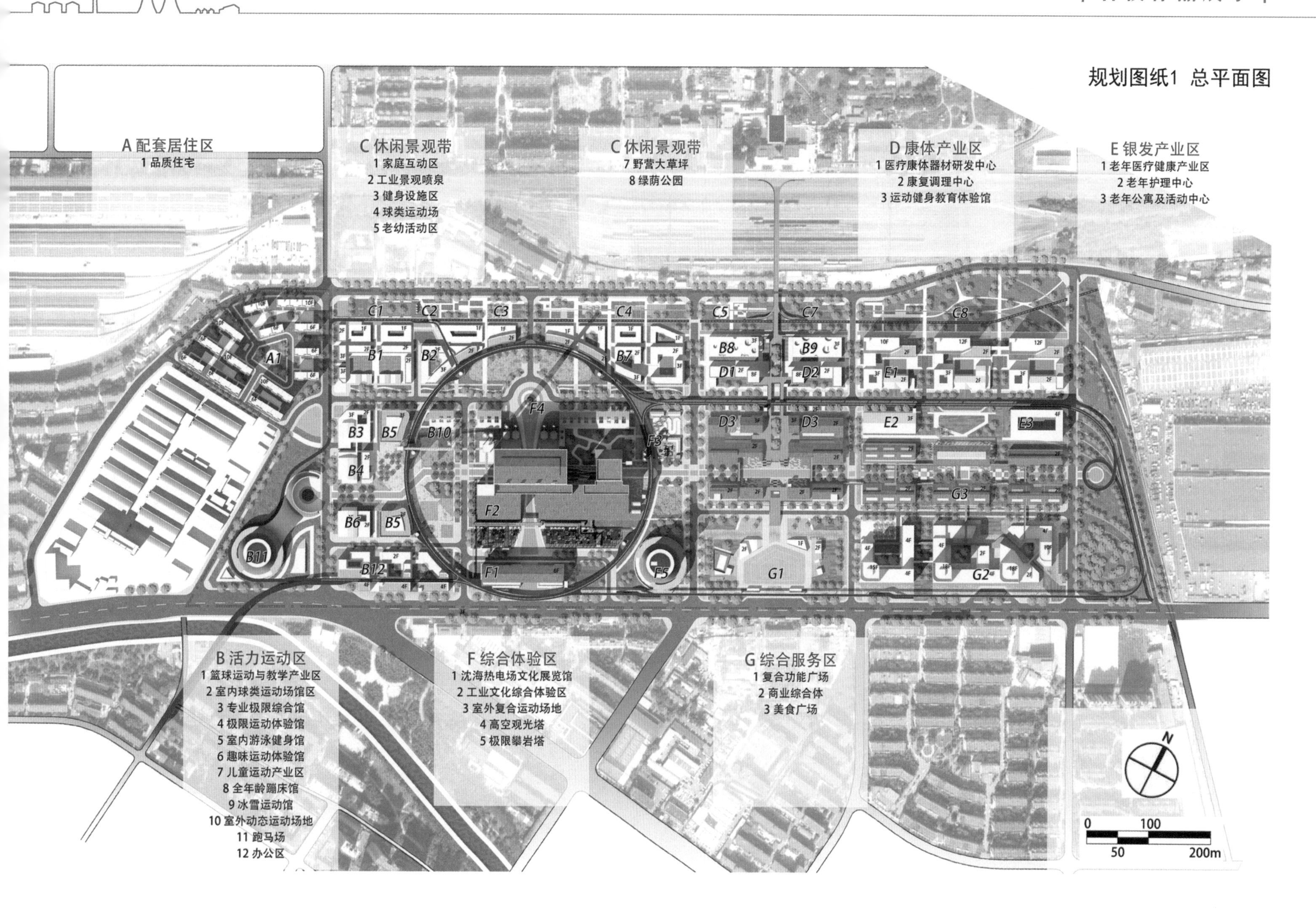
规划图纸1 总平面图
A配套居住区
1 品质住宅
C休闲景观带
1 家庭互动区
2 工业景观喷泉
3 健身设施区
4 球类运动场
5 老幼活动区
C休闲景观带
7 野营大草坪
8 绿荫公园
D康体产业区
1 医疗康体器材研发中心
2 康复调理中心
3 运动健身教育体验馆
E银发产业区
1 老年医疗健康产业区
2 老年护理中心
3 老年公寓及活动中心
B活力运动区
1 篮球运动与教学产业区
2 室内球类运动场馆区
3 专业极限综合馆
4 极限运动体验馆
5 室内游泳健身馆
6 趣味运动体验馆
7 儿童运动产业区
8 全年龄蹦床馆
9 冰雪运动馆
10 室外动态运动场地
11 跑马场
12 办公区
F综合体验区
1 沈海热电场文化展览馆
2 工业文化综合体验区
3 室外复合运动场地
4 高空观光塔
5 极限攀岩塔
G综合服务区
1 复合功能广场
2 商业综合体
3 美食广场
N
0 100
50 200m

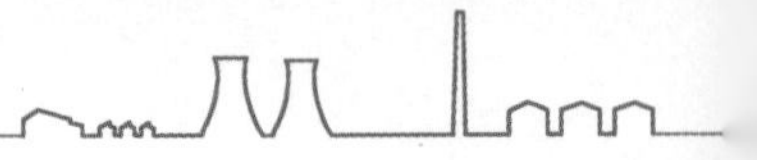

规划图纸2 鸟瞰图

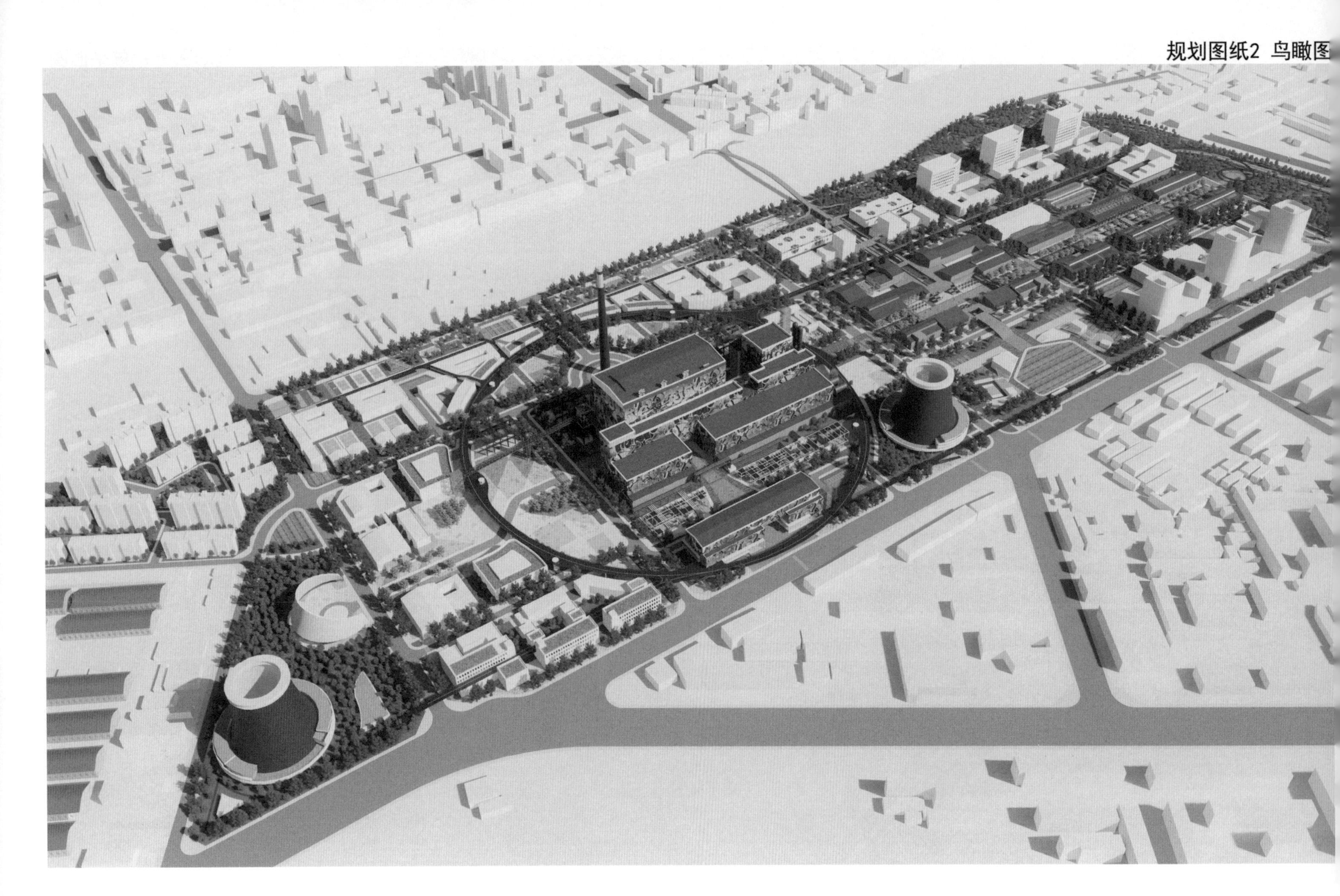

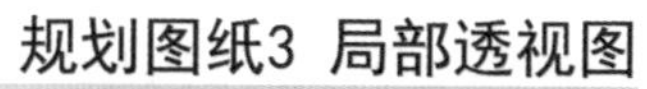

规划图纸3 局部透视图

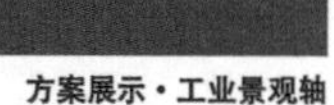

枢纽

从热电厂建筑中央穿越而成，塑造仪式感，强调工业文化氛围，以步行的方式带领人群进入综合体验区内部空间，并通过支路引导人群分流进入其他区域。

方案展示・工业景观轴

独具沈阳工业特色的带状公园。为周边居民和前来观光的游客提供满足游憩、嬉戏、运动、野餐等多种需求的生态绿色空间。

方案展示・休闲绿道

工业建构筑物经改造成为观光建筑和运动健身场所。

方案展示・慢行环形

仓储建筑物经适当改造，并注入餐饮及零售功能。

方案展示・步行街

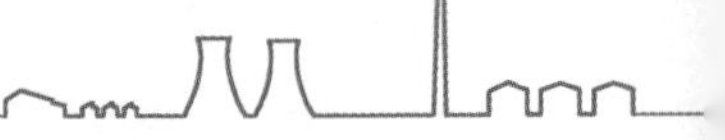

规划图纸4 用地功能规划图

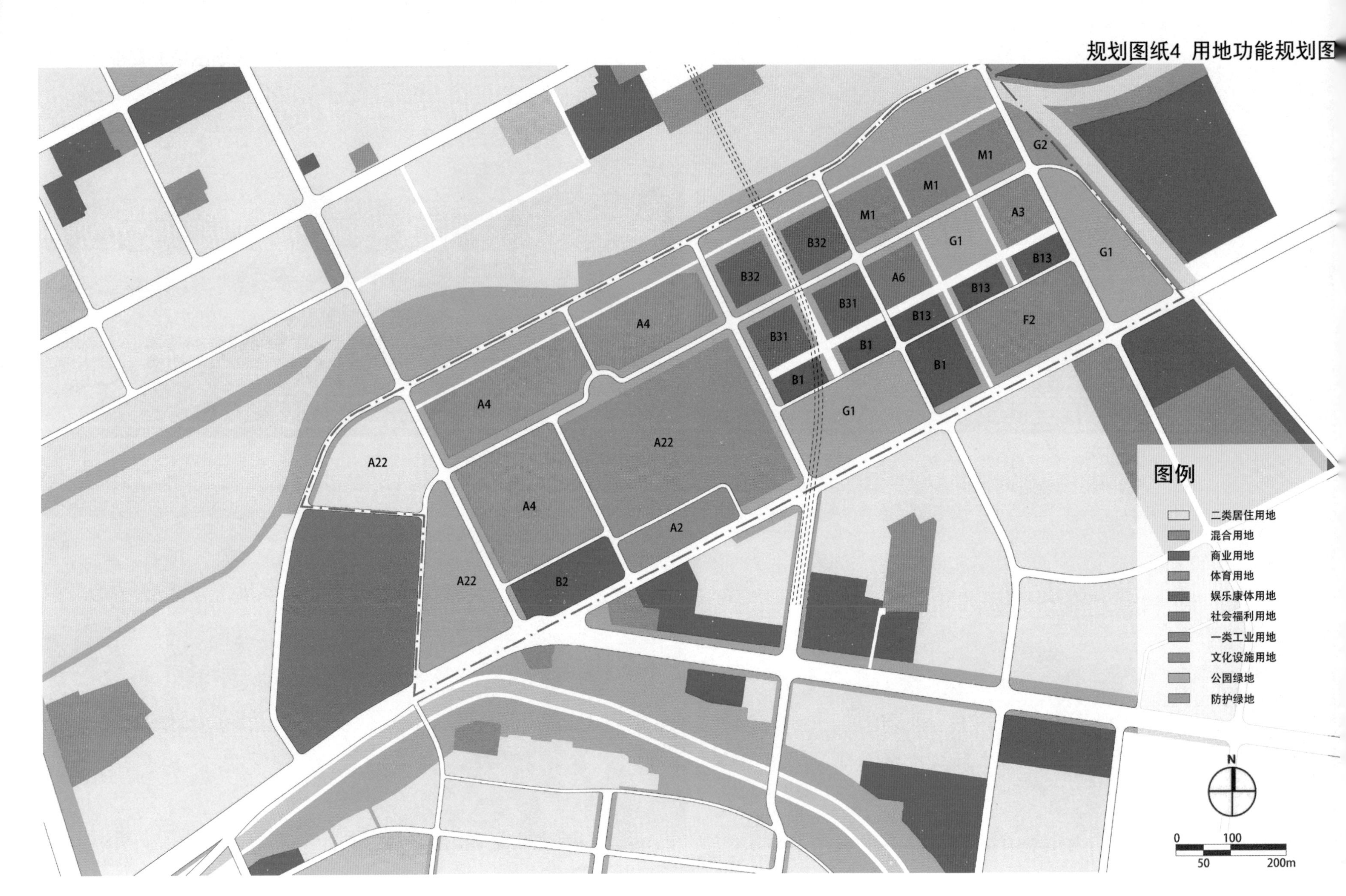

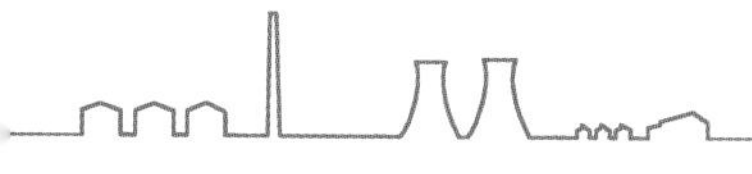

规划图纸5

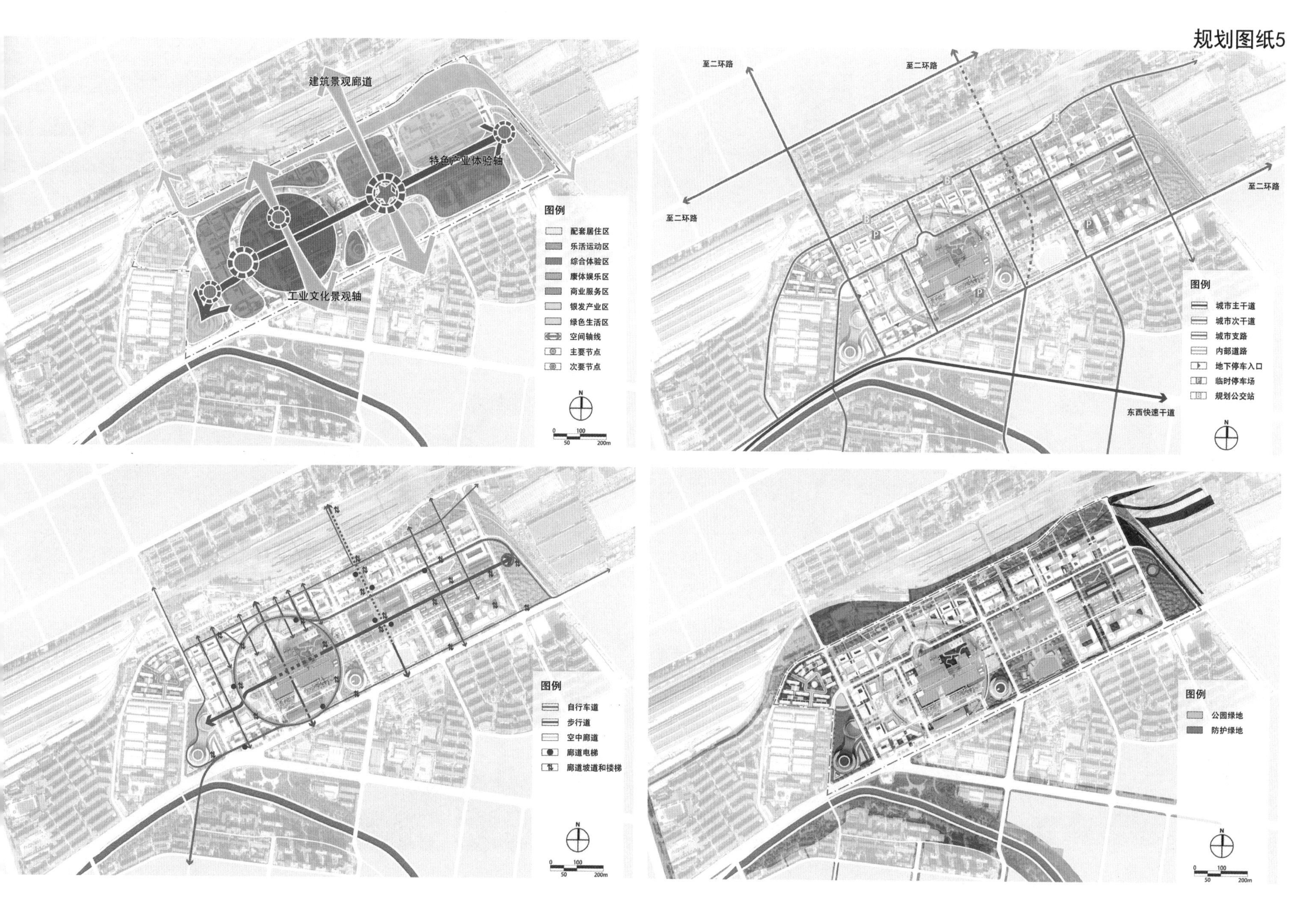
建筑景观廊道
特色产业体验轴
工业文化景观轴
图例
配套居住区
乐活运动区
综合体验区
康体娱乐区
商业服务区
银发产业区
绿色生活区
空间轴线
主要节点
次要节点
至二环路
至二环路
至二环路
至二环路
东西快速干道
图例
城市主干道
城市次干道
城市支路
内部道路
地下停车入口
临时停车场
规划公交站
图例
自行车道
步行道
空中廊道
廊道电梯
廊道坡道和楼梯
图例
公园绿地
防护绿地

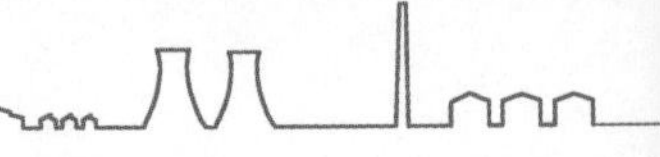

规划图纸6 节点放大图

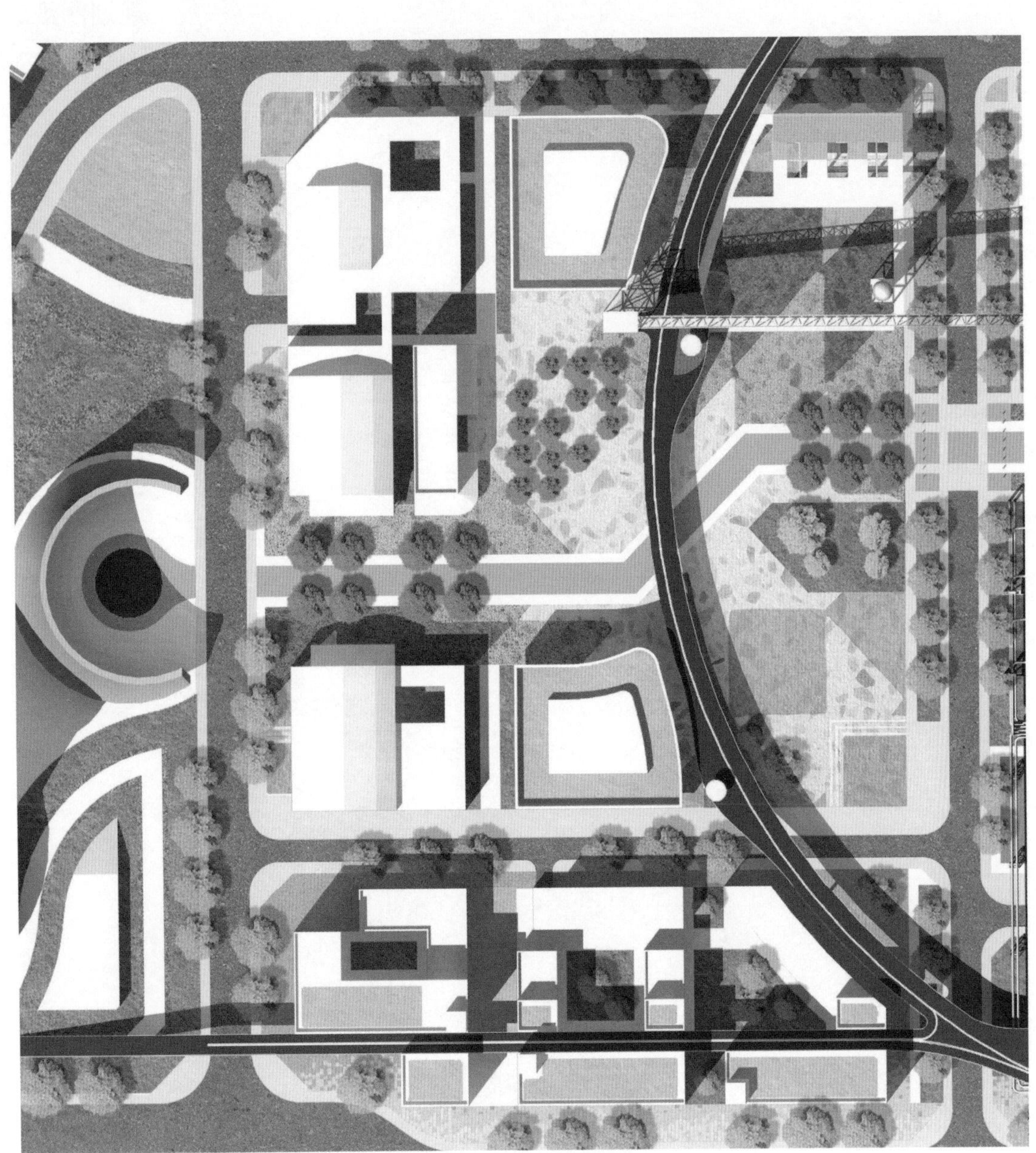

乐活运动区平面放大图

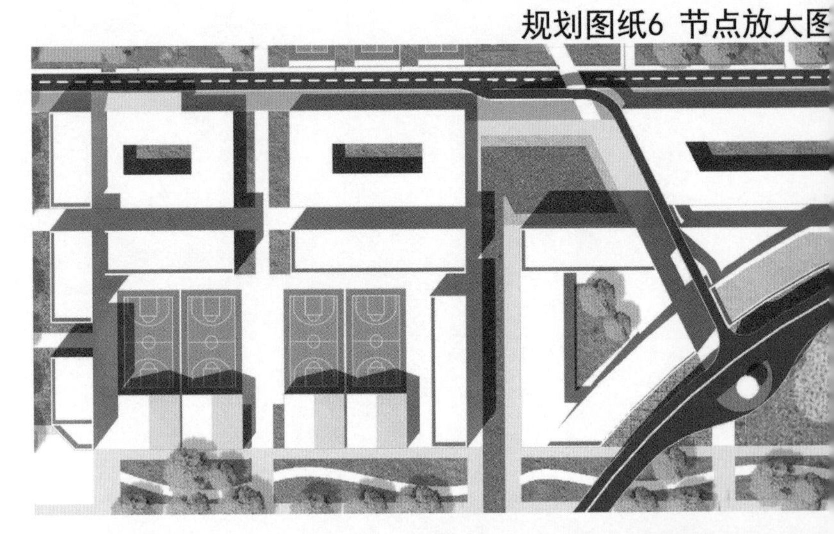

规划图纸7 节点放大图

综合文化体验区平面放大图

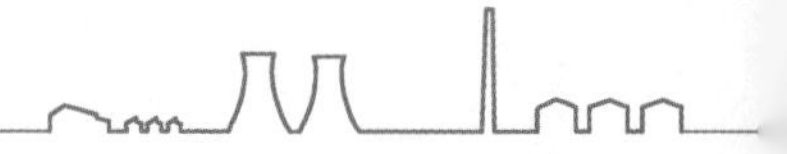

规划图纸8 节点放大图

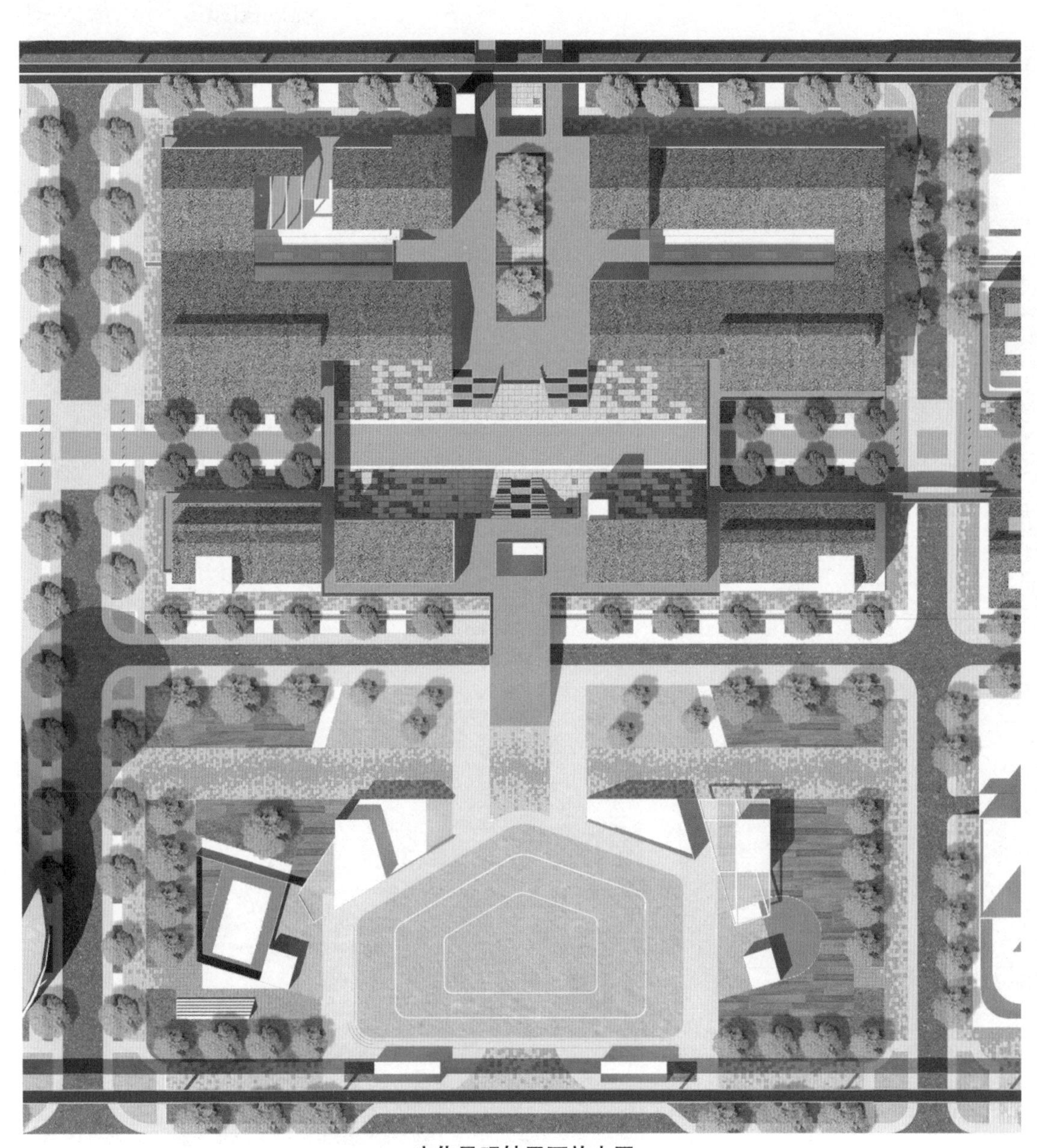

文化景观轴平面放大图

主广场：营造区域中心感的复合功能广场。应满足不同时间不同季节不同活动的需求，可作为集散广场，疏散场地，滑冰场，活动展演场地，产品展销等。

规划图纸9 节点放大图

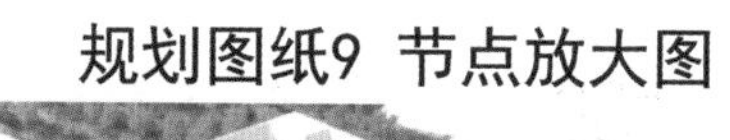

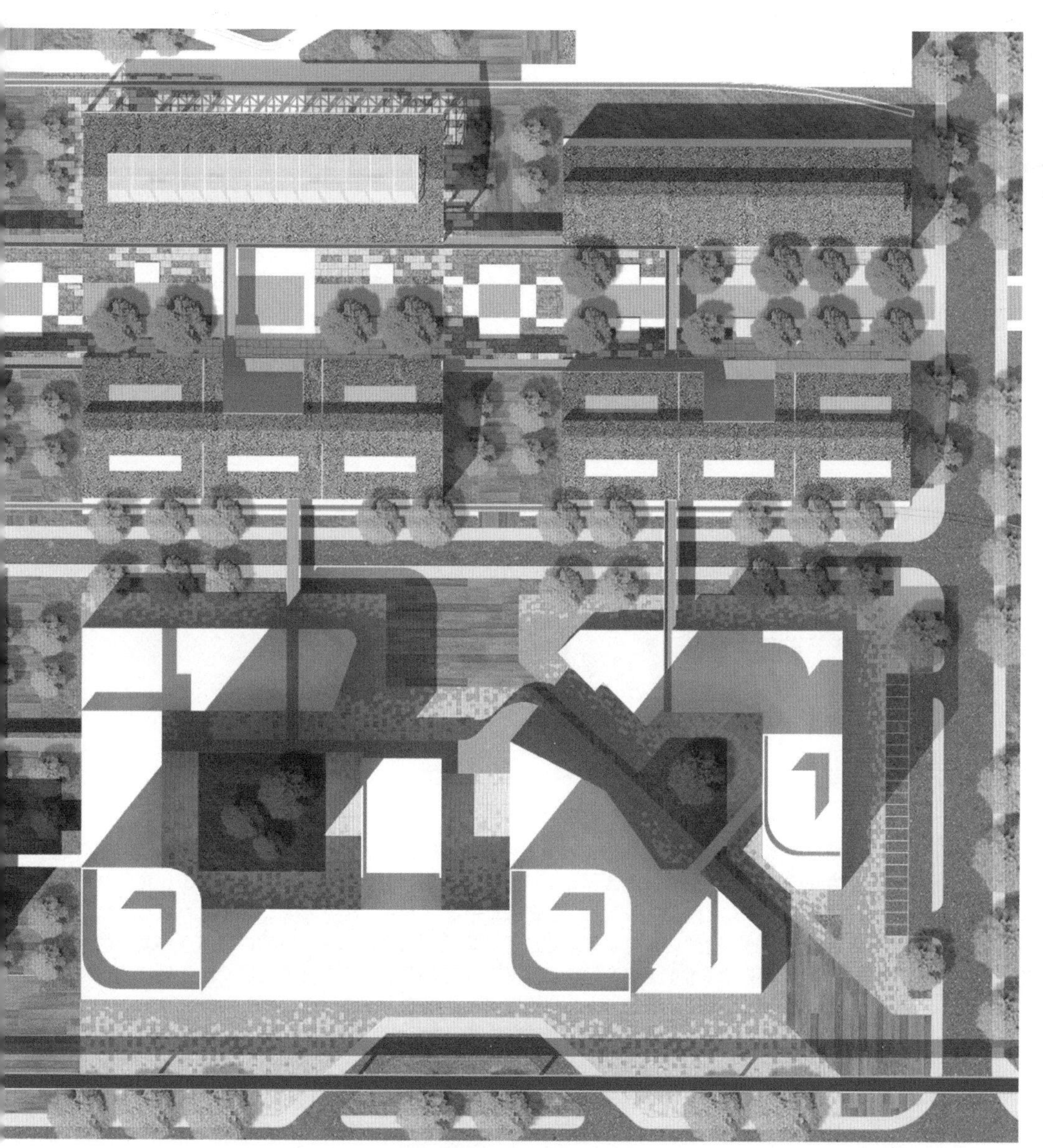

商业服务区平面放大图

基于多源数据分析的城市更新地段城市设计
——沈阳中国工业博物馆地段

北京工业大学

Urban Design of Urban Renewal Area Based on Multi-source Data Analysis——Industrial Museum Shenyang China

指导教师：武凤文

今年在新冠疫情的特殊环境，北京工业大学城建学部由武凤文老师带队参加了第二届北方规划教育联盟联合毕设，由于疫情，本次毕设成为了最具有特色的云端联合毕设，学生和老师们利用云上现场调研，云上交流和云端答辩，呈现出让老师、专家和设计属地满意的成果，这次联合毕设是老师和学生们终生难忘的毕业设计，希望北方联盟联合毕设为更多的高校师生架起沟通的桥梁。

北京工业大学城建学部 2015 级学生任伊晗和张启曾同学参加了本次联合毕设，在教师团队的指导下，进行了多轮方案比对，在工业遗产资源挖掘、确定目标人群、设计定位、产业筛选、方案构思和节点设计等方面进行了反复研讨与斟酌，最后呈现给大家优秀的设计成果。在此谨向各位老师的悉心付出和各位同学的不懈努力致以最诚挚的祝福！虽有很多不舍，但是雏鹰终将翱翔，祝同学们在新的校园里展翅高飞！衷心祝愿北方联盟联合毕业设计越办越好！

指导教师：高璟

此次多所北方高校联合毕业设计促进了不同地区学校间的交流与讨论。规划类高校学子相互切磋，大展身手，体现了不同学校的办学特色与优势。虽然正值 2020 年春夏新冠肺炎疫情横行，但联合毕设从选题、开题、云调研、中期交流、终期答辩等环节都非常成功，老师与同学们的热情丝毫没有受其影响。作为指导老师，很荣幸参与其中，收获良多。

作者：任伊晗

在本科学习的最后一学期，武凤文老师与高璟老师共同指导了我参加了挑战与机遇并存的第二届北方联盟联合毕设。在今年新冠疫情的背景下，老师与学生们采取了网上云调研、云指导、云答辩的形式，虽然过程中遇到了种种困难，但效果依旧良好，并且具有特色。

北方联盟联合毕设的参与院校都非常优秀，能够在毕业前的最后阶段，与各个学校的同学们进行相互切磋、相互学习，是我的荣幸。我也能感受到各个院校的同学、老师们对于专业、对于本次毕设的强大热情，使我感触颇多。非常感谢武凤文、高璟两位老师的悉心指导与各方各面的帮助，也很感谢北方联盟联合毕设给我提供了这个展示、学习的平台，这是一次难忘的学习经历。

目录

前言

工业遗产作为人类文化进步与历史发展的见证，具有非常重要的价值。自 20 世纪 90 年代以来，中国城市进入快速发展的时期，伴随着国家经济的迅猛发展以及“退二进三”的时代需求，原来位于城市中的旧工业区已无法满足后工业时代的城市功能需求，有的工业企业外迁至城市边缘地区，被关闭和遗弃的工业厂区在城市中遗留下来，其中包括工业建筑、储料场地、机械设备、运输设施等，这些遗存与城市功能脱节，成为城市中的孤岛。在国内城市飞速发展的大背景下，如何结合不同城市工业遗产的区域背景和内部特征，实现其在物质、功能、经济上的复兴，并得到城市居民的认可和共识，成为当今国内工业遗产改造更新中的一个焦点问题。

沈阳市工业文化非常辉煌，据了解，沈阳的工业历史伴随城市的近代化演变而来，1896 年就建立了奉天机器局，开创沈阳近代工业之先河。1949 年 10 月后，工业更成为沈阳骄傲。“一五”时期，沈阳得到了占全国比例相当大的重点项目和援建项目，99 家大中型国有企业落户沈阳。目前沈阳的工业遗存大体分为三类：一是清末至民国初期民族工业的遗存，主要集中在大东区，少部分在皇姑区；二是沦陷时期的工业遗存；三是 1949 年 10 月后国民经济恢复发展时期的工业遗存。后两种主要集中在铁西区、大东区。本次毕业设计课题为沈阳工业遗产区域保护更新设计，选址为中国工业博物馆地段。基地位于沈阳市铁西区卫工北街与北一西路交汇处，占地约 35.1hm^2。本次能在工业遗产更新大背景下，选择沈阳市作为城市设计的基地，有着非凡的意义。

1. 前期研究

1.1 区位分析

基地位于中国辽宁省省会沈阳市铁西区，处于铁西区主城区内，在控规上属于铁西启工北单元，卫工北街与北一西路交汇处。

1.2 上位规划

《沈阳市城市总体规划（2011—2020 年）》：
工业布局——优化工业用地布局，继续推进主城内传统工业的搬迁改造，工业用地主要向副城集中，促进优势产业集群快速发展。
历史城区保护——历史城区由盛京城、满铁附属地、商埠地、张作霖时期扩建区、铁西工业区五个主要地区组成。铁西工业区是沦陷时期以及中华人民共和国成立初期沈阳近现代工业区。规划保护方格网道路格局，选择有代表性的工人居住区、工业遗产区加以保护，展示沈阳早期的工业文明。
工业遗产——沈阳是我国近现代先进重工业发展的重点城市。规划对具有代表性的厂房、机械设备等工业建筑物和辅助构筑物，办公楼、展览馆、文化宫等建筑遗产实施系统性保护。

《东北地区振兴规划》《沈阳市社会事业发展与改革"十一五"规划》《沈阳市国民经济和社会发展第十一个五年规划纲要》：对工业旅游资源的开发以及打造工业遗产旅游的品牌文化。
在《沈阳铁西工业区"十一五"发展战略(一)和（二）》《沈阳市社会事业发展与改革"十二五"规划》和《沈阳市国民经济和社会发展第十二个五年规划纲要》中也提出了发展具有铁西特色的工业遗产旅游项目和建造工业历史博物场馆（已建成）目标。

铁西区启工北单元：
功能定位——以工业文化为特色，集居住、商业、文化创意等功能于一体的综合功能区。
用地布局——基地内划分为公园绿地、物流仓储用地、一类工业用地、文化设施用地。

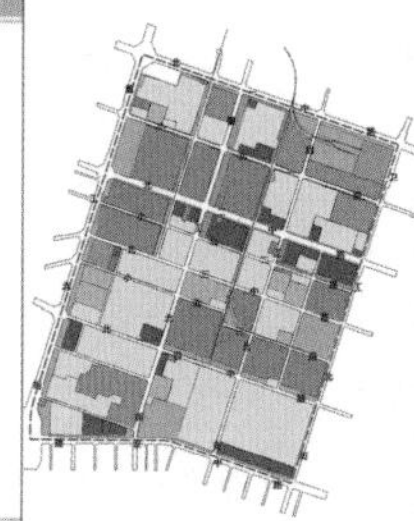

1.3 现状调研

01

1.3.1 基地交通分析

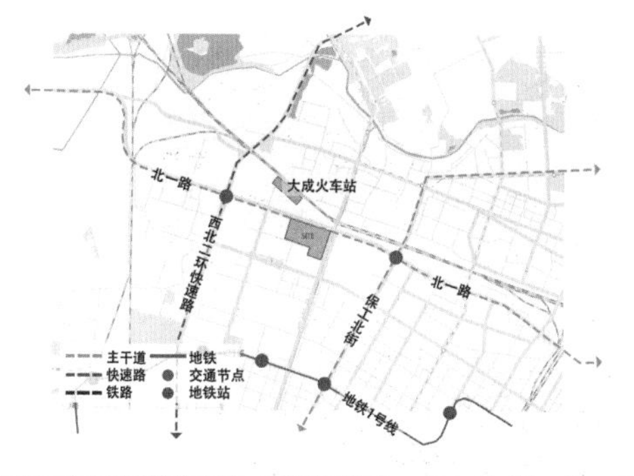

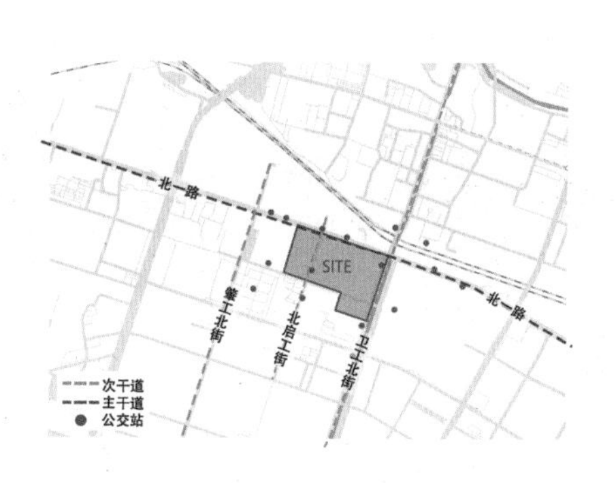

周边主要交通有西北二环快速路、保工北街、北一路、大成火车站及铁路。
基地内主要道路有北一路、北启工街、卫工北街等。四周公交站较多，公共交通较为便利。基地与地铁 1 号线距离大于 2km，距离较远。

1.3.2 基地用地分析

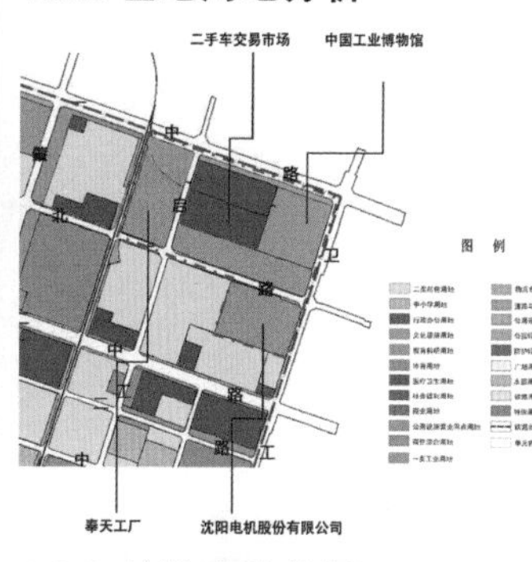

基地内有公园绿地、物流仓储用地、一类工业用地、文化设施用地、商业用地。目前主要用途为：中国工业博物馆、二手车交易市场、奉天工厂、沈阳电机股份有限公司。

基地周边主要水系为卫工明渠，主要绿地为卫工明渠旁带状绿地，现状自然条件较好，但缺乏休憩设施。

1.3.3 基地建筑分析

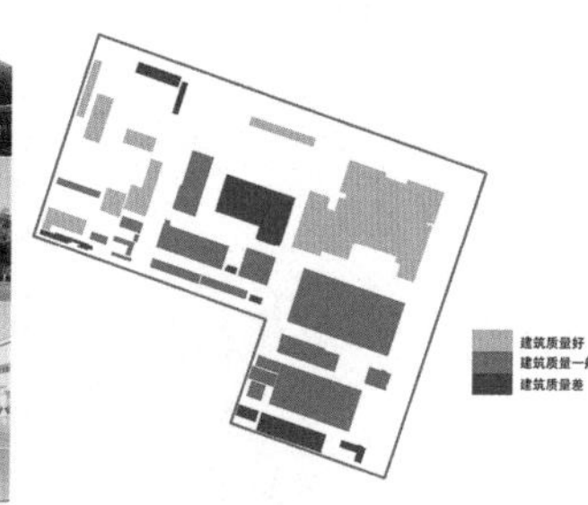

由卫星图与全景地图来看，基地现状建筑主要以工厂、低层建筑、办公楼、现代化建筑（中国工业博物馆）为主。大部分建筑较为破旧，西侧低层建筑以一层为主，大多数为货运、金工件零售等。整体建筑质量一般。其中，中国工业博物馆建筑质量最佳，奉天工厂内部分厂房有保留需要。

1.3.4 基地图底关系分析

建筑肌理关系：
大面积的工厂厂房建筑，肌理为较大体块，与周围居住建筑密集的肌理形成鲜明对比。
空间关系：
外部开敞空间不足，主要集中于基地的西北部至奉天工厂、二手车交易市场。
城市意象提取：

物质形态
道路——格状道路为主
边界——铁路边界及主要道路
区域——铁西工业片区
节点——大成火车站、铁西冶金公园等
标志物——工业建筑群、中国工业博物馆

非物质形态
悠久的工业发展历史
工业发展情结
工人精神

1.3.5 基地工业遗产梳理

	原用途	地址	现用途
1	沈阳铸造厂	铁西区卫工街北一路	中国工业博物馆
2	沈阳冶金机械修造厂	北一西路52号	冶金工业公园
3	沈阳电机厂	卫工北街20号	规划电机厂文创产业园
4	西铁热电厂	—	正常使用

1.4 基地定位

02

服务于周边的“娱乐游憩综合体”
沈阳市标志的“城市文化客厅”
立足于东三省的“文化创意产业集群”
辐射到全国的“工业遗产文教基地”

2. 基地多源数据调查

2.1 多源数据来源一览

数据来源	网站/机构	数据类型	分析方式
政府	国家数据	国家各类统计数据及可视化	图表分析
开放组织	Open Street Map	众包数据源，提供街道信息	布局、肌理分析
企业	百度	POI数据、街景图片	ArcGIS可视化
企业	谷歌	街景图片、卫星图	图表分析
企业	高德	POI数据	ArcGIS可视化
企业	大众点评	与服务业相关的数据信息	图表分析
社交网站	新浪微博	与社会活动相关的位置信息	图表分析
其他	问卷	问卷调查	图表分析

2.2 POI 分析

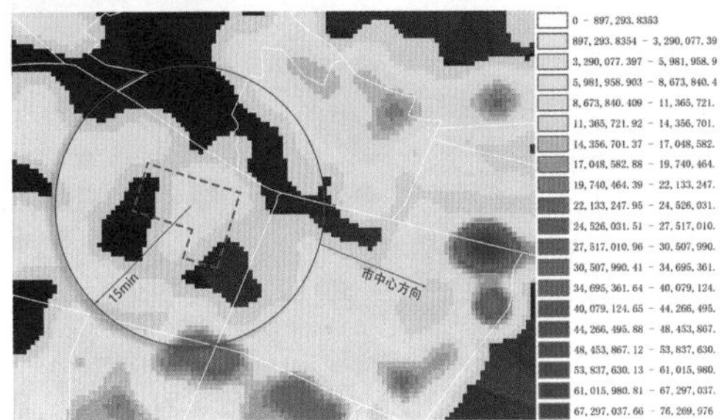

地块虽处于沈阳主城内，但距离市中心较远，远离繁华区域。
整体上来看，兴趣点密度较市中心方向低，公服设施不充足。

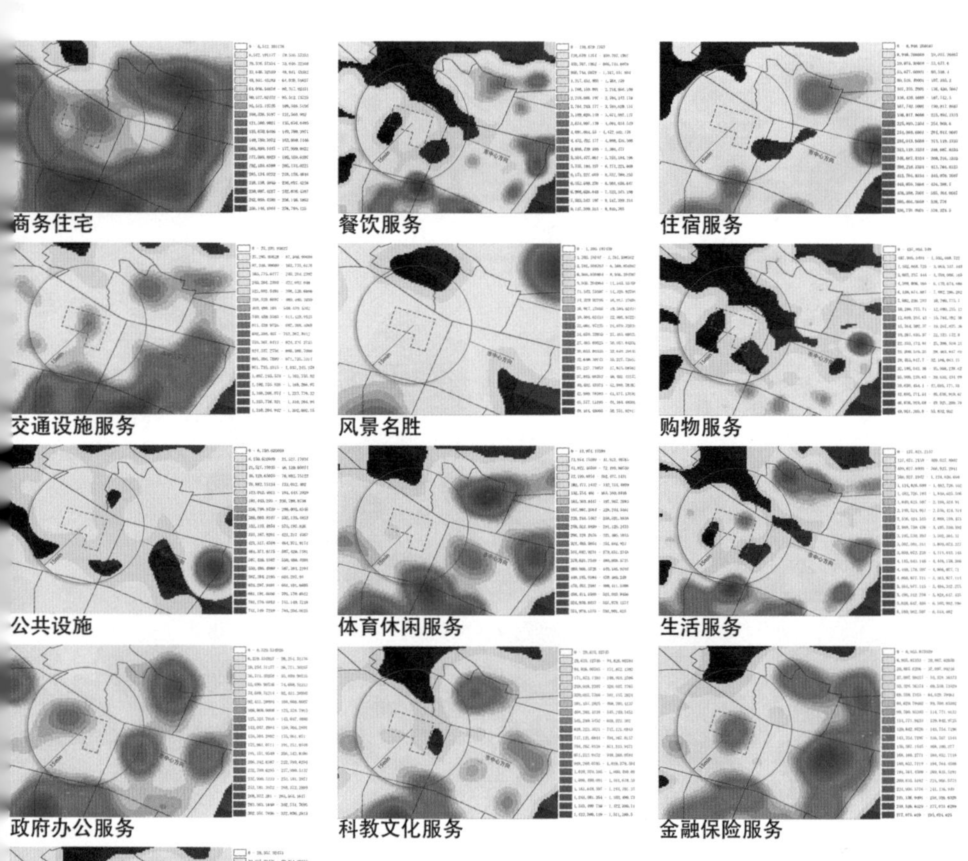

主要相关 POI 问题总结：

1. 餐饮、住宿服务较少，购物服务严重不足，同时周边其他风景名胜游览点不足，难以形成旅游资源集聚区；
2. 交通条件一般，离地铁站较远；
3. 公共服务设施严重不足，尤其缺少体育休闲服务，无法为“城市客厅”提供充足文体服务。

次要相关 POI 问题总结：

1. 生活服务设施仍有不足；
2. 科教文化服务较少，较难以博物馆为中心形成科教文化集群。

03

2.3 人群分析

2.3.1 python 爬取微博数据

根据新浪微博数据爬取，获得“中国工业博物馆”相关博文共 729 条，其中发布用户的所在地址有效数据共 362 条。

其中，辽宁省沈阳市当地人占总数的 20%，辽宁省参观者占总数的 28%。可见，中国工业博物馆更能吸引本地人。

其次，北京、上海游客较多，说明其在全国范围内具有一定程度的知名度。

游客来源

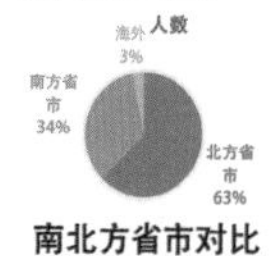

南北方省市对比

南北方省市对比（除辽宁）

辽宁省内对比

东三省内对比

所在地	人数1	所在地2	人数2	所在地3	人数3
辽宁	100	江苏	7	山西	3
北京	62	福建	7	陕西	3
上海	33	湖南	6	云南	2
河北	27	天津	5	内蒙古	2
广东	15	河南	4	新疆	2
山东	11	广西	4	宁夏	1
浙江	11	贵州	4	江西	1
四川	11	安徽	4	甘肃	1
重庆	9	吉林	3	澳门	1
湖北	7	黑龙江	3	海外	12

2.3.2 网络问卷

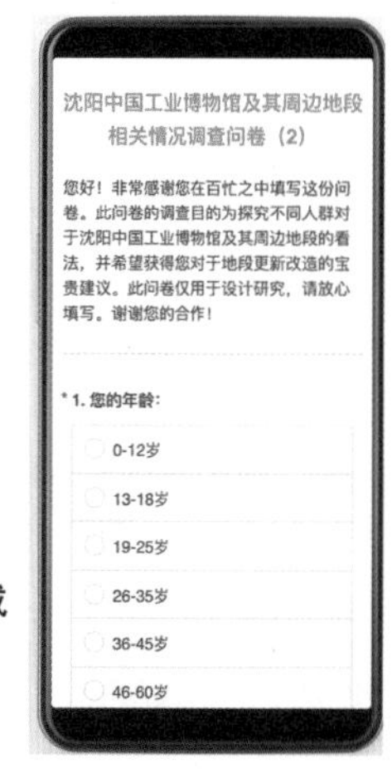

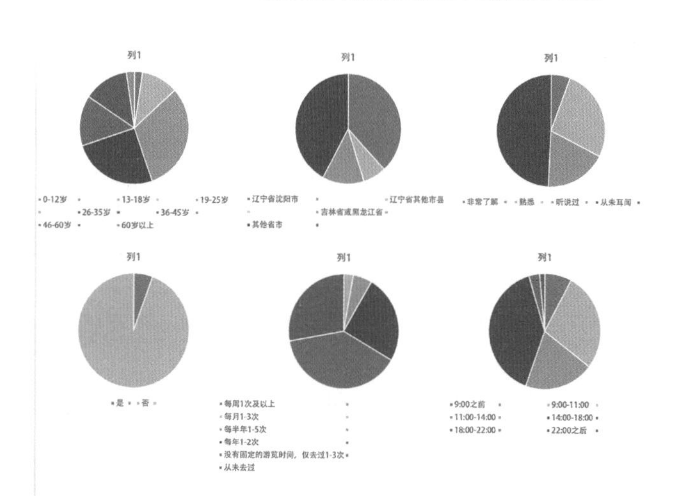

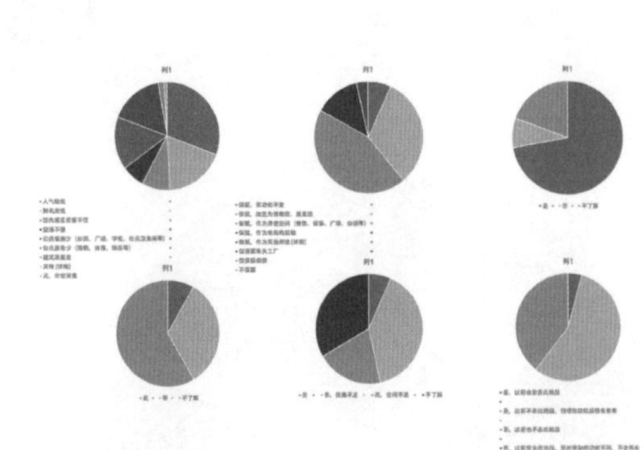

1. 全国范围内知名度较低，暂时无法成为沈阳市地标式区域，现状难以为“城市客厅”的打造提供支撑；

2. 客流量少，对于当地市民吸引力较低、对于吉林、黑龙江人群吸引力极低，现状并未打开东三省“市场”；

3. 场地功能较为单一，空间功能弹性不足。

2.4 评价数据

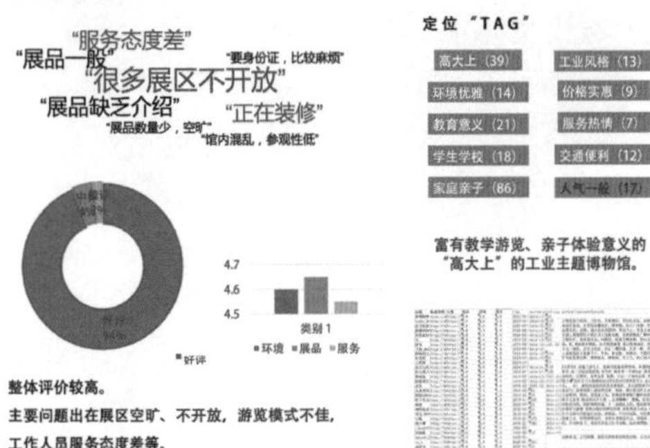

定位“TAG”

高大上（39）	工业风格（13）
环境优雅（14）	价格实惠（9）
教育意义（21）	服务热情（7）
学生学校（18）	交通便利（12）
家庭亲子（86）	人气一般（17）

富有教学游览、亲子体验意义的“高大上”的工业主题博物馆。

1. 游览模式较为落后，展览开放度不足；
2. 游览体验欠佳，无法充足吸引游客，导致区域活力不足。

3. 基地问题总结

3.1 问题总结及策略

- 知名度低
- 客流量低

打造沈阳市城市客厅，提升对内吸引力；打造工业品牌，提升对外知名度。

- 公共设施少
- 公共空间少

少

提升地块功能韧性，多功能重叠，加强地段的城市性、社会性，建造大型公共空间。

- “城市客厅”相关功能缺失
- 公共服务缺失

缺

对于公共服务与基础设施进行补足，增加配套服务功能。

- 低层建筑破败
- 部分厂房破败

破

分析、摘取可保留建筑，改造建筑质量一般但有保留价值的建筑，延续地块肌理。

3.2 SWOT 分析

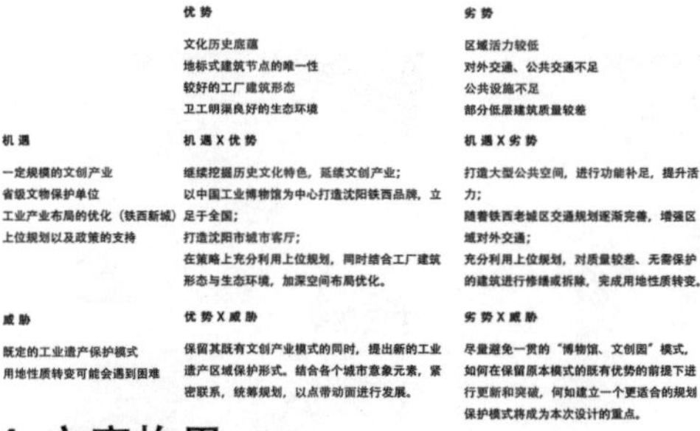

	优势	劣势
	文化历史底蕴 地标式建筑节点的唯一性 较好的工厂建筑形态 卫工明渠良好的生态环境	区域活力较低 对外交通、公共交通不足 公共设施不足 部分低层建筑质量较差
机遇	**机遇 X 优势**	**机遇 X 劣势**
一定规模的文创产业 省级文物保护单位 工业产业布局的优化（铁西新城） 上位规划以及政策的支持	继续挖掘历史文化特色，延续文创产业； 以中国工业博物馆为中心打造沈阳铁西品牌，立足于全国； 打造沈阳市城市客厅； 在策略上充分利用上位规划，同时结合工厂建筑形态与生态环境，加深空间布局优化。	打造大型公共空间，进行功能补足，提升活力； 随着铁西老城区交通规划逐渐完善，增强区域对外交通； 充分利用上位规划，对质量较差、无需保护的建筑进行修缮或拆除，完成用地性质转变。
威胁	**优势 X 威胁**	**劣势 X 威胁**
既定的工业遗产保护模式 用地性质转变可能会遇到困难	保留其既有文创产业模式的同时，提出新的工业遗产区域保护形式。结合各个城市意象元素，紧密联系，统筹规划，以点带动面进行发展。	尽量避免一贯的“博物馆、文创园”模式。如何在保留原本模式的既有优势的前提下进行更新和突破，何如建立一个更适合的规划保护模式将成为本次设计的重点。

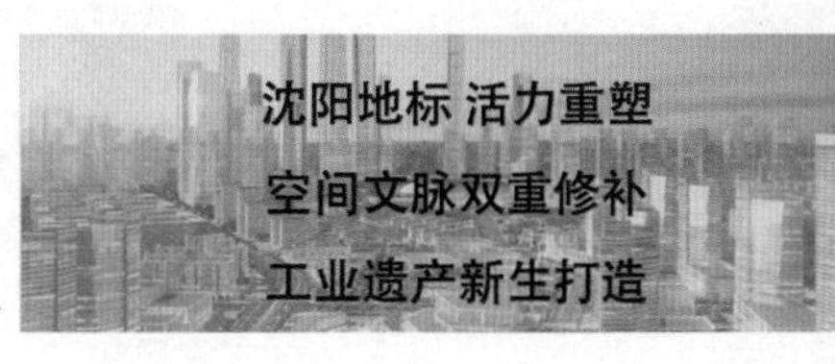

4. 方案构思

4.1 理念概述

工业地标、活力重塑、文体双修、血脉焕发

工业地标：结合工业博物馆打造地标式建筑，拓展以工业遗产为中心的地标式区域。
活力重塑：依托工业遗产主题，创造开放性公共空间，提升区域吸引力。
文体双修：挖掘区域工业历史文脉，延续工业遗产城市肌理，修补实体空间。
血脉焕发：唤醒区域工人精神，利用场所激发工业血脉。

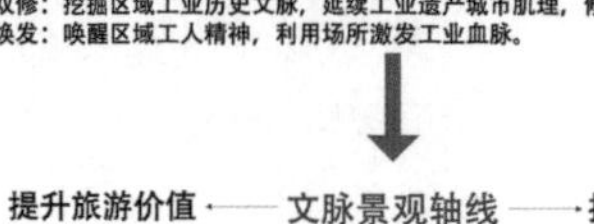

提升旅游价值 ←—— 文脉景观轴线 ——→ 打造城市客厅

建筑保留：
选取有价值的建筑进行保留，保存基地城市肌理，在建筑层面延续工业遗产。

4.2 工业遗产资源导向

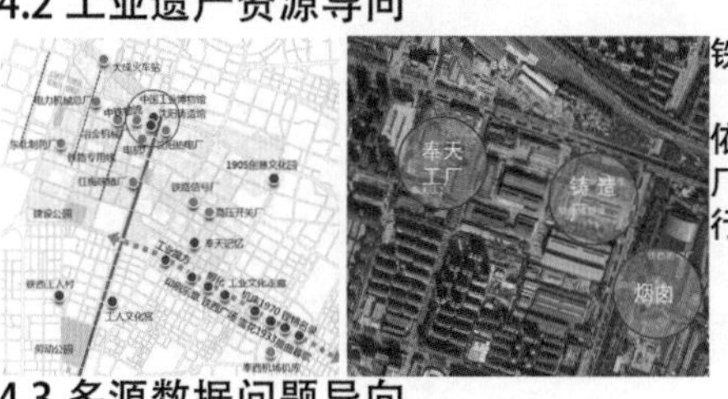

铁西工业文化空间布局：一横一纵。

依托上位工业区域更新战略，在设计中主要利用奉天工厂、沈阳铸造厂，并且联络基地东侧热电厂的烟囱，进行工业遗产规划提升。

4.3 多源数据问题导向

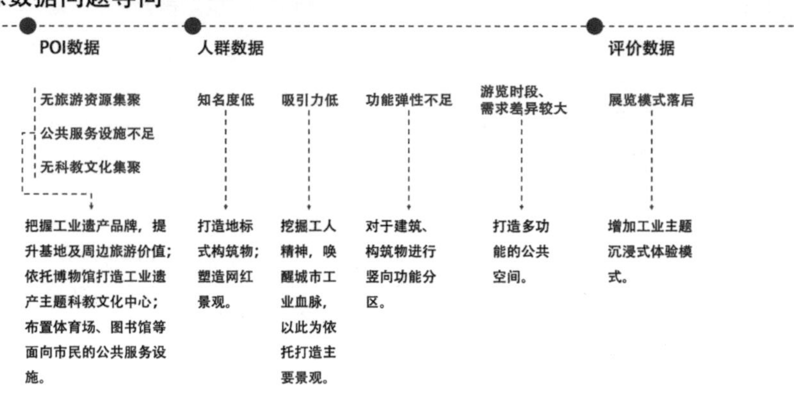

5. 成果展示

5.1 总平面图

05

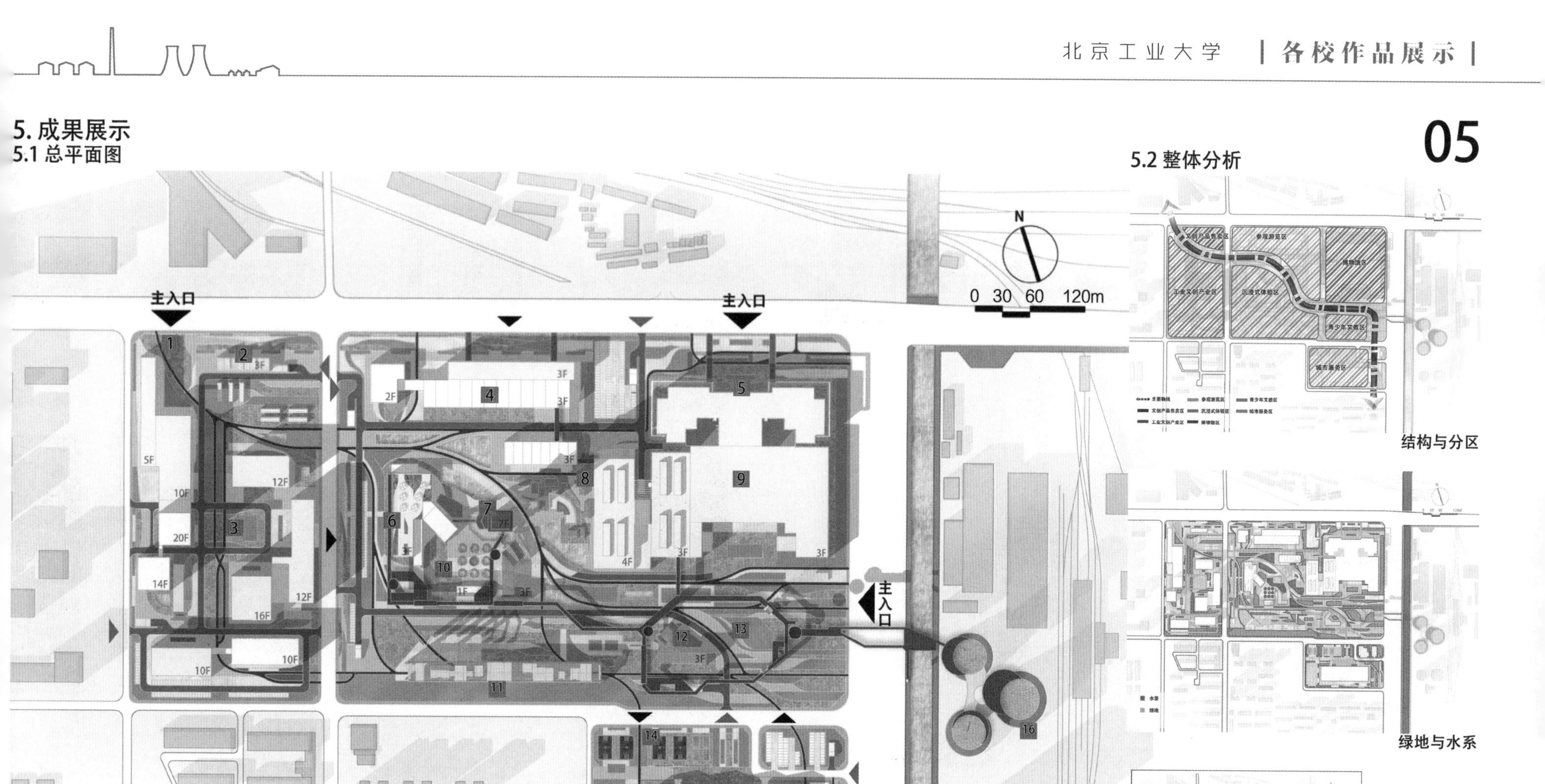

1. 入口广场
2. 工业文创品零售市场
3. 文创片区中心广场
4. 工业主题游憩馆
5. 中国工业博物馆入口广场
6. 屋顶农场
7. 观景塔
8. 集装箱式精神广场
9. 中国工业博物馆
10. 化学池景观
11.VR 沉浸式体验隧道
12. 青少年工业主题文教中心
13. 高架广场
14. 体育场
15. 图书馆
16. 烟囱

5.2 整体分析

结构与分区

绿地与水系

交通系统

06

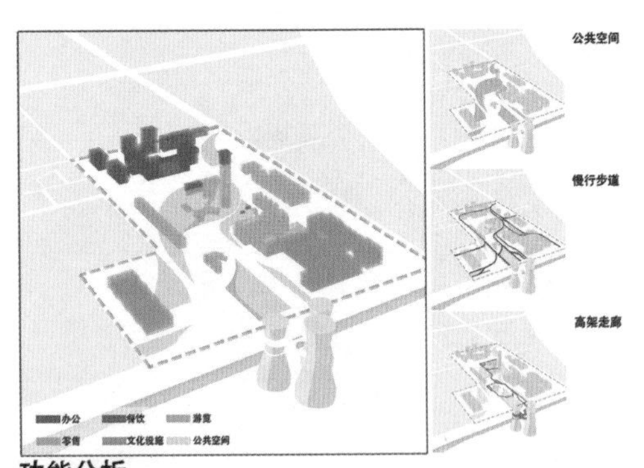

功能分析

景观结构

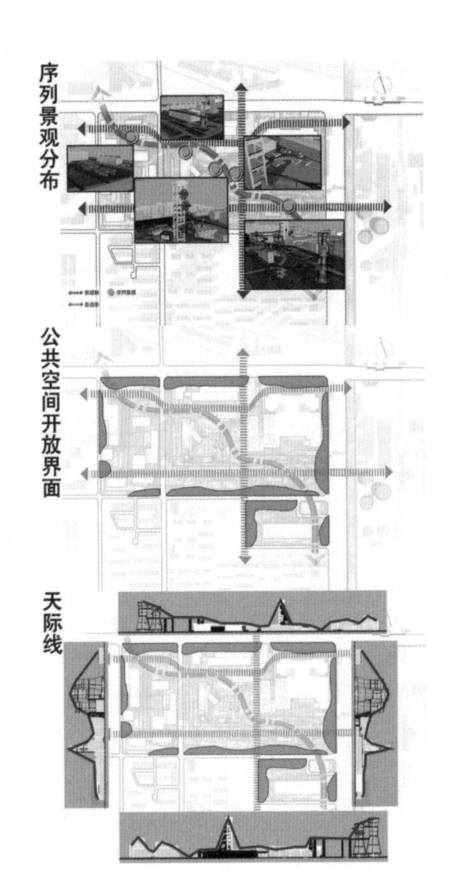

5.3.3 集装箱广场

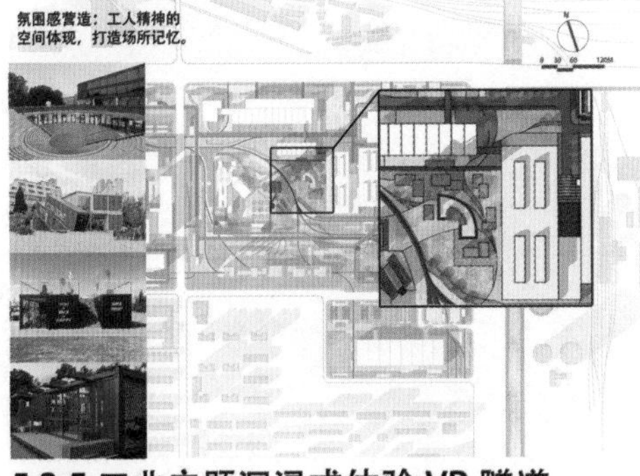

5.3.4 博物馆入口广场

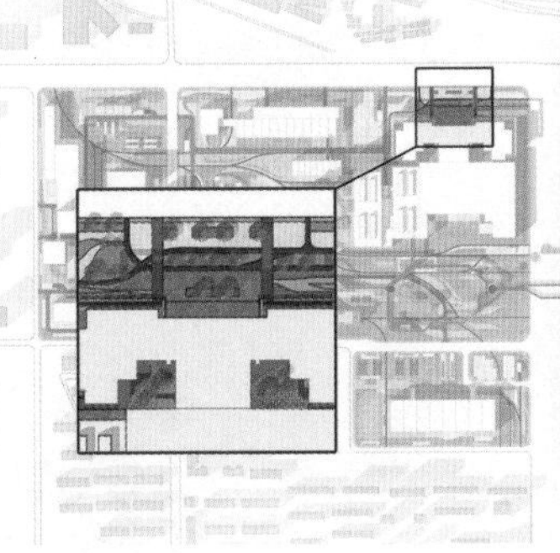

5.3.5 工业主题沉浸式体验 VR 隧道

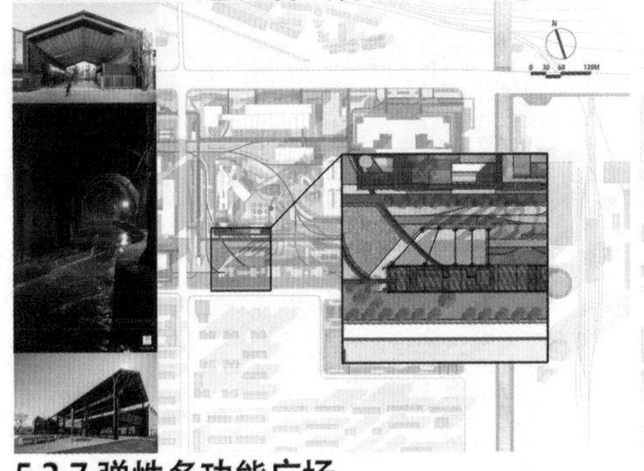

5.3.6 高架广场

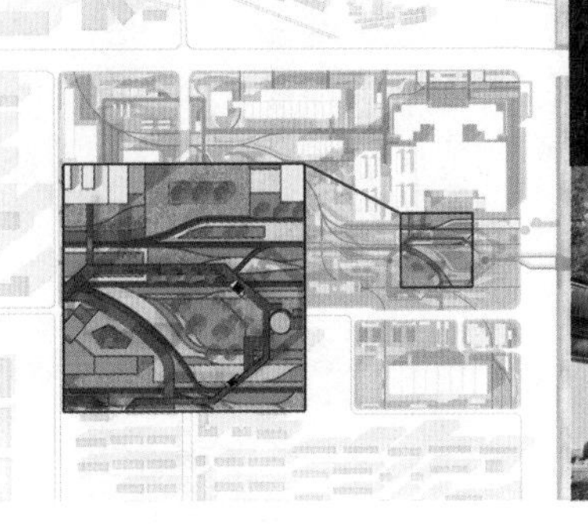

5.3.7 弹性多功能广场

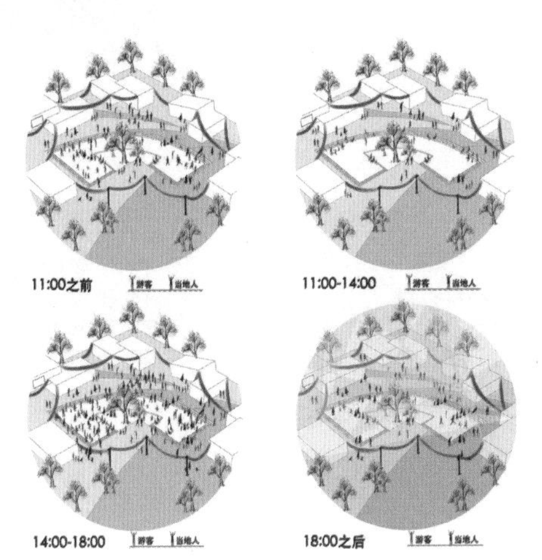

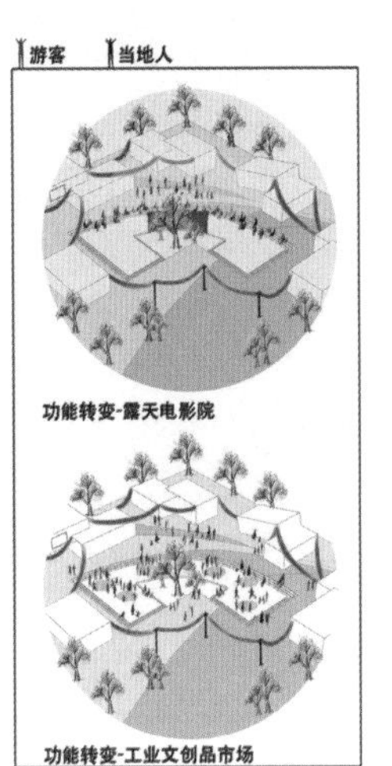

5.3 重要节点

5.3.1 入口广场＋文创产品展销

5.3.2 化工水池＋屋顶农场

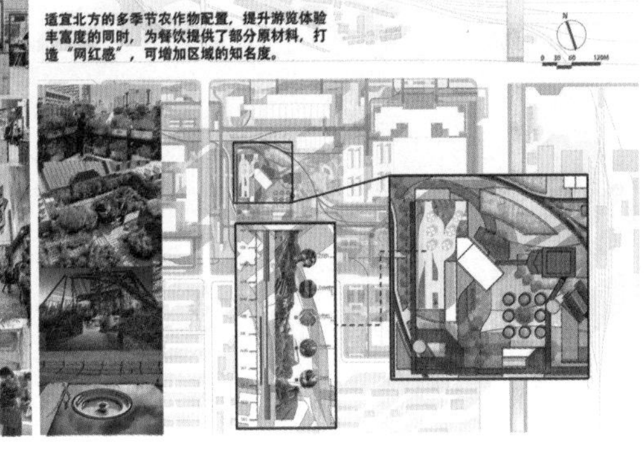

5.3.8 局部效果图

工业主题 VR 沉浸式体验隧道

工业主题文创产品展销市场

烟囱观景平台视角

集装箱广场

高架广场

5.4 竖向分析

5.4.1 基地立面

基地东立面图

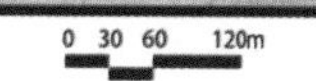

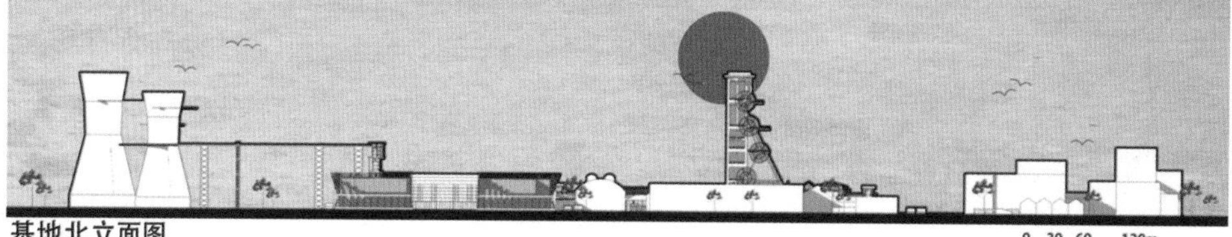

基地北立面图

5.4.2 竖向功能分区

07

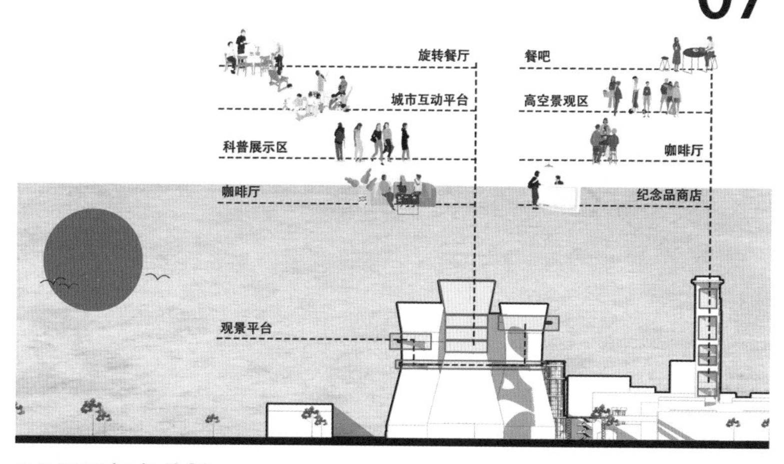

5.5 景观视角分析

基地剖面图

考虑到不同高度的景观体验不同，场地内设置了高架走廊。

同时，因基地处于北方，为提升冬季的使用率，增设了圆管状的室内高架，在满足舒适体感的同时，给予游客丰富、有趣的体验。

08

5.6 鸟瞰图

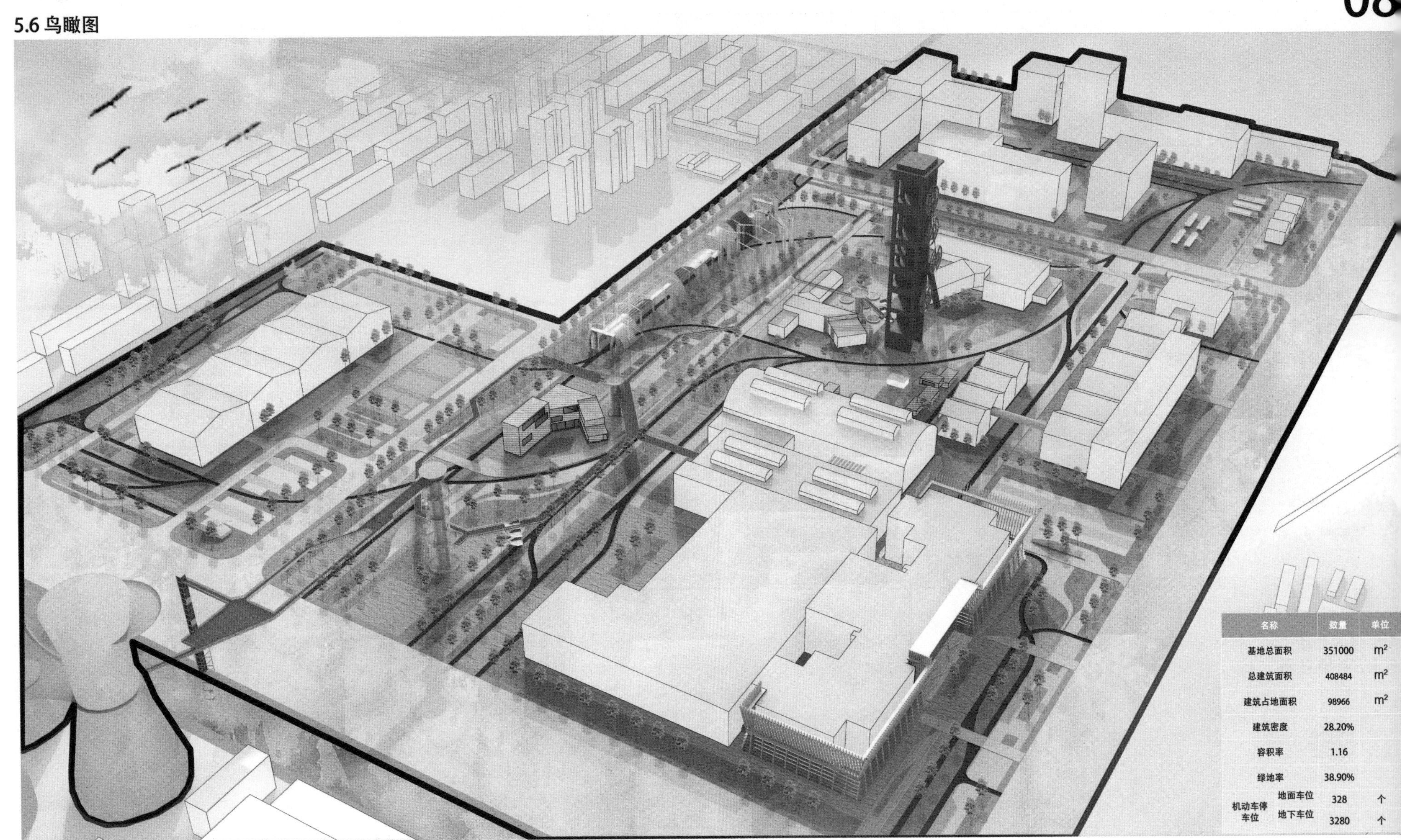

名称		数量	单位
基地总面积		351000	m^2
总建筑面积		408484	m^2
建筑占地面积		98966	m^2
建筑密度		28.20%	
容积率		1.16	
绿地率		38.90%	
机动车停车位	地面车位	328	个
	地下车位	3280	个

大连理工大学

Dalian University of Technology

济南大学
大连理工大学
北京工业大学
吉林建筑大学
山东建筑大学
天津城建大学
内蒙古工业大学
北京建筑大学
沈阳建筑大学

“生态先行”的韧性实践街区

——沈阳市沈海热电厂与东贸库地段工业遗产功能更新设计

技术经济指标

用地面积	95.6hm^2
总建筑面积	1099770m^2
建筑基底面积	43788m^2
容积率	1.5
绿地率	43.1%
建筑密度	37.3%

设计说明

本设计通过对沈阳市总体规划、针对工业区转型的政策、时下热点的理解和研究，对沈海热电厂地段的特定区位、大环境进行分析，创新性地将“韧性城市”理念运用到工业遗产地段，且具备一定的工科技术特征。方案形成工业遗产公园与多样产业并置的空间模式，注重可持续性又兼顾场所精神。通过营造生态、经济、社会韧性三个层面的策略，解决场地内部存在的问题，达成规划总体目标。规划“一心两轴一廊六片区”的总体结构，在此基础上，组员将场地划分为四个单元分别进行指标控制和方案深化，不仅解决“活力不足、产业结构单一、生态破坏”的问题，而且使改造后的工业遗产空间更加具备韧性特质，可以创造更多生态效益、经济与社会价值。

总之，沈海热电厂地段工业遗产更新设计，完善了沈阳市的绿地系统结构，为工业空间转型提供了可行的思路，为城市发展“韧性街区”提供了实践样本。

团队介绍：大连理工大学组

指导老师 苗力

感言：这是我校第一年参加北方规划教育联合毕设，沈阳工业遗产更新的题目很有意思。赶上疫情，学生没能去现场调研，给毕设带来了难度也留下些许遗憾。但是学生们以高度的热情积极应对，采用了云调研等各种线上手段，最终交上令人惊艳的成果。毕设过程中各个院校之间的交流及答辩环节中设计院专家的评图，都让我校师生受益良多。

曾译莹

参加北方规划教育联盟联合毕业设计让我受益颇多，既被不同院校同学的满满热情所鼓舞，也体会到了不同建筑院校之间教学模式的侧重点。以空间设计为主的大连理工大学规划教育给予我们卓越的设计能力，但在前期调研分析以及空间数据处理方面，我们仍与其他院校的同学有一定的差距，是日后研究生规划学习中需要注意的地方。

米心怡

此次联合毕设历时三个月，九所院校的同学们共同探索，展现了各自鲜明的特点。我校本专业第一年开展联合毕设，新冠疫情导致我们无法实地调研、当面结识更多同学，但感谢规划领域的专家学者、本校和外校导师通过线上进行联合指导，让我们逐渐完善设计，交出对五年时间足够满意的答卷。

张瑞琪

本次联合毕业设计给我们提供了之前从未有过的交流、学习的机会。通过和外校同学的交流、专家评委和各位老师的指导，我们认识到自身的优势和不足，对未来规划设计有了更深的理解。

张琬婧

非常荣幸在这次毕业设计中被选中在联合毕设组，虽然全部时间都在远程进行，但是依然收获满满，感谢所有的老师和同学，大家的各种对于工业遗产保留和改造的奇思妙想碰撞出了非常精彩的火花。

“生态先行”的韧性实践街区

——沈阳市沈海热电厂与东贸库地段工业遗产功能更新设计

1

交通区位

道路系统

基地西侧紧邻沈阳市区一环路，南侧珠林路是城市主要交通性干道，向西经过沈阳市中心直达铁西。两条干道交叉处是龙之梦交通（商圈）枢纽。

轨道交通

基地附近有距离基地的直线距离400m的滂江街站和950m的黎明广场站。规划建设的十号线路过基地西侧边缘，最近站点距基地500m左右。规划十号线站点未来可能成为北部人流来源。

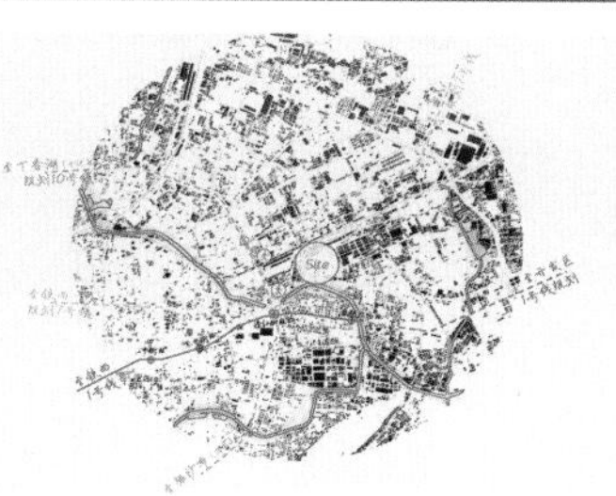

公交线路

从基地边缘经过的公交线路共计约14条。公交线路分别延伸至场地的东北、西北、西、西南方向，是场地具有良好可达性的基础。周边虽然多公交车站，但是很多站点到基地的可达性有限。

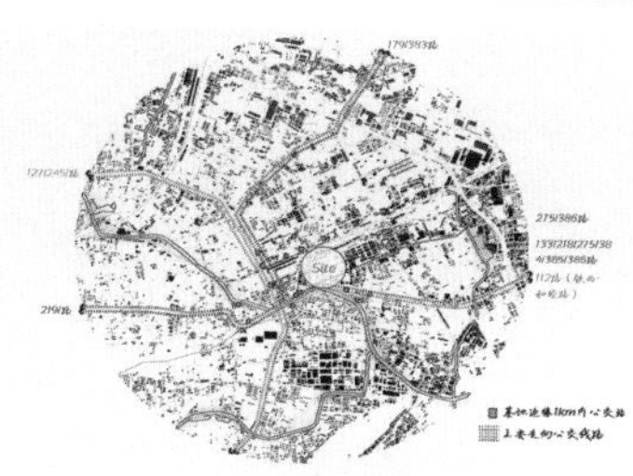

中心城区绿地景观结构区位

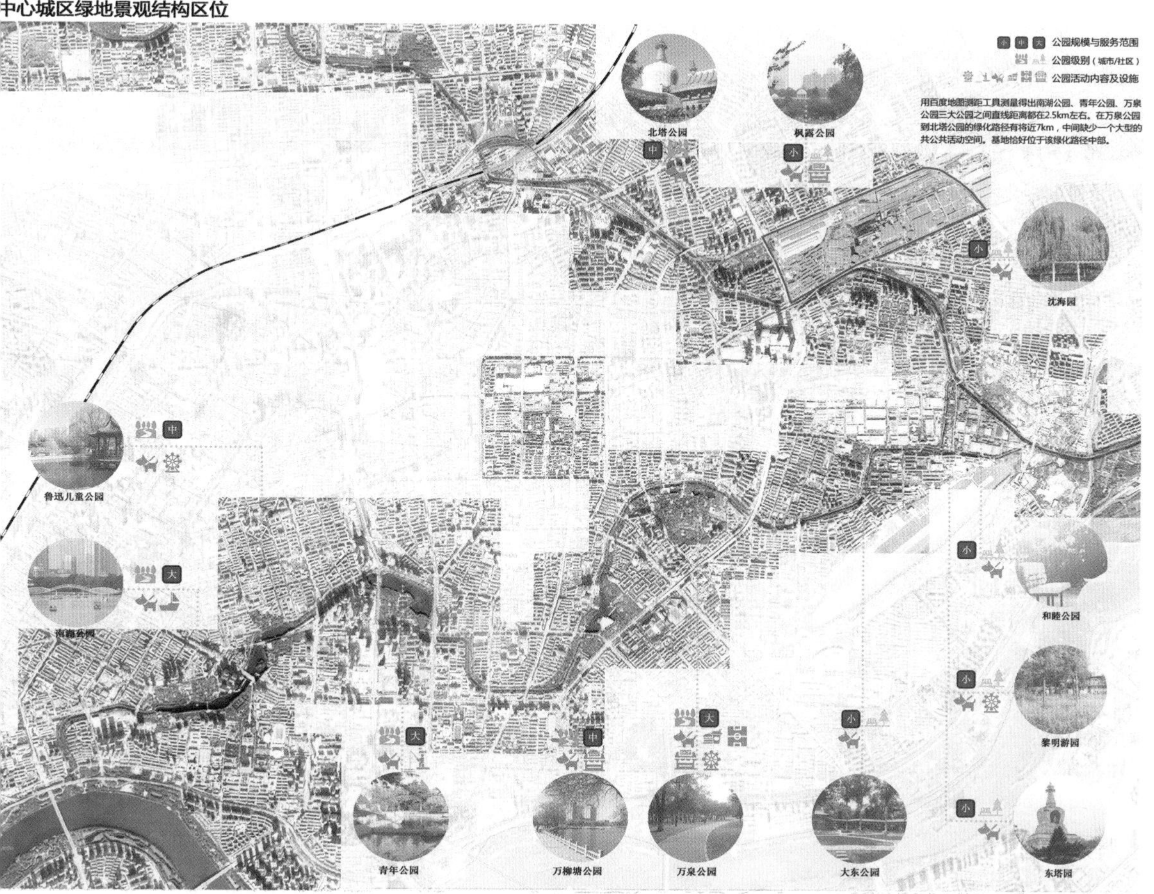

用百度地图测距工具测量得出南湖公园、青年公园、万泉公园三大公园之间直线距离都在2.5km左右。在万泉公园到北塔公园的绿化路径有将近7km，中间缺少一个大型的共公共活动空间。基地恰好位于该绿化路径中部。

场地历史沿革

1925	1950	1988	2010	2014	2019
沈阳东站（原奉海站）建造，东北人自建的第一条铁路通车	民用仓库东贸库建造	沈海热电厂建造	沈阳东站成为全国重点文物保护单位 东贸库建筑改造	沈海热电厂环保改造 沈阳东站改造	沈海热电厂决定搬迁

文化商业资源区位（宏观）

基地位于沈阳市历史城区的边缘，通过珠林路与历史城区有近便的联系。基地西部是民国、抗战、清朝历史建筑遗址集中的片区。沈阳东站位于基地北部边缘。这些资源的结合提供了基地发展文旅产业的基础。

北陵遗址
舍利塔
沈阳铸造厂原址
沈阳东站
和平广场
重点文物保护单位
重点保护历史城区
历史文化街区
历史城区

沈阳的商业格局以和平区和沈河区为主要商业核心区域。形成的三个市级商圈重心偏西。基地临近龙之梦区级商圈，所在的一环外东部城区缺少服务范围足够大的市级商圈。可考虑基地的商业设施布局，与龙之梦商圈结合形成较大商圈。

文化商业资源区位（中观）

基地3km范围内丰富的历史文化资源，《大东区文旅产业发展规划》中提出2020年实施的“一路一街一镇三园”六大文旅项目，其中六大文旅项目都在基地周边3km范围内。

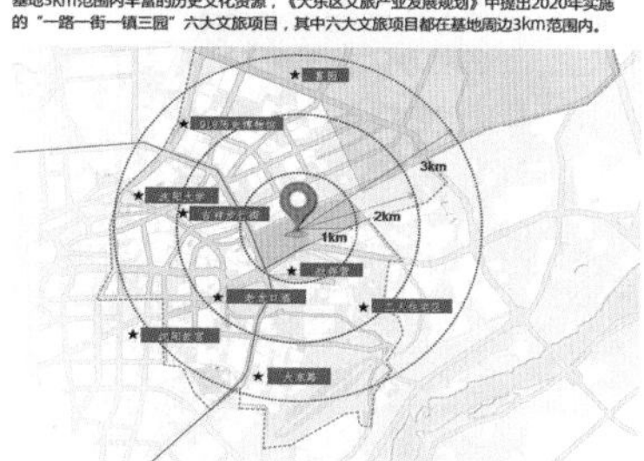

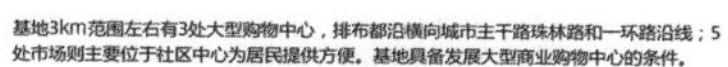
基地3km范围左右有3处大型购物中心，排布都沿横向城市主干路珠林路和一环路沿线；5处市场则主要位于社区中心为居民提供方便。基地具备发展大型商业购物中心的条件。

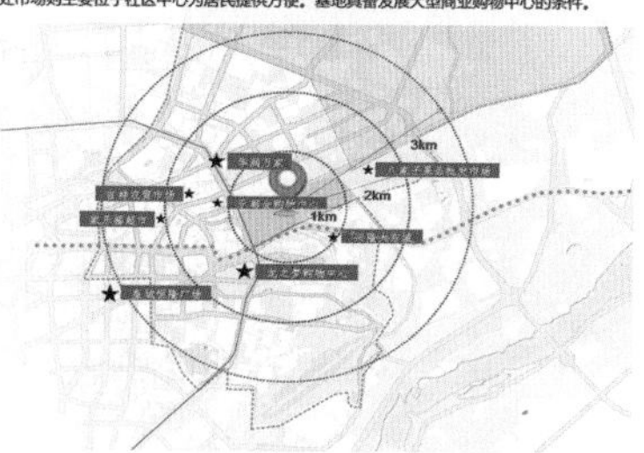

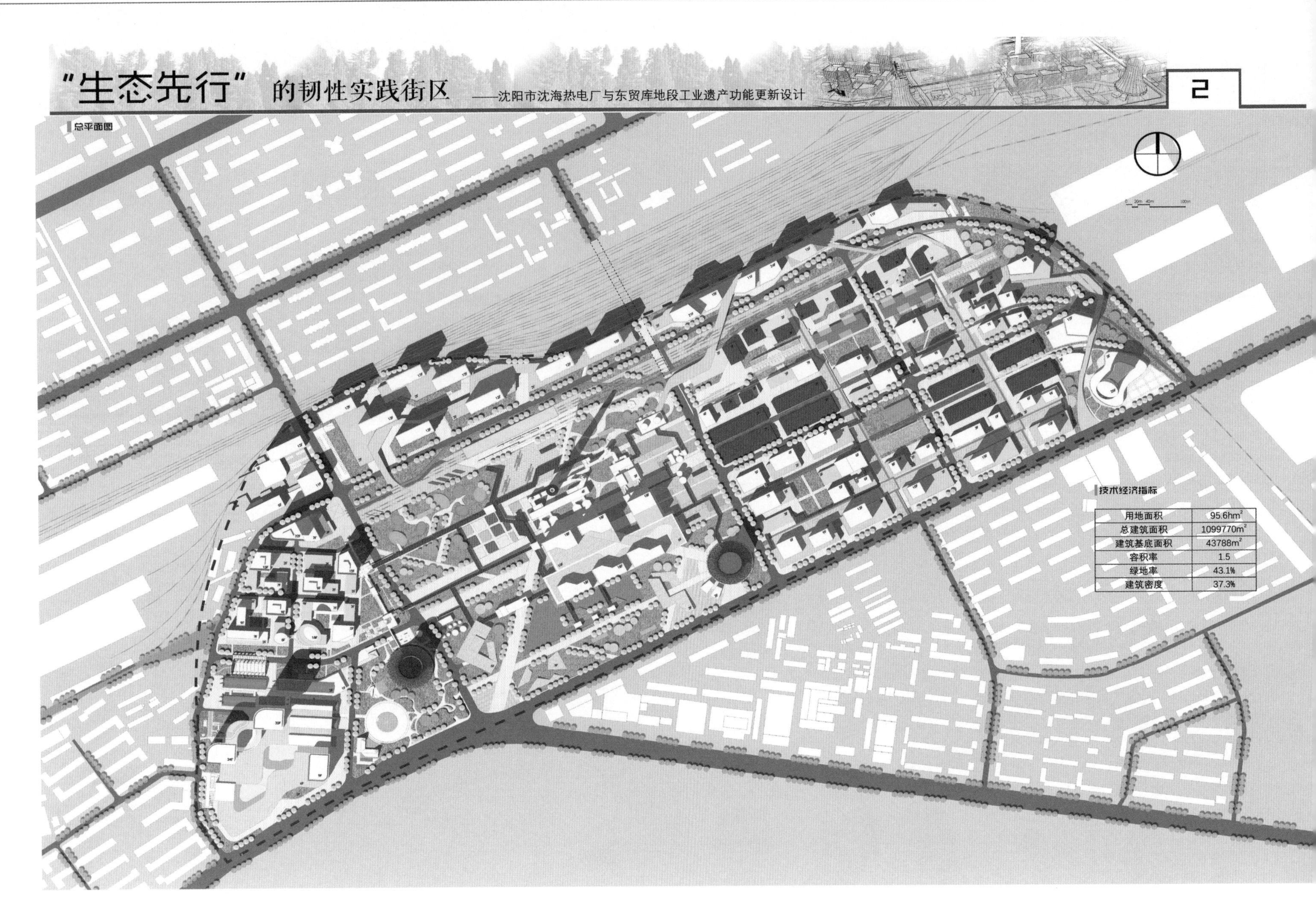

用地面积	95.6hm²
总建筑面积	1099770m²
建筑基底面积	43788m²
容积率	1.5
绿地率	43.1%
建筑密度	37.3%

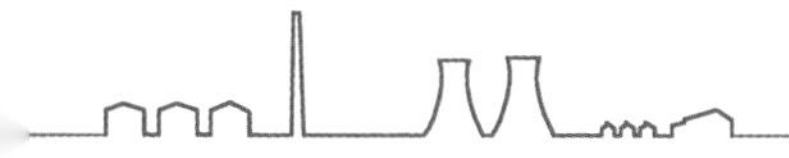

“生态先行”的韧性实践街区

——沈阳市沈海热电厂与东贸库地段工业遗产功能更新设计

3

个人方案生成

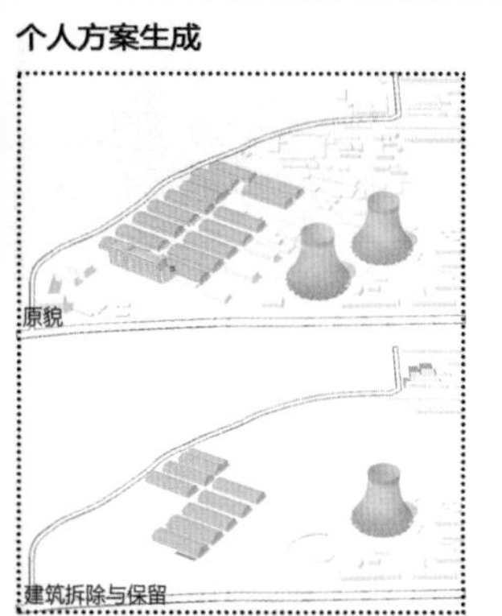

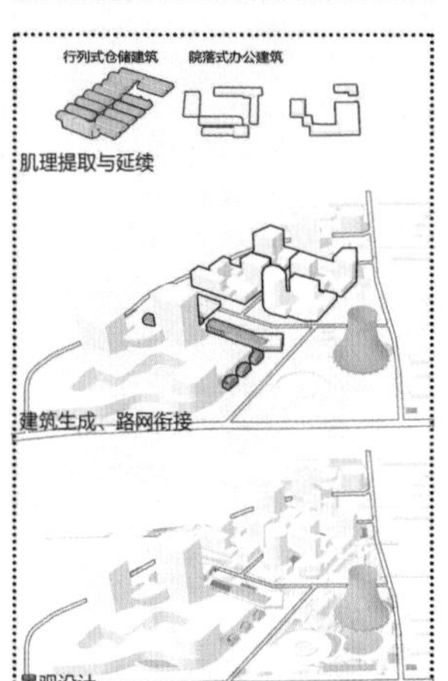

总平面图

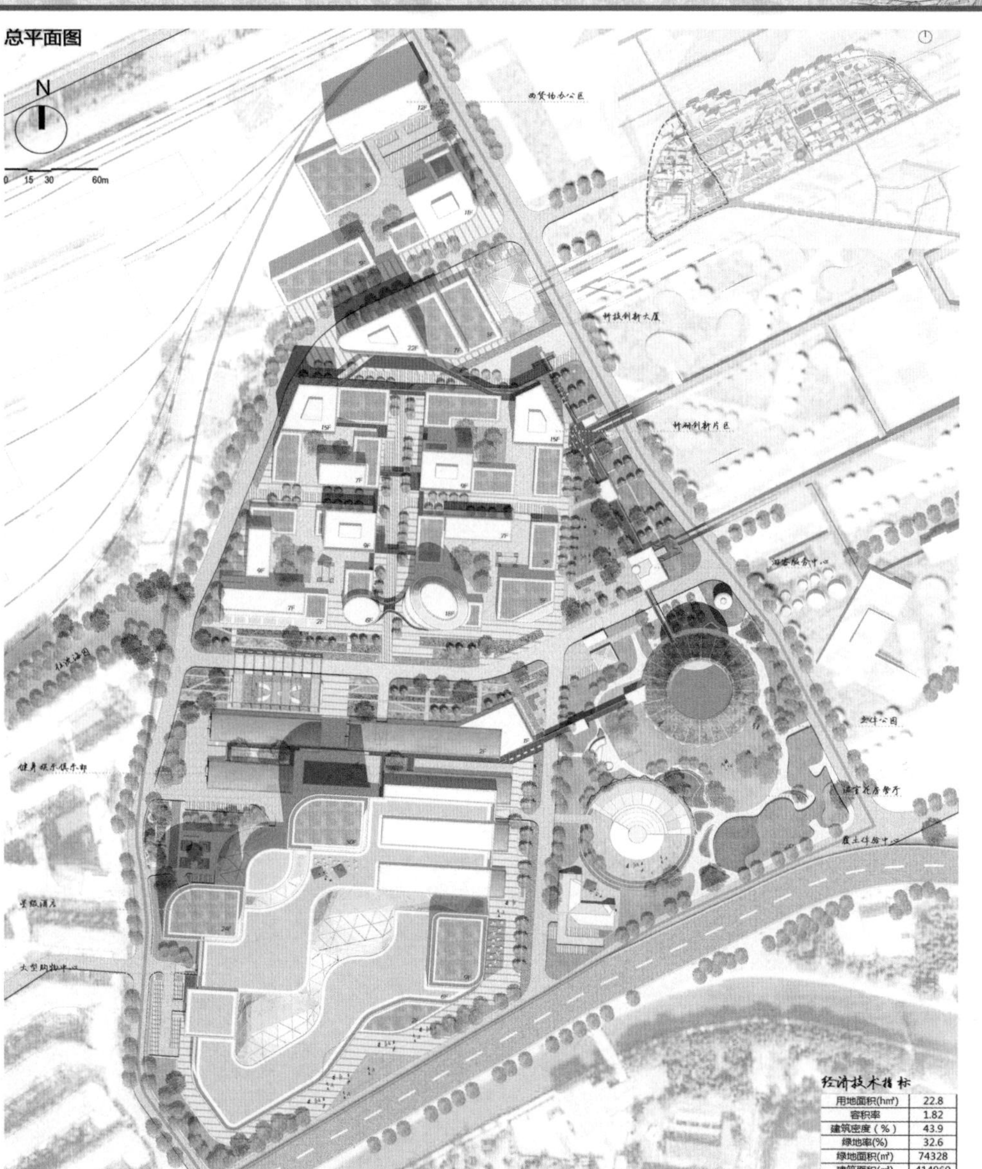

经济技术指标

指标	数值
用地面积(hm²)	22.8
容积率	1.82
建筑密度(%)	43.9
绿地率(%)	32.6
绿地面积(m²)	74328
建筑面积(m²)	414960

方案分析图

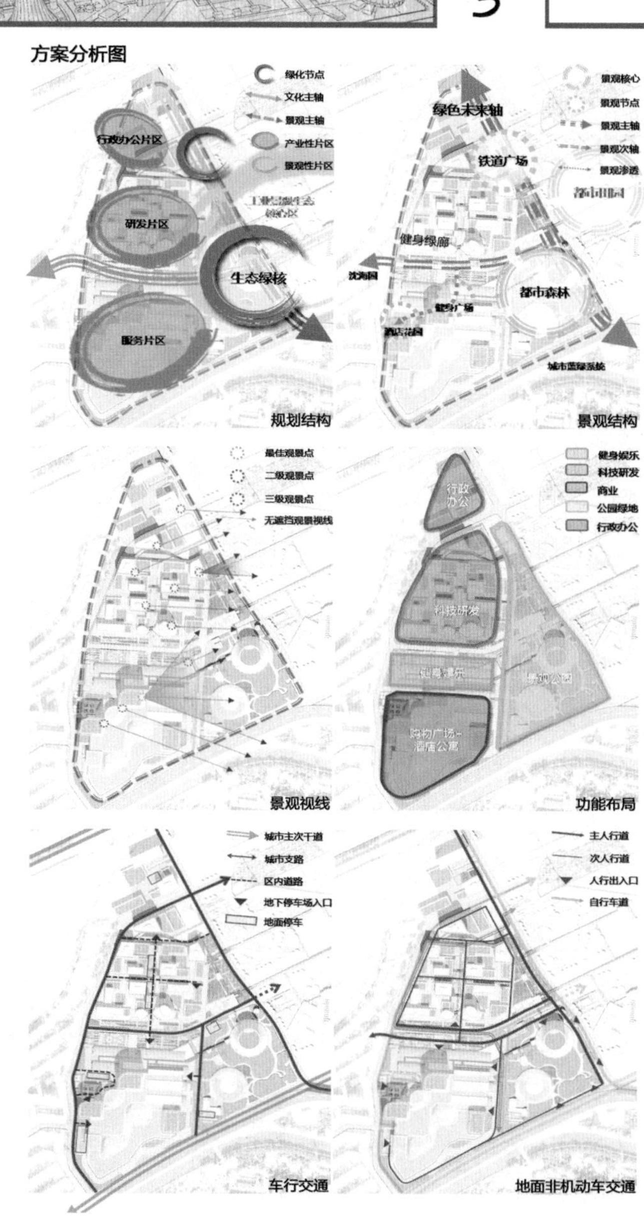

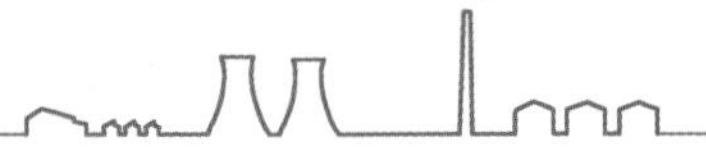

"生态先行"的韧性实践街区

——沈阳市沈海热电厂与东贸库地段工业遗产功能更新设计

4

建筑生态设计

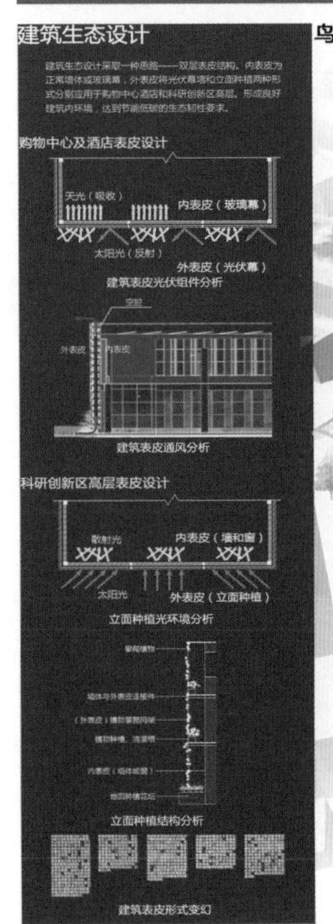

鸟瞰与节点透视

公共空间功能置换

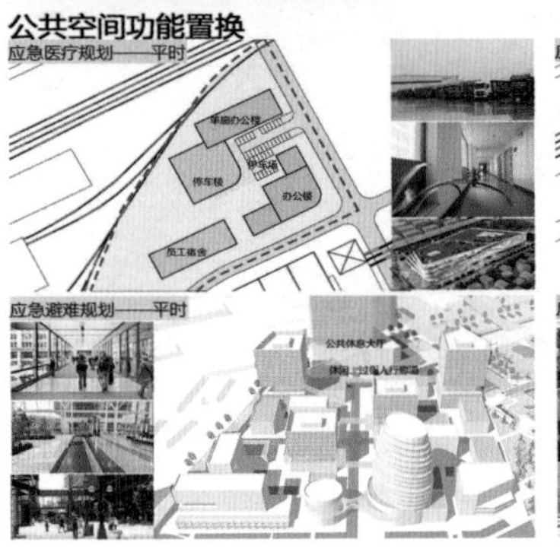

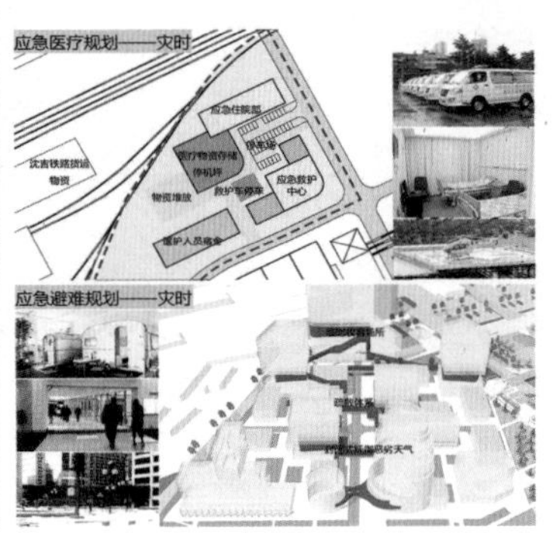

"生态先行"的韧性实践街区

——沈阳市沈海热电厂与东贸库地段工业遗产功能更新设计

5

冗余的交通系统

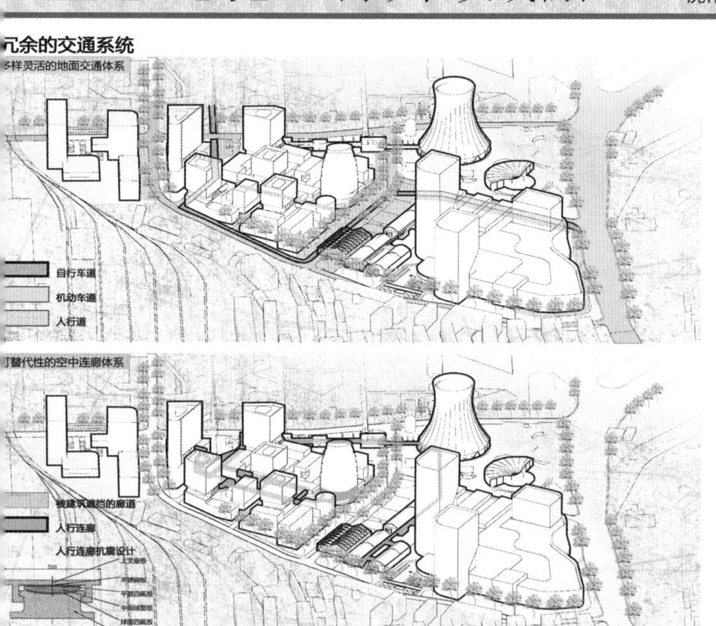

都市森林平灾结合规划

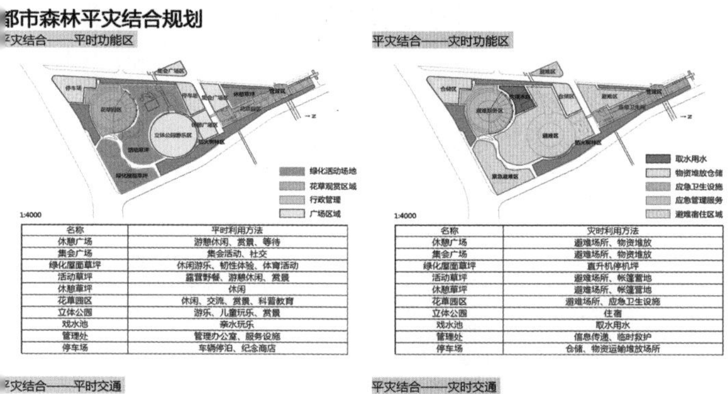

名称	平时利用方法
休憩广场	游憩休闲、赏景、等待
集会广场	集会活动、社交
绿化屋面草坪	休闲游乐、韧性体验、体育活动
活动草坪	露营野餐、游憩休闲、赏景
休憩草坪	休闲
花草园区	休闲、交流、赏景、科普教育
立体公园	游乐、儿童玩乐、赏景
戏水池	亲水玩乐
管理处	管理办公室、服务设施
停车场	车辆停泊、纪念商店

名称	灾时利用方法
休憩广场	避难场所、物资堆放
集会广场	避难场所、物资堆放
绿化屋面草坪	直升机停机坪
活动草坪	避难场所、帐篷营地
休憩草坪	避难场所、帐篷营地
花草园区	避难场所、应急卫生设施
立体公园	住宿
戏水池	取水用水
管理处	信息传递、临时救护
停车场	仓储、物资运输堆放场所

平灾结合——平时交通

城市道路
区内道路
园内一级道路
园内二级道路

平灾结合——灾时交通

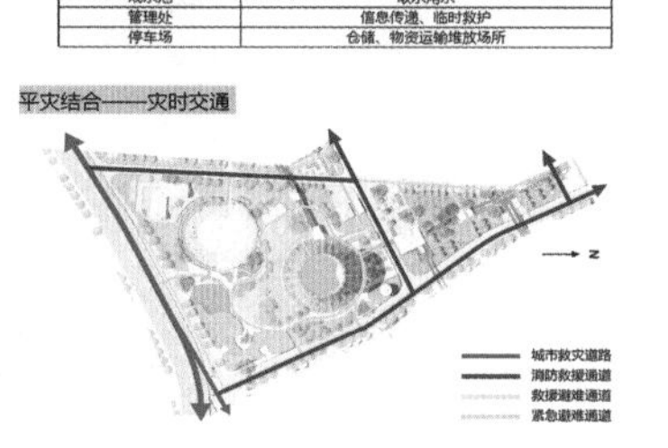

都市森林全景

冷却塔改造——正负形

冷却塔改造——韧性立体公园

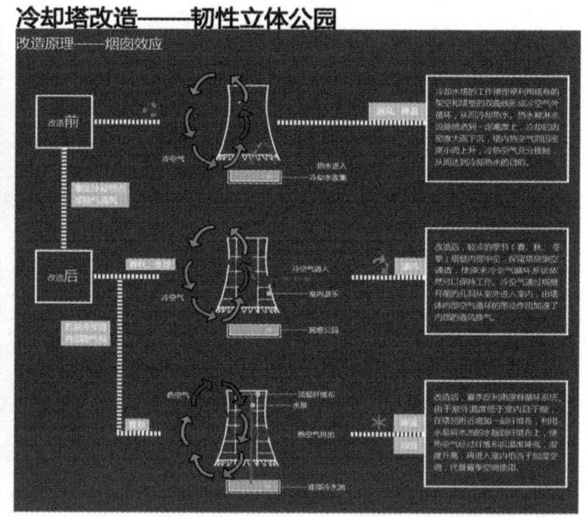

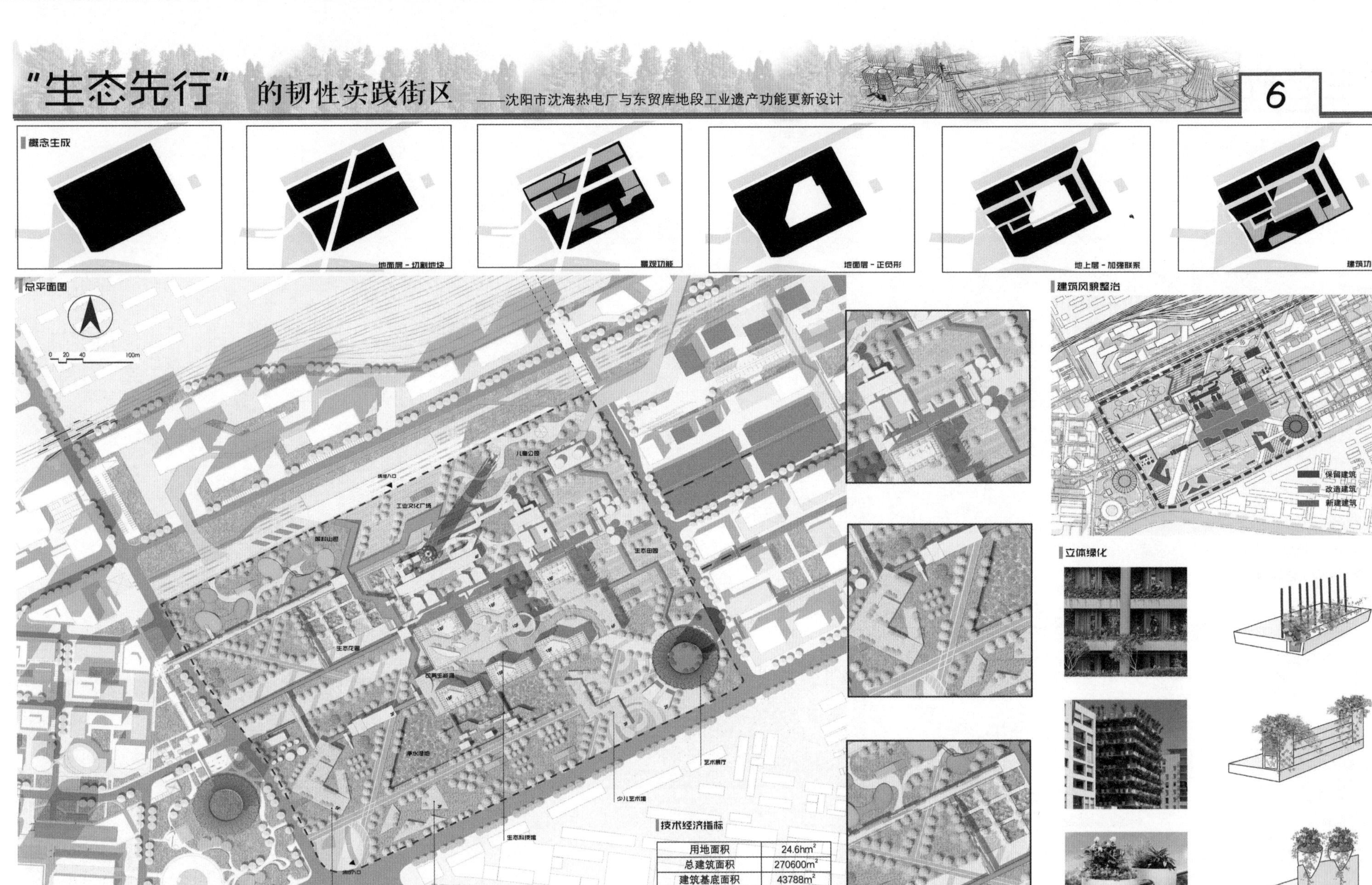

技术经济指标

用地面积	24.6hm²
总建筑面积	270600m²
建筑基底面积	43788m²
容积率	1.1
绿地率	65.8%
建筑密度	17.8%

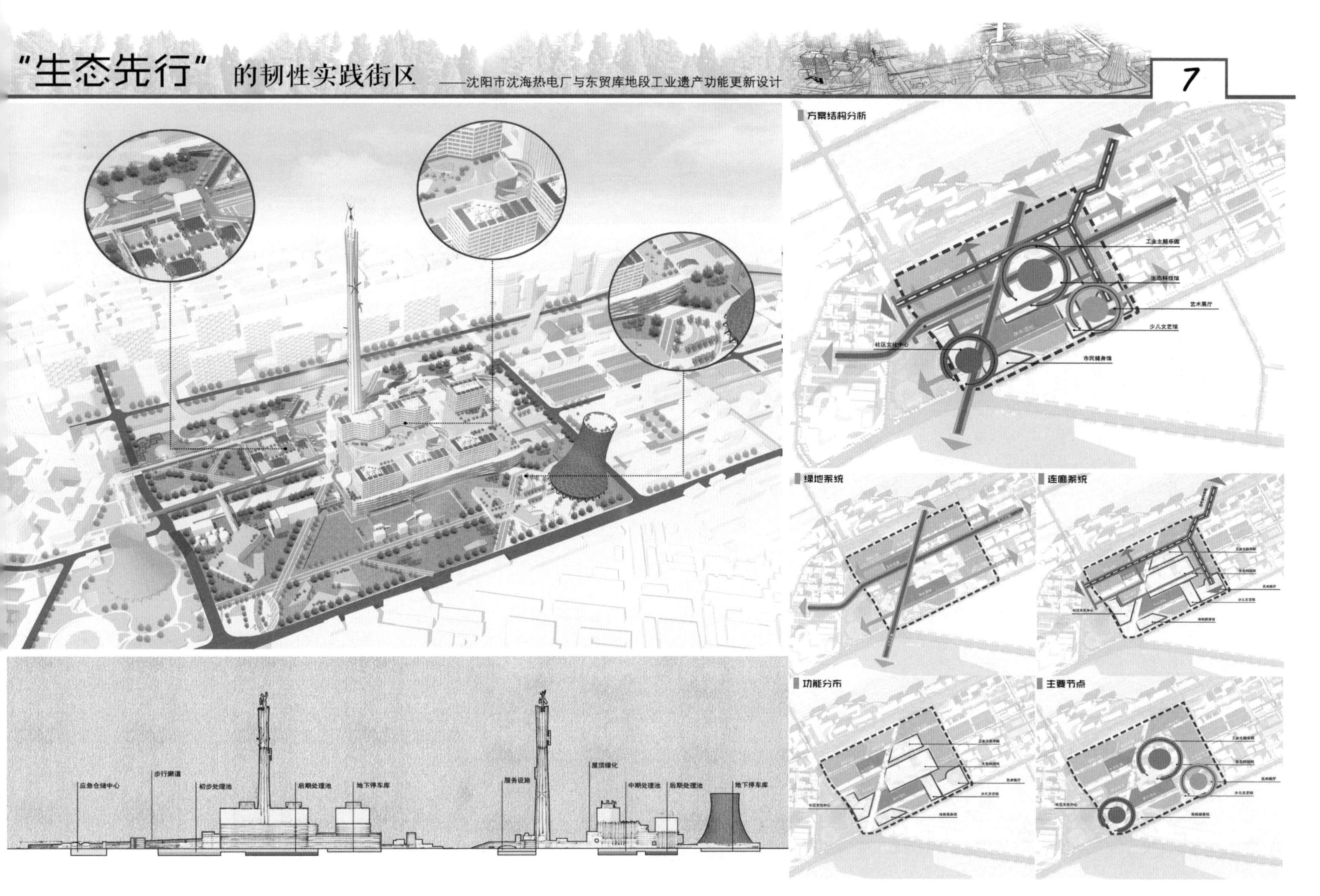

“生态先行”的韧性实践街区
——沈阳市沈海热电厂与东贸库地段工业遗产功能更新设计
7
方案结构分析
工业主题乐园
生态科技馆
艺术展厅
少儿文艺馆
社区文化中心
市民健身馆
绿地系统
连廊系统
功能分布
主要节点
应急仓储中心
步行廊道
初步处理池
后期处理池
地下停车库
服务设施
屋顶绿化
中期处理池
后期处理池
地下停车库

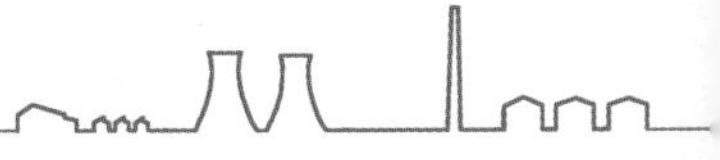

“生态先行”的韧性实践街区

——沈阳市沈海热电厂与东贸库地段工业遗产功能更新设计

8

技术经济指标

指标	数值
用地面积	23.34hm²
总建筑面积	348657.12m²
建筑基地面积	82144.29m²
容积率	1.49
建筑密度	35.71%
保留与改造建筑面积	20797.20m²
新建建筑面积	327859.92m²
绿地率	42.01%

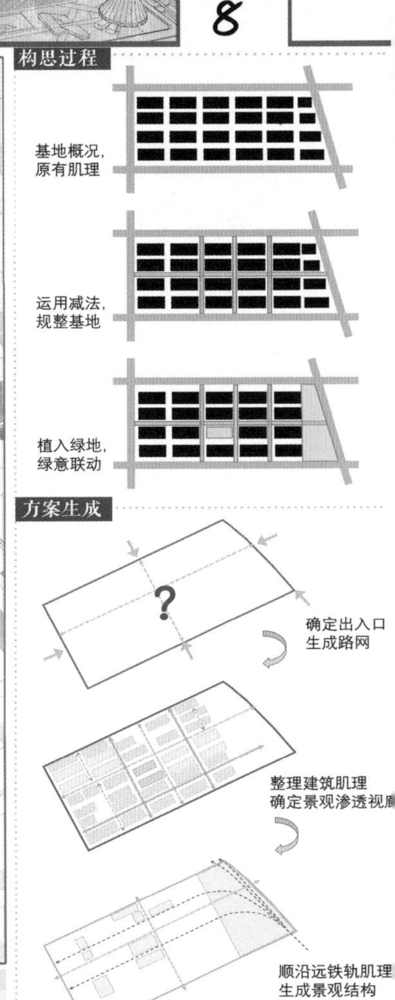

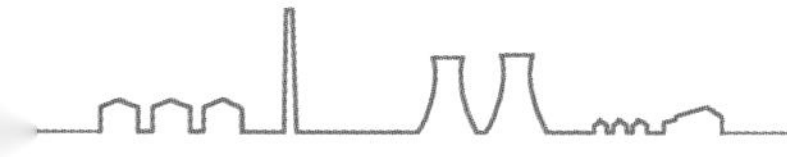

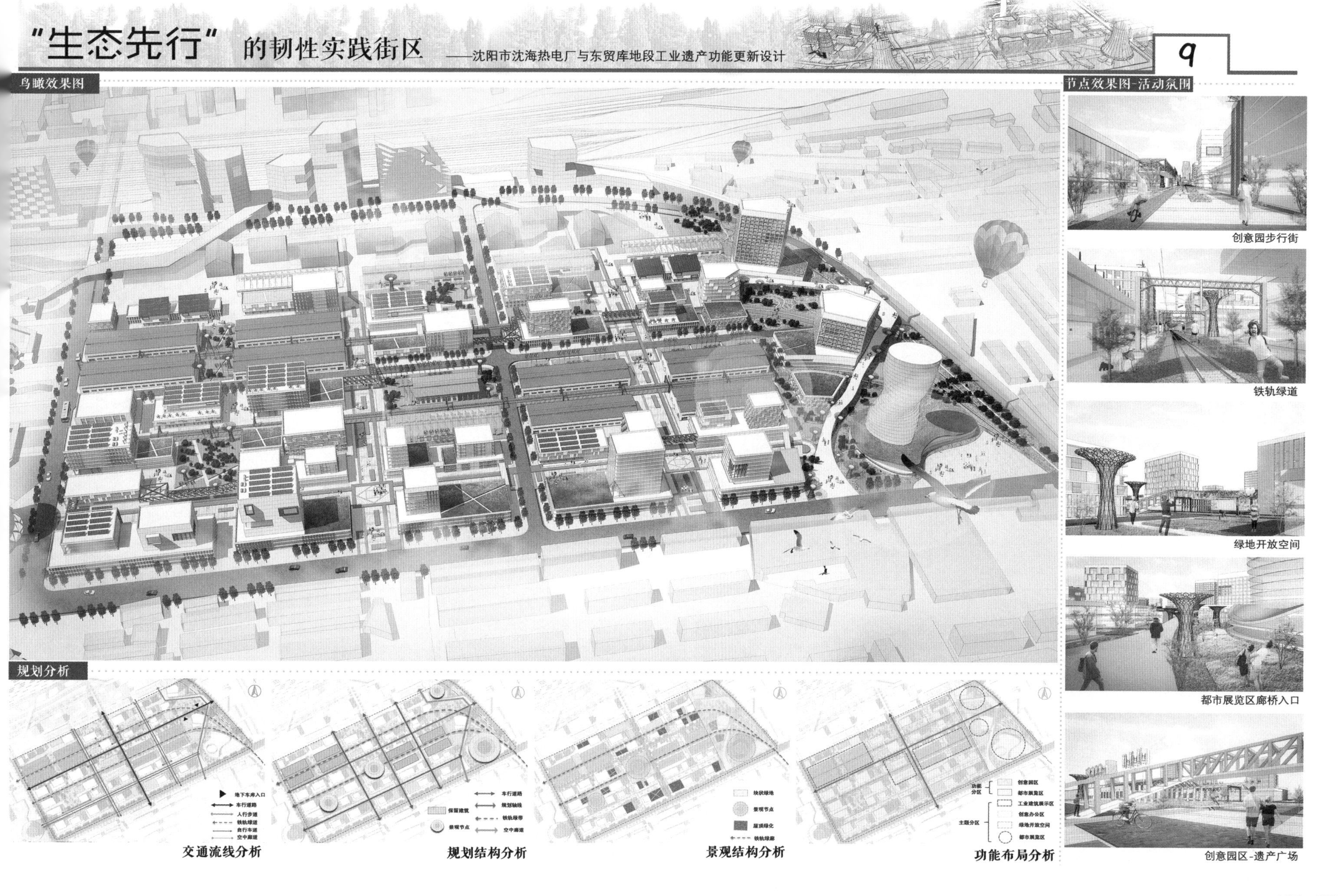

"生态先行"的韧性实践街区
——沈阳市沈海热电厂与东贸库地段工业遗产功能更新设计
9
鸟瞰效果图
节点效果图-活动氛围
创意园步行街
铁轨绿道
绿地开放空间
都市展览区廊桥入口
创意园区-遗产广场
规划分析
交通流线分析
规划结构分析
景观结构分析
功能布局分析

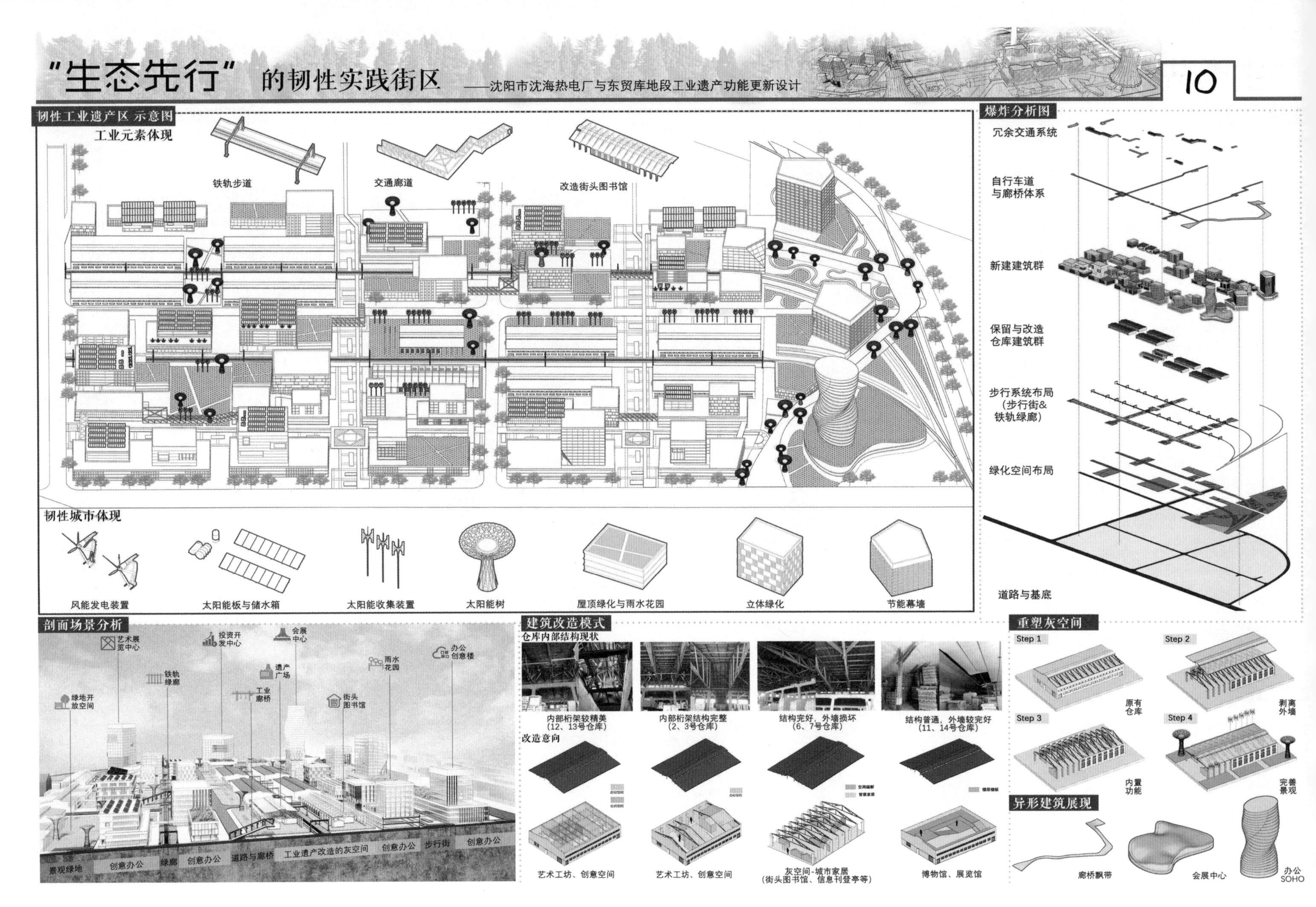
"生态先行"的韧性实践街区
——沈阳市沈海热电厂与东贸库地段工业遗产功能更新设计
10
韧性工业遗产区 示意图
工业元素体现
铁轨步道
交通廊道
改造街头图书馆
韧性城市体现
风能发电装置
太阳能板与储水箱
太阳能收集装置
太阳能树
屋顶绿化与雨水花园
立体绿化
节能幕墙
爆炸分析图
冗余交通系统
自行车道
与廊桥体系
新建建筑群
保留与改造
仓库建筑群
步行系统布局
(步行街&
铁轨绿廊)
绿化空间布局
道路与基底
剖面场景分析
艺术展览中心
投资开发中心
会展中心
铁轨绿廊
遗产广场
雨水花园
办公创意楼
绿地开放空间
工业廊桥
街头图书馆
景观绿地
创意办公
绿廊
创意办公
道路与廊桥
工业遗产改造的灰空间
创意办公
步行街
创意办公
建筑改造模式
仓库内部结构现状
内部桁架较精美
(12、13号仓库)
内部桁架结构完整
(2、3号仓库)
结构完好，外墙损坏
(6、7号仓库)
结构普通，外墙较完好
(11、14号仓库)
改造意向
艺术工坊、创意空间
艺术工坊、创意空间
灰空间-城市家居
(街头图书馆、信息刊登亭等)
博物馆、展览馆
重塑灰空间
Step 1
原有仓库
Step 2
剥离外墙
Step 3
内置功能
Step 4
完善景观
异形建筑展现
廊桥飘带
会展中心
办公
SOHO

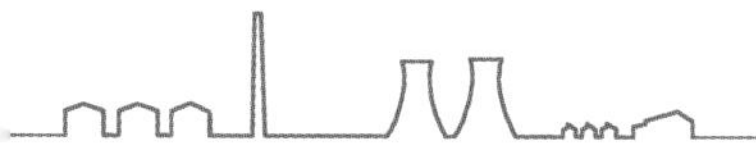

"生态先行"的韧性实践街区

——沈阳市沈海热电厂与东贸库地段工业遗产功能更新设计

11

乌瞰图

青年公寓组团

铁路公园

商务 SOHO

酒吧街

团队介绍：大连理工大学—中国工业博物馆地段小组

指导教师：苗力

团队成员：刘喜娟 于姝淏 韦亚君 徐惟楚

基地简介：基地位于沈阳市铁西区卫工北街与北一西路交汇处，占地约 35.1hm^2

设计理念：随着工业 4.0 时代的来临，许多地区的工业废弃地迎来新的机遇与挑战。本设计基于集约用地的时代性发展要求，对沈阳工业博物馆地段进行更新设计。

引入“城市沉积岩”理论解读场地内的建筑遗存，进行土地利用调整和相关的控制图则拟定；通过既有建筑改建、景观构筑物塑造等方式进行城市更新设计。

在保留现状的基础上，充分发挥现有建筑的文化特征和历史价值，结合产研展销功能与现代的商业和文化功能，在场地内形成一系列景点，将老工业区改造为集购物、文娱、居住、办公、旅游等为一体的综合体，成为适应铁西区产业转型和人口空间布局发展的综合功能片区。

指导教师感言

苗力

参加联合毕设对于应届毕业生和指导教师来说无疑是一个重要的交流机会。通过这次联合毕设，我们认识了沈阳老工业基地的特征街区和文化内涵，在设计过程中与其他院校充分交流，接受其他院校老师的指导和点评，这些都促使学生在设计思维和表达上有所提升，保障毕业设计的质量达到较好水平。“云答辩”虽然是因为疫情影响的不得已之举，但通过网络的帮助，指导教师与学生们成功地将实体的专业教室搬到了虚拟空间内，克服难题，突破成长。

团队成员感悟

刘喜娟

此次“云”联合毕业设计是对五年来专业学习的一个考验，我们在与各校师生的思维碰撞中不断学习，在苗力老师的带领以及伙伴们坚持不懈的探索下推进设计，这一过程丰富了个人知识体系的构建，同时认识到自身的不足，收获满满！

于姝淏

云毕设期间虽然经过了很多困难，包括调研、网络等问题，但也都得到了解决，很感谢这次设计的指导老师苗力老师，我的队友刘喜娟、韦亚君、徐惟楚同学，本次联合毕设的各校老师们，以及提供实地拍摄资料的沈阳建筑大学的同学们，祝愿大家在未来的规划道路上，都能够实现自己的设计梦想。

韦亚君

第一次跨学校联合毕设，又是头一次体验到线上设计，这次经历很是新鲜。遇到过困难，但过程还是比较愉快，收获颇多，希望最终成果不负努力。感谢这次联合毕设的所有参与者，让我有了这次宝贵的经历，见到了许多久仰大名的前辈，感谢他们提出的非常有用的建议；感谢这次经历，我将带着这份经历重新启程。

徐惟楚

和老师同学 5 年的相处，每一次的熬夜画图，每一次评图前的忐忑，都是宝贵的大学回忆。我会在未来的工作学习中坚持“大工精神”，成为优秀的大连理工大学学子。

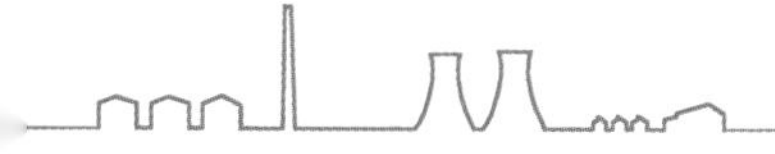

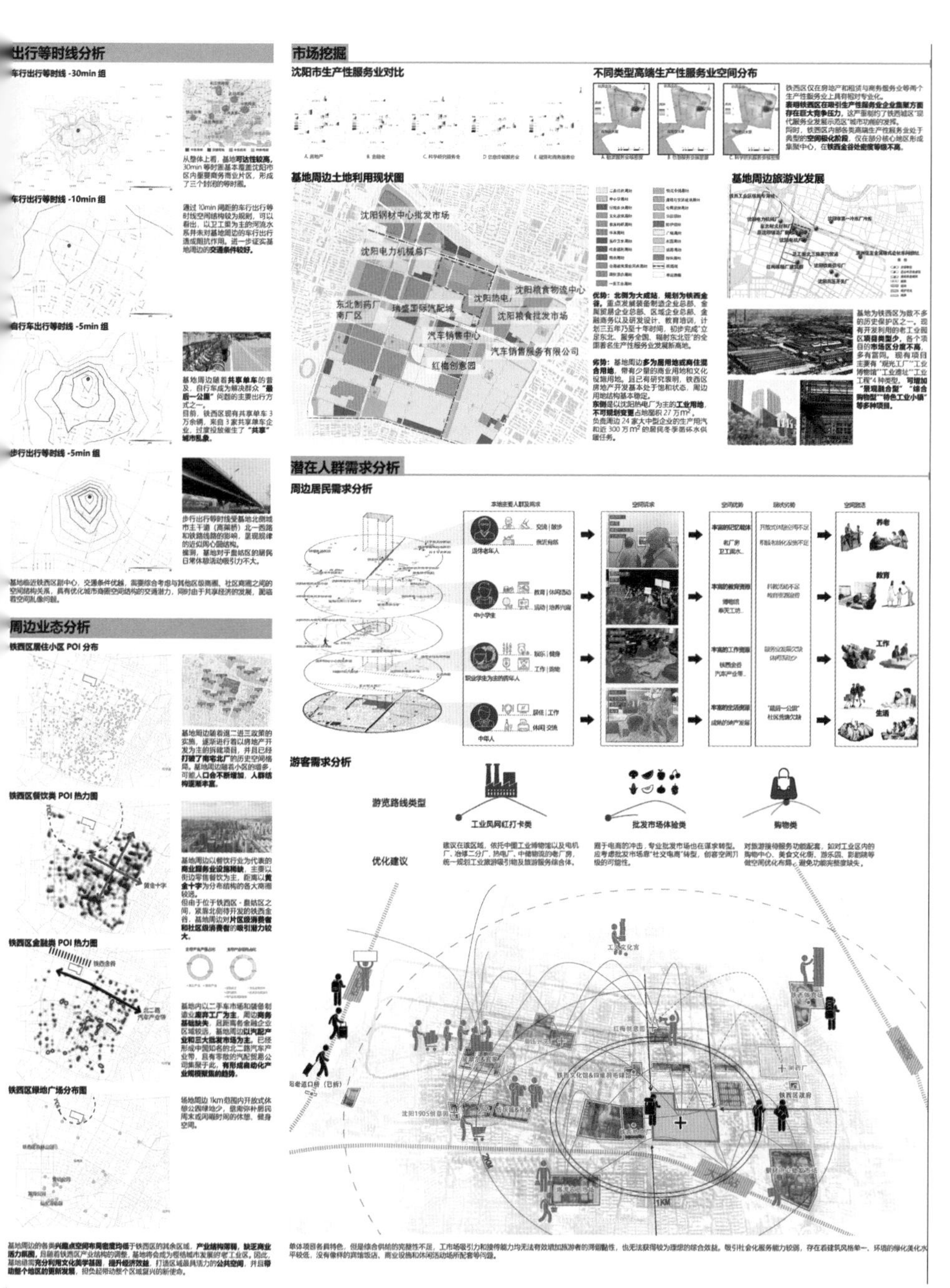
出行等时线分析
市场挖掘
沈阳市生产性服务业对比
不同类型高端生产性服务业空间分布
基地周边土地利用现状图
基地周边旅游业发展
潜在人群需求分析
周边居民需求分析
游客需求分析
周边业态分析
铁西区居住小区 POI 分布
铁西区餐饮类 POI 热力图
铁西区金融类 POI 热力图
铁西区绿地广场分布图
游览路线类型
优化建议
工业风网红打卡类
批发市场体验类
购物类

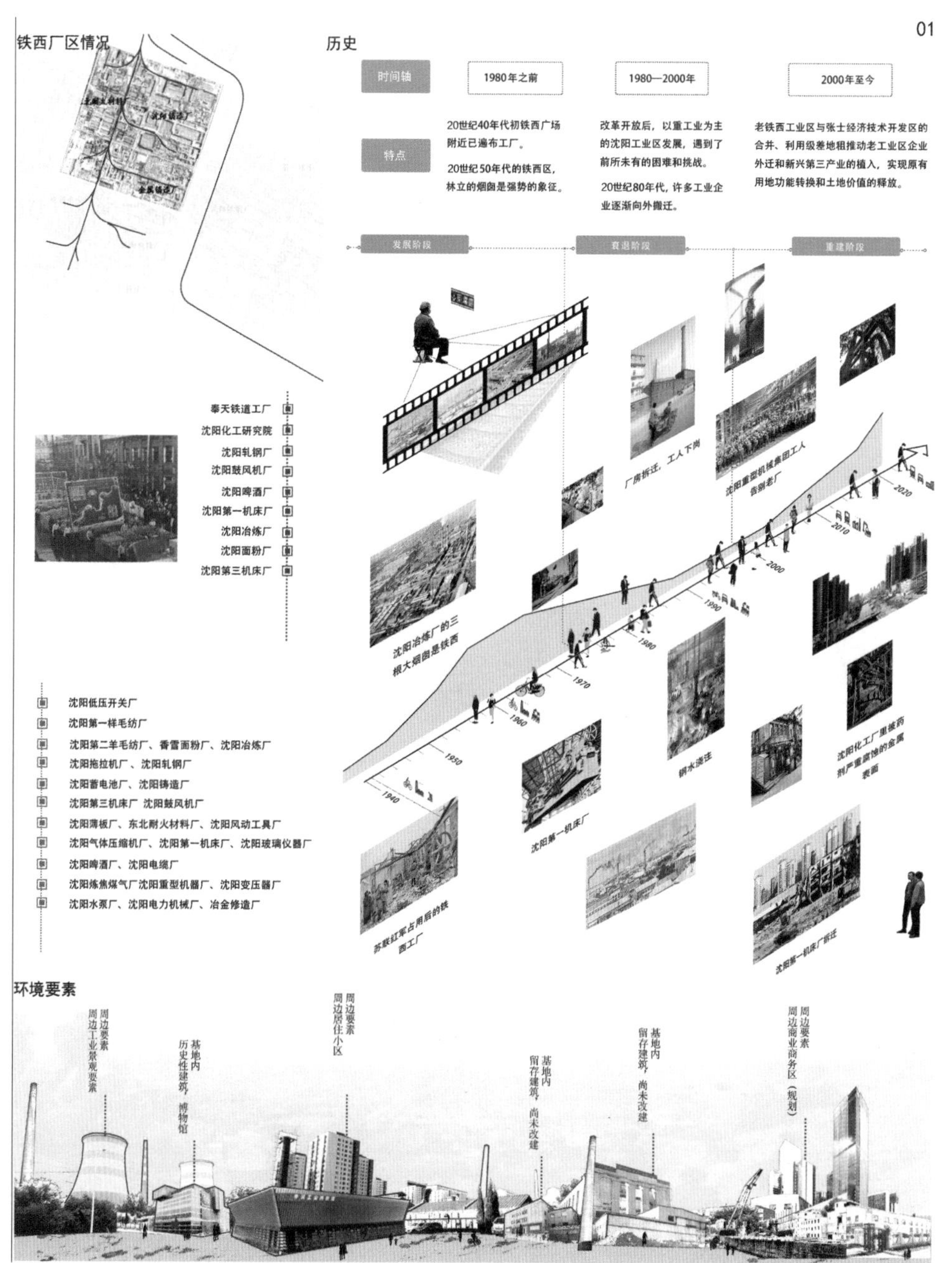
铁西厂区情况
历史
01
时间轴
1980年之前
1980—2000年
2000年至今
特点
20世纪40年代初铁西广场附近已遍布工厂。
20世纪50年代的铁西区，林立的烟囱是强势的象征。
改革开放后，以重工业为主的沈阳工业区发展，遇到了前所未有的困难和挑战。
20世纪80年代，许多工业企业逐渐向外搬迁。
老铁西工业区与张士经济技术开发区的合并、利用级差地租推动老工业区企业外迁和新兴第三产业的植入，实现原有用地功能转换和土地价值的释放。
发展阶段
衰退阶段
重建阶段
奉天铁道工厂
沈阳化工研究院
沈阳轧钢厂
沈阳鼓风机厂
沈阳啤酒厂
沈阳第一机床厂
沈阳冶炼厂
沈阳面粉厂
沈阳第三机床厂
沈阳低压开关厂
沈阳第一棉毛纺厂
沈阳第二羊毛纺厂、香雪面粉厂、沈阳冶炼厂
沈阳拖拉机厂、沈阳轧钢厂
沈阳蓄电池厂、沈阳铸造厂
沈阳第三机床厂 沈阳鼓风机厂
沈阳薄板厂、东北耐火材料厂、沈阳风动工具厂
沈阳气体压缩机厂、沈阳第一机床厂、沈阳玻璃仪器厂
沈阳啤酒厂、沈阳电缆厂
沈阳炼焦煤气厂沈阳重型机器厂、沈阳变压器厂
沈阳水泵厂、沈阳电力机械厂、冶金修造厂
沈阳冶炼厂的三根大烟囱是铁西
厂房拆迁，工人下岗
沈阳重型机械集团工人告别老厂
钢水流注
沈阳第一机床厂
沈阳化工厂重被药剂严重腐蚀的金属表面
苏联红军占用后的铁西工厂
沈阳第一机床厂拆迁
环境要素
周边要素 周边工业景观要素
基地内 历史性建筑，博物馆
周边要素 周边居住小区
基地内 留存建筑，尚未改建
基地内 留存建筑，尚未改建
周边要素 周边商业商务区（规划）

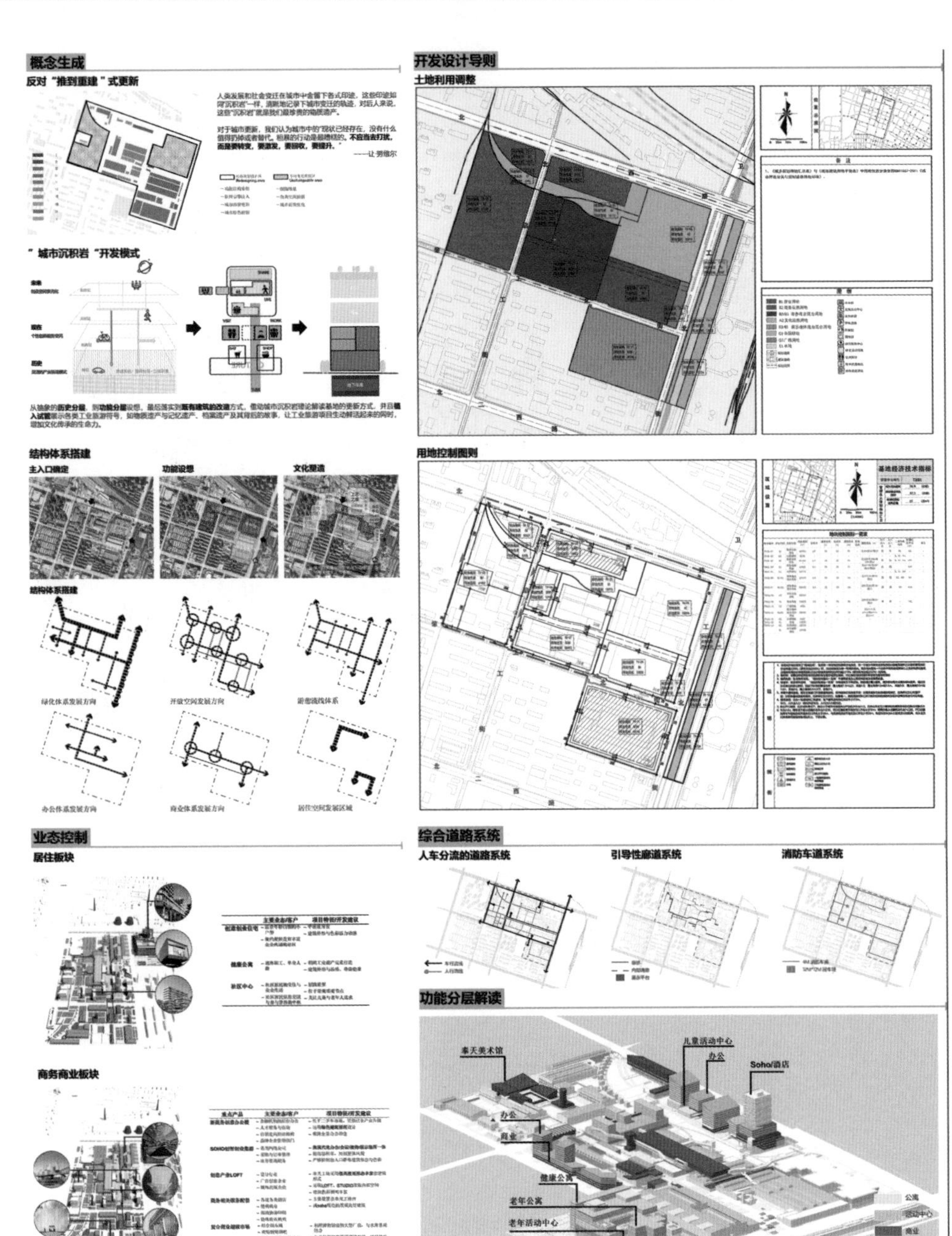
概念生成
反对"推到重建"式更新
"城市沉积岩"开发模式
结构体系搭建
主入口确定
功能设想
文化塑造
结构体系搭建
绿化体系发展方向
开放空间发展方向
游憩路线体系
办公体系发展方向
商业体系发展方向
居住空间发展区域
业态控制
居住板块
商务商业板块
开发设计导则
土地利用调整
用地控制图则
综合道路系统
人车分流的道路系统
引导性廊道系统
消防车道系统
功能分层解读
秦天美术馆
儿童活动中心
办公
Soho/酒店
商业
健康公寓
老年公寓
老年活动中心

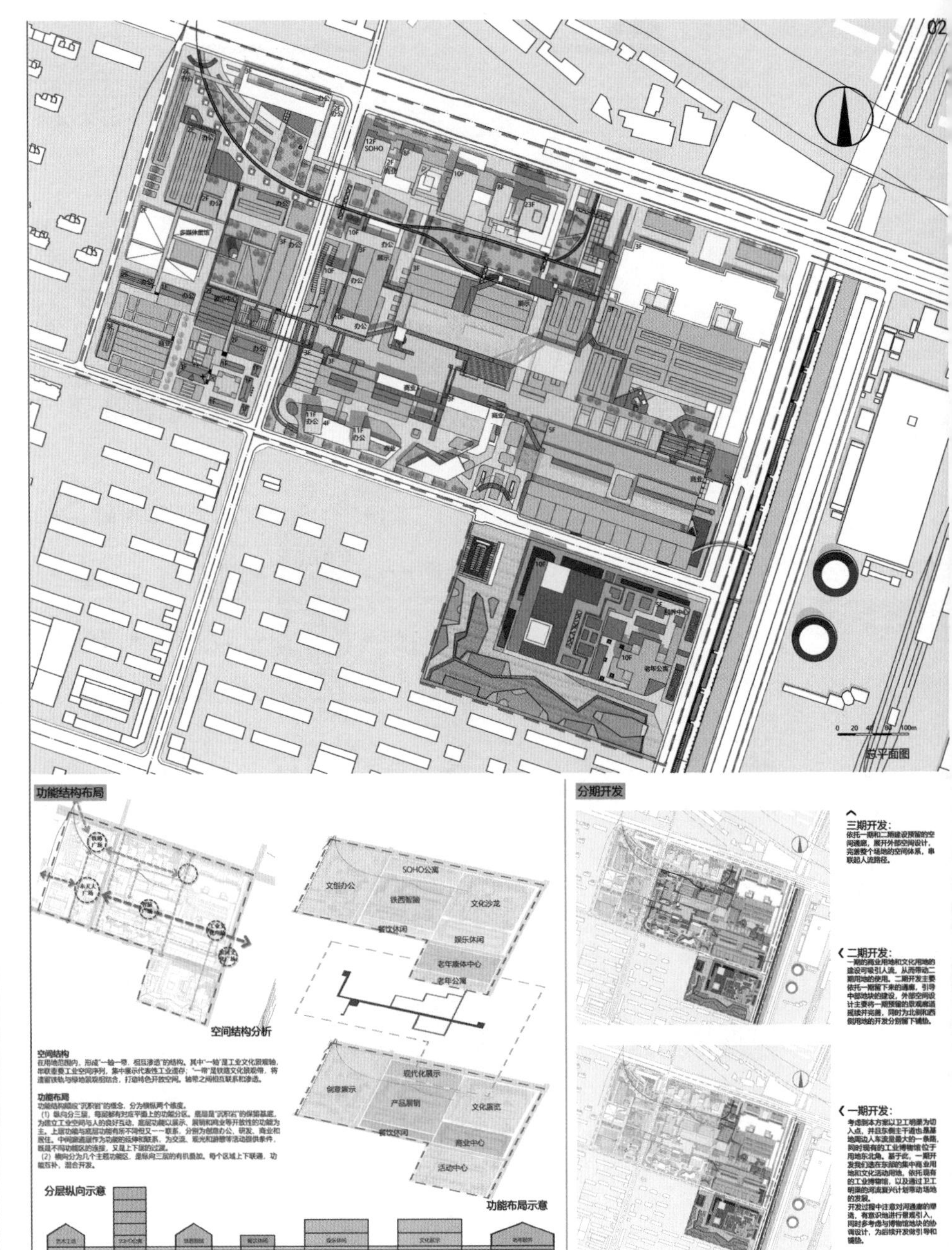
02
总平面图
功能结构布局
空间结构分析
SOHO公寓
文创办公
铁西智慧
文化沙龙
餐饮休闲
娱乐休闲
老年康体中心
老年公寓
现代化展示
创意展示
产品展销
文化展览
商业中心
活动中心
功能布局示意
分层纵向示意
分期开发
三期开发：
二期开发：
一期开发：

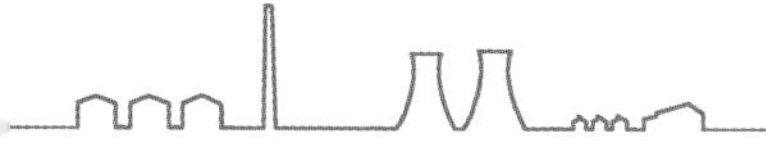

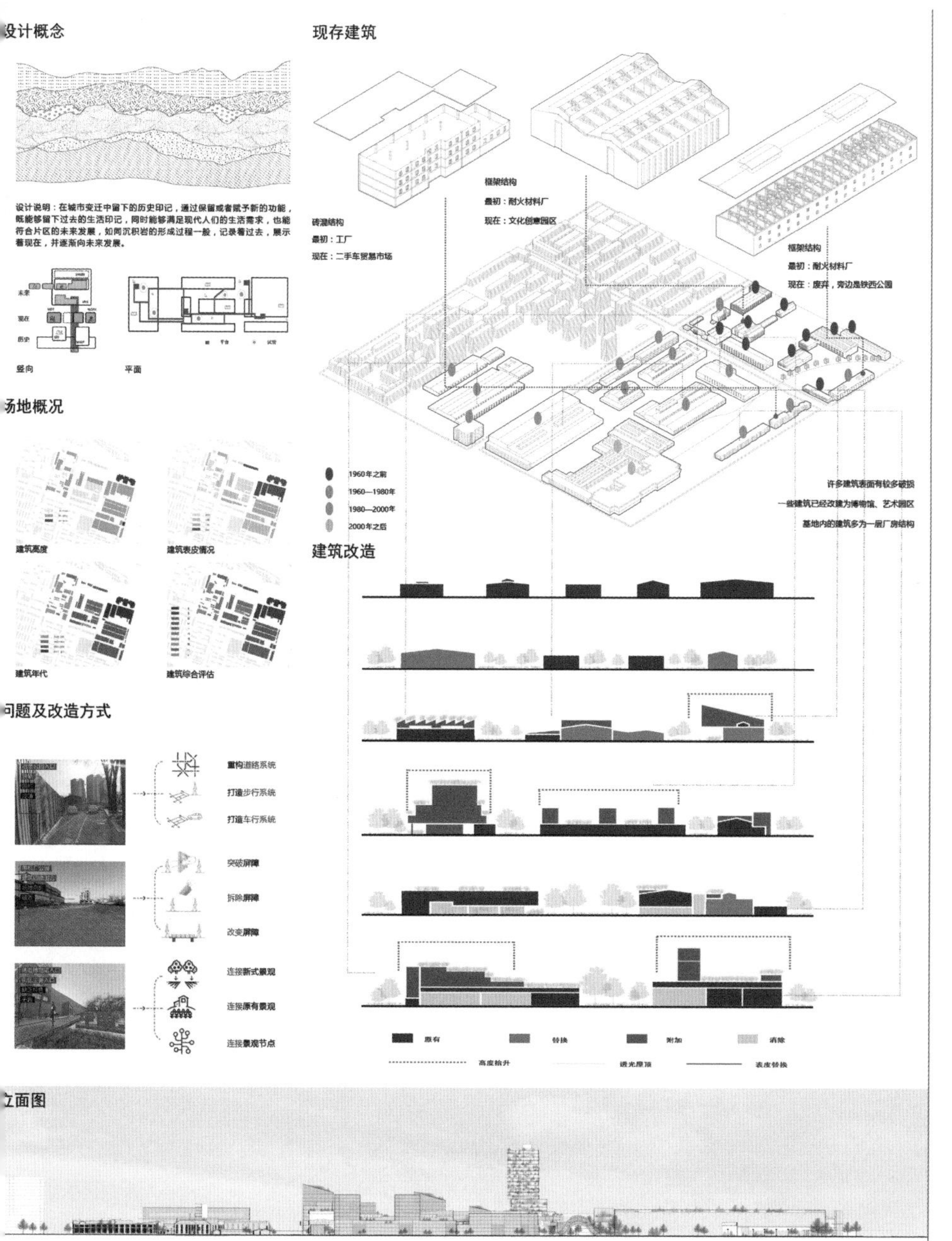
设计概念
现存建筑
场地概况
问题及改造方式
建筑改造
立面图

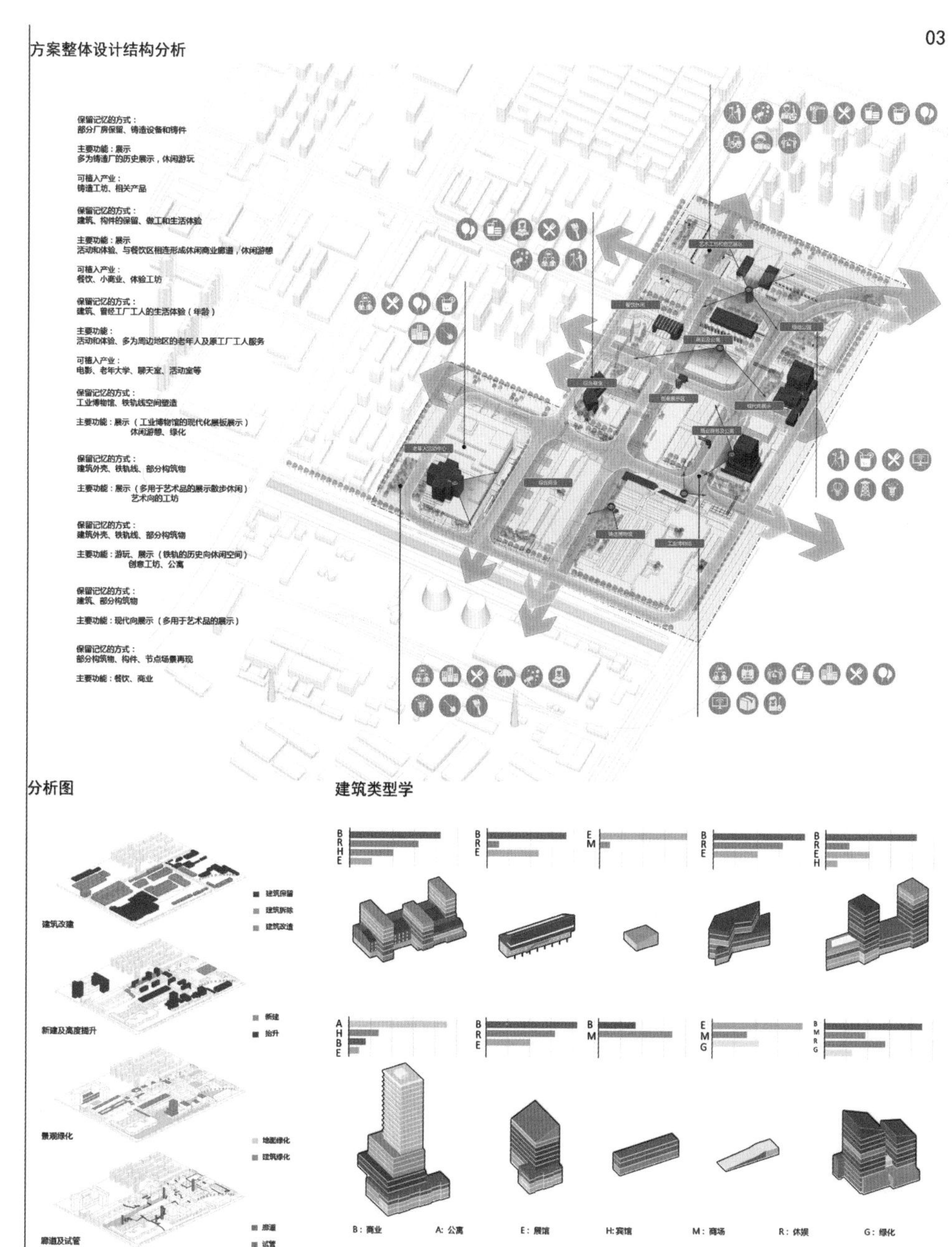
03
方案整体设计结构分析
分析图
建筑类型学
B：商业
A：公寓
E：展馆
H：宾馆
M：商场
R：休闲
G：绿化

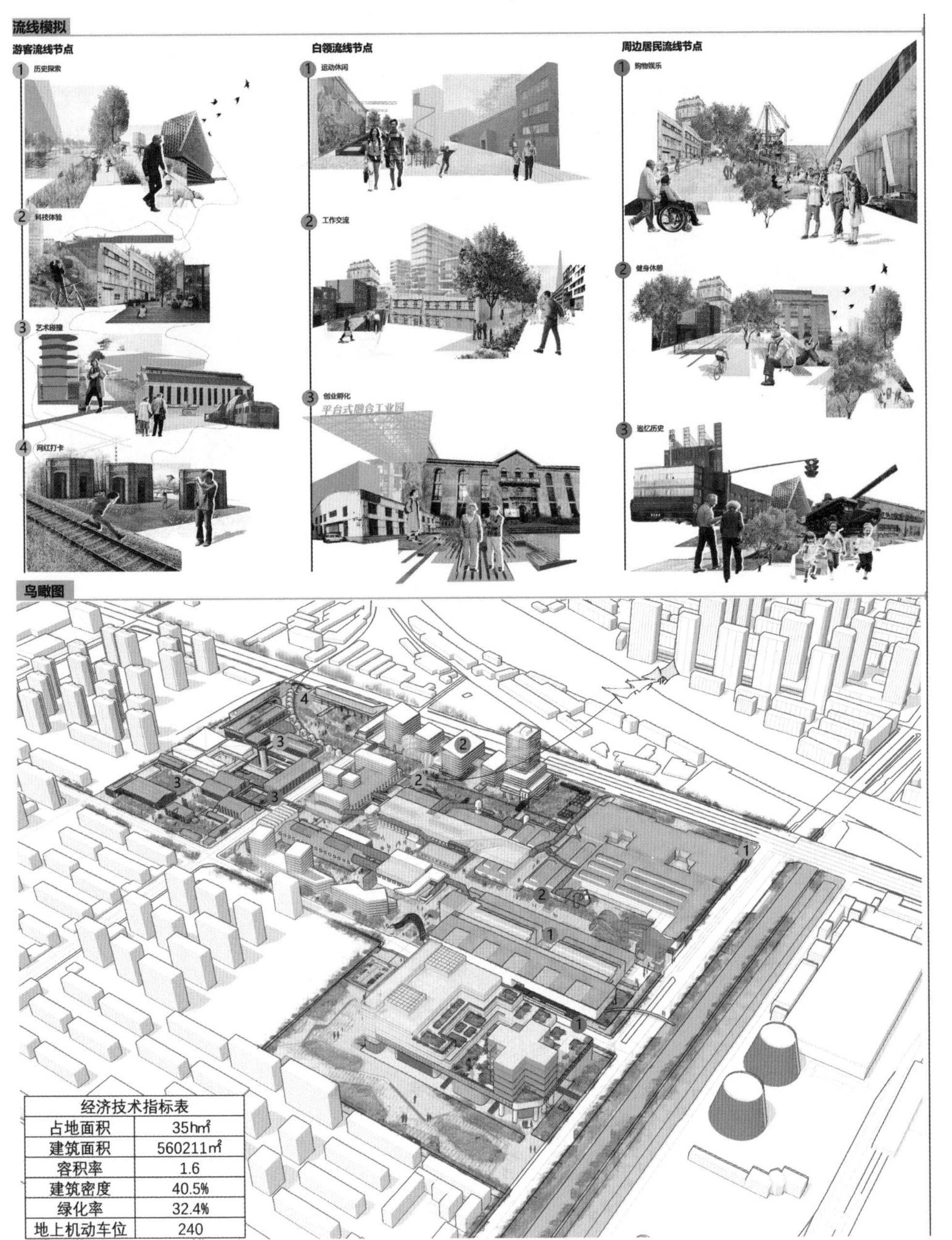

经济技术指标表	
占地面积	35hm²
建筑面积	560211m²
容积率	1.6
建筑密度	40.5%
绿化率	32.4%
地上机动车位	240

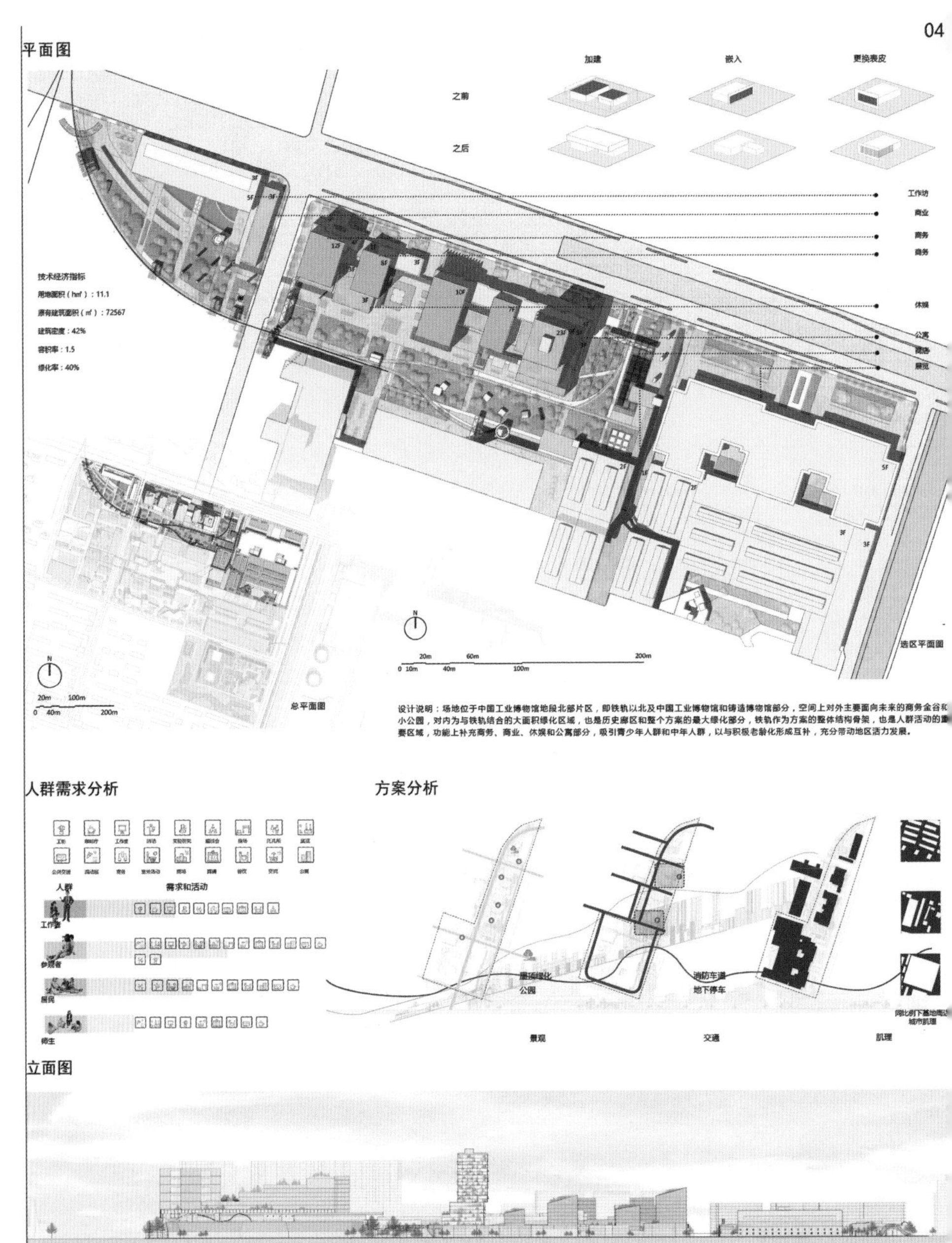

设计说明：场地位于中国工业博物馆地段北部片区，即铁轨以北及中国工业博物馆和铸造博物馆部分，空间上对外主要面向未来的商务金谷和小公园，对内为与铁轨结合的大面积绿化区域，也是历史廊区和整个方案的最大绿化部分，铁轨作为方案的整体结构骨架，也是人群活动的重要区域，功能上补充商务、商业、休娱和公寓部分，吸引青少年人群和中年人群，以与积极老龄化形成互补，充分带动地区活力发展。

技术手段

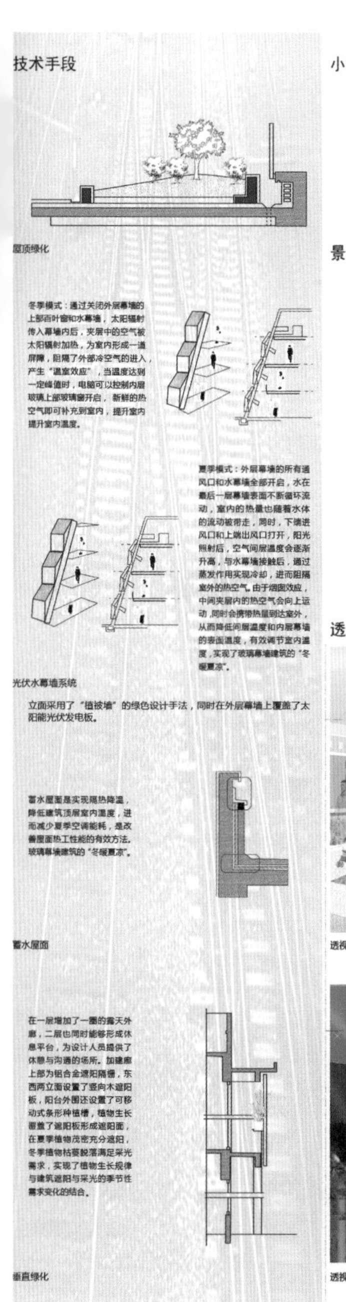

小情景营造

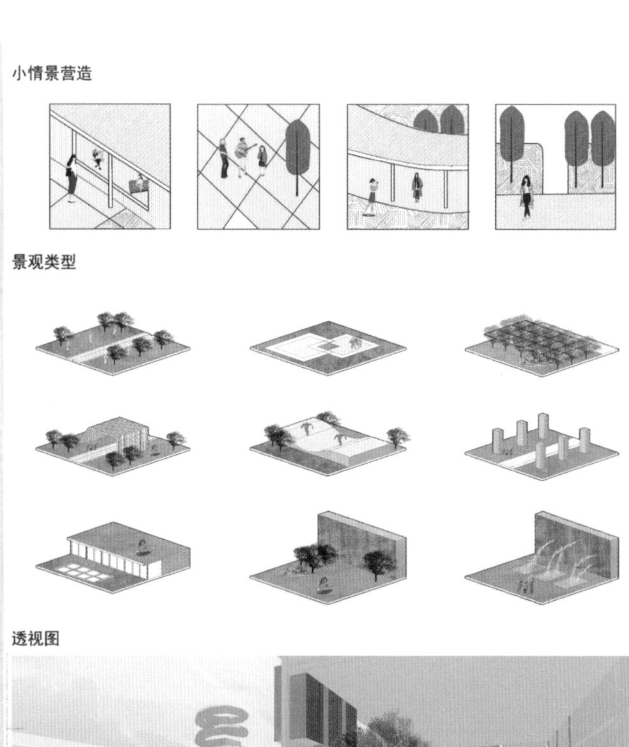

景观类型

透视图

透视图—北侧东入口

透视图—夜景

05

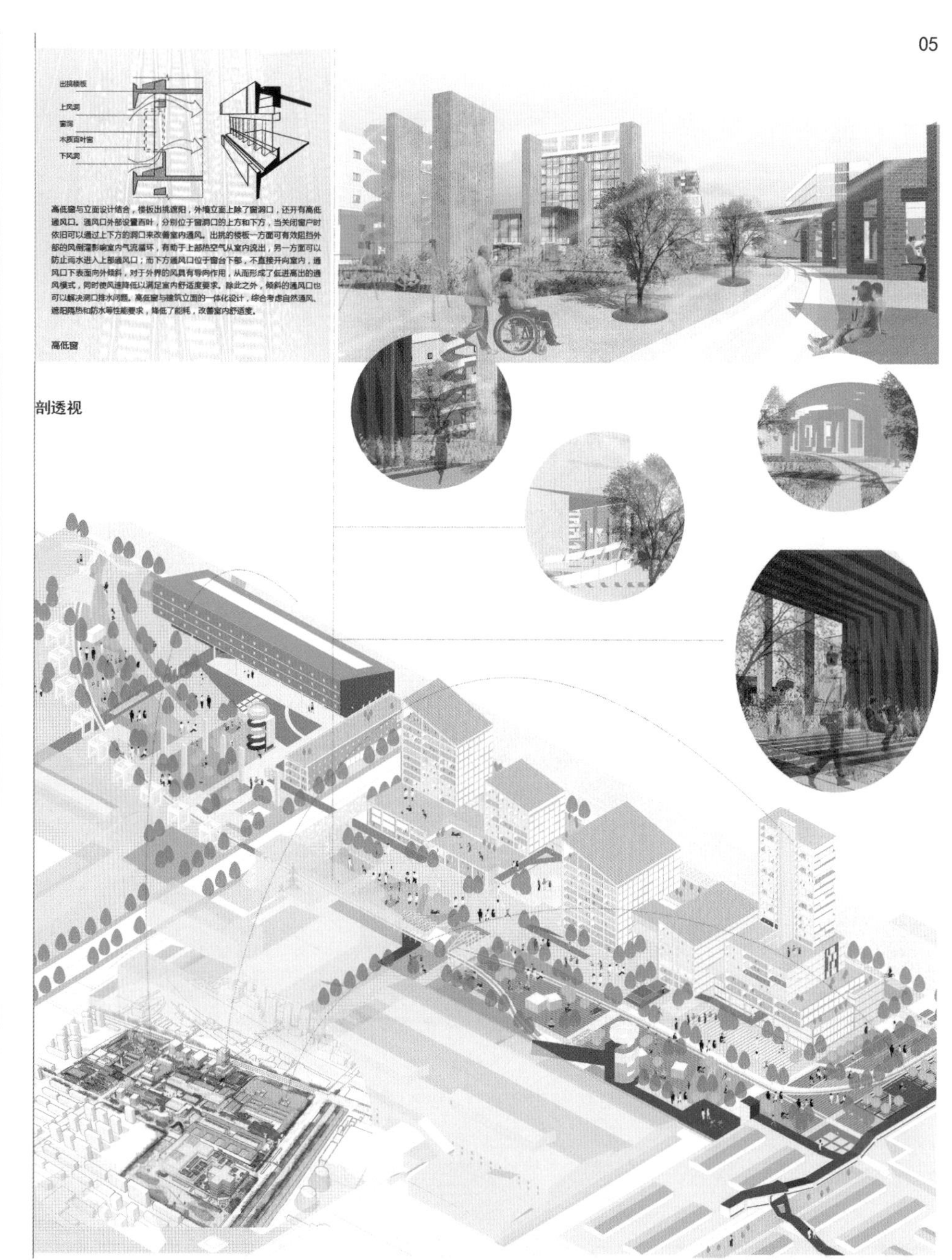

剖透视

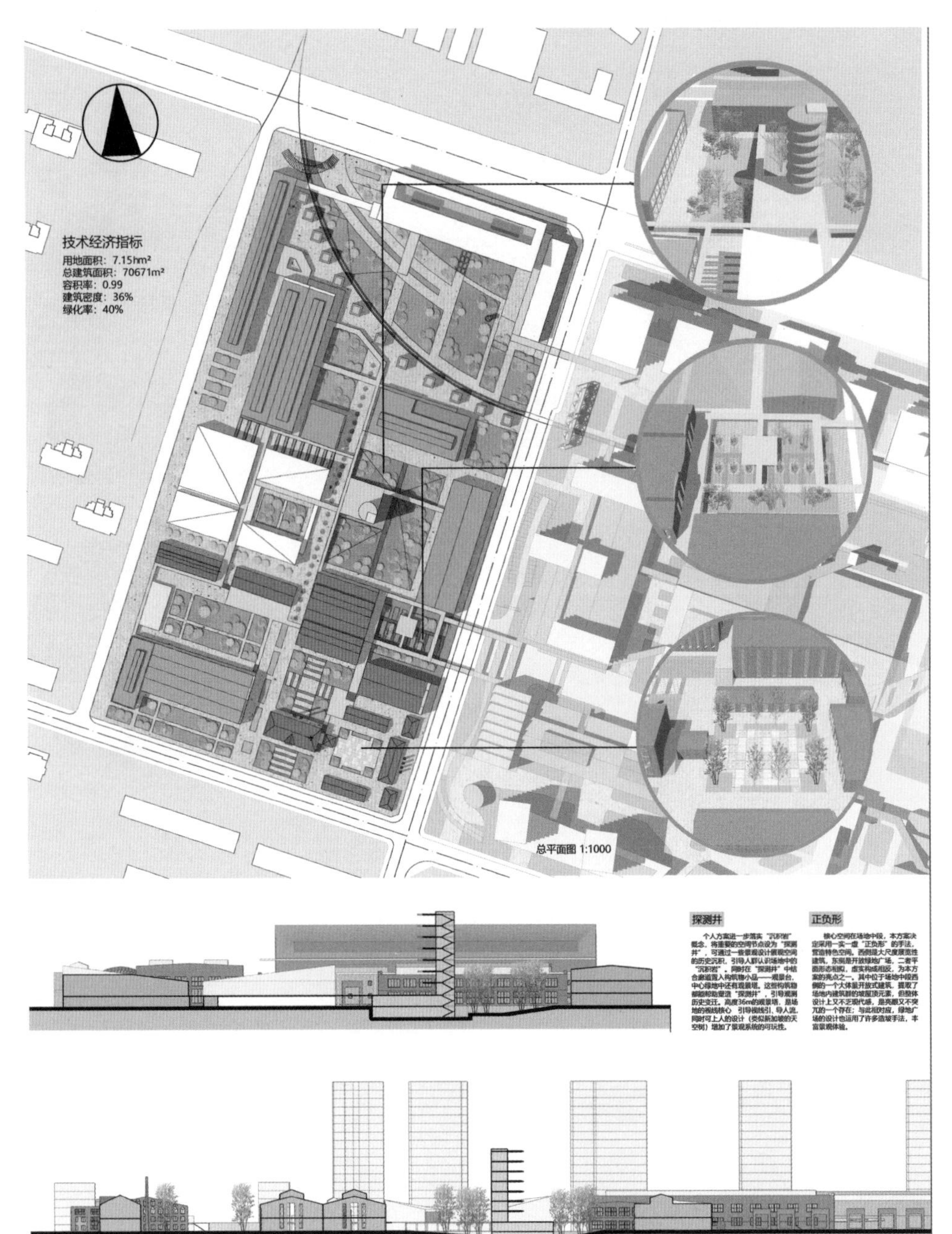
技术经济指标
用地面积：7.15hm²
总建筑面积：70671m²
容积率：0.99
建筑密度：36%
绿化率：40%
总平面图 1:1000
探测井
正负形

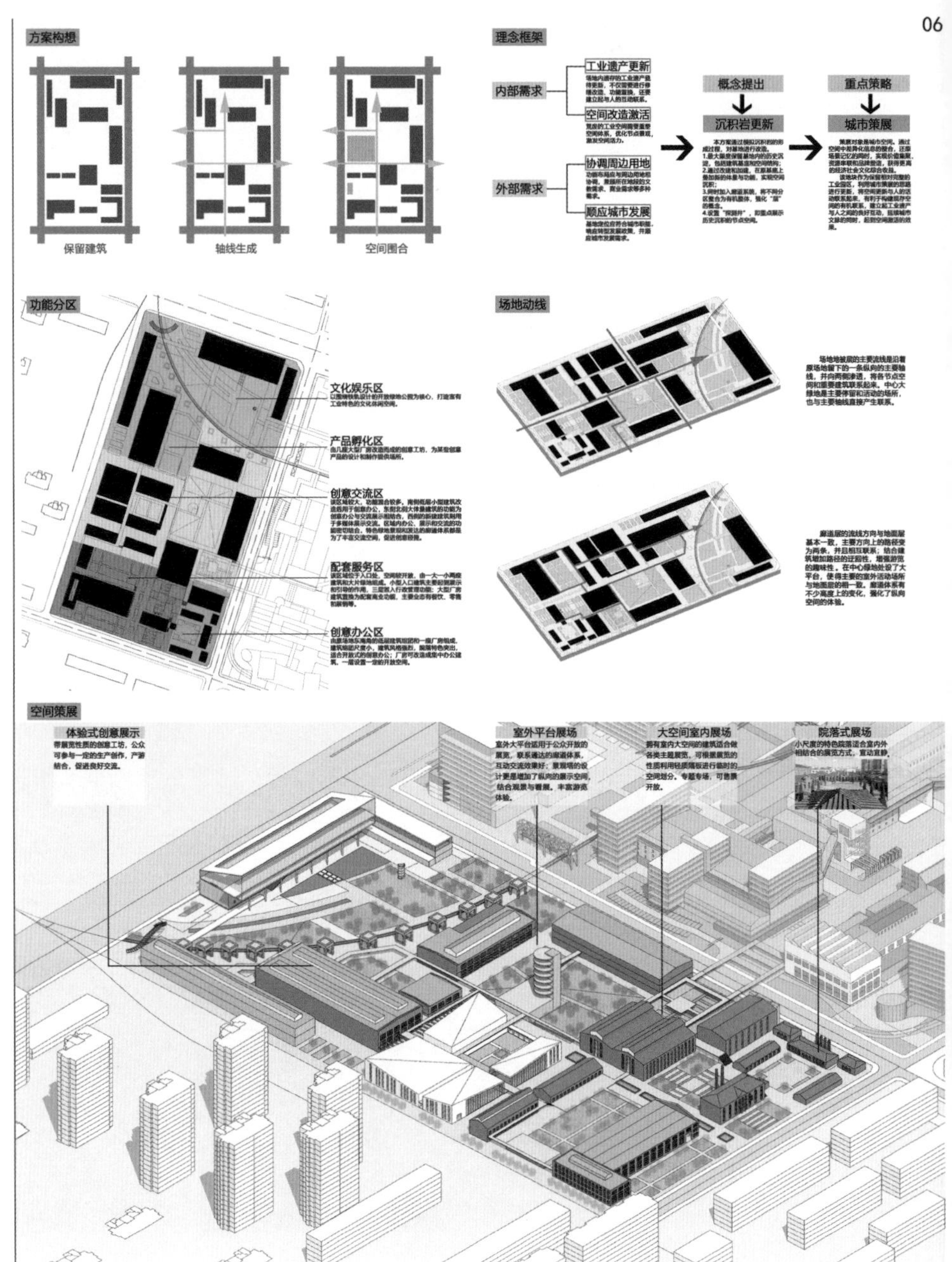
方案构想
保留建筑
轴线生成
空间围合
理念框架
内部需求
外部需求
工业遗产更新
空间改造激活
协调周边用地
顺应城市发展
概念提出
沉积岩更新
重点策略
城市策展
功能分区
文化娱乐区
产品孵化区
创意交流区
配套服务区
创意办公区
场地动线
空间策展
体验式创意展示
室外平台展场
大空间室内展场
院落式展场

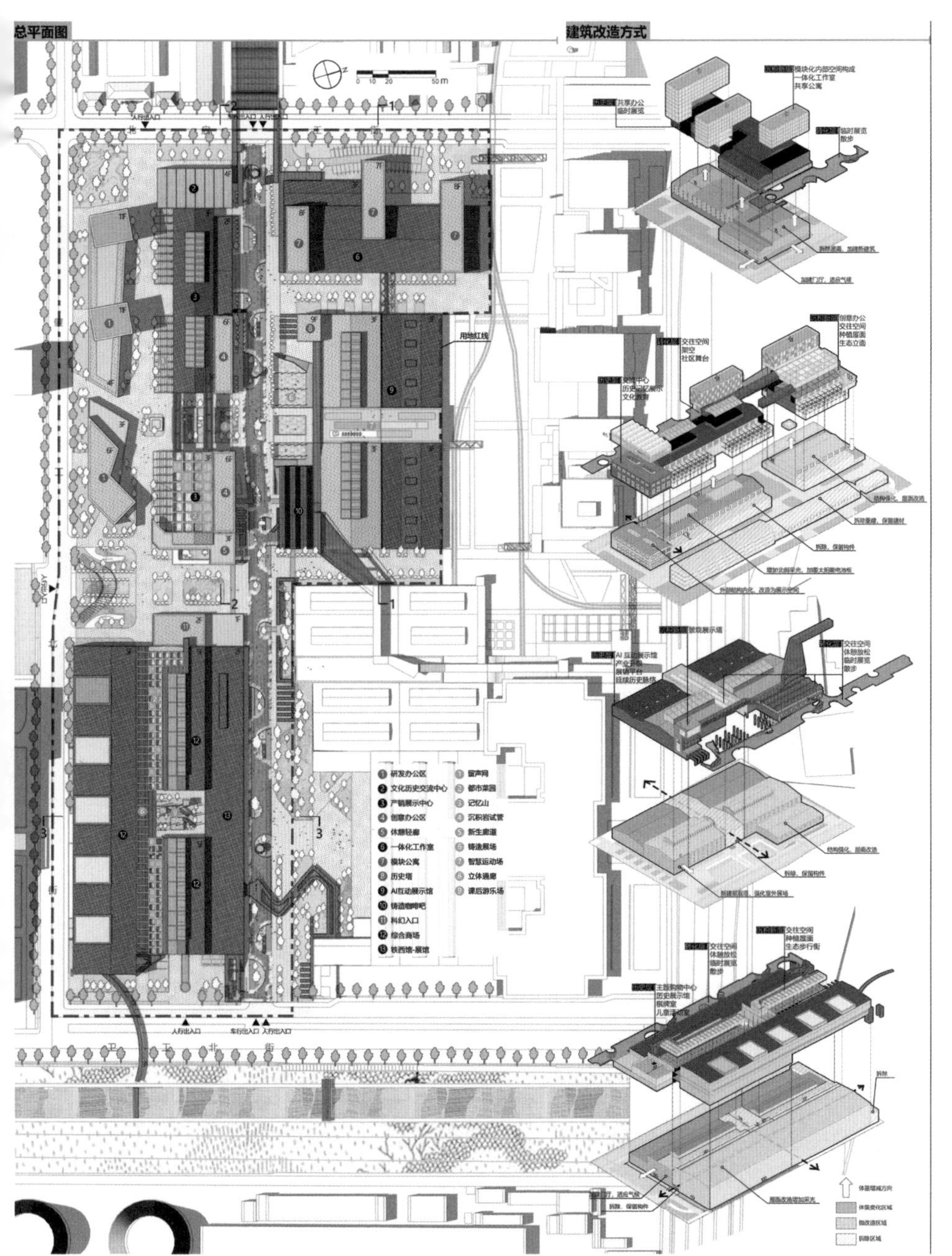

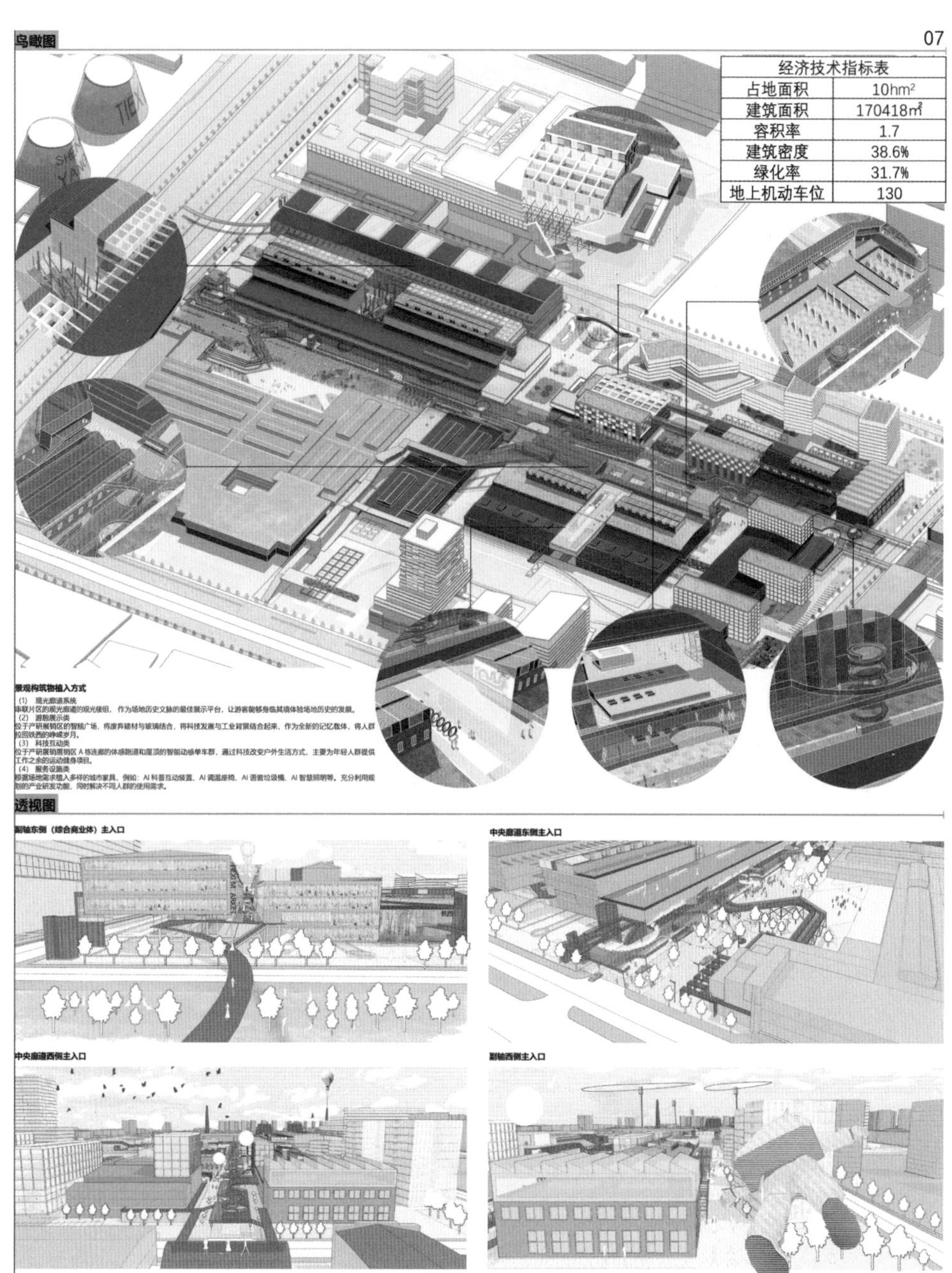

经济技术指标表	
占地面积	10hm²
建筑面积	170418m²
容积率	1.7
建筑密度	38.6%
绿化率	31.7%
地上机动车位	130

景观构筑物植入方式

（1）观光廊道系统

串联片区的观光廊道的观光缆组，作为场地历史文脉的最佳展示平台，让游客能够身临其境体验场地历史的发展。

（2）游憩展示类

位于产研展销区的智能广场，将废弃建材与玻璃结合，将科技发展与工业背景结合起来，作为全新的记忆载体，将人群拉回铁西的峥嵘岁月。

（3）科技互动类

位于产研展销展销区 A 栋连廊的体感跑道和屋顶的智能动感单车群，通过科技改变户外生活方式，主要为年轻人群提供工作之余的运动健身项目。

（4）服务设施类

根据场地需求植入多样的城市家具，例如：AI 科普互动装置、AI 调温座椅、AI 语音垃圾桶、AI 智慧照明等。充分利用规划的产业研发功能，同时解决不同人群的使用需求。

济南大学

University of Jinan

济南大学
大连理工大学
北京工业大学
吉林建筑大学
山东建筑大学
天津城建大学
内蒙古工业大学
北京建筑大学
沈阳建筑大学

澄空拂锈迹，童叟皆乐天——基于电影叙事手法的环境友好型工业片区改造

王林申

设计感想：能够参加本年度的联合毕业设计，是一种荣幸。从调研到答辩、从方案到成果，整个历程无不渗透着组织方的巨大奉献和同学们的辛苦付出。毕业设计是大学本科这段路程的最后一个里程碑，在联合毕业设计的这个舞台之上，同学们展现了能力与情怀，收获了知识和友谊。面对将要踏上的起跑线，希望同学们继续保持坚韧的意志、不忘奋斗的初心。

陈旭伟

设计感想：从“增量规划”到“存量规划”，是城镇化水平不断提高所必然经历的阶段，纵观国内工业遗产的改造利用，不乏很多优秀案例。这次联合毕业设计，也让我思考关于城市更新的深刻内涵：长久以来，我们的城市更新是否陷入了从“空间中的消费”到“消费空间”这样一种过于将其商品化的转变。一座城市的温度和魅力，或许就来自街道某个转角不期而遇的新建景观，来自即使一言不发也满是岁月故事的历史建筑，以及让老年人可以聚在一起家长里短、让孩子们在游玩展览中探索认知的域界……城市的活力和可能，理应超越消费主义回归公共关怀。

孙 泓

设计感想：在这种特殊的时期参与联合毕业设计，对于我来说，是非常难忘又非常有意义的一次经历。虽然过程中有不少遗憾，过程也相较以往的设计合作困难了很多，但在这将近半年的努力中，我尝试在一个陌生的领域一点点了解理论，并在自己的设计中进行了尝试，最终也掌握了一些全新的知识，收获匪浅。

很荣幸能够得到与其他院校交流的机会，我学习到了很多，也意识到了自己的很多不足，希望未来还有更多的机会与老师同学们交流互动。

1

澄空拂锈迹，童叟皆乐天——基于电影叙事手法的环境友好型工业片区改造

前期分析

上位规划

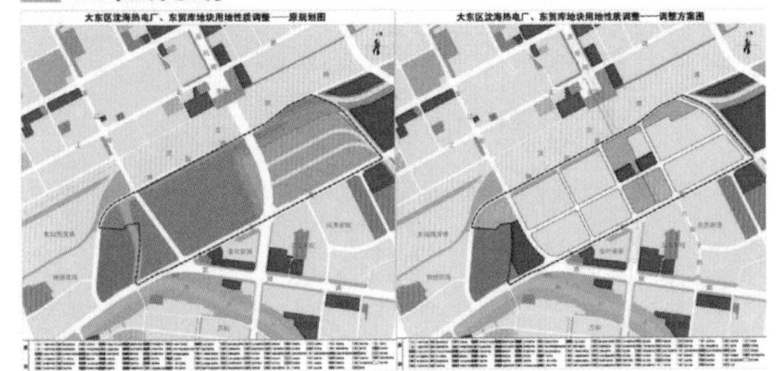

场地在上位规划中大部分更新为居住建筑，并在东贸库区域新设部分商业，并转换了大量绿地空间，并在绿地空间下设置了下穿道路。

根据工业遗产继承的理念，场地内现状规划转化为居住建筑具有争议，需要进行合理分析修正。

历史沿革

沈阳具有深厚的历史沉淀，场地的工业发展基本符合沈阳市工业发展趋势，场地内工业遗产经历了工业历史发展中的重要节点。

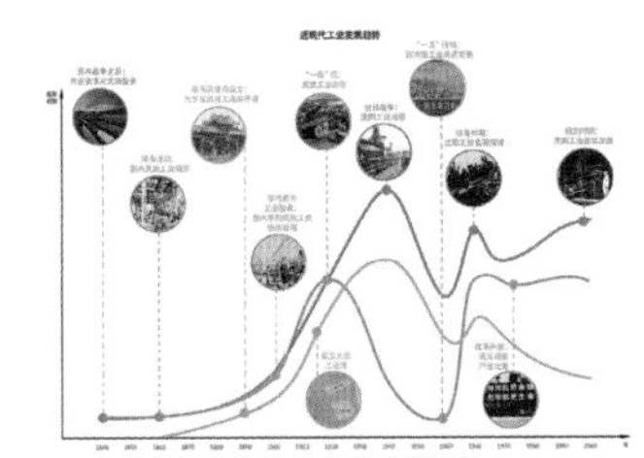

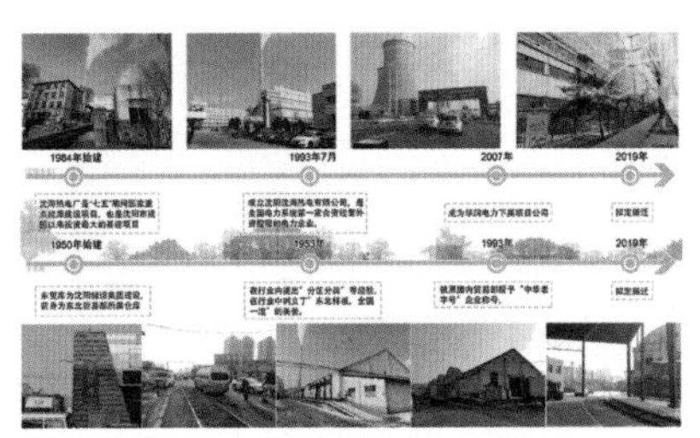

建筑肌理

选取与场地区位及功能相似的工业城市，截取1km×1km范围进行肌理量化分析。

场地道路密度过低，道路宽度不足，不符合现代化趋势，道路间距过小，小路径过多且无用，交叉口过多降低道路通畅度，但交通发达。场地建筑细碎度高，整体性较低。

道路肌理分析

	道路总长度	道路宽度平均值	交叉口数量
长春南关	5281m	16.6m	34
唐山路南	6870m	8.1m	37
沈阳大东（设计地块）	1435m	5.7m	50
沈阳铁西	2780m	9.2m	24

建筑肌理分析

	建筑总数量	建筑密度	建筑基底面积平均值
长春南关	366	16.30%	446.29m²
唐山路南	315	18.40%	583.02m²
沈阳大东（设计地块）	213	18.90%	885.42m²
沈阳铁西	165	21.45%	1299.70m²

区位分析

场地位于辽宁省沈阳市大东区南部，处于城市二环内，临近一环道路，场地属于中心城区，周边以居住建筑为主。

中国

辽宁省

大东区

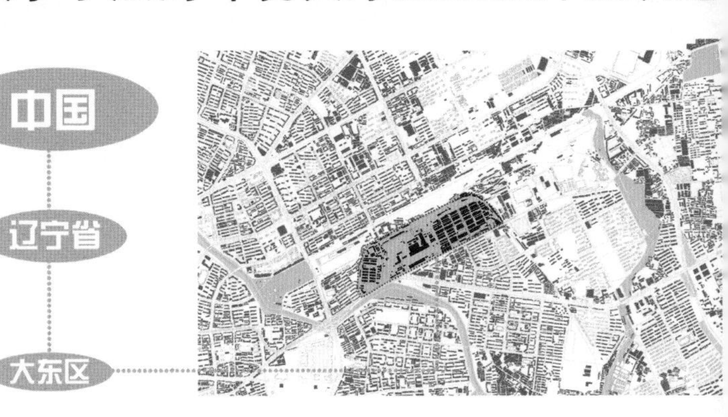

景观分析

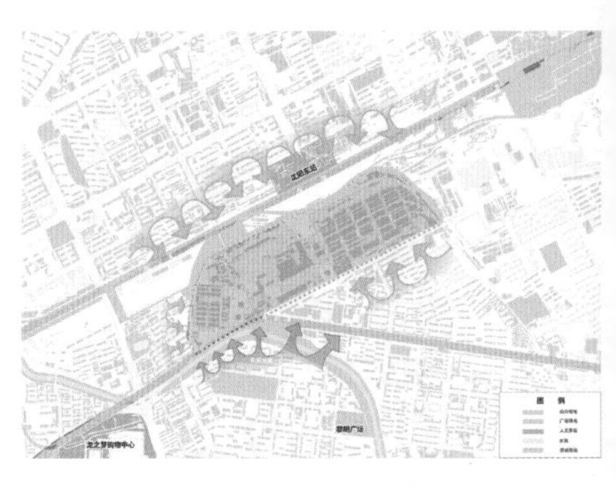

自然景观条件不足，受到南侧高架阻隔，南侧新开河景观带渗透能力较差。

人文景观以商业性质和交通性质景观为主，城市界面服务面广，比较丰富，对场地服务力高。

交通分析

现状道路情况较为发达，南北向交通压力较大，北侧受到铁路影响。

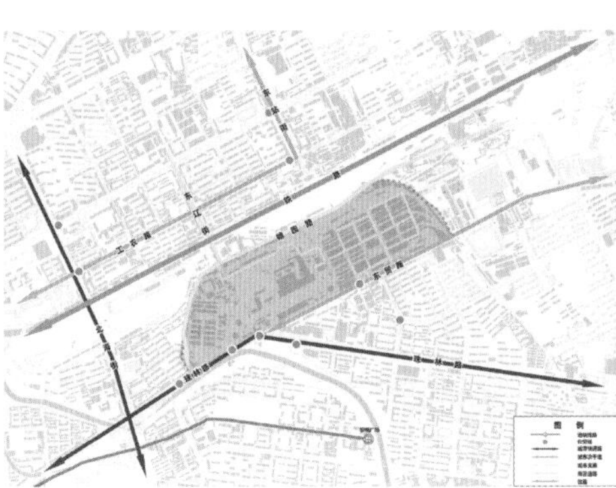

澄空拂锈迹，童叟皆乐天 ——基于电影叙事手法的环境友好型工业片区改造

2

前期分析

建筑质量评价

通过建立场地内原有建筑的价值评价体系和改造功能权重分析体系，我们对场地内的工业遗址建筑进行了具体的建筑评价，最终确定场地内高价值建筑全部保留，再开发价值建筑予以保留并进行改造，低价值建筑全部拆除。

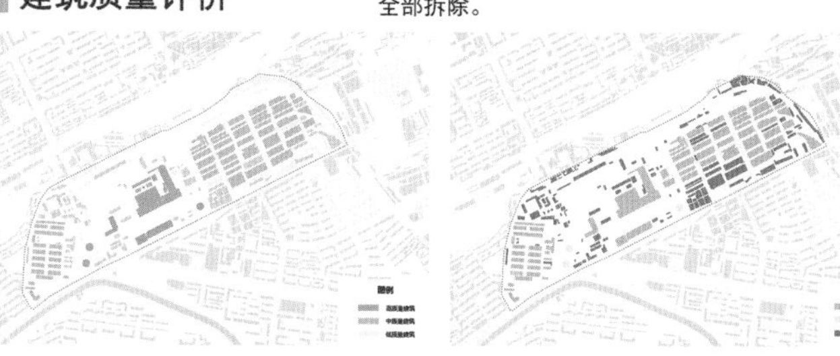

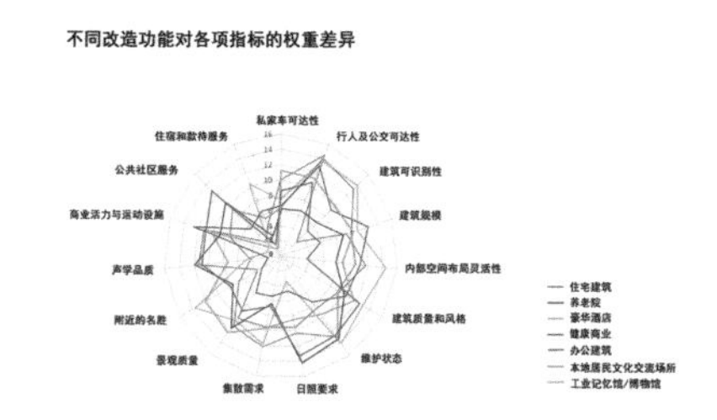

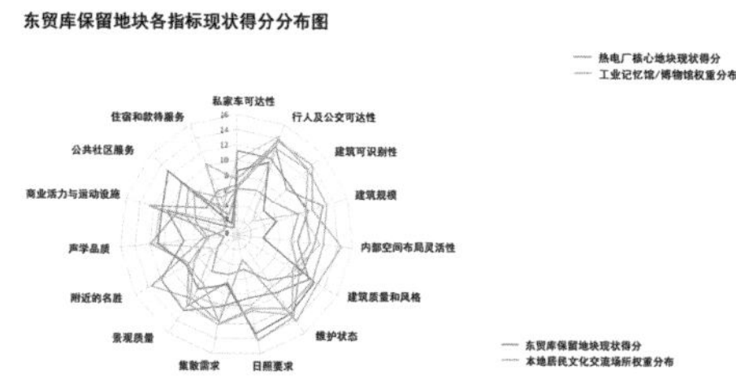

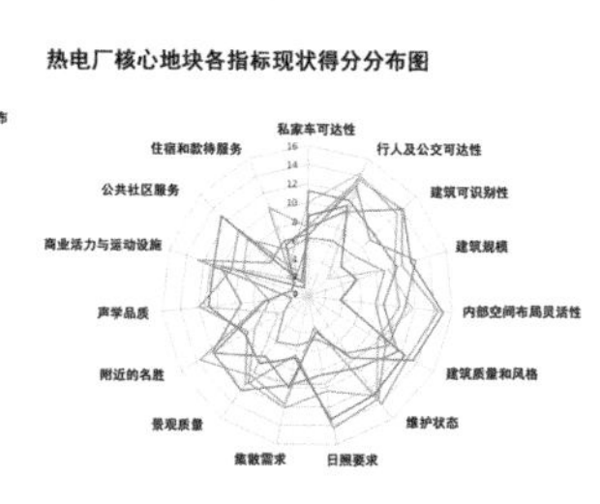

人口结构

区域内人口结构呈现微弱衰退，老年化现象严重。

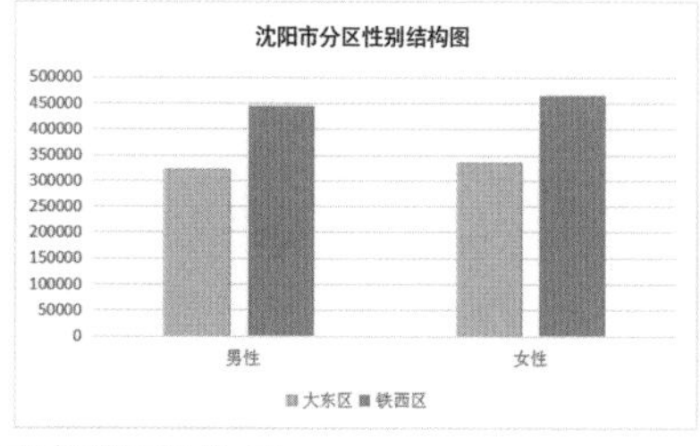

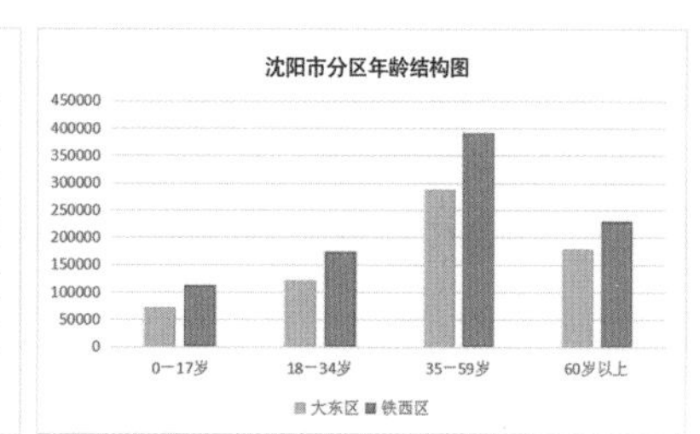

场地认知与定位

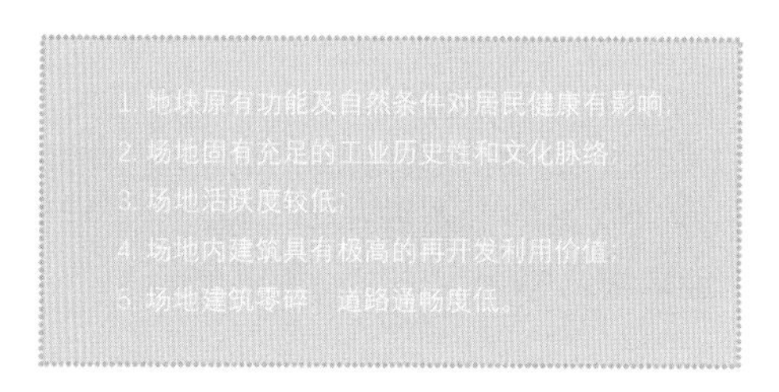

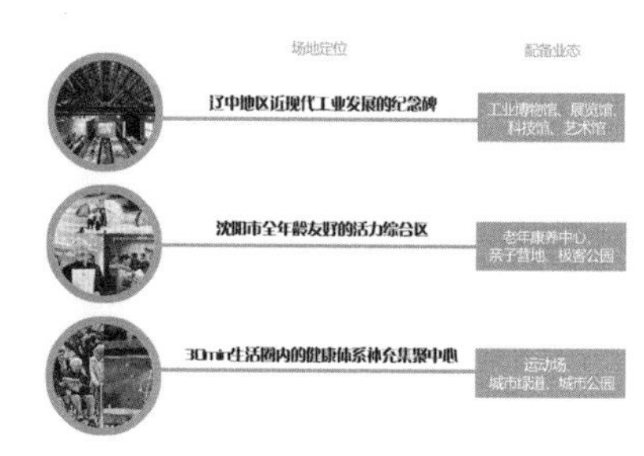

场地周边空间要素分析

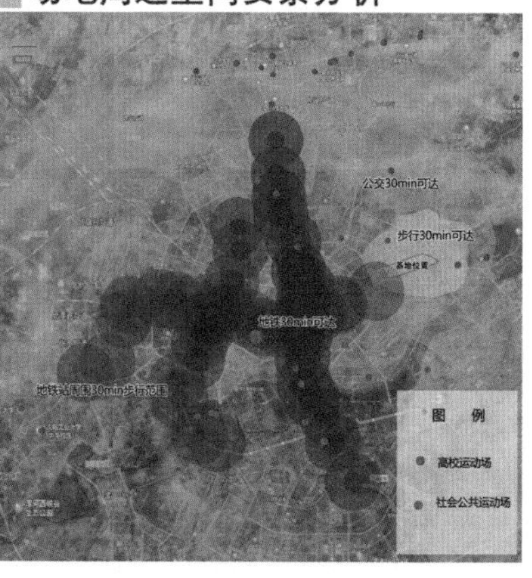

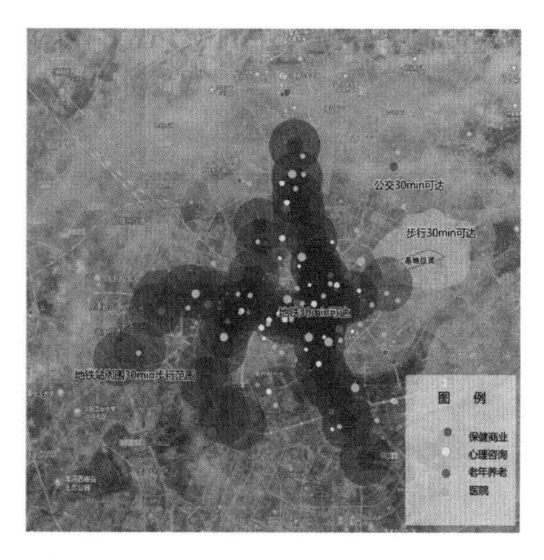

30min生活圈内，保健产业和养老产业不足，公共运动空间急需补充。

产业发展模式

场地内工业遗产的产业发展模式以文化项目与开放空间相结合的混合模式为主。

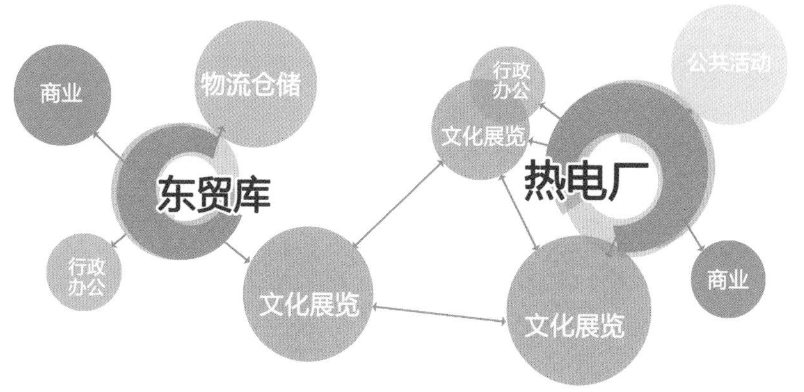

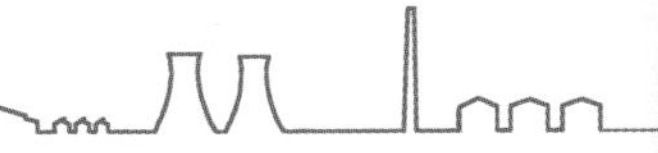

澄空拂锈迹，童叟皆乐天 ——基于电影叙事手法的环境友好型工业片区改造

3

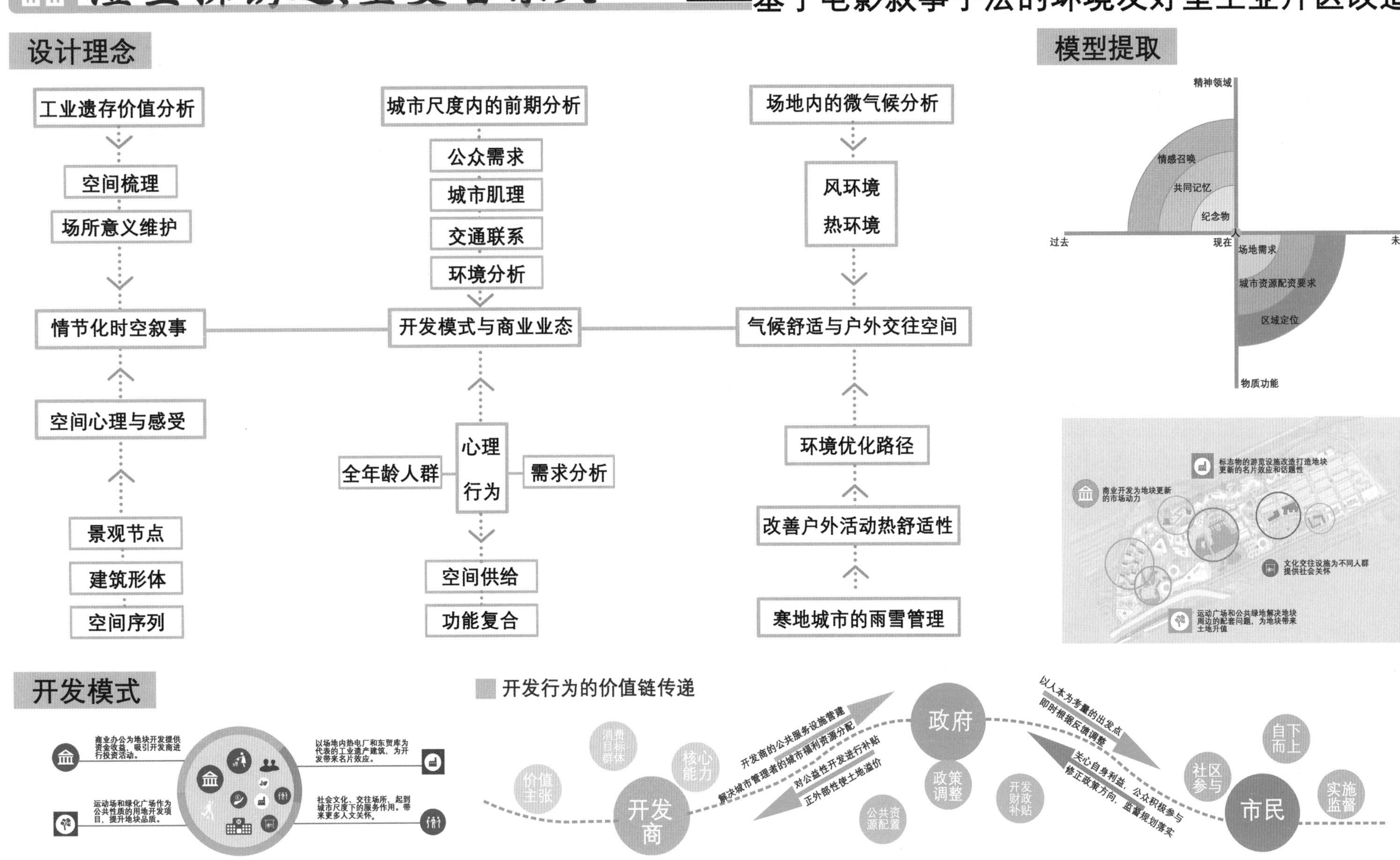

澄空拂锈迹，童叟皆乐天

——基于电影叙事手法的环境友好型工业片区改造

4

总平面图

1. 康养中心办公楼
2. 养老康养商务公寓
3. 社会交往活动中心
4. 运动广场
5. 室内活动空间
6. 冷却塔滑雪场
7. 园区数字化运营中心
8. 电力科技馆
9. 休闲体育公园
10. 热电厂记忆馆
11. 健康产业科研基地
12. 工人广场
13. 公共室外停车场
14. 中心广场
15. 东贸库文化公园
16. 亲子体验营地
17. 滑板公园
18. 工业艺术馆
19. 数据中心仓储建筑群
20. 苏联风情商业街
21. 冰雪观演中心
22. SWITCH游戏中心

技术经济指标一览表

相关指标	数值	单位
总用地面积	60.23	hm²
建筑基底总面积	20.17	万m²
总建筑面积	90.13	万m²
容积率	1.50	—
建筑密度	33.5	%
绿地率	30.8	%
停车位	700	个

5

澄空拂锈迹，童叟皆乐天
——基于电影叙事手法的环境友好型工业片区改造

效果图

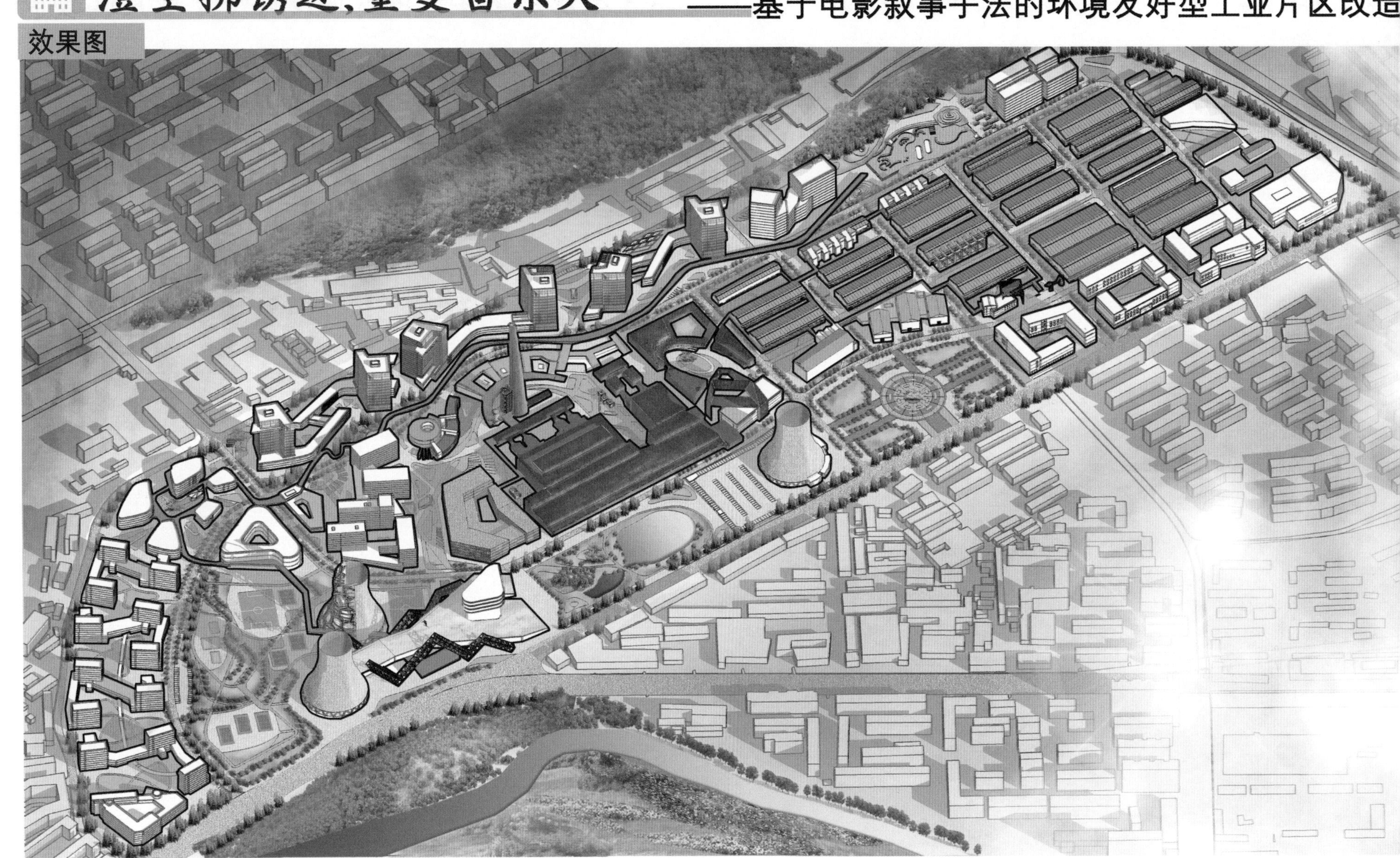

澄空拂锈迹，童叟皆乐天

——基于电影叙事手法的环境友好型工业片区改造

6

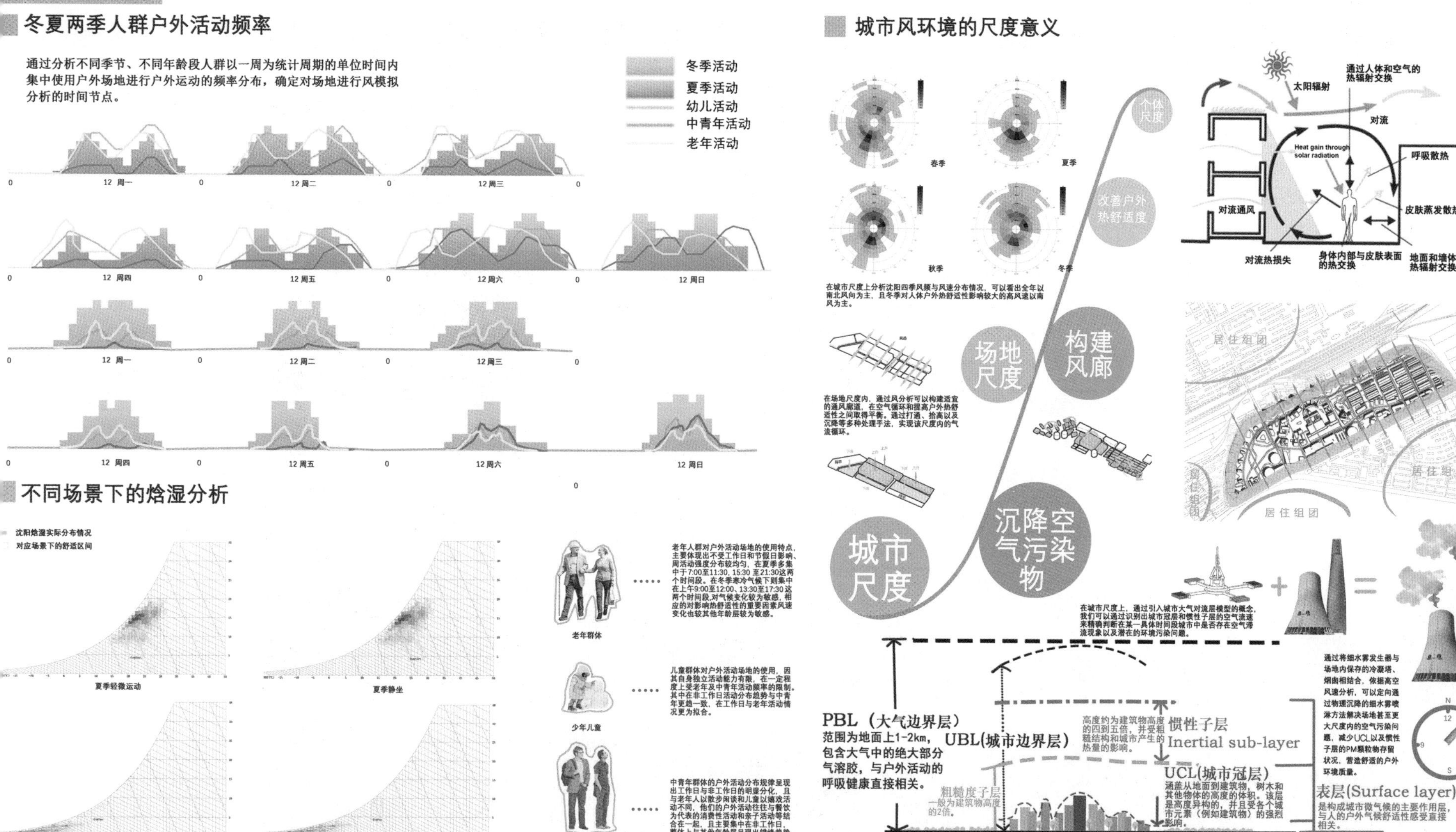

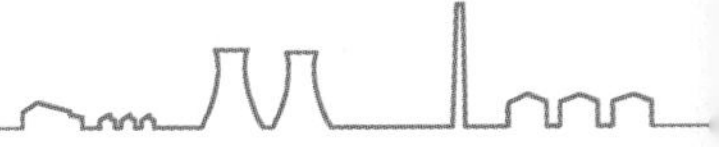

7

澄空拂锈迹，童叟皆乐天 ——基于电影叙事手法的环境友好型工业片区改造

风环境分析

不同时间段的场地风模拟分析

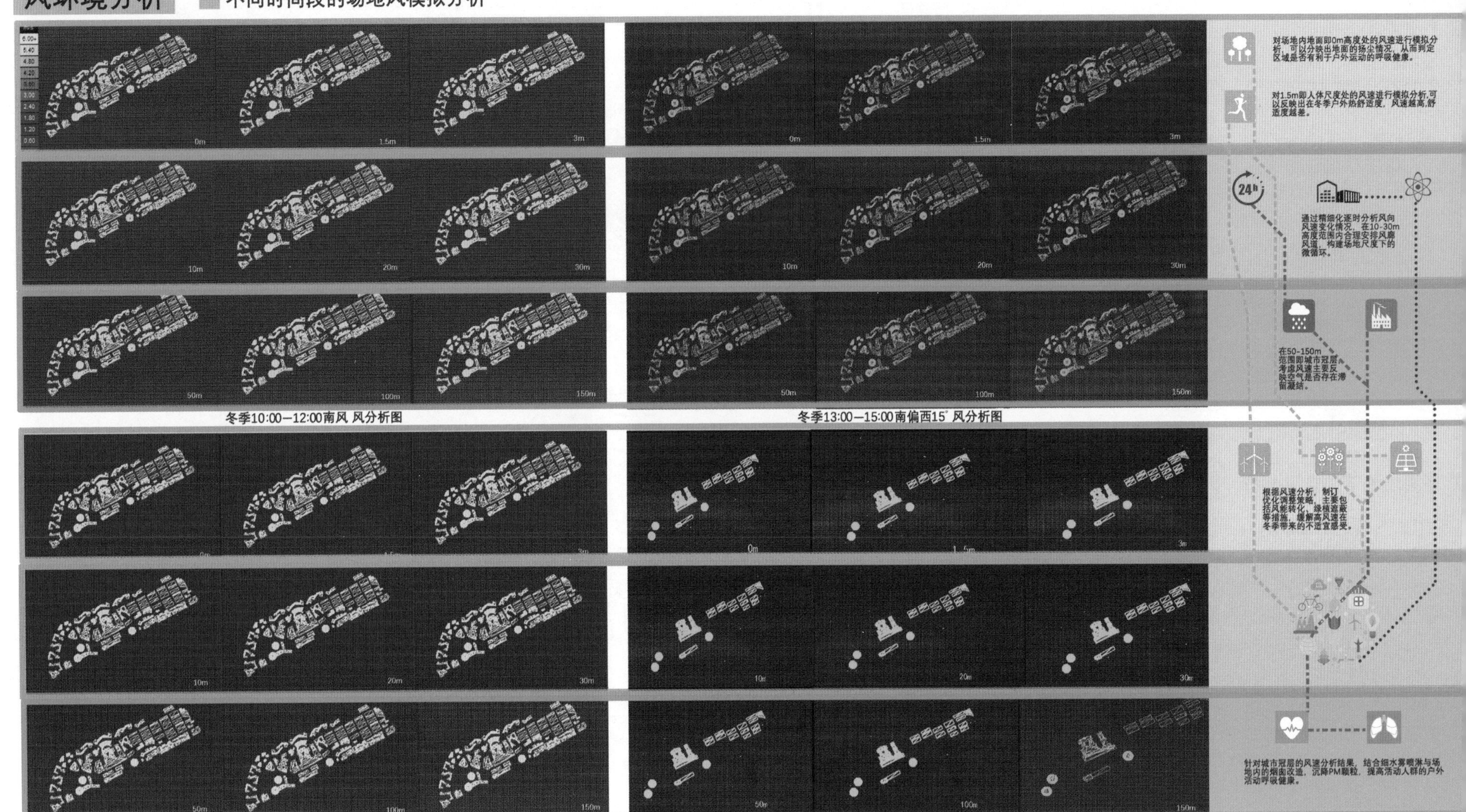

冬季10:00—12:00南风 风分析图

冬季13:00—15:00南偏西15° 风分析图

冬季16:00—18:00 北风 风分析图

冬季 场地未建设条件下 南风 风分析图

澄空拂锈迹，童叟皆乐天

——基于电影叙事手法的环境友好型工业片区改造

8

热环境分析

不同季节的场地热环境分析

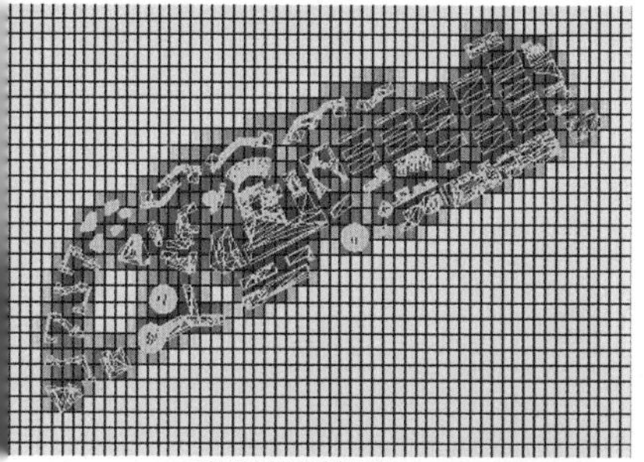

夏季（7月1日）24h累积热辐射

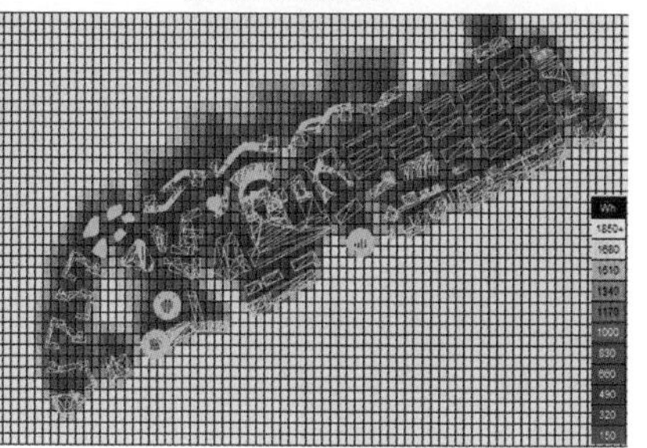

冬季（12月1日）24h累积热辐射

环境优化策略

策略一：依据风分析生成户外活动场地

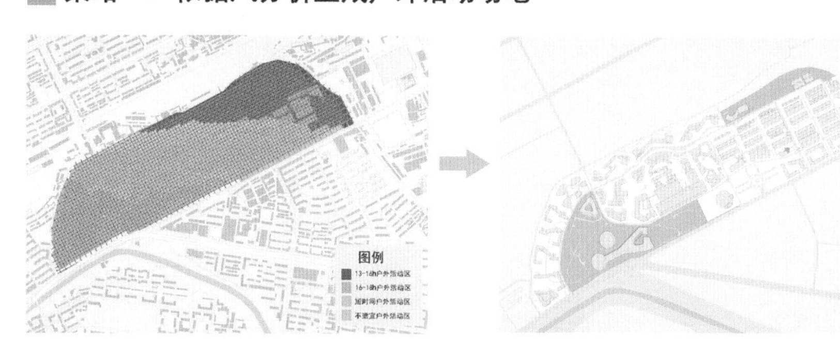

策略二：乔灌木的种植与配置

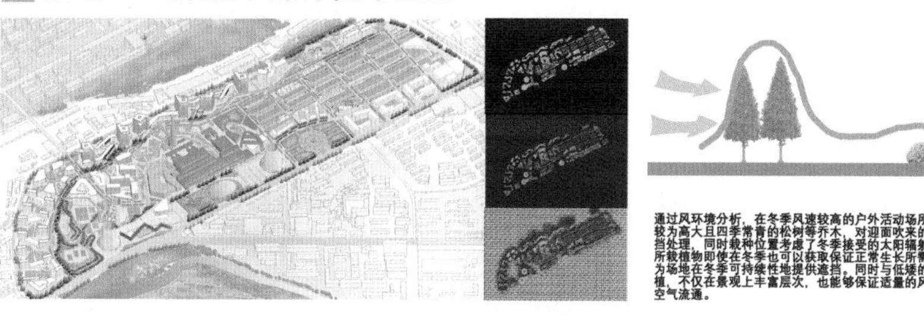

通过风环境分析，在冬季风速较高的户外活动场所，通过种植较为高大且四季常青的松树等乔木，对迎面吹来的寒风进行遮挡处理，同时栽种位置考虑了冬季接受的太阳辐射量，以保证所栽植物即使在冬季也可以获取保证正常生长所需的日照量，为场地在冬季可持续性地提供遮挡。同时与低矮的灌木结合种植，不仅在景观上丰富层次，也能够保证适量的风穿过，促进空气流通。

策略三：空中步道的连接与雨雪遮蔽

策略四：风能利用与太阳能风速补给

通过风能-太阳能一体化发电机，在冬季将风能转化为电能，降低风速;在夏季则利用太阳能带动风扇补充风速，提高热舒适度。

环境优化策略

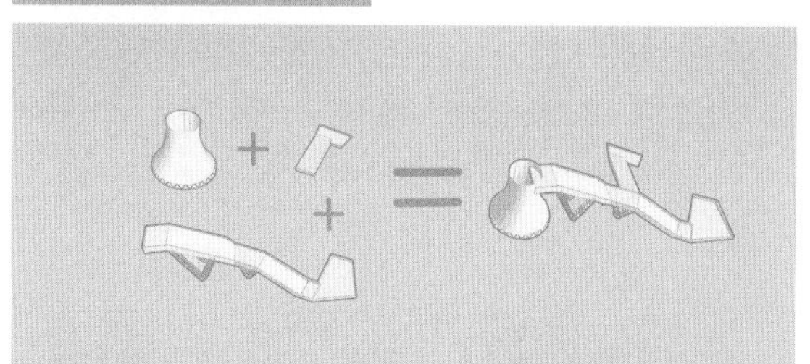

通过修建滑雪跑道，将其中一个冷凝塔改造成市民滑雪运动中心，可以有效利用当地的天气特点，丰富当地人冬季户外活动的选择。

利用冷凝塔壁进行覆土或考虑无土栽培，将其改造成垂直绿化景观塔，同时下部的开阔空间设置成社会停车场。

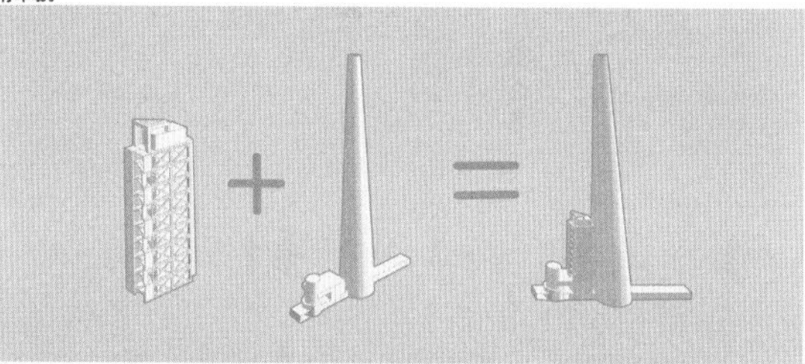

将场地内的制高点烟囱，结合置入了电梯的观光塔，并利用烟囱的暗室效应，将其改造成随电梯上下进行动态展示本地区工业历史沉浮兴衰的3D数字影像馆。

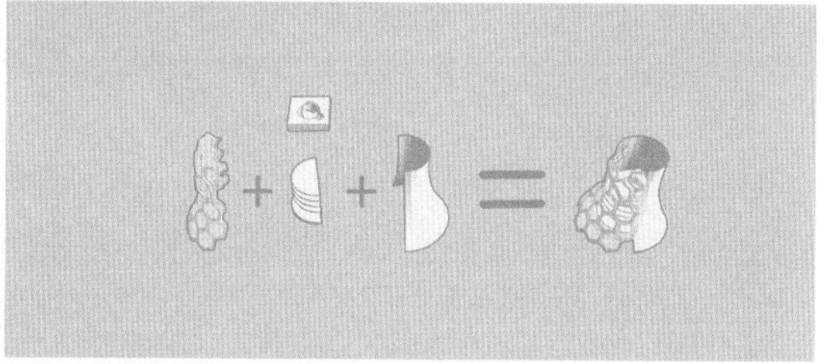

将其中一个冷凝塔进行结构改造，置入可以上下进入的交通层和观光层，同时在顶部设计了一个供到访者冥想和感受光影变化的"沉思屋"，作为叙事轴线中的一个重要节点。

澄空拂锈迹，童叟皆乐天 ——基于电影叙事手法的环境友好型工业片区改造

9

全年龄友好

人群需求

根据周边居民和区域内人口结构的分析，我们预测周边人群规模为0.6万人，人群结构较为均衡，涵盖青少年、中老年和少数残障人士。场地为对应人群的需求配备相应的使用功能。其中，针对老年人在寒冷气候环境中活动能力的分析，我们增设了相应的老年活动设施。

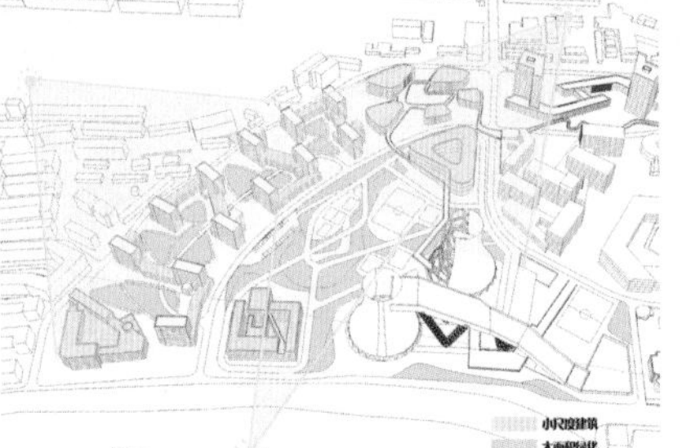

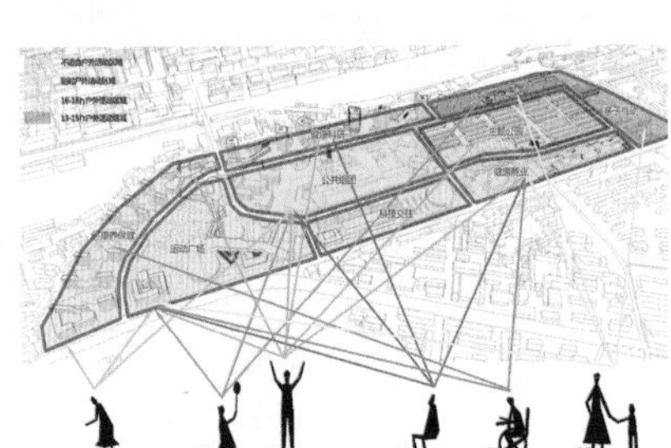

人群 行为需求 空间对应

少年儿童
青年
中年
老年
无障碍人士
亲子

电影叙事

宏观层次

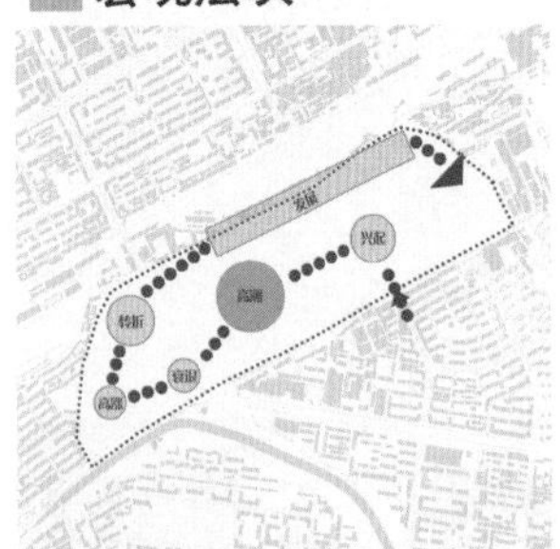

宏观层次上，场地内整体空间流线按照电影灰姑娘情绪叙事进行空间布置。

中观层次上，各个情绪叙事区块运用不同的叙事手法强调情绪。

中观层次

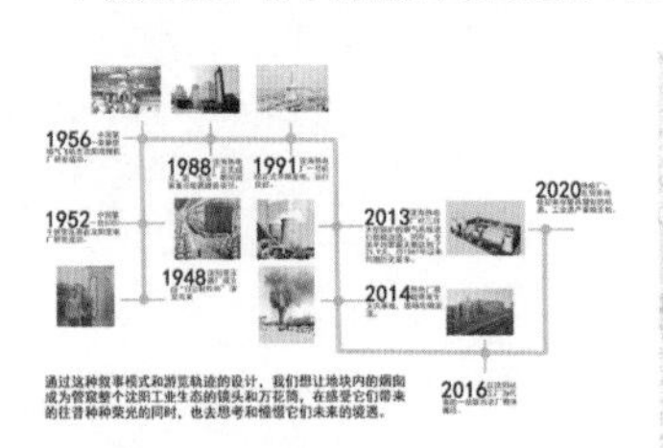

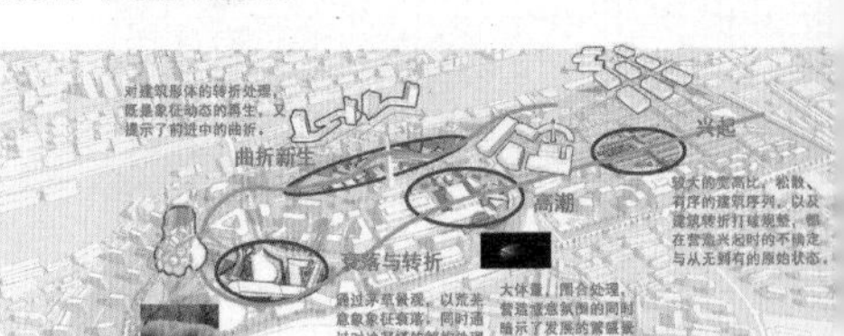

微观层次

微观层次结合电影《钢的琴》进行各个情绪化手法的情绪象征点塑造，以提高场地标志性和情绪感染力。

设计分析

交通分析

道路规划打通南北交通，场地内道路系统全部使用人车分流，以满足人员在场地内活动的自由度。

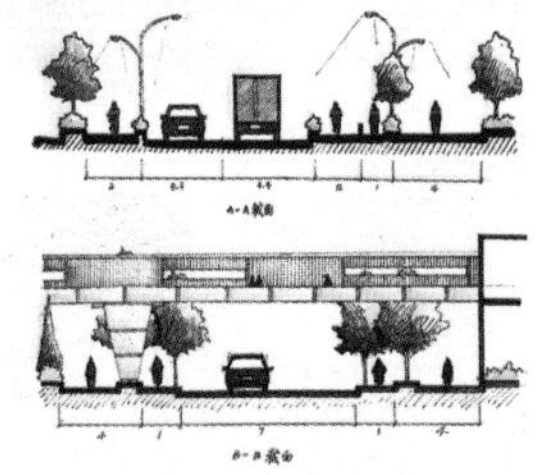

功能结构

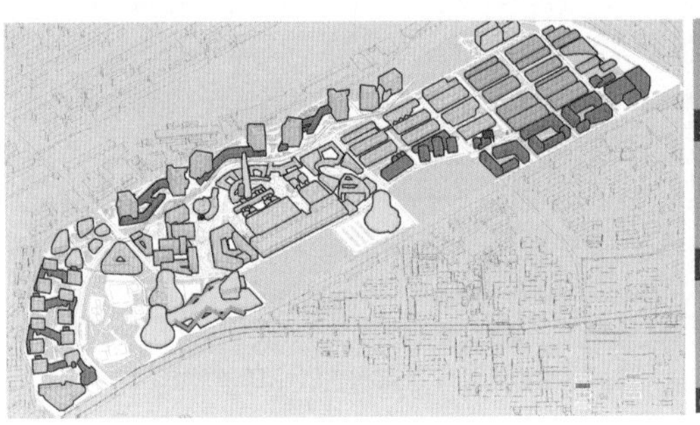

高度控制

A-A界面天际线

B-B界面天际线

C-C界面天际线

规划结构

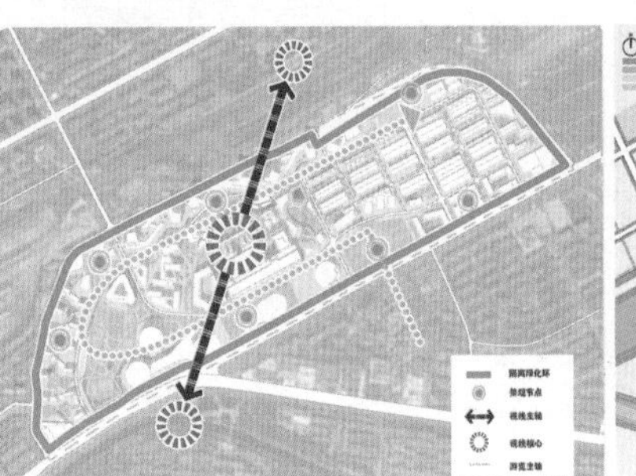

景观系统

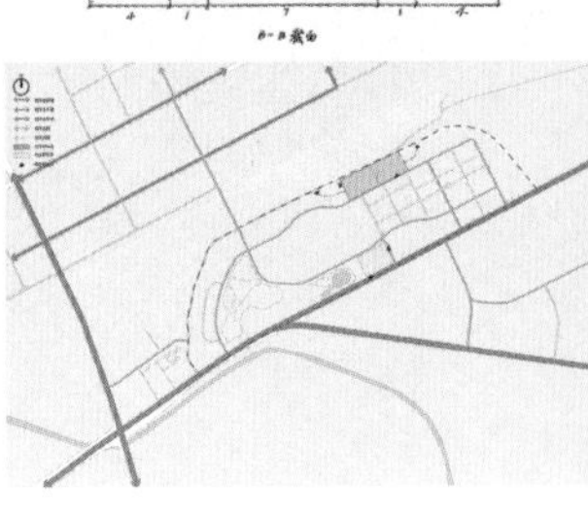

网红打卡地

——织补手法下的沈海热电厂及东贸库地段更新设计

济南大学
University of Jinan
指导教师：赵静
学生：吴俊波 井丽丽

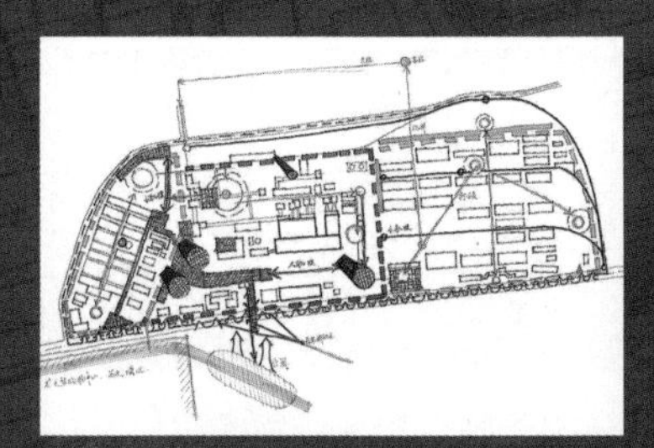
构思草图

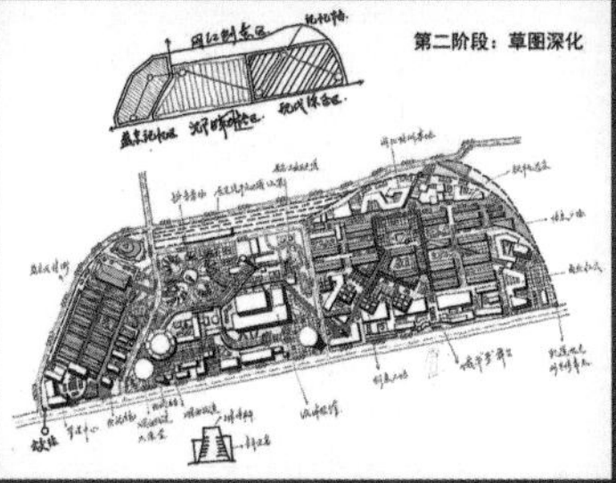
深化手绘图

云评图展示

设计感想：三个月的全身心投入设计对同学们来说是一次难得的历练，可以用三个“新”字来做总结。第一是“新成员”，济南大学是北方规划教育联盟的新成员，加入这个大家庭对我们是一种鞭策，要时刻提醒自己向其他优秀院校学习，不能松劲。第二是“新形式”，从基地调研到开题、中期和答辩，全部借助网络完成，对所有参与者来说都是崭新的方式，遇到的困难大家都一一克服了。最后是“新征程”，毕业生结束了本科阶段的学习后，或工作，或继续深造，祝愿大家都有美好的前程！

教师：赵静

设计感想：作为本科最后一次设计，过程充满艰辛但也充满乐趣，同时由于疫情的原因也不免有一些遗憾。从开题调研汇报时的不知所措、不知道远程汇报应该是什么样的状态、不知道云调研要汇报什么东西，到中期汇报时的有一定经验，再到最终汇报时获得点评专家的较好评价，三个月的时间下来我各方面的能力都得到了不少锻炼。看其他院校同学的设计，深深有感于新技术、新方法对于推动设计多么重要，在国土空间规划的大背景下，规划的科学性更是要提高，这种压力也会促使我们去学习新的软件与技术方法。最后一点感悟就是本科毕业设计完成了，但规划学习永远都会在进行时，正如专家寄语所说的，只有不断学习才能在变革中站稳脚跟，学生在进入社会后的适应过程中更是要树立终身学习的观念。

学生：吴俊波

设计感想：在特殊时期，毕设从开题到终期答辩均是以线上的形式展开的，不同院校的老师和同学相聚一“房”。在联合毕设的各大院校的老师进行线上指导下，我们对工业遗产更新规划这个选题有了更深刻的理解。我感受到了各个院校在方案设计的过程中侧重点不同，有的学校注重方案的实际性，有的学校注重新技术方法的运用，给设计赋予更多的依据与参考，有的学校大胆突破桎梏、设计充满概念性和对未来的思考……大家在交流的过程中有共鸣，有争议，有前卫，有传统。不论是哪一种研究模式，毋庸置疑的都会给我们带来反思和考量。希望我们能总结这次联合毕设的经验和教训，再接再厉，为大学五年学习生涯画上圆满的句号。

学生：井丽丽

1 区位分析

辽宁省 Liaoning Province

沈阳市 Shengyang City

大东区 Dadong District

八家子单元 Bajiazi Unit

基地 Site

1. 辽宁省被誉为“共和国长子”，是中国工业的摇篮。
2. 沈阳市古称盛京，过去因重工业发达被称为“沈阳格勒”，是东北地区的重要节点和综合交通枢纽。
3. 大东区位于沈阳市的中心城区。2019年，大东区明确了“汽车制造立区、文化旅游强区、融合发展兴区”的发展目标，通过以实施重大项目为带动，以培育文旅企业为抓手，挖掘历史文化资源，加速文化商业旅游大融合，从而推动文旅产业持续快速发展。
4. 基地位于八家子控规单元，单元是集贸易、储运、居住等功能于一体的城市复合功能区。

基地人文资源区位

基地周边历史人文资源丰富，但经改造的大规模工业遗产较少，西部主要为清代、民国历史文化遗址，南部主要为抗战文化遗址，基地北侧主要为汽车产业相关文化资源，且基地处于多所大学之间，智力人文资源丰富。

项目解读——五大认知

认知一：沈阳回溯深远的工业精神

20世纪50年代：共和国长子、“沈阳格勒”，代表着当时中国工业文明和理性主义的最高程度，这里是中国最接近苏联的地方。

20世纪90年代：下岗潮。

21世纪：转型升级，寻求新发展机遇。

认知二：基地所在区域需要抓住机遇争取平衡

2018年沈阳统计年鉴数据	区域	常住人口（万人）	地区生产总值（亿元人民币）	一般公共财政收入（亿元人民币）	地区生产总值增速（%）
市内五区	大东区	66 ⑤	668.2 ④	75.8 ④	-4.0 ④
	铁西区	90.9	877.6	108.5	8.0
	和平区	68.1	760.5	89.4	4.9
	沈河区	71.2	916.2	81.3	4.1
	皇姑区	83	486.0	34.7	4.3

1990年卫星图

2019年卫星图

1. 大东区在市内五区中的发展较为落后。
2. 沈阳整体往东、往南建设，但重点往南发展。

认知三：大东区产业规划为设计奠定基调

沈阳大东区倾力建设3000亿产业集群

沈阳日报 2019-05-22 09:07:11

汽车是大东区的产业名片，大东区将发挥“主导产业比较鲜明”优势，做粗做长产业链条，发展“汽车后市场”，从车制造到车生活、车文化、车运动，推动生产性服务业向专业化和价值链高端延伸，推动生活性服务业向精细化高品质转变，力争到2020年汽车产业产值达到1800亿元，2023年汽车产业产值实现3000亿元。

编辑：李静

3000亿规模的汽车产业集群规划为基地功能策划定下基调与背景

认知四：控规修改，华润入主

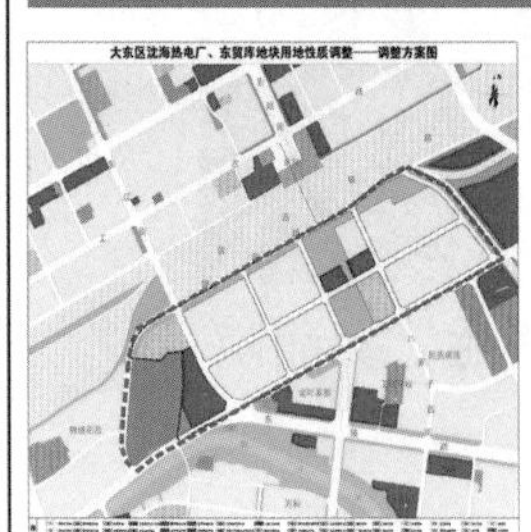

1. 2019年对基地的控规进行修改，沈阳市政府拟对地块进行收储，规划居住、商业、公共服务功能。
2. 沈海热电厂已经成为沈阳人心中的承载记忆的地标级符号。

认知五：基地与外联系不便

基地南面是高架，北面、东面为铁轨，且贴轨而行的支路锦园路，路况较差，人、车流进出受到影响，处于一种半封闭的状态。

基地位于一环、二环之间，受沈吉铁路影响，基地所在区域城市级别路网密度不足，基地北侧、东侧也受铁路直接影响而对外交通不便，在设计过程中应加大地块内路网密度，同时注重解决对外交通问题。

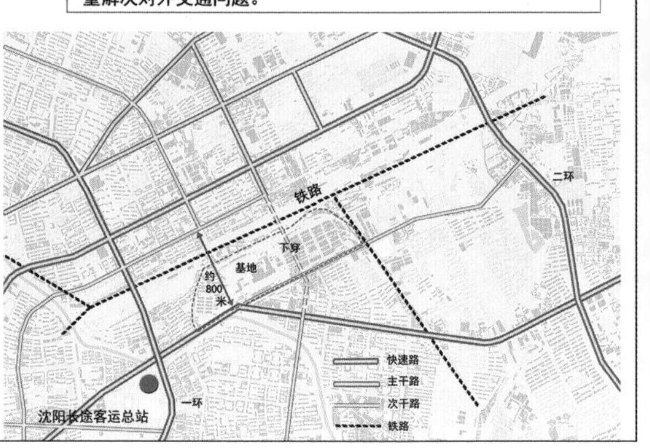

铁路阻断，无法进出

快速路或铁路影响，行人及车辆进出受到影响

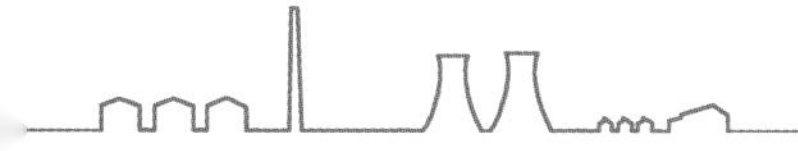

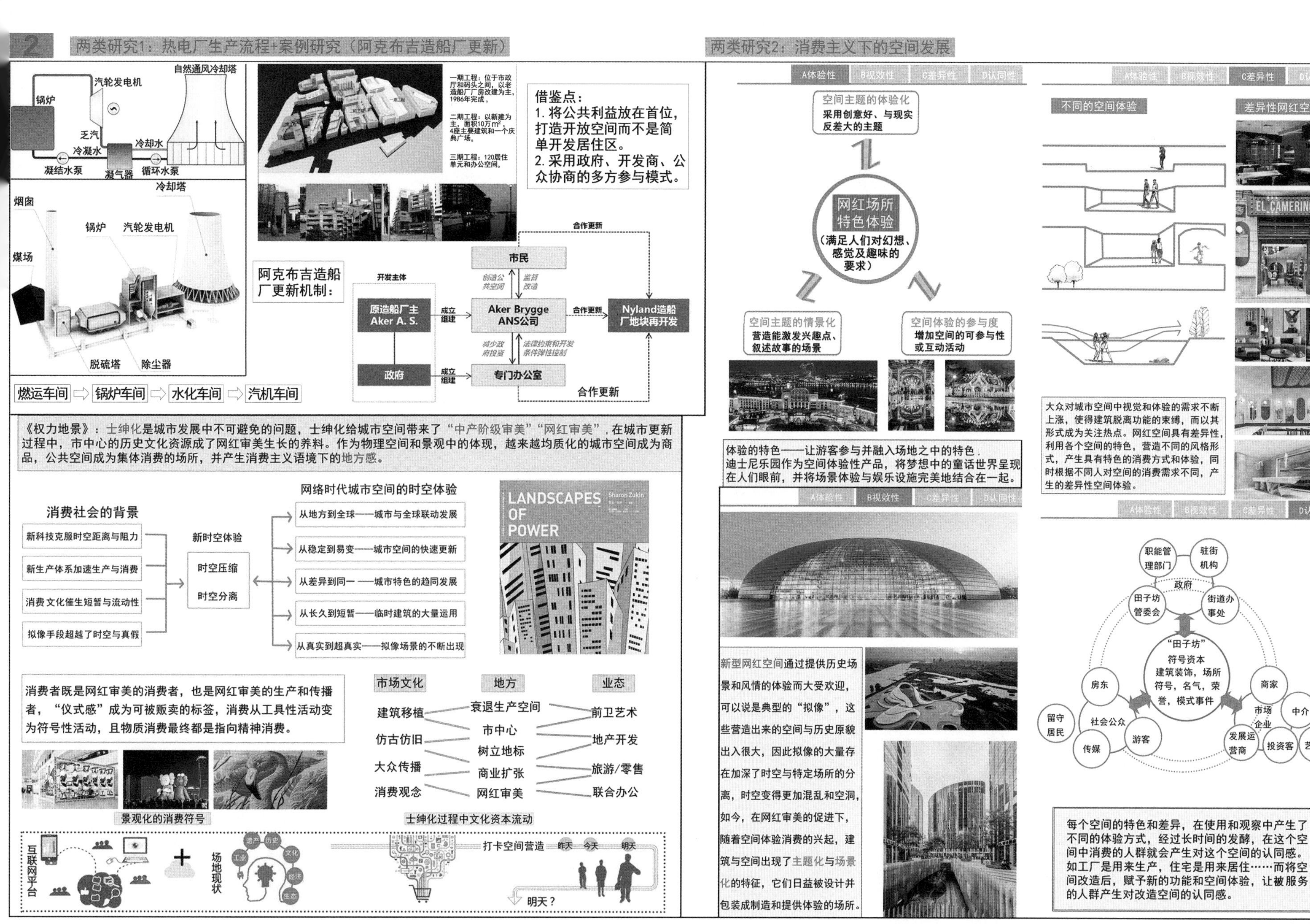
2 两类研究1：热电厂生产流程+案例研究（阿克布吉造船厂更新）
两类研究2：消费主义下的空间发展
自然通风冷却塔
汽轮发电机
锅炉
乏汽
冷凝水
冷却水
凝结水泵
凝气器
循环水泵
冷却塔
烟囱
锅炉
汽轮发电机
煤场
脱硫塔
除尘器
燃运车间 锅炉车间 水化车间 汽机车间
借鉴点：
1. 将公共利益放在首位，打造开放空间而不是简单开发居住区。
2. 采用政府、开发商、公众协商的多方参与模式。
阿克布吉造船厂更新机制：
开发主体
原造船厂主 Aker A. S.
政府
成立组建
市民
Aker Brygge ANS公司
专门办公室
合作更新
Nyland造船厂地块再开发
合作更新
《权力地景》：士绅化是城市发展中不可避免的问题，士绅化给城市空间带来了“中产阶级审美”“网红审美”，在城市更新过程中，市中心的历史文化资源成为了网红审美生长的养料。作为物理空间和景观中的体现，越来越均质化的城市空间成为商品，公共空间成为集体消费的场所，并产生消费主义语境下的地方感。
消费社会的背景
新科技克服时空距离与阻力
新生产体系加速生产与消费
消费文化催生短暂与流动性
拟像手段超越了时空与真假
新时空体验
时空压缩
时空分离
网络时代城市空间的时空体验
从地方到全球——城市与全球联动发展
从稳定到易变——城市空间的快速更新
从差异到同一——城市特色的趋同发展
从长久到短暂——临时建筑的大量运用
从真实到超真实——拟像场景的不断出现
LANDSCAPES OF POWER
Sharon Zukin
消费者既是网红审美的消费者，也是网红审美的生产和传播者，“仪式感”成为可被贩卖的标签，消费从工具性活动变为符号性活动，且物质消费最终都是指向精神消费。
市场文化 地方 业态
建筑移植 衰退生产空间 前卫艺术
仿古仿旧 市中心 地产开发
大众传播 树立地标 旅游/零售
消费观念 商业扩张 联合办公
网红审美
景观化的消费符号
士绅化过程中文化资本流动
互联网平台
场地现状
打卡空间营造 昨天 今天 明天
明天？
A体验性 B视效性 C差异性 D认同性
空间主题的体验化
采用创意好、与现实反差大的主题
网红场所特色体验
（满足人们对幻想、感觉及趣味的要求）
空间主题的情景化
营造能激发兴趣点、叙述故事的场景
空间体验的参与度
增加空间的可参与性或互动活动
体验的特色——让游客参与并融入场地之中的特色。迪士尼乐园作为空间体验性产品，将梦想中的童话世界呈现在人们眼前，并将场景体验与娱乐设施完美地结合在一起。
不同的空间体验
差异性网红空间
EL CAMERINO
大众对城市空间中视觉和体验的需求不断上涨，使得建筑脱离功能的束缚，而以其形式成为关注热点。网红空间具有差异性，利用各个空间的特色，营造不同的风格形式，产生具有特色的消费方式和体验，同时根据不同人对空间的消费需求不同，产生的差异性空间体验。
新型网红空间通过提供历史场景和风情的体验而大受欢迎，可以说是典型的“拟像”，这些营造出来的空间与历史原貌出入很大，因此拟像的大量存在加深了时空与特定场所的分离，时空变得更加混乱和空洞，如今，在网红审美的促进下，随着空间体验消费的兴起，建筑与空间出现了主题化与场景化的特征，它们日益被设计并包装成制造和提供体验的场所。
职能管理部门
驻街机构
政府
田子坊管委会
街道办事处
“田子坊”
符号资本
建筑装饰，场所符号，名气，荣誉，模式事件
房东
社会公众
留守居民
传媒
游客
商家
市场
企业
中介
发展运营商
投资客
艺术家
每个空间的特色和差异，在使用和观察中产生了不同的体验方式，经过长时间的发酵，在这个空间中消费的人群就会产生对这个空间的认同感。如工厂是用来生产，住宅是用来居住……而将空间改造后，赋予新的功能和空间体验，让被服务的人群产生对改造空间的认同感。

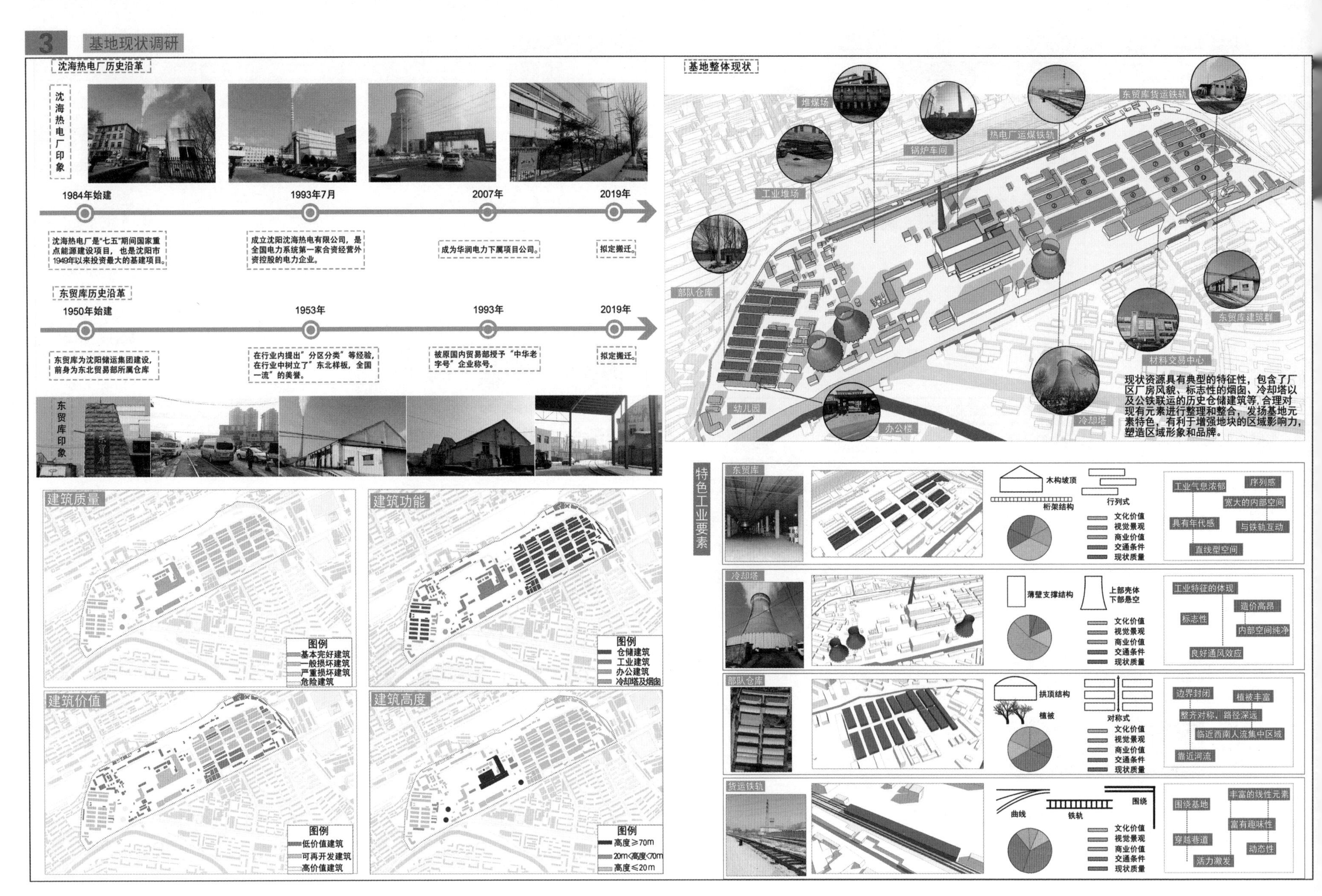
3 基地现状调研
沈海热电厂历史沿革
沈海热电厂印象
1984年始建
1993年7月
2007年
2019年
沈海热电厂是"七五"期间国家重点能源建设项目，也是沈阳市1949年以来投资最大的基建项目。
成立沈阳沈海热电有限公司，是全国电力系统第一家合资经营外资控股的电力企业。
成为华润电力下属项目公司。
拟定搬迁。
东贸库历史沿革
1950年始建
1953年
1993年
2019年
东贸库为沈阳储运集团建设，前身为东北贸易部所属仓库
在行业内提出"分区分类"等经验，在行业中树立了"东北样板，全国一流"的美誉。
被原国内贸易部授予"中华老字号"企业称号。
拟定搬迁。
东贸库印象
建筑质量
图例
基本完好建筑
一般损坏建筑
严重损坏建筑
危险建筑
建筑功能
图例
仓储建筑
工业建筑
办公建筑
冷却塔及烟囱
建筑价值
图例
低价值建筑
可再开发建筑
高价值建筑
建筑高度
图例
高度≥70m
20m<高度<70m
高度≤20m
基地整体现状
堆煤场
锅炉车间
热电厂运煤铁轨
东贸库货运铁轨
工业堆场
部队仓库
东贸库建筑群
材料交易中心
幼儿园
办公楼
冷却塔
现状资源具有典型的特征性，包含了厂区厂房风貌、标志性的烟囱、冷却塔以及公铁联运的历史仓储建筑等，合理对现有元素进行整理和整合，发扬基地元素特色，有利于增强地块的区域影响力，塑造区域形象和品牌。
特色工业要素
东贸库
木构坡顶
桁架结构
行列式
文化价值
视觉景观
商业价值
交通条件
现状质量
工业气息浓郁
序列感
宽大的内部空间
具有年代感
与铁轨互动
直线型空间
冷却塔
薄壁支撑结构
上部壳体
下部悬空
文化价值
视觉景观
商业价值
交通条件
现状质量
工业特征的体现
造价高昂
标志性
内部空间纯净
良好通风效应
部队仓库
拱顶结构
植被
对称式
文化价值
视觉景观
商业价值
交通条件
现状质量
边界封闭
植被丰富
整齐对称，路径深远
临近西南人流集中区域
靠近河流
货运铁轨
曲线
铁轨
围绕
文化价值
视觉景观
商业价值
交通条件
现状质量
围绕基地
丰富的线性元素
富有趣味性
穿越巷道
动态性
活力激发

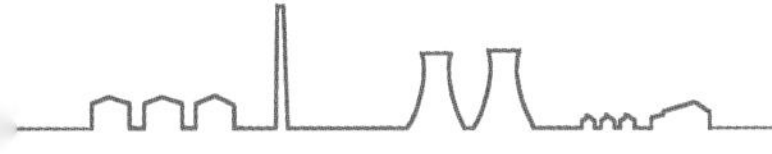

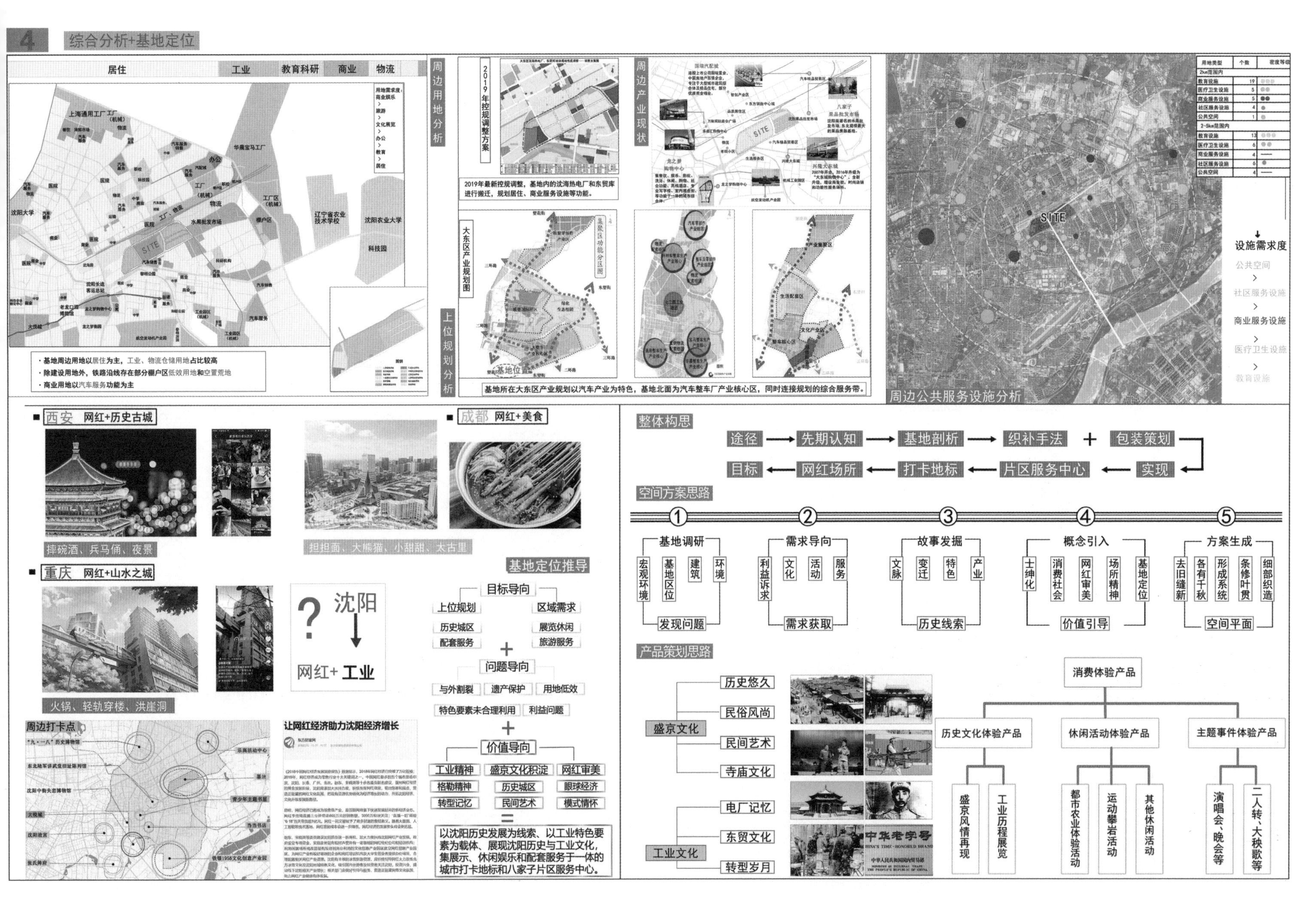
4 综合分析+基地定位
居住
工业
教育科研
商业
物流
周边用地分析
基地周边用地以居住为主，工业、物流仓储用地占比较高
除建设用地外，铁路沿线存在部分棚户区低效用地和空置荒地
商业用地以汽车服务功能为主
2019年控规调整方案
2019年最新控规调整，基地内的沈海热电厂和东贸库进行搬迁，规划居住、商业服务设施等功能。
周边产业现状
大东区产业规划图
集聚区功能分区图
上位规划分析
基地所在大东区产业规划以汽车产业为特色，基地北面为汽车整车厂产业核心区，同时连接规划的综合服务带。
SITE
设施需求度
公共空间
社区服务设施
商业服务设施
医疗卫生设施
教育设施
周边公共服务设施分析
西安 网红+历史古城
摔碗酒、兵马俑、夜景
成都 网红+美食
担担面、大熊猫、小甜甜、太古里
重庆 网红+山水之城
火锅、轻轨穿楼、洪崖洞
沈阳
网红+工业
基地定位推导
目标导向
上位规划
区域需求
历史城区
配套服务
展览休闲
旅游服务
问题导向
与外割裂
遗产保护
用地低效
特色要素未合理利用
利益问题
价值导向
工业精神
盛京文化积淀
网红审美
格勒精神
历史城区
眼球经济
转型记忆
民间艺术
模式情怀
以沈阳历史发展为线索、以工业特色要素为载体、展现沈阳历史与工业文化，集展示、休闲娱乐和配套服务于一体的城市打卡地标和八家子片区服务中心。
周边打卡点
让网红经济助力沈阳经济增长
整体构思
途径
先期认知
基地剖析
织补手法
包装策划
目标
网红场所
打卡地标
片区服务中心
实现
空间方案思路
① 基地调研
宏观环境
基地区位
建筑
环境
发现问题
② 需求导向
利益诉求
文化
活动
服务
需求获取
③ 故事发掘
文脉
变迁
特色
产业
历史线索
④ 概念引入
士绅化
消费社会
网红审美
场所精神
基地定位
价值引导
⑤ 方案生成
去旧缝新
各有千秋
形成系统
条修叶贯
细部织造
空间平面
产品策划思路
盛京文化
历史悠久
民俗风尚
民间艺术
寺庙文化
工业文化
电厂记忆
东贸文化
转型岁月
消费体验产品
历史文化体验产品
休闲活动体验产品
主题事件体验产品
盛京风情再现
工业历程展览
都市农业体验活动
运动攀岩活动
其他休闲活动
演唱会、晚会等
二人转、大秧歌等

5 方案生成过程——织补三序

织补一序：去旧缝新

[STEP1]：保留价值建筑并厘清建筑肌理——大小兼顾，空间对比

①部队仓库现状较好，基本保留进行改造，焕活新生。热电厂建筑具有工业特色，保留其大尺度肌理修旧如旧。东贸库建筑价值较高，大部分予以保留改造，新旧相容，沿街保留少部分价值建筑，更新修补，塑造街景。
②大尺度与小尺度、行列式仓库与无序的工业肌理进行对比。

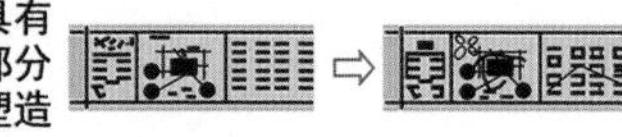

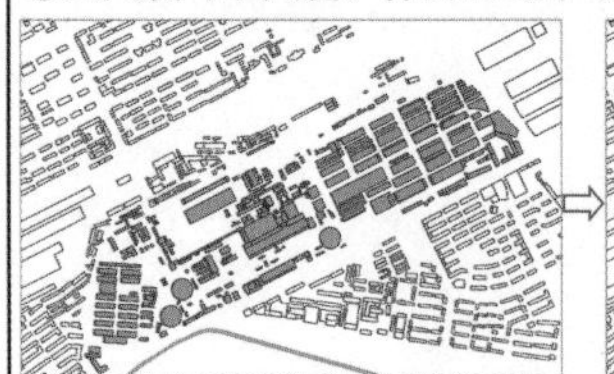

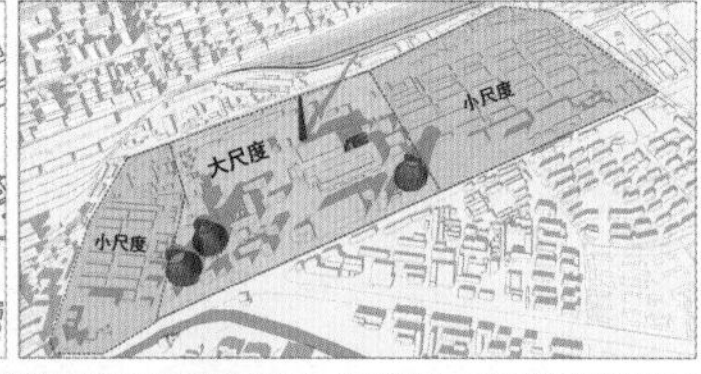

[STEP2]：按照上位规划指引完善路网并梳理街巷——有机串联，合理改造

①以控规的路网规划为基本依据，考虑工业遗产建筑保护和基地现状道路，加密、完善基地及周边路网，破除孤岛现象。
②现有废弃铁轨改造升级成观光列车路线。

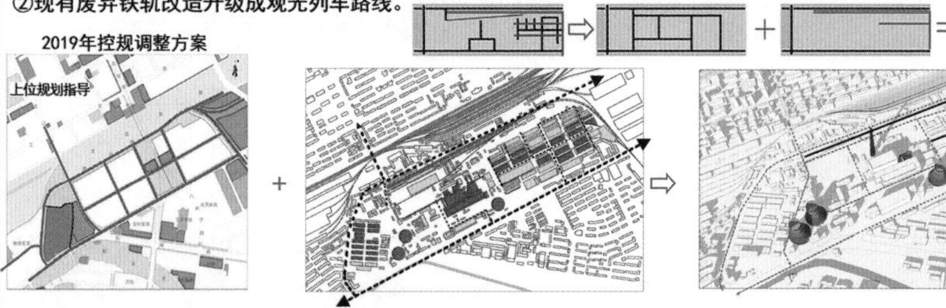

织补二序：各有千秋+形成系统

[STEP3]：功能分区并赋予主题内涵——因地制宜，特色营造

①以基地现状部队仓库、热电厂和东贸库三大功能区为基础，结合路网将基地划分为四大分区。
②以沈阳历史发展为脉络赋予分区不同主题，不同分区有不同风貌特色。
③部队仓库地块紧邻历史街区且建筑整齐对称，以盛京古风为特色植入工业风格打造地块，再现盛京繁华。
④热电厂地块以“沈阳格勒”为主题，管线铁艺的视觉景观勾起重工业时代的旧事乡愁。
⑤东贸库地块以现代综合为主题，业态混合，打造活力街区。
⑥铁路沿线地块以网红创意为主题，营销直播，打造“流空间”中的沈阳节点。

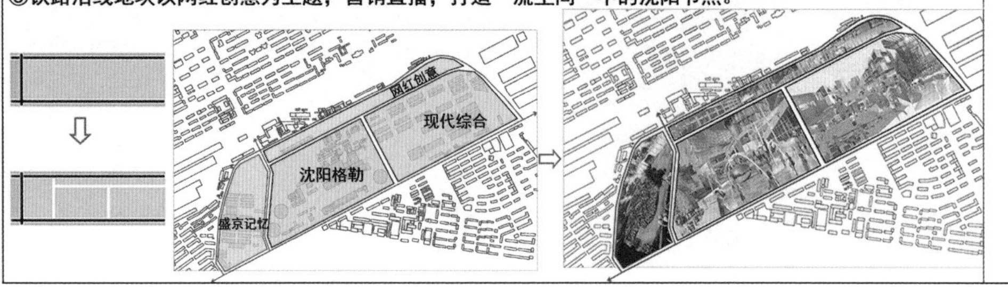

[STEP4]：结合现状设置公共空间并以路径连接——塑造核心，有机串联

①公共空间的选择地点，是各分区内具有一定现状景观元素的场地，通过对元素的组合再利用和场地升级营造，塑造符合各区主题的特色空间，这些公共空间在各区内起到核心作用，也是主要的打卡点。
②建立贯穿基地的步行轴线，线性路径连接各公共空间节点，起承转合，尽览沈阳各时期风貌。

织补三序：条修叶贯+细部织造

[STEP5]：结合现状增设绿地打造绿地体系——丰富景观，衔接网络

①梳理基地内部现状绿地资源，以上位控规为依据，考虑铁轨部分以绿化防护，热电厂部分结合工业构筑元素打造工业景观绿地。
②新增绿地将基地内部绿化串联成网，同时也形成与沿河黎明公园连接渗透的绿地体系。

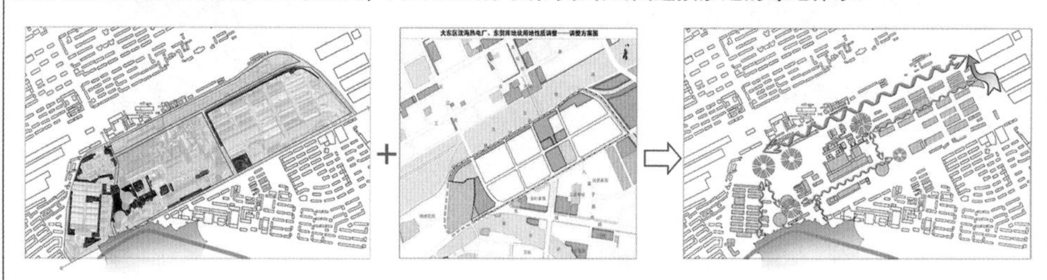

[STEP6]：对各主题分区进行细化设计——设计分解，功能植入

在划分主题功能区并以路径线、绿化线串联后，由面到点，对设计任务进行分解。

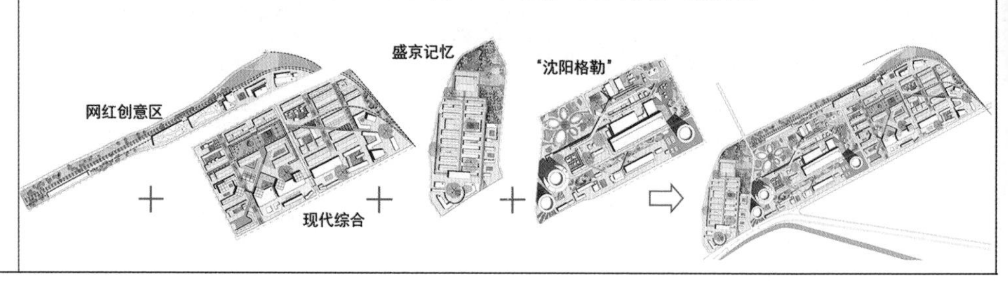

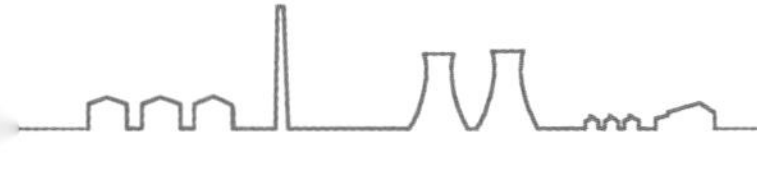

6 总平面图+记忆轴线策划

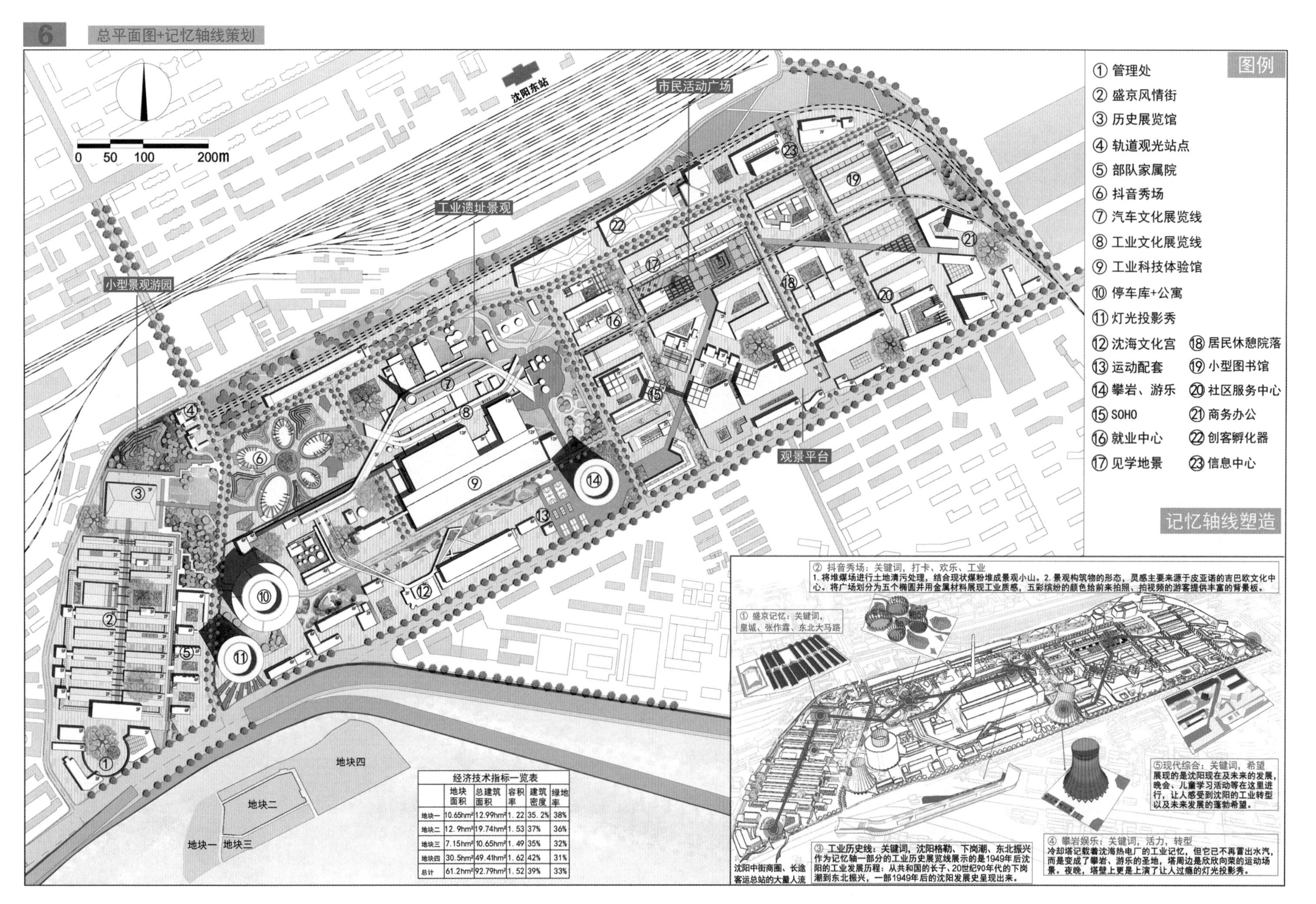

经济技术指标一览表

	地块面积	总建筑面积	容积率	建筑密度	绿地率
地块一	10.65hm²	12.99hm²	1.22	35.2%	38%
地块二	12.9hm²	19.74hm²	1.53	37%	36%
地块三	7.15hm²	10.65hm²	1.49	35%	32%
地块四	30.5hm²	49.41hm²	1.62	42%	31%
总计	61.2hm²	92.79hm²	1.52	39%	33%

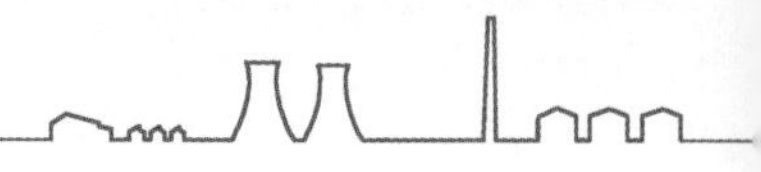

7 鸟瞰图+运营模式构想

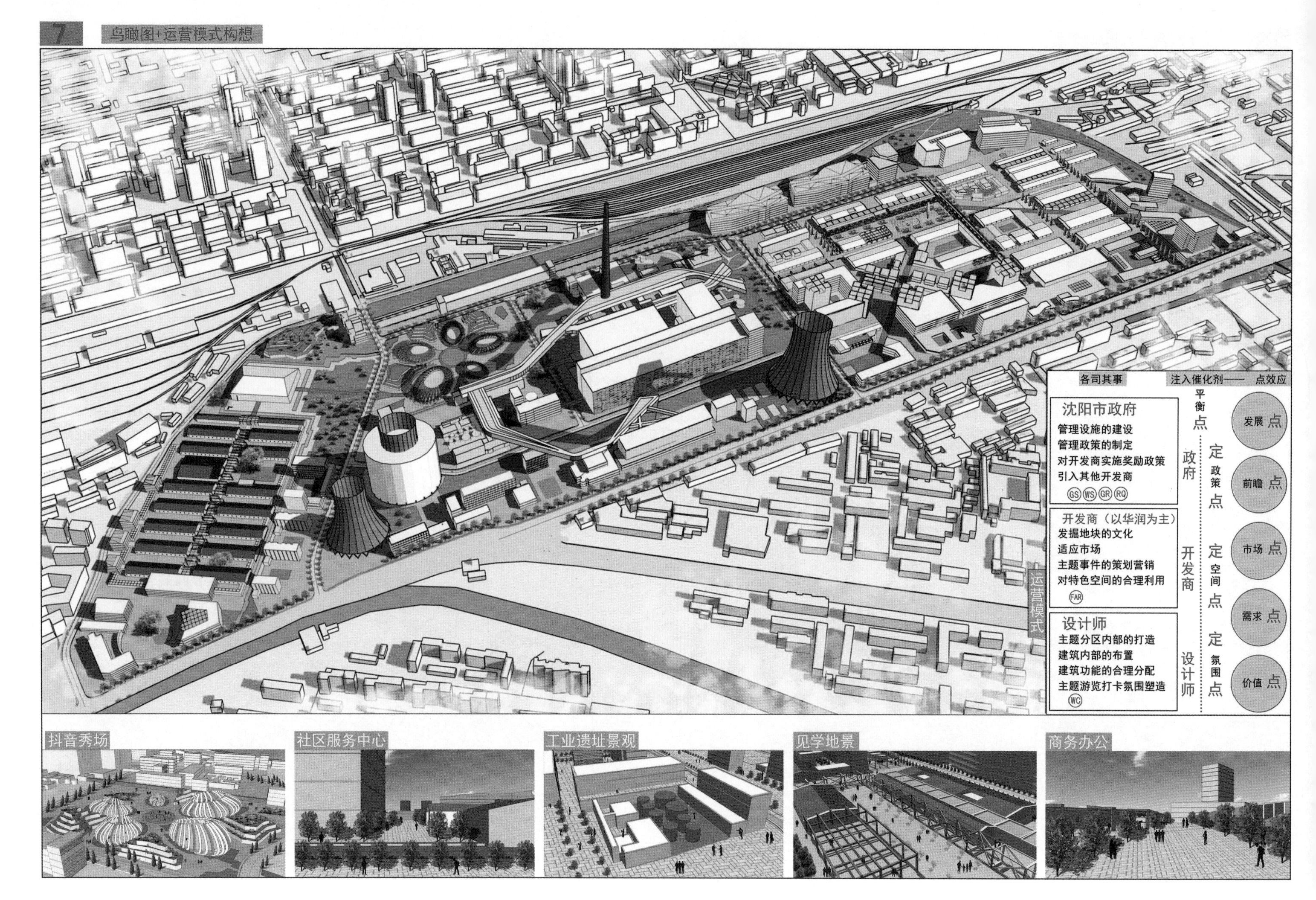
各司其事
注入催化剂—— 点效应
沈阳市政府
管理设施的建设
管理政策的制定
对开发商实施奖励政策
引入其他开发商
GS WS GR RQ
开发商（以华润为主）
发掘地块的文化
适应市场
主题事件的策划营销
对特色空间的合理利用
FAR
设计师
主题分区内部的打造
建筑内部的布置
建筑功能的合理分配
主题游览打卡氛围塑造
WC
运营模式
政府
开发商
设计师
平衡点
定政策点
定空间点
定氛围点
发展点
前瞻点
市场点
需求点
价值点
抖音秀场
社区服务中心
工业遗址景观
见学地景
商务办公

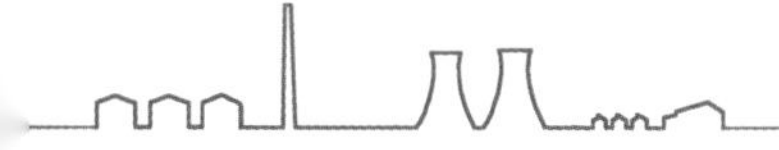

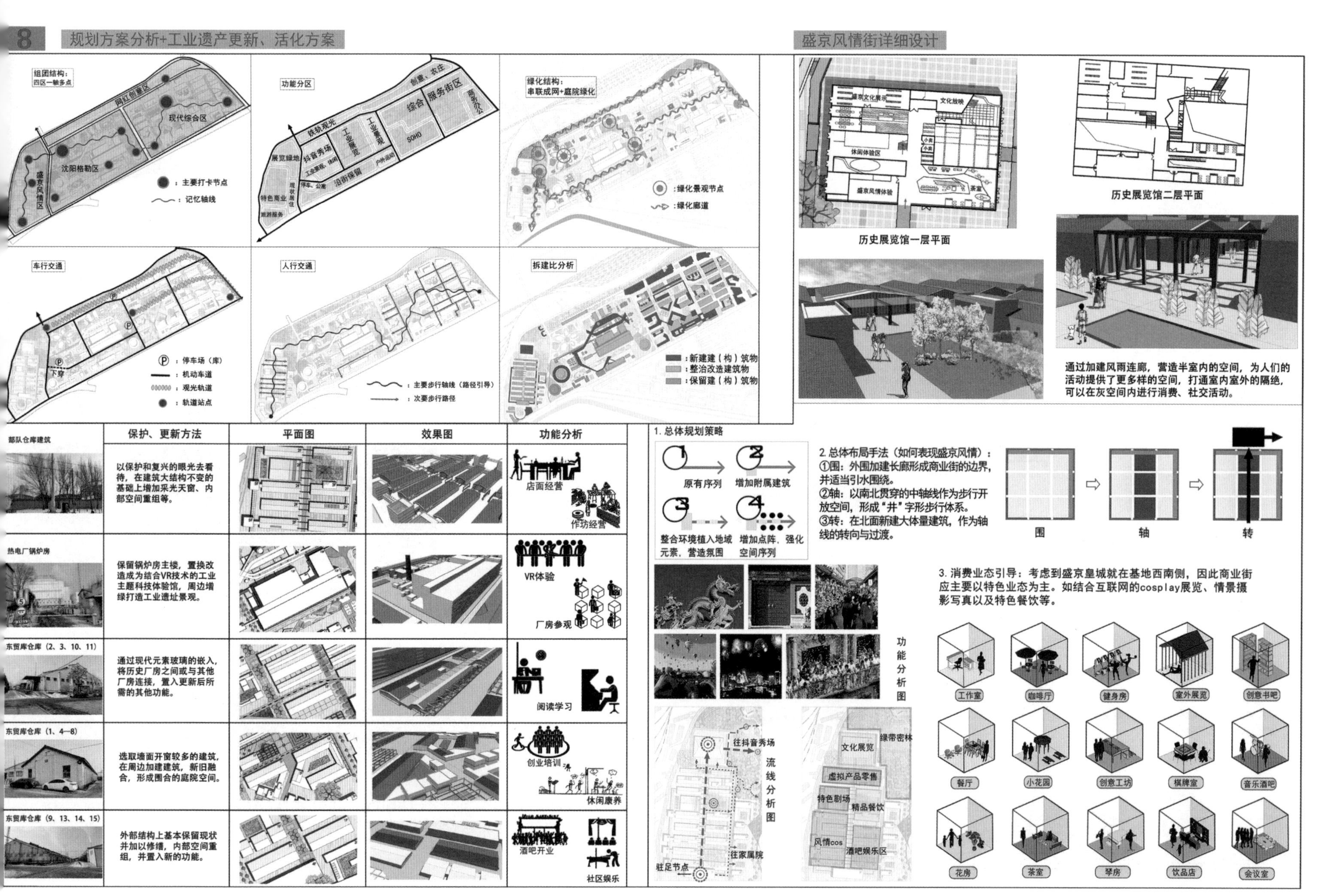

8 规划方案分析+工业遗产更新、活化方案
盛京风情街详细设计
组团结构：四区一轴多点
网红创意区
现代综合区
沈阳格勒区
盛京风情区
主要打卡节点
记忆轴线
功能分区
创意、农庄
铁轨观光
工业展览
工业景观
综合服务街区
商务办公
SOHO
抖音秀场
展览绿地
特色商业
旅游服务
沿街保留
绿化结构：串联成网+庭院绿化
绿化景观节点
绿化廊道
车行交通
停车场（库）
机动车道
观光轨道
轨道站点
下穿
人行交通
主要步行轴线（路径引导）
次要步行路径
拆建比分析
新建建（构）筑物
整治改造建筑物
保留建（构）筑物
历史展览馆一层平面
历史展览馆二层平面
通过加建风雨连廊，营造半室内的空间，为人们的活动提供了更多样的空间，打通室内室外的隔绝，可以在灰空间内进行消费、社交活动。
保护、更新方法
平面图
效果图
功能分析
部队仓库建筑
以保护和复兴的眼光去看待，在建筑大结构不变的基础上增加采光天窗、内部空间重组等。
店面经营
作坊经营
热电厂锅炉房
保留锅炉房主楼，置换改造成为结合VR技术的工业主题科技体验馆，周边增绿打造工业遗址景观。
VR体验
厂房参观
东贸库仓库（2、3、10、11）
通过现代元素玻璃的嵌入，将历史厂房之间或与其他厂房连接，置入更新后所需的其他功能。
阅读学习
东贸库仓库（1、4—8）
选取墙面开窗较多的建筑，在周边加建建筑，新旧融合，形成围合的庭院空间。
创业培训
休闲康养
东贸库仓库（9、13、14、15）
外部结构上基本保留现状并加以修缮，内部空间重组，并置入新的功能。
酒吧开业
社区娱乐
1. 总体规划策略
原有序列
增加附属建筑
整合环境植入地域元素，营造氛围
增加点阵，强化空间序列
2. 总体布局手法（如何表现盛京风情）：
①围：外围加建长廊形成商业街的边界，并适当引水围绕。
②轴：以南北贯穿的中轴线作为步行开放空间，形成“井”字形步行体系。
③转：在北面新建大体量建筑，作为轴线的转向与过渡。
围
轴
转
功能分析图
流线分析图
往抖音秀场
驻足节点
往家属院
绿带密林
文化展览
虚拟产品零售
特色剧场
精品餐饮
风情cos
酒吧娱乐区
3. 消费业态引导：考虑到盛京皇城就在基地西南侧，因此商业街应主要以特色业态为主。如结合互联网的cosplay展览、情景摄影写真以及特色餐饮等。
工作室
咖啡厅
健身房
室外展览
创意书吧
餐厅
小花园
创意工坊
棋牌室
音乐酒吧
花房
茶室
琴房
饮品店
会议室

9 热电厂加建建筑设计+冷却塔地标景观改造方案

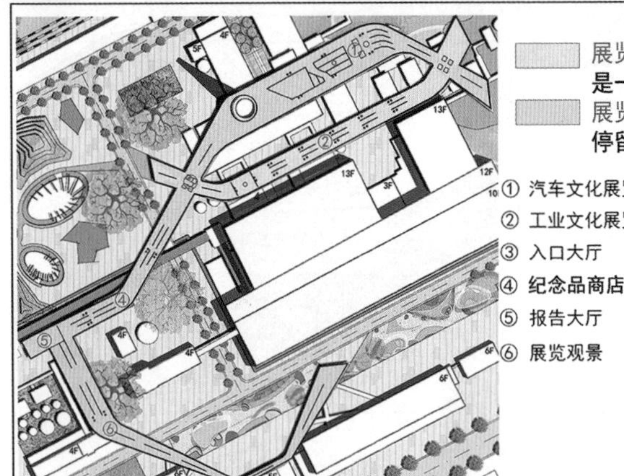

展览，工业历史线：主要展示1949年以来沈阳工业发展历史，是一个通过性的观展、打卡空间。

展览，汽车文化线：主要展示大东区汽车产业文化，是一个停留性的体验空间，并与现状沈海文化宫相连。

① 汽车文化展览及体验区
② 工业文化展览区
③ 入口大厅
④ 纪念品商店
⑤ 报告大厅
⑥ 展览观景

展览线鸟瞰图

加建理念：热电厂本身有管线、铁轨这类线性元素，以此作为意象设计独特、新奇的展览建筑，它层叠于低矮厂房的上层，整体呈现盘旋效果，将会是重要的打卡建筑。建筑在功能上分为工业历史展览和汽车文化展览，其中工业历史展览线是基地记忆轴线的重要组成部分。

东贸库建筑、空间策略

非特殊保护建筑：半去除表皮 全去除表皮

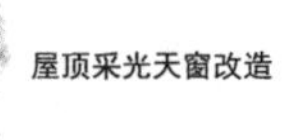

屋顶采光天窗改造

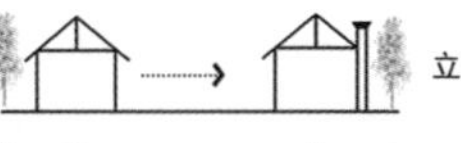
立面维护结构改造

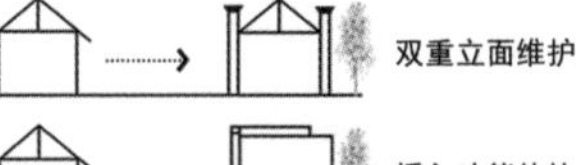
双重立面维护改造

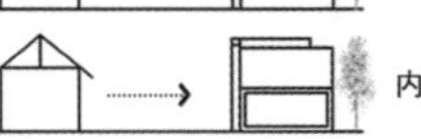
插入功能体块

内部空间重新划分

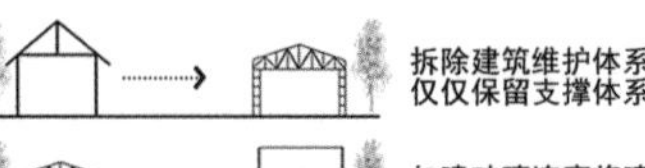
拆除建筑维护体系，仅仅保留支撑体系

加建玻璃连廊将建筑互相连通

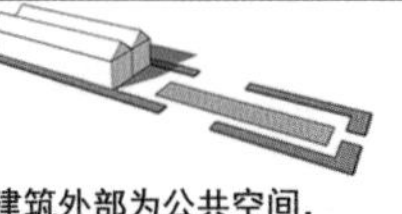
建筑外部为公共空间，仓库建筑体量大

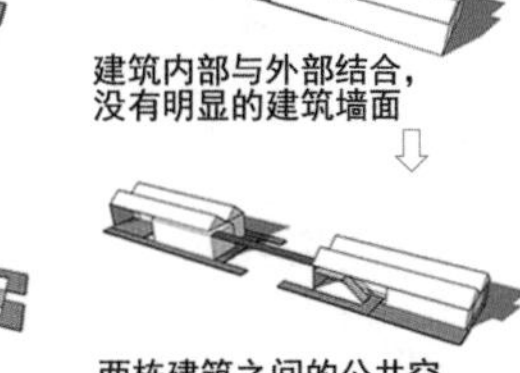
建筑内部与外部结合，没有明显的建筑墙面

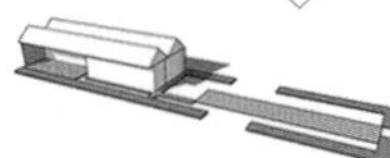
建筑内部增加体量，形成半开放空间，与外部景观串联

两栋建筑之间的公共空间感与建筑空间感相似

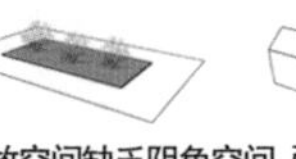
开放空间缺乏阴角空间

两栋建筑之间的步行通道开放

缺乏遮阳的阳角空间

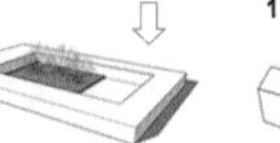
下沉广场打造阴角空间，激发活力

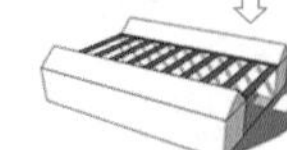
步行通道之间用工业感的钢架搭建，形成半开放空间

覆盖植被率较高，形成自然遮蔽的半开放空间

冷却塔改造方法1

冷却塔

V1.0

攀岩墙

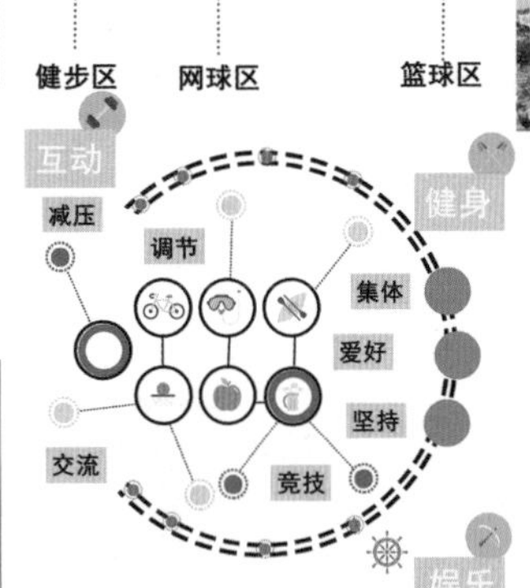

考虑到冷却塔内部空间较大，因此将其内部改造成空中秋千，外部改造设计成攀岩墙，塔周边地区打造成运动、交流的配套区域，为周边高校学生、白领人员及居民、儿童提供运动、休闲设施。

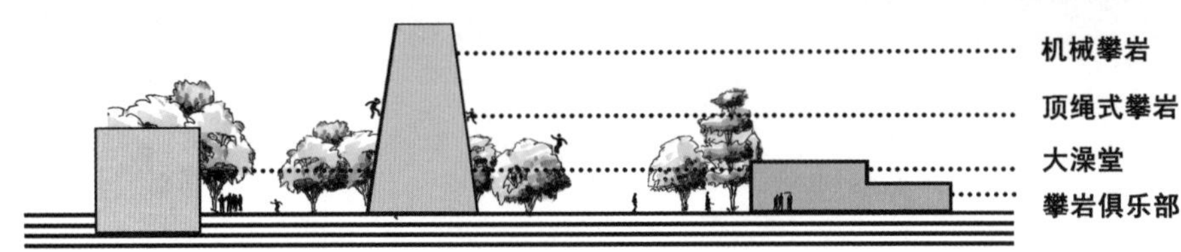

冷却塔改造方法2、3

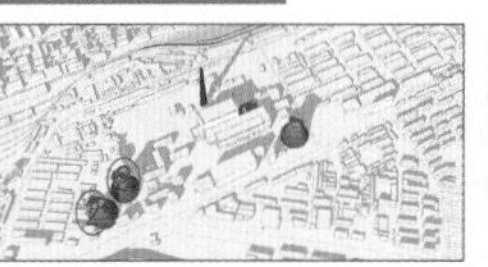
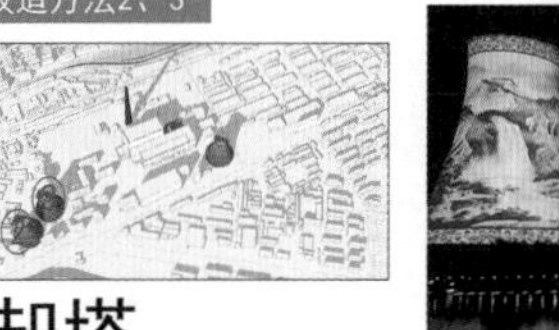

冷却塔

V2.0

投影秀

结合考虑高架桥看基地的视线关系，在保证行车安全的情况下，在夜间利用激光投影仪在冷却塔壁上进行投影，创造美仑美华的视觉景观，同时也可进行宣传、广告等投影。

V3.0

立体停车+青年公寓

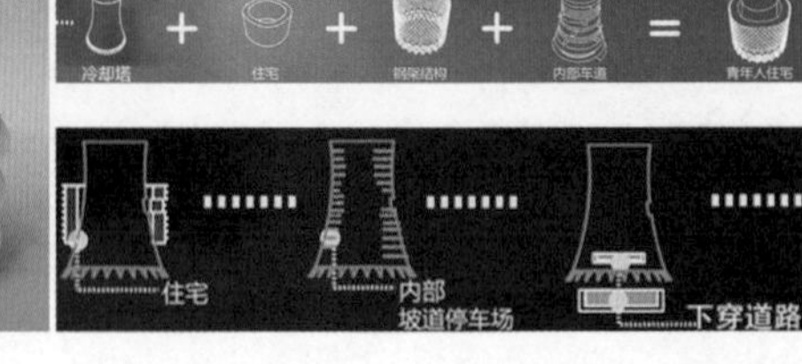

冷却塔本身制作成本较高，中小型的水塔平均价格在200万元左右，大型水塔则造价更高，一般冷却塔使用年限为80年左右，显然基地内的冷却塔都未达到使用年限，如果拆除则会造成巨大的资源浪费，因此考虑将塔结合下穿道路改造成立体停车库，并在外围加建青年公寓，冷却塔的通风效应也能够调节气候。

后记

POSTSCRIPT

本书是 2020 年北方规划院校联合毕业设计的教学成果展示。本次联合毕业设计以沈阳工业遗产区域保护更新设计为题，选择沈阳沈海热电厂及东贸库地段、沈阳中国工业博物馆地段为研究对象，激发同学们的创新思维，提出工业遗产区域发展的创意策略和设计方案。受新冠肺炎疫情影响，本次联合毕业设计以云调研、线上指导和答辩的方式完成。本书收录了沈阳建筑大学、北京建筑大学、内蒙古工业大学、天津城建大学、山东建筑大学、吉林建筑大学、北京工业大学、大连理工大学、济南大学 9 所院校 48 位同学的 18 份毕业设计教学成果，以及各院校师生的教学感受和专家点评。本次联合毕业设计最终答辩环节得到边兰春教授、赵天宇教授、张险峰教授、曾鹏教授、武静宇处长、吕正华院长、田宝江副教授、王国庆董事长、王佳文所长等业界专家、学者的在线指导和点评，联合毕业设计师生受益匪浅。

受北方规划教育联盟的委托，内蒙古工业大学建筑学院组织了《融 · 新常态——沈阳工业遗产区域保护更新设计　2020 北方规划院校联合毕业设计作品集》的整理和汇总工作。一部书稿的汇集、整理、编辑、出版工作凝聚了多位专家、学者和师生的智慧和劳动，也承载了大家对城乡规划学科发展和教育事业的期望和思考。本书付梓之际，感谢为组织本次联合毕业设计做出努力的所有师生、同行，也为作品集出版付出努力的编辑们表示诚挚的敬意，同时也祝愿北方规划教育联盟越办越好！

内蒙古工业大学建筑与规划学院副院长

荣丽华教授

2020 年 6 月